数值分析

Numerical Analysis

许　峰　主编

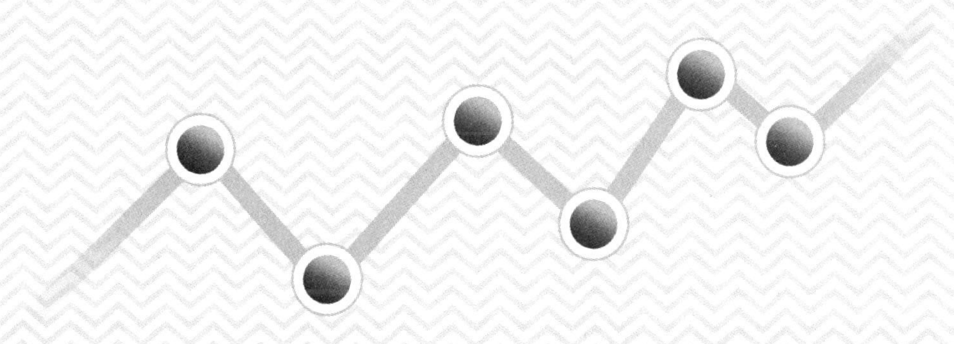

中国科学技术大学出版社

内 容 简 介

本书主要介绍了基本的、常用的数值计算方法及其理论，内容包括插值与逼近、数值微分与积分、线性方程组的数值求解、非线性方程和方程组的数值解法、常微分方程的数值解法和特征值的数值计算等．书中对各种计算方法的构造思想做了较详细的阐述，对稳定性、收敛性、误差估计及算法的优缺点等也做了适当的讨论．本书结构严谨，条理清晰，语言通俗易懂，论述简明扼要，且配有较丰富的复习思考题和习题．

本书可作为工科专业研究生的教材或教学参考书，也可以供从事科学与工程计算的科技工作者阅读参考．

图书在版编目(CIP)数据

数值分析/许峰主编．—合肥：中国科学技术大学出版社，2017．8
ISBN 978-7-312-04319-2

Ⅰ．数…　Ⅱ．许…　Ⅲ．数值分析—研究生—教材　Ⅳ．O241

中国版本图书馆 CIP 数据核字(2017)第 211283 号

出版　中国科学技术大学出版社
安徽省合肥市金寨路 96 号，230026
http：//press. ustc. edu. cn
https：//zgkxjsdxcbs. tmall. com
印刷　合肥华苑印刷包装有限公司
发行　中国科学技术大学出版社
经销　全国新华书店
开本　710 mm×1000 mm　1/16
印张　19．75
字数　409 千
版次　2017 年 8 月第 1 版
印次　2017 年 8 月第 1 次印刷
定价　39．00 元

前　言

随着计算机的广泛应用和科学技术的迅速发展，使用计算机进行科学计算已成为科学研究、工程应用中越来越不可或缺的一个环节．因此，科学计算的核心——“数值分析”已被许多工科专业列为硕士研究生的学位课程．

安徽理工大学自20世纪80年代末开始在工科研究生中开设数值分析课程．2015年，数值分析被列为我校首批研究生核心课程．作为课程建设的初步成果，在多年教学实践和教学研究的基础上，课程组编写了本书的初稿．本书着重介绍了基本数值计算方法的构造，对误差估计、算法的收敛性、数值稳定性、适用范围及优缺点等做了适当分析，并配备了较丰富的例题和习题．本书具体内容包括插值与逼近、数值微分与积分、线性方程组的数值求解、非线性方程和方程组的数值解法、常微分方程的数值解法和特征值的数值计算等，完全符合工科研究生数学课程指导委员会制定的工科硕士研究生数值分析课程教学基本要求．

需要指出的是，与其他所有教材编写者一样，作者在编写本教材时，在诸如内容编排、定理的论述、例题和习题的选择等方面参考、借鉴了多种优秀数值分析教材．在此，向这些教材的作者表示感谢和敬意．

这本教材从开始编写到完成只有几个月时间，而且是在繁重的工作之余编写的．因此，教材中存在的问题甚至错误是在所难免的．作者期待着广大读者特别是各位同行提出批评意见和建议．

作　者

2017年6月

目　录

第1章 引 论

1.1 数值分析及其特点

1.1.1 数值分析及其研究对象

数值分析是数学学科中的一个分支，主要研究用计算机求解各种数学问题的数值计算方法及其理论.因此，数值分析也称计算方法或科学与工程计算.

许多数学问题往往不能用解析的方法来求解.例如，除了少数几类典型方程外，大部分微分方程没有解析解；五次及以上的代数方程没有解析解法；高阶线性方程组虽然可以根据 Cramer[①] 法则进行求解，但计算量太大，在实际中需要寻求高效的数值解法；由于被积函数过于复杂或其原函数不是初等函数等原因，很多定积分也需要用数值方法计算.

用数值方法求解科学技术问题通常有以下步骤：

(1) 根据实际问题建立数学模型；

(2) 针对具体模型选择或设计数值计算方法；

(3) 根据计算方法编程或利用数学软件在计算机上求出结果.

第(1)步建立数学模型主要是应用数学的任务，而第(2)和第(3)步就是数值分析的任务，即数值分析研究的对象，内容主要包括：算法设计、误差分析、收敛性、稳定性、计算量、存储量、自适应性等.本课程只介绍最基本、最常用的数值计算方法及其理论，包括插值与逼近、数值微分与积分、线性方程组的数值求解、非线性方程和方程组的数值解法、常微分方程的数值解法和特征值的数值计算等.

1.1.2 数值分析的特点

数值分析有下列三大特点：

---

① 克拉默(Gabriel Cramer，1704～1752)是瑞士数学家，主要著作有《代数曲线的分析引论》.

(1) 首先要有可靠的理论分析，以确保算法在理论上的收敛性和数值稳定性；

(2) 其次要对计算结果进行误差估计，以确定其是否满足精度；

(3) 还要考虑算法的运行效率，即算法的计算量与存储量.

与其他数学分支学科类似，数值分析也有一套完整的理论体系，其作用是对设计的算法进行理论上的分析，研究算法的收敛性和数值稳定性. 与解析计算不同，由于数值计算中的误差不可避免，计算结果通常为近似值，所以计算完成后，往往还要对计算结果进行误差分析和估计，以判定其是否满足精度要求. 因为数值方法是面向计算机的，必须要考虑算法的计算量和存储量. 例如，离散傅里叶变换(DFT)的计算量为 N^2，而快速傅里叶变换(FFT)的计算量为 $2N\log_2 N$，即使采样点数 N 仅为 32K，FFT 的计算效率也提升了近 1000 倍.

例 1.1 分析用 Cramer 法则解一个 n 阶线性方程组的计算量.

解 计算机的计算量主要取决于乘除法的次数. 用 Cramer 法则解一个 n 阶线性方程组需计算 $n+1$ 个 n 阶行列式，而用定义计算 n 阶行列式需$n!(n-1)$次乘法，故总共需 $(n+1)n!(n-1)=(n+1)!(n-1)$次. 此外，还需 n 次除法.

当 $n=20$ 时，计算量约为 $(n+1)!(n-1)=9.7\times10^{20}$ 次乘法. 即使用每秒百亿次乘法的超级计算机，也需计算 3000 多年才能完成.

可见，Cramer 法则仅仅是理论上的，而不是面向计算机的.

1.2 误差的基本概念

1.2.1 误差的来源与分类

绝大多数的数值计算结果都会有误差. 引起误差的原因是多方面的，可以大致分为如下四类：

(1) **模型误差**

将实际问题转化为数学问题即建立数学模型时，通常要对实际问题进行抽象和简化. 因此，数学模型只是实际问题的一种近似、粗糙的描述. 这种数学模型与实际问题之间的误差称为模型误差.

(2) **观测误差**

在建立的数学模型中往往涉及根据观测得到的物理量，如电压、温度、长度等，而观测不可避免地会带有误差. 这种误差称为观测误差.

(3) **截断误差**

在计算机中常常会遇到只有通过无限过程才能得到最终结果的情形，但实际计算时只能采用有限过程，如无穷级数求和，只能取前面有限项之和来近似代替，这种以有限过程代替无限过程的误差称为截断误差．在数值计算时，有时要用容易计算的简化问题代替不易计算的原问题，这种方法误差通常也归为截断误差．例如，用差商作为导数的近似值，这种离散化的误差也被视为截断误差．

（4）**舍入误差**

在计算中遇到的数据位数可能很多，也可能是无穷小数．但计算时只能对有限位进行运算，一般采用四舍五入的截尾方法．这类误差称为舍入误差，也称计算误差．

例 1.2 根据 Taylor① 展式 $e^x=1+x+\frac{x^2}{2!}+\cdots+\frac{x^n}{n!}+R_n(x)$ 计算 e^{-1}，要求误差小于 0.01.

解 因为 $5!=120>100$，所以只需展开到 5 次项：

$$e^{-1}=1+(-1)+\frac{(-1)^2}{2!}+\frac{(-1)^3}{3!}+\frac{(-1)^4}{4!}+\frac{(-1)^5}{5!}+R_5(x).$$

略去余项后得

$$e^{-1}\approx\frac{1}{2}-\frac{1}{6}+\frac{1}{24}-\frac{1}{120}.$$

这一过程产生的误差即为截断误差．

取 4 位有效数字，得 $e^{-1}\approx 0.3667$，由此产生的是舍入误差．

少量的舍入误差是微不足道的，但在计算机上做了成千上万次运算后，舍入误差的积累有时可能是十分惊人的．

根据误差来源的分析可以得到如下结论：误差是不可避免的，在数值计算中只要能求出满足精度的近似解即可．在数值计算中，要设法减少误差，提高精度．在四种误差中，前两种误差是客观存在的，而后两种误差是由计算方法所引起的．本课程主要研究数学问题的数值解法，因此只涉及截断误差和舍入误差．

1.2.2 绝对误差、相对误差和有效数字

定义 1.1 设 x 是准确值，x^* 为 x 的一个近似值，则称 $e=|x^*-x|$ 为近似值 x^* 的**绝对误差**，简称**误差**．若 $x\neq 0$，则称

$$e_r=\frac{|x^*-x|}{|x|}$$

为近似值 x^* 的**相对误差**．

由于精确值 x 往往是未知的，所以绝对误差或相对误差很难得到．在实际计算中，通常用误差的某个适当的上限来代替误差．

① 泰勒（Brook Taylor，1685～1731）是英国数学家，他主要以泰勒公式和泰勒级数而著名．

定义 1.2 设 x^* 是准确值 x 的一个近似值.若存在 $\varepsilon>0$,使得 $|x^*-x|\leqslant\varepsilon$,则称 ε 为近似值 x^* 的**绝对误差限**.若存在 $\varepsilon_r>0$,使得 $e_r\leqslant\varepsilon_r$,则称 ε_r 为近似值 x^* 的**相对误差限**.

显然,误差限不是唯一的,而最小的误差限是很难求得的.一般地,只要根据测量工具或计算方法求得一个适当的上限即可.

例如,用毫米刻度的卷尺做测量,在正常情况下,可知测量值的误差限为 0.5 mm,即卷尺的最小刻度的一半.

与测量类似,若在十进制运算中采用四舍五入,不难证明,近似值的绝对误差限可以取为被保留的最后数位上的半个单位.由此可引入有效数字的概念.

定义 1.3 设 x^* 为准确值 x 的一个近似值,

$$x^* = \pm 10^k \times 0.d_1 d_2 \cdots d_i \cdots,$$

x^* 是有限小数或无限小数,其中 $d_i\,(i=1,2,\cdots)$ 是 $0,1,\cdots,9$ 中的一个数字,且 $d_i\neq0$,k 为整数.如果 n 为满足

$$|x-x^*|\leqslant 0.5\times 10^{k-n}$$

的最大非负整数,则 x^* 称为 x 的具有 n 位**十进制有效数字**的近似值.

显然,近似值的有效数字越多,其相对误差限就越小.

1.2.3 函数求值的误差估计

设 $f(x)$ 的二阶导数连续,x^* 为 x 的一个近似值,$f(x^*)$ 为 $f(x)$ 的近似值,x^* 的绝对误差限为 $\varepsilon(x^*)$.根据 Taylor 公式,

$$f(x)=f(x^*)+f'(x^*)(x-x^*)+\frac{f''(\xi)}{2!}(x-x^*)^2,$$

$$|f(x)-f(x^*)|\leqslant|f'(x^*)||x-x^*|+\frac{|f''(\xi)|}{2!}(x-x^*)^2.$$

略去二阶项后,即可得 $f(x^*)$ 的一个绝对误差限为

$$\varepsilon(f(x^*))\leqslant|f'(x^*)|\varepsilon(x^*).$$

对 n 元函数 $A=f(x_1,x_2,\cdots,x_n)$,设 $x_1^*,x_2^*,\cdots,x_n^*$ 为 $x_1,x_2,\cdots,x_n$ 的近似值,x_k^* 的绝对误差限为 $\varepsilon(x_k^*)$,则根据多元函数的一阶 Taylor 展式有

$$\begin{aligned}A^*-A&=f(x_1^*,x_2^*,\cdots,x_n^*)-f(x_1,x_2,\cdots,x_n)\\&=\sum_{k=1}^{n}\left[\frac{\partial f(x_1^*,x_2^*,\cdots,x_n^*)}{\partial x_k}\right](x_k^*-x_k)+R_1\\&\approx\sum_{k=1}^{n}\left[\frac{\partial f(x_1^*,x_2^*,\cdots,x_n^*)}{\partial x_k}\right](x_k^*-x_k).\end{aligned}$$

从而可得函数值 A 的一个近似绝对误差限

$$\varepsilon(A^*)\approx\sum_{k=1}^{n}\left|\left[\frac{\partial f}{\partial x_k}\right]^*\right|\varepsilon(x_k^*).$$

例 1.3 已测得某场地长 l 的近似值 $l^*=110(\mathrm{m})$，宽 d 的近似值 $d^*=80(\mathrm{m})$. 已知 $|l-l^*|\leqslant 0.2(\mathrm{m})$，$|d-d^*|\leqslant 0.1(\mathrm{m})$，试求面积 $S=ld$ 的绝对误差限和相对误差限.

解 因为 $S=ld$，$\dfrac{\partial S}{\partial l}=d$，$\dfrac{\partial S}{\partial d}=l$，所以

$$\varepsilon(S^*)\approx\left|\left(\frac{\partial S}{\partial l}\right)^*\right|\varepsilon(l^*)+\left|\left(\frac{\partial S}{\partial d}\right)^*\right|\varepsilon(d^*),$$

其中

$$\left(\frac{\partial S}{\partial l}\right)^*=d^*=80,\quad \left(\frac{\partial S}{\partial d}\right)^*=l^*=110,$$

$$\varepsilon(l^*)=0.2,\quad \varepsilon(d^*)=0.1.$$

从而，绝对误差限

$$\varepsilon(S^*)\approx 80\times 0.2+110\times 0.1=27(\mathrm{m}^2),$$

相对误差限

$$\varepsilon_{\mathrm{r}}(S^*)=\frac{\varepsilon(S^*)}{|S^*|}\approx 0.31\%.$$

1.3 算法的数值稳定性与病态问题

在数值计算中，初始数据可能有初始误差，几乎每一步运算都会产生舍入误差，研究这些误差对计算结果的影响是数值分析中的重要问题. 本节首先讨论在不同算法下计算结果受误差的影响程度，然后研究问题对误差的敏感程度.

1.3.1 算法的数值稳定性

首先看一个积分计算的例子.

例 1.4 建立递推公式，计算下列积分

$$I_n=\int_0^1\frac{x^n}{x+5}\mathrm{d}x\quad(n=0,1,2,\cdots,6),$$

并研究计算过程中的误差传播.

解 由

$$\begin{aligned}I_n&=\int_0^1\frac{x^n+5x^{n-1}-5x^{n-1}}{x+5}\mathrm{d}x\\&=\int_0^1x^{n-1}\mathrm{d}x-5\int_0^1\frac{x^{n-1}}{x+5}\mathrm{d}x\\&=\frac{1}{n}-5I_{n-1},\end{aligned}$$

$$I_0=\int_0^1\frac{\mathrm{d}x}{x+5}=\ln\frac{6}{5}\approx 0.1823\xlongequal{\text{记为}}I_0^*,$$

得 I_n 的递推公式

$$\begin{cases}I_0^*=0.1823,\\ I_n^*=\dfrac{1}{n}-5I_{n-1}^*\quad(n=1,2,\cdots,6).\end{cases}$$

也可以按另一个次序计算积分.因为

$$\frac{x^n}{6}<\frac{x^n}{x+5}<\frac{x^n}{5},$$

两边积分得

$$\frac{1}{6(n+1)}<I_n<\frac{1}{5(n+1)}.$$

取

$$I_6\approx\frac{1}{2}\left(\frac{1}{6\times 7}+\frac{1}{5\times 7}\right)\approx 0.02619\xlongequal{\text{记为}}I_6^*,$$

从而得 I_n 的另一个递推公式

$$\begin{cases}I_6^*=0.02619,\\ I_{n-1}^*=\dfrac{\dfrac{1}{n}-I_n^*}{5}\quad(n=6,5,\cdots,1).\end{cases}$$

上述两种递推公式计算的结果及积分的精确值见表1.1.

表 1.1

n	0	1	2	3	4	5	6
方法 1	0.1823	0.0885	0.0575	0.0458	0.0208	0.0958	−0.3125
方法 2	0.1823	0.0884	0.0580	0.0431	0.0281	0.0281	0.0262
精确值	0.1823	0.0884	0.0580	0.0431	0.0343	0.0285	0.0243

表1.1中的结果显示,第一个递推公式刚开始的计算结果的误差较小,但随着 n 的增加,误差也逐渐增大;第二个递推公式恰好与前述情况相反,计算结果的误差随着 n 的增加而逐渐减小.下面讨论两个递推过程中误差的传播情况.

第一个递推公式第 n 步的计算误差

$$\begin{aligned}E_n&=|I_n-I_n^*|=\left|\left(\frac{1}{n}-5I_{n-1}\right)-\left(\frac{1}{n}-5I_{n-1}^*\right)\right|\\&=5|I_{n-1}-I_{n-1}^*|=\cdots=5^n|I_0-I_0^*|=5^nE_0,\end{aligned}$$

即第一个递推公式第 n 步将初始误差放大了 5^n 倍.

上述结果也可以写为

$$E_0=\frac{1}{5^n}E_n,$$

即第二个递推公式第 n 步将初始误差缩小到 $1/5^n$.

可见,对于同一个问题,有的算法受误差的影响较小,可以得到精度较高的近似结果;而另一些算法则受误差的影响较大,得不到精度较高的近似结果.为了衡量算法受误差的影响程度,下面给出算法的数值稳定性的概念.

定义 1.4 若某算法受初始误差或计算过程中产生的舍入误差的影响较小,则称之为**数值稳定**的,反之称之为不稳定算法.

显然,例 1.4 中的第一个递推公式数值不稳定,而第二个递推公式数值稳定.

1.3.2 病态问题

前面讨论的数值稳定性是对算法而言的.对于某些问题,可以找到数值稳定的算法,从而可得精度较高的近似结果.但存在这样的问题,其受误差的影响巨大,无论用什么样的算法都得不到理想的计算结果.

例 1.5 将代数方程 $p(x)=(x-1)(x-2)\cdots(x-20)=0$ 即 $x^{20}-210x^{19}+\cdots+20!=0$ 改为摄动方程 $x^{20}-(210+\varepsilon)x^{19}+\cdots+20!=0$ 即 $p(x)-\varepsilon x^{19}=0$,其中 $\varepsilon=2^{-23}\approx10^{-7}$,讨论这一摄动对解的影响.

解 20 世纪 60 年代,数值分析和数值计算的开拓者和奠基人 Wilkinson① 为了检验计算机的精度,将一个 20 次代数方程

$$p(x)=(x-1)(x-2)\cdots(x-20)=0$$

即

$$x^{20}-210x^{19}+\cdots+20!=0$$

改为摄动方程

$$x^{20}-(210+\varepsilon)x^{19}+\cdots+20!=0,$$

其中 $\varepsilon=2^{-23}\approx10^{-7}$ 是当时的计算机中最小的浮点数.

通过编程计算,他惊讶地发现摄动方程的根为

$$\begin{aligned}
&1.000000000,\ 2.000000000,\ 3.000000000,\\
&4.000000000,\ 4.999999928,\ 6.000006944,\\
&6.999697234,\ 8.007267603,\ 8.917250249,\\
&10.095266145\pm0.643500904\mathrm{i},\\
&11.793633881\pm1.652329728\mathrm{i},\\
&13.992358137\pm2.518830070\mathrm{i},\\
&16.730737466\pm2.812624894\mathrm{i},
\end{aligned}$$

① 威尔金森(James Hardy Wilkinson, 1919～1986)是英国数学家和计算机学家.他在数值分析领域做出了重要贡献.

$$19.502439400 \pm 1.940330347\mathrm{i},$$
$$20.846908101,$$

其中有 10 个根变成了复根,且有两个根偏离实根超过 2.81 个单位.

Wilkinson 起初认为问题可能出在程序或计算机上,但后来排除了这种可能性,最终怀疑问题在于方程本身.下面再现 Wilkinson 研究这个问题的过程.

令 $p(x,\varepsilon)=x^{20}-(210+\varepsilon)x^{19}+\cdots+20!$,其根为 $x_i(\varepsilon)(i=1,2,\cdots,20)$,则当 $\varepsilon\to 0$ 时,$x_i(\varepsilon)\to i$.现在的问题归结为要研究初始数据的微小摄动对根的影响程度,即根 $x_i(\varepsilon)$对 ε 的变化率,亦即

$$\left.\frac{\mathrm{d}x_i(\varepsilon)}{\mathrm{d}\varepsilon}\right|_{\varepsilon=0},$$

称之为问题的条件数.

因

$$p[x_i(\varepsilon),\varepsilon]\equiv 0,$$

故

$$\left.\frac{\mathrm{d}x_i(\varepsilon)}{\mathrm{d}\varepsilon}\right|_{\varepsilon=0}=-\left.\left(\frac{\dfrac{\partial p}{\partial \varepsilon}}{\dfrac{\partial p}{\partial x_i}}\right)\right|_{\varepsilon=0}=\frac{x_i^{19}}{\sum\limits_{k=1}^{20}\prod\limits_{\substack{j=1\\ j\neq i}}^{20}(x_i-j)}=\frac{i^{19}}{\prod\limits_{\substack{j=1\\ j\neq i}}^{20}(x_i-j)}.$$

条件数的具体数值见表 1.2.

表 1.2

n	条件数	n	条件数
1	8.2×10^{-18}	11	4.6×10^{7}
2	-8.2×10^{-11}	12	-2.0×10^{8}
3	1.6×10^{-6}	13	6.1×10^{8}
4	-2.2×10^{-3}	14	-1.3×10^{9}
5	6.1×10^{-1}	15	2.1×10^{9}
6	-5.8×10^{1}	16	-2.4×10^{9}
7	2.5×10^{3}	17	1.9×10^{9}
8	-6.0×10^{4}	18	-1.0×10^{9}
9	8.3×10^{5}	19	3.1×10^{8}
10	7.6×10^{6}	20	-4.3×10^{7}

由微分概念

$$x_i(\varepsilon)-x_i(0)\approx\frac{\mathrm{d}x_i(0)}{\mathrm{d}\varepsilon}(\varepsilon-0),$$

得

$$|x_i(\varepsilon)-x_i(0)| \approx \left|\frac{\mathrm{d}x_i(0)}{\mathrm{d}\varepsilon}\right| |\varepsilon| > 10^6\varepsilon \quad (i=10,11,\cdots,20).$$

这表明 x^{19} 的系数的微小摄动 ε 将会引起方程许多根的巨大变化.为了描述这类问题,下面给出病态问题的概念.

定义 1.5 若初始数据的微小误差都会对最终的计算结果产生极大的影响,则称这种问题为病态问题或坏条件问题,反之称其为良态问题或好条件问题.

显然,例 1.5 即为一个病态问题.下面再给出一个病态线性方程组.

例 1.6 线性方程组

$$\begin{pmatrix} 10 & 7 & 8 & 7 \\ 7 & 5 & 6 & 5 \\ 8 & 6 & 10 & 9 \\ 7 & 5 & 9 & 10 \end{pmatrix}\begin{pmatrix} x_1 \\ x_2 \\ x_3 \\ x_4 \end{pmatrix}=\begin{pmatrix} 32 \\ 23 \\ 33 \\ 31 \end{pmatrix}$$

的精确解为 $\boldsymbol{x}=(1,1,1,1)^{\mathrm{T}}$.现将其右端向量和系数矩阵中数据做一个扰动,具体数据分别为

$$\begin{pmatrix} 10 & 7 & 8 & 7 \\ 7 & 5 & 6 & 5 \\ 8 & 6 & 10 & 9 \\ 7 & 5 & 9 & 10 \end{pmatrix}\begin{pmatrix} x_1 \\ x_2 \\ x_3 \\ x_4 \end{pmatrix}=\begin{pmatrix} 32.1 \\ 22.9 \\ 33.1 \\ 30.9 \end{pmatrix},$$

$$\begin{pmatrix} 10 & 7 & 8.1 & 7.2 \\ 7.08 & 5.04 & 6 & 5 \\ 8 & 5.98 & 9.89 & 9 \\ 6.99 & 4.99 & 9 & 9.98 \end{pmatrix}\begin{pmatrix} x_1 \\ x_2 \\ x_3 \\ x_4 \end{pmatrix}=\begin{pmatrix} 32 \\ 23 \\ 33 \\ 31 \end{pmatrix}.$$

上述方程组的精确解为 $\boldsymbol{x}=(9.2,-12.6,4.5,-1.1)^{\mathrm{T}}$ 和 $\boldsymbol{x}=(-81,137,-34,22)^{\mathrm{T}}$,与原方程解相比发生了很大的变化.因此,可以判定此方程组为病态方程组.

1.4 数值计算的原则与技术

在数值计算中,不仅算法的选择会对计算产生很大的影响,而且算法的设计也会影响计算结果的精度和运行效率.本节介绍设计数值计算方法时要注意的一些原则和技术.

1.4.1 避免误差危害

如果使用数值不稳定的方法,会由于误差的增长而出现误差危害现象,主要表

现为有效数字的损失.因此,在实际计算中要注意避免.

例 1.7 当 $a \neq 0$ 时,二次方程 $ax^2 + 2bx + c = 0$ 的两个根的公式通常写成

$$x_1 = \frac{-b + \sqrt{b^2 - ac}}{a}, \quad x_2 = \frac{-b - \sqrt{b^2 - ac}}{a}.$$

如果 $b^2 \gg |ac|$,则 $\sqrt{b^2 - ac} \approx |b|$,用上述公式计算,其中之一会出现相近数相减,从而损失有效数字.

例如,方程 $x^2 - 16x + 1 = 0$ 的根为 $x_1 = 8 + \sqrt{63}$, $x_2 = 8 - \sqrt{63}$.如果用3位十进制数字计算,$\sqrt{63} \approx 7.94$,则 $x_1 \approx 15.9$,有3位有效数字.但是 $x_2 \approx 0.06$,只有1位有效数字.若用 $x_2 = 1/x_1$ 计算,得 $x_2 \approx 0.0629$,有3位有效数字.

一般地,为了避免由于相近数相减导致的有效数字损失,二次方程 $ax^2 + 2bx + c = 0$ 的根可以用公式

$$x_1 = \frac{-b - \mathrm{sgn}(b) \cdot \sqrt{b^2 - ac}}{a}, \quad x_2 = \frac{c}{ax_1}$$

来计算.

类似地,在计算 $f(x) = \sqrt{1 + x^2} - 1$ 时,若 $|x| \ll 1$,则可考虑将公式改写为

$$f(x) = \frac{1}{\sqrt{1 + x^2} + 1}.$$

有时,在有限位数数值计算过程中会出现"大数"和"小数"相加减的情形,"小数"可能由于舍入而消失,即"大数"吃"小数",这也是一种误差危害.通常可以通过调整计算次序来避免这种危害.

例 1.8 用3位十进制数字计算

$$x = 101 + \delta_1 + \delta_2 + \cdots + \delta_{100},$$

其中 $\delta_i \in [0.1, 0.4]$ $(i = 1, 2, \cdots, 100)$.如果按照上式自左至右的顺序逐个相加,则所有的 δ_i 都将在加的过程中被舍掉,得到的结果是 $x \approx 101$.但是如果把所有的 δ_i 先加起来,则有

$$101 + 100 \times 0.1 \leqslant x \leqslant 101 + 100 \times 0.4,$$

即 $x \in [111, 141]$,这显然是一个比较准确的结果.

1.4.2 减少运算次数

对于同一个计算问题,如果能减少运算次数,不仅可以节省计算时间,而且还能减少舍入误差,这是数值计算通常遵循的原则,也是数值分析的一个重要研究内容.

例 1.9 给定 x,求五次多项式

$$p_5(x) = a_5 x^5 + a_4 x^4 + \cdots + a_1 x + a_0$$

的值.如果先求 $a_k x^k$ $(k = 1, 2, \cdots, 5)$再相加,则要做15次乘法和5次加法.如果按照

$$p_5(x) = ((((a_5x + a_4)x + a_3)x + a_2)x + a_1)x + a_0$$

计算,则只需5次乘法和5次加法.

对于n次多项式

$$p_n(x) = a_nx^n + a_{n-1}x^{n-1} + \cdots + a_1x + a_0,$$

可以采用下列著名的**秦九韶算法**:

$$\begin{cases} u_n = a_n, \\ u_k = u_{k+1}x + a_k \quad (k = n-1, n-2, \cdots, 1, 0), \\ p_n(x) = u_0. \end{cases}$$

此算法只需要n次乘法和n次加法.

在用级数进行近似计算时,进行适当的变换有时可以极大地节省计算量.

例1.10 利用公式

$$\ln(1+x) = \sum_{n=1}^{\infty} (-1)^{n+1} \frac{x^n}{n}$$

的前n项部分和,可以计算$\ln(1+x)$的近似值.如令$x=1$,计算$\ln 2$的近似值,若要精确到10^{-5},则需要10万项求和.这种计算方法不仅计算量很大,而且舍入误差的积累也会很严重.如果改用级数

$$\ln\frac{1+x}{1-x} = 2\left[x + \frac{x^3}{3!} + \frac{x^5}{5!} + \cdots + \frac{x^{2n+1}}{(2n+1)!} + \cdots\right],$$

取$x=\frac{1}{3}$,只要计算前9项,截断误差便小于10^{-10}.

减少运算次数最经典的一个例子是运用离散傅里叶变换(DFT),但DFT的计算量也较大,给实际应用带来了很大的障碍.直到20世纪60年代提出了快速傅里叶变换(FFT),大大降低了DFT的计算量,才使得DFT得以广泛的应用.

1.4.3 迭代法与开方求值

早期的计算机只能进行加法运算,现在的计算机中已嵌入了乘法器,可以直接进行乘法运算.但对于除四则运算以外的超越函数的计算,仍需根据某种算法将其转化为四则运算.比如,矩阵分析中常用的Givens① 变换需要进行开方运算.在设计集成电路时,若要用到Givens变换,出于运算效率的考虑,就需要处理开方运算问题.下面简要介绍可实现开方运算的迭代法.

设$a>0$,求$\sqrt{a}$等价于解方程

$$x^2 - a = 0.$$

这是方程求根问题,可用迭代法求解(见第6章).现在用简单方法构造迭代法,先

① 吉文斯(J. W. Givens, 1910～1993)是美国数学家,计算机领域的先驱之一.

给定一个初始近似 $x_0>0$，令 $x=x_0+\Delta x$（Δx 是一个校正量，称为增量），从而方程化为 $(x_0+\Delta x)^2=a$ 即 $x_0^2+2x_0\Delta x+(\Delta x)^2=a$. 由于 Δx 是微小量，若略去高阶项 $(\Delta x)^2$，则得 $x_0^2+2x_0\Delta x\approx a$，即

$$\Delta x\approx\frac{1}{2}\left(\frac{a}{x_0}-x_0\right).$$

于是

$$x=x_0+\Delta x\approx\frac{1}{2}\left(x_0+\frac{a}{x_0}\right)=x_1.$$

重复上述过程即可得到迭代公式

$$x_{k+1}=\frac{1}{2}\left(x_k+\frac{a}{x_k}\right)\quad(k=0,1,2,\cdots).$$

利用单调有界法则可以证明，上述迭代公式产生的序列 $\{x_k\}$ 收敛于方程的根 $\sqrt{a}$.

若取 $a=3,x_0=2$，只需要 4 或 5 次迭代即可达到 10^{-8} 的精度. 在计算机或计算器中，计算 $\sqrt{a}$ 采用的就是上述迭代公式.

复习与思考题

1. 什么是数值分析？它与数学科学和计算机的关系如何？

2. 何谓算法？如何判断算法的优劣？

3. 科学计算中误差的来源是什么？截断误差与舍入误差的区别是什么？

4. 什么是绝对误差与相对误差？什么是近似数的有效数字？它与绝对误差和相对误差有何关系？

5. 什么是算法的稳定性？如何判断算法稳定？为什么不稳定算法不能使用？

6. 什么是问题的病态性？它是否受所用算法的影响？

7. 什么是迭代法？试利用 $x^3-a=0$ 构造计算 $\sqrt[3]{a}$ 的迭代公式.

8. 直接利用以直代曲的原则构造求方程 $x^3-a=0$ 的根 $x^*=\sqrt[3]{a}$ 的迭代法.

9. 举例说明什么是松弛技术.

10. 考虑无穷级数 $\sum_{n=1}^{\infty}\frac{1}{n}$，它是发散的，在计算机上计算它的部分和，会得到什么结果？

11. 判断下列命题是否正确：

(1) 解对数据的微小变化高度敏感是病态的.

(2) 高精度运算可以改善问题的病态性.

(3) 无论问题是否病态，只要算法稳定就能得到好的近似值.

(4) 用一个稳定的算法计算良态问题一定会得到好的近似值.

(5) 用一个收敛的迭代法计算良态问题一定会得到好的近似值.

(6) 两个相近数相减必然会使有效数字损失.

(7) 计算机上将 1000 个数量级不同的数相加,不管次序如何结果都是一样的.

习 题

1. 设 $x>0$, x 的相对误差为 δ,求 $\ln x$ 的误差.

2. 设 x 的相对误差为 2%,求 x^n 的相对误差.

3. 下列各数都是经过四舍五入得到的近似数,即误差限不超过最后一位的半个单位,试指出它们有几位有效数字:

$x_1^* = 1.1021$, $x_2^* = 0.031$, $x_3^* = 385.6$, $x_4^* = 56.430$, $x_5^* = 7\times 1.0$.

4. 求下列各近似值的误差限:

(1) $x_1^* + x_2^* + x_4^*$;

(2) $x_1^* x_2^* x_3^*$;

(3) x_2^* / x_4^*.

其中 $x_1^*, x_2^*, x_3^*, x_4^*$ 均为第 3 题所给的数.

5. 计算球体积要使相对误差限为 1%,问度量半径 R 所允许的相对误差限是多少?

6. 设 $Y_0=28$,按递推公式

$$Y_n = Y_{n-1} - \frac{1}{100}\sqrt{783} \quad (n = 1,2,\cdots)$$

计算到 Y_{100}. 若取 $\sqrt{783}\approx 27.982$(5 位有效数字),试问计算 Y_{100} 将有多大误差?

7. 求方程 $x^2-56x+1=0$ 的两个根,使它至少具有 4 位有效数字($\sqrt{783}\approx 27.982$).

8. 当 $x\approx y$ 时,计算 $\ln x - \ln y$ 有效位数会损失. 改用 $\ln x - \ln y = \ln \frac{x}{y}$ 能否减少舍入误差?

9. 正方形边长大约为 100 cm,应怎样测量才能使其面积误差不超过 1 cm^2.

10. 设 $S=\frac{1}{2}gt^2$,假定 g 是准确的,而对 t 的测量有 ± 0.1 秒的误差,证明当 t 增加时,S 的绝对误差增加,而相对误差却减少.

11. 序列 $\{y_n\}$ 满足递推关系

$$y_n = 10y_{n-1} - 1 \quad (n = 1,2,\cdots).$$

若 $y_0=\sqrt{2}\approx 1.414$(4 位有效数字),计算到 y_{10} 时误差有多大? 这个计算过程稳

定吗？

12. 计算 $f=(\sqrt{2}-1)^6$，取 $\sqrt{2}\approx 1.4$，利用下列等式计算，哪一个得到的结果最好？

$$\frac{1}{(\sqrt{2}+1)^6},\ (3-2\sqrt{2})^3,\ \frac{1}{(3+2\sqrt{2})^3},\ 99-70\sqrt{2}.$$

13. $f(x)=\ln(x-\sqrt{x^2-1})$，求 $f(30)$ 的值.若开平方用 6 位函数表，问对数时误差有多大？若改用另一等价公式

$$\ln(x-\sqrt{x^2-1})=-\ln(x+\sqrt{x^2-1})$$

计算，求对数时误差有多大？

14. 用秦九韶算法求多项式 $p(x)=3x^5-2x^3+x+7$ 在 $x=3$ 处的值.

15. 用迭代公式 $x_{k+1}=\dfrac{1}{1+x_k}$ $(k=0,1,\cdots)$ 求方程 $x^2+x-1=0$ 的根 $x^*=\dfrac{-1+\sqrt{5}}{2}$，取 $x_0=1$，计算到 x_5，问 x_5 有几位有效数字？

第2章 插 值 法

2.1 Lagrange插值

2.1.1 插值问题

引例2.1 在一天24小时内,从零点开始每间隔2小时测得的环境温度数据分别为

$$\begin{array}{ccccc} 12 & 9 & 9 & 10 & 18 \\ 24 & 28 & 27 & 25 & 20 \\ 18 & 15 & 13 & & \end{array}$$

推测13点温度,并作出24小时温度变化曲线图.

引例2.2 已知飞机下轮廓线(图2.1)上数据见表2.1,画出飞机下轮廓线.

表2.1

x_k	0	3	5	7	9	11	12	13	14	15
$f(x_k)$	0	1.2	1.7	2.0	2.1	2.0	1.8	1.2	1.0	1.6

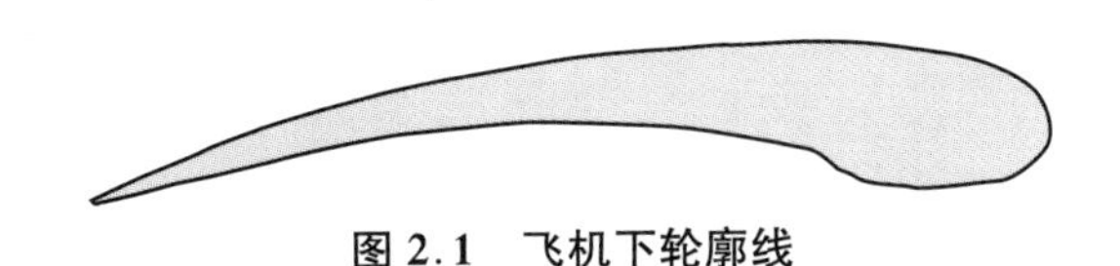

图2.1 飞机下轮廓线

引例2.3 测得平板表面3*5网格点处的温度分别为

$$\begin{array}{ccccc} 82 & 81 & 80 & 82 & 84 \\ 79 & 63 & 61 & 65 & 81 \\ 84 & 84 & 82 & 85 & 86 \end{array}$$

作出平板表面的温度分布曲面 $z=f(x,y)$ 的图形及等温线,并求出温度最高和最低点.

上述三个问题虽然实际背景不同,但它们在数学上均可归结为“已知函数在某

区间(域)内若干点处的值,求函数在该区间(域)内其他点处的值",这种问题适合用插值法解决.其中引例 2.1 和引例 2.2 属于一维插值,而引例 2.3 为二维插值.本章仅研究一维插值.

设函数 f 定义在 $[a,b]$ 上,$x_0,x_1,\cdots,x_n\in[a,b]$ 是 $n+1$ 个相异节点,$y_i=f(x_i)$ 已知.插值法就是构造一个便于计算的简单函数 φ 以近似计算 f 的函数值,并满足

$$\varphi(x_i)=f(x_i)\quad(i=0,1,\cdots,n).$$

f 称为**被插值函数**;φ 称为**插值函数**;$x_0,x_1,\cdots,x_n$ 称为**插值节点**;$\varphi(x_i)=f(x_i)(i=0,1,\cdots,n)$ 称为**插值条件**.由于代数多项式的计算仅需加法和乘法,所以常常用代数多项式作为插值函数.这种插值法称为**多项式插值**,相应的多项式称为**插值多项式**.

下面的定理表明,插值多项式是唯一存在的.

定理 2.1　给定 $n+1$ 个插值节点 $x_0,x_1,\cdots,x_n$ 和相应的函数值 $y_i=f(x_i)(i=0,1,\cdots,n)$,则存在唯一的次数不高于 n 的插值多项式 $p(x)$,满足插值条件

$$p(x_i)=f(x_i)\quad(i=0,1,\cdots,n).$$

证　令 $p(x)=a_0+a_1x+\cdots+a_nx^n$,则根据插值条件 $p(x_i)=y_i$ 有下列等式:

$$\begin{cases}p(x_0)=a_0+a_1x_0+\cdots+a_nx_0^n=y_0,\\ p(x_1)=a_0+a_1x_1+\cdots+a_nx_1^n=y_1,\\ \cdots\cdots\\ p(x_n)=a_0+a_1x_n+\cdots+a_nx_n^n=y_n.\end{cases}$$

上述等式可视为关于 $a_0,a_1,\cdots,a_n$ 的 $n+1$ 阶线性方程组,其系数行列式是范德蒙(Vandermonde)行列式

$$D=\begin{vmatrix}1 & x_0 & \cdots & x_0^n\\ 1 & x_1 & \cdots & x_1^n\\ \vdots & \vdots & & \vdots\\ 1 & x_n & \cdots & x_n^n\end{vmatrix}=\prod_{n\geqslant i>j\geqslant 1}(x_i-x_j).$$

因为 $x_0,x_1,\cdots,x_n$ 互不相等,所以 $D\neq0$.根据 Cramer 法则,此方程组存在唯一解 $a_0,a_1,\cdots,a_n$,即 $p(x)$ 存在且唯一.

2.1.2　Lagrange 插值多项式

虽然插值多项式唯一,但构造插值多项式却有多种不同的方法.下面介绍用基函数构造插值多项式的方法.先定义插值的基函数.

对于给定的 $n+1$ 个节点 $x_i(i=0,1,\cdots,n)$,记

$$l_i(x)=\prod_{\substack{j=0\\j\neq i}}^{n}\frac{(x-x_j)}{(x_i-x_j)}\quad(i=0,1,\cdots,n),\tag{2.1.1}$$

则 $l_i(x)(i=0,1,\cdots,n)$是n次多项式,且满足

$$l_i(x_j)=\begin{cases}1 & (j=i),\\0 & (j\neq i).\end{cases}\tag{2.1.2}$$

若令

$$L_n(x)=\sum_{i=0}^{n}f(x_i)l_i(x),\tag{2.1.3}$$

则 $L_n\in \boldsymbol{P}_n$,并满足插值条件

$$L_n(x_j)=f(x_j)\quad(j=0,1,\cdots,n).\tag{2.1.4}$$

(2.1.3)式定义的 $L_n(x)$称为 **n 次 Lagrange**[①] **插值多项式**,$l_i(x)(i=0,1,\cdots,n)$称为**n 次 Lagrange 插值基函数**.

例 2.1 设 $f(x)=\ln x$,对于节点 $x_j(j=0,1,2,3)$,$f(x_j)$如表 2.2 所示.

表 2.2

x_j	0.40	0.50	0.70	0.80
$\ln x_j$	−0.916291	−0.693147	−0.356675	−0.223144

试用三次 Lagrange 插值多项式 L_3 计算 ln 0.6 的近似值.

解 用 $x_0=0.40,x_1=0.50,x_2=0.70,x_3=0.80$ 及相应的函数值作三次 Lagrange 插值多项式 L_3.先给出 4 个基函数:

$$l_0(x)=\frac{(x-x_1)(x-x_2)(x-x_3)}{(x_0-x_1)(x_0-x_2)(x_0-x_3)}$$
$$=-\frac{1}{0.012}(x-0.50)(x-0.70)(x-0.80),$$

$$l_1(x)=\frac{(x-x_0)(x-x_2)(x-x_3)}{(x_1-x_0)(x_1-x_2)(x_1-x_3)}$$
$$=\frac{1}{0.006}(x-0.40)(x-0.70)(x-0.80),$$

$$l_2(x)=\frac{(x-x_0)(x-x_1)(x-x_3)}{(x_2-x_0)(x_2-x_1)(x_2-x_3)}$$
$$=-\frac{1}{0.006}(x-0.40)(x-0.50)(x-0.80),$$

$$l_3(x)=\frac{(x-x_0)(x-x_1)(x-x_2)}{(x_3-x_0)(x_3-x_1)(x_3-x_2)}$$

① 拉格朗日(Joseph-Louis Lagrange,1736~1813)是意大利数学家和天文学家.他在分析、数论、古典力学和天体力学等领域都做出了杰出贡献.

$$= \frac{1}{0.012}(x - 0.40)(x - 0.50)(x - 0.0),$$

三次 Lagrange 插值多项式为

$$L_n(x) = \sum_{j=0}^{3} f(x_j) l_j(x) = -0.916291 l_0(x) - 0.693147 l_1(x) - 0.356675 l_2(x) - 0.223144 l_3(x).$$

$L_3(0.6) = -0.509975$,而 $\ln 0.6 = -0.510826$. 可见,$L_3(0.6)$的计算精度较高. 至于 $L_3(0.6)$与 $\ln 0.6$ 间的误差可由下面插值余项公式进行讨论.

2.1.3 插值余项及其估计

在利用插值多项式近似计算函数值的同时,往往还要对近似值进行误差估计. 若 $L_n(x)$为函数$f(x)$在区间$[a,b]$上的插值多项式,则称

$$R_n(x) = f(x) - L_n(x) \quad (x \in [a,b])$$

为 $L_n(x)$的余项.

定理 2.2 设 $x_0, x_1, \cdots, x_n$ 为$[a,b]$上的相异节点,$f(x) \in C^{n+1}[a,b]$,L_n 为满足插值条件(2.1.4)的 n 次插值多项式,则对于任何 $x \in [a,b]$,存在 $\xi = \xi(x) \in (a,b)$,使得

$$R_n(x) = \frac{f^{(n+1)}(\xi)}{(n+1)!}\omega_{n+1}(x), \tag{2.1.5}$$

其中 $\omega_{n+1}(x) = (x - x_0)(x - x_1)\cdots(x - x_n)$.

证 当 $x = x_i\ (i = 0,1,\cdots,n)$时,$R_n(x_i) = f(x_i) - L_n(x_i) = 0$,(2.1.5)式显然成立. 下设 $x \in [a,b]$,$x \neq x_i\ (i = 0,1,\cdots,n)$,并使其固定. 引入辅助函数

$$G(t) = R_n(t) - \frac{\omega_{n+1}(t)}{\omega_{n+1}(x)} R_n(x).$$

由于 $f(x) \in C^{n+1}[a,b]$,$\omega_{n+1} \in C^{n+1}[a,b]$,所以 $G \in C^{n+1}[a,b]$. 注意到 $G(x_i) = 0\ (i = 0,1,\cdots,n)$,$G(x) = 0$,从而 G 在$[a,b]$上有 $n+2$ 个零点. 应用 Rolle① 定理,存在 $\xi_j^{(1)} \in (a,b)\ (j = 1,2,\cdots,n+1)$使得

$$G'(\xi_j^{(1)}) = 0 \quad (j = 1,2,\cdots,n+1).$$

重复应用 Rolle 定理有

$$G''(\xi_j^{(2)}) = 0 \quad (j = 1,2,\cdots,n),$$
$$G'''(\xi_j^{(3)}) = 0 \quad (j = 1,2,\cdots,n-1),$$
$$\cdots\cdots$$
$$G^{(n)}(\xi_j^{(n)}) = 0 \quad (j = 1,2),$$
$$G^{(n+1)}(\xi) = 0.$$

---

① 罗尔(Michel Rolle,1652～1719)是法国数学家. 他在代数方面做出了重要贡献.

由于

$$G^{(n+1)}(t) = R_n^{(n+1)}(t) - \frac{R_n(x)}{\omega_{n+1}(x)} \frac{\mathrm{d}^{n+1}}{\mathrm{d}t^{n+1}} \omega_{n+1}(t)$$
$$= f^{(n+1)}(t) - \frac{R_n(x)}{\omega_{n+1}(x)}(n+1)!,$$

所以有

$$G^{(n+1)}(\xi) = f^{(n+1)}(\xi) - \frac{R_n(x)}{\omega_{n+1}(x)}(n+1)!.$$

由于 ξ 依赖于 $x_0, x_1, \cdots, x_n, x$，而 $x_i (i=0,1,\cdots,n)$ 是给定的插值节点，所以 $\xi = \xi(x)$. 从而有

$$R_n(x) = \frac{f^{(n+1)}(\xi)}{(n+1)!} \omega_{n+1}(x).$$

推论 2.1 在定理 2.2 的条件下，若 $\max\limits_{a \leqslant x \leqslant b} |f^{(n+1)}(x)| \leqslant M$，则

$$|R_n(x)| \leqslant \frac{M}{(n+1)!} |\omega_{n+1}(x)|. \tag{2.1.6}$$

推论 2.2 设 $a = x_0 < x_1 < \cdots < x_n = b$，$h = \max\limits_{1 \leqslant j \leqslant n} (x_j - x_{j-1})$，$f \in C^{n+1}[a, b]$，$L_n$ 为 f 的 n 次插值多项式，则

$$\| f - L_n \|_\infty \leqslant \frac{h^{n+1}}{4(n+1)} \| f^{(n+1)} \|_\infty. \tag{2.1.7}$$

证 任取 $x \in [a, b]$，则可设 x 属于 $[a, b]$ 的一个子空间，不妨设为 $[x_k, x_{k+1}]$. 由此有

$$|(x - x_k)(x - x_{k+1})| \leqslant \frac{h^2}{4},$$
$$|x - x_{k+2}| \leqslant 2h,$$
$$\cdots\cdots$$
$$|x - x_n| \leqslant (n-k)h,$$
$$|x - x_{k-1}| \leqslant 2h,$$
$$|x - x_0| \leqslant (k+1)h,$$

因此有

$$|\omega_{n+1}(x)| \leqslant \frac{n!}{4} h^{n+1}.$$

此不等式与(2.1.6)式相结合有

$$|f(x) - L_n(x)| \leqslant \frac{h^{n+1}}{4(n+1)} \| f^{(n+1)} \|_\infty \quad (\forall x \in [a, b]),$$

从而得到(2.1.7)式.

利用(2.1.7)式可以估计例 2.1 中三次 Lagrange 插值多项式的误差界. 取 $[a, b] = [0.40, 0.80]$，$h = 0.20$，由 $f^{(4)}(x) = \frac{\mathrm{d}^4}{\mathrm{d}x^4} \ln x = -6x^{-4}$，得 $\| f^{(4)} \|_\infty =$

234.375.从而

$$|\ln x - L_3(x)| \leqslant 0.234375 \times 10^{-1} \quad (x \in [0.40, 0.80]).$$

而实际计算中在 $x = 0.60$ 处的误差是 $\ln 0.60 - L_3(0.60) = -0.85 \times 10^{-3}$.

例 2.2 设 $x_0, x_1, \cdots, x_n$ 为相异节点,$l_i\,(i=0,1,\cdots,n)$为 $n+1$ 个 n 次 Lagrange 插值基函数,试证明:

$$\sum_{i=0}^{n} x_i^k l_i(x) = x^k \quad (k = 0,1,\cdots,n).$$

证 对于 $k=0,1,\cdots,n$,令 $f(x)=x^k$,则 f 的 n 次 Lagrange 插值多项式为

$$L_n(x) = \sum_{i=0}^{n} x_i^k l_i(x),$$

相应的余项为

$$R_n(x) = f(x) - L_n(x) = \frac{f^{(n+1)}(\xi)}{(n+1)!}\omega_{n+1}(x).$$

由于 $k \leqslant n$,所以有

$$\frac{\mathrm{d}^{n+1} x^k}{\mathrm{d} t^{n+1}} = 0 \quad (k = 0,1,\cdots,n),$$

因此有 $R_n(x)=0$,从而得出

$$x^k = L_n(x),$$

即

$$\sum_{i=0}^{n} x_i^k l_i(x) = x^k.$$

特别地,若 $k=0$,则有

$$\sum_{i=0}^{n} l_i(x) = 1. \tag{2.1.8}$$

此式表明,n 次 Lagrange 插值多项式的基函数之和为 1.

2.1.4 线性插值与二次插值

在实际中,低次插值多项式较为常用.

线性插值 设节点 $x_0 < x_1$, $f(x_0)$,$f(x_1)$已知.线性插值多项式 L_1 的两个一次 Lagrange 插值基函数为

$$l_0(x) = \frac{x - x_1}{x_0 - x_1}, \quad l_1(x) = \frac{x - x_0}{x_1 - x_0}.$$

相应的一次 Lagrange 插值多项式为

$$L_1(x) = f(x_0)\,l_0(x) + f(x_1)\,l_1(x).$$

若 $f(x) \in C^2[x_0, x_1]$,则有余项公式

$$R_1(x) = \frac{1}{2} f''(\xi)(x - x_0)(x - x_1),$$

相应的余项估计为

$$R_1(x) \leqslant \frac{1}{8}(x_1 - x_0)^2 \max_{x \in [x_0, x_1]} |f''(x)| \quad (x \in [x_0, x_1]).$$

二次插值 由于二次插值多项式的图形为抛物线，因此二次插值也称为**抛物线插值**. 设节点 $x_0 < x_1 < x_2$，在节点上给定函数值 $f(x_0)$，$f(x_1)$，$f(x_2)$，则对应的二次插值多项式 L_2 的三个二次 Lagrange 插值基函数为

$$l_0(x) = \frac{(x - x_1)(x - x_2)}{(x_0 - x_1)(x_0 - x_2)},$$

$$l_1(x) = \frac{(x - x_0)(x - x_2)}{(x_1 - x_0)(x_1 - x_2)},$$

$$l_2(x) = \frac{(x - x_0)(x - x_1)}{(x_2 - x_0)(x_2 - x_1)}.$$

相应的二次 Lagrange 插值多项式为

$$L_2(x) = f(x_0) l_0(x) + f(x_1) l_1(x) + f(x_2) l_2(x).$$

若 $f(x) \in C^3[x_0, x_2]$，则有余项公式

$$R_2(x) = \frac{1}{6} f'''(\xi)(x - x_0)(x - x_1)(x - x_2),$$

相应的余项估计为

$$R_2(x) \leqslant \frac{h^3}{12} \max_{x \in [x_0, x_2]} |f'''(x)| \quad (x \in [x_0, x_2]), \tag{2.1.9}$$

其中 $h = \max\{x_1 - x_0, x_2 - x_1\}$.

对于等距节点 x_0, x_1, x_2，令 $x = x_1 + th\ (t \in [-1, 1])$. 此时有 $x_0 = x_1 - h$，$x_2 = x_1 + h$.

$$\omega_3(x) = (x - x_0)(x - x_1)(x - x_2) = h^3 t(t^2 - 1).$$

令 $\varphi(t) = h^3 t(t^2 - 1)$ 为 $t \in [-1, 1]$ 的函数，$\varphi(t) = h^3(3t^2 - 1)$，其零点为 $\pm\frac{\sqrt{3}}{3}$. 从而有

$$\max_{-1 \leqslant t \leqslant 1} |\varphi(t)| = \max\left\{ |\varphi(-1)|, \left|\varphi\left(-\frac{\sqrt{3}}{3}\right)\right|, \left|\varphi\left(\frac{\sqrt{3}}{3}\right)\right|, |\varphi(1)| \right\} = \frac{2\sqrt{3}}{9} h^3,$$

即在等距节点情形有

$$|\omega_3(x)| = |(x - x_0)(x - x_1)(x - x_2)|$$

$$\leqslant \frac{\sqrt{3}}{27} h^3 \max_{x \in [x_0, x_2]} |f'''(x)| \quad (x \in [x_0, x_2]). \tag{2.1.10}$$

例 2.3 考虑在[0.0,1.2]上的函数 $f(x) = \cos x$.

(1) 用节点 $x_0 = 0.0$，$x_1 = 1.2$ 构造一次 Lagrange 插值多项式 $L_1(x)$；

(2) 用节点 $x_0 = 0.0$，$x_1 = 0.6$ 和 $x_2 = 1.2$ 构造二次 Lagrange 插值多项式 $L_2(x)$；

(3) 给出 $x = 1.0$ 处的插值误差及相应的误差估计.

解 (1) 节点 $x_0=0.0$，$x_1=1.2$ 的一次 Lagrange 插值基函数

$$l_0(x)=-\frac{1}{1.2}(x-1.2),\quad l_1(x)=\frac{1}{1.2}x.$$

函数值

$$f(x_0)=1,\quad f(x_1)=\cos(1.2)=0.362358.$$

相应的一次 Lagrange 插值多项式为

$$L_1(x)=f(x_0)l_0(x)+f(x_1)l_1(x)=-0.833333(x-1.2)+0.301965x.$$

(2) 节点 $x_0=0.0$，$x_1=0.6$ 和 $x_2=1.2$ 的二次 Lagrange 插值基函数

$$l_0(x)=\frac{(x-0.6)(x-1.2)}{(0.0-0.6)(0.0-1.2)},\quad l_1(x)=\frac{(x-0.0)(x-1.2)}{(0.6-0.0)(0.6-1.2)},$$

$$l_2(x)=\frac{(x-0.0)(x-0.6)}{(1.2-0.0)(1.2-0.6)}.$$

函数值

$$f(x_0)=1,\quad f(x_1)=\cos(0.6)=0.825336,\quad f(x_2)=\cos(1.2)=0.362358.$$

相应的二次 Lagrange 插值多项式为

$$\begin{aligned}L_2(x)&=f(x_0)l_0(x)+f(x_1)l_1(x)+f(x_2)l_2(x)\\&=1.388889(x-0.6)(x-1.2)-2.292599x(x-1.2)\\&\quad+0.503275x(x-0.6).\end{aligned}$$

(3) 在 $x=1.0$ 处有

$$|f(1.0)-L_1(1.0)|=0.540302-0.468632=0.071670,$$

$$|f(1.0)-L_2(1.0)|=0.540302-0.548719=-0.8417\times10^{-2}.$$

可以看出，在 $x=1.0$ 处 L_2 近似得更好. 注意到

$$f'(x)=-\sin x,\quad f''(x)=-\cos x,\quad f'''(x)=\sin x,$$

所以有

$$|f(x)-L_1(x)|\leqslant\frac{1}{8}1.2^2\max_{x\in[0.0,1.2]}|-\cos x|=0.18,$$

$$|f(x)-L_2(x)|\leqslant\frac{\sqrt{3}}{27}0.6^3\max_{x\in[0.0,1.2]}|\sin x|=0.129147\times10^{-1}.$$

2.1.5 插值多项式的收敛性与 Runge 现象

由定理 2.2 的推论 2.2 可知，如果被插值函数的任意阶导数一致有界，则插值多项式可以收敛到被插值函数.

例 2.4 设 $f(x)=\sin x\,(x\in[0,\pi])$，$x_0,x_1,\cdots,x_n\in[0,\pi]$ 为 $n+1$ 个插值相异节点，则 $L_n(x)=\sum_{j=0}^{n}f(x_j)l_j(x)$ 在 $[0,\pi]$ 上一致收敛于 $f(x)$.

证 因为

$$|f^{(n+1)}(x)|\leqslant1\quad(x\in[0,\pi]),$$

$$|\omega_{n+1}(x)| \leqslant \pi^{n+1} \quad (x \in [0,\pi]).$$

从而

$$|R_n(x)| \leqslant \frac{1}{(n+1)!}\pi^{n+1} \quad (x \in [0,\pi]).$$

根据定理 2.2 的推论 2.2,插值多项式一致收敛到被插值函数 $f(x)$.

一般情况下,被插值函数的任意阶导数一致有界的要求很难达到.一旦这一要求不满足,即使插值节点数 $n\to\infty$,插值多项式也不一定收敛于被插值函数.Runge 于 1901 年研究了如下例子.

例 2.5 设 $f(x)=\dfrac{1}{1+x^2}(x\in[-5,5])$,对等距节点 $x_j=-5+jh\ (j=0,1,\cdots,10)$,$h=1.0$,作出 10 次 Lagrange 插值多项式.

解 在给定节点处的 10 次 Lagrange 插值多项式为

$$L_n(x)=\sum_{j=0}^{n}\frac{1}{1+x_j^2}\frac{\omega_{n+1}(x)}{(x-x_j)\omega'_{n+1}(x)},$$

其具体表达式为

$$\begin{aligned}L_n(x)=&-220.9417x^{10}-0.12\times10^{-9}x^9+494.9095x^8+0.22\times10^{-5}x^7\\&-381.4338x^6-0.70\times10^{-6}x^5+123.3597x^4+0.11\times10^{-6}x^3\\&-16.8552x^2-0.20\times10^{-8}x+1.0000.\end{aligned}$$

令 $x_{n-1/2}=\dfrac{1}{2}(x_{n-1}+x_n)$,则 $x_{n-1/2}=5-\dfrac{5}{n}$,表 2.3 列出了当 $n=2,4,\cdots,20$ 时的 $L_n(x_{n-1/2})$的绝对值的计算结果及在 $x_{n-1/2}$上的误差 $R_n(x_{n-1/2})$.可以看出,随着 n 的增加,$|R_n(x_{n-1/2})|$几乎成倍地增加.这表明当 $n\to\infty$时,L_n 在$[-5,5]$上不收敛.Runge 证明了,存在一个常数 $c\approx3.63$,使得当$|x|\leqslant c$ 时,$L_n(x)$收敛于 $f(x)$,而当$|x|>c$ 时,$L_n(x)$发散.

表 2.3

x_k	$f(x_{n-1/2})$	$L_n(x_{n-1/2})$	$R(x_{n-1/2})$
2	0.137931	0.759615	−0.621684
4	0.066390	−0.356826	0.423216
6	0.054463	0.607879	−0.553416
8	0.049651	−0.0831017	0.880668
10	0.047059	1.578721	−1.531662
12	0.045440	−2.755000	2.800440
14	0.044334	5.332743	−5.288409
16	0.043530	−10.173867	10.217397
18	0.042920	20.123671	−20.080751
20	0.042440	−39.952440	39.994889

下面画出 $y=L_{10}(x)$及 $y=f(x)$在$[-5,5]$上的图形,如图 2.2 所示.从图中

可见,在 $x=\pm 5$ 附近,$L_{10}(x)$ 与 $f(x)$ 相差甚远,这种振荡现象称为 **Runge**[①] **现象**.

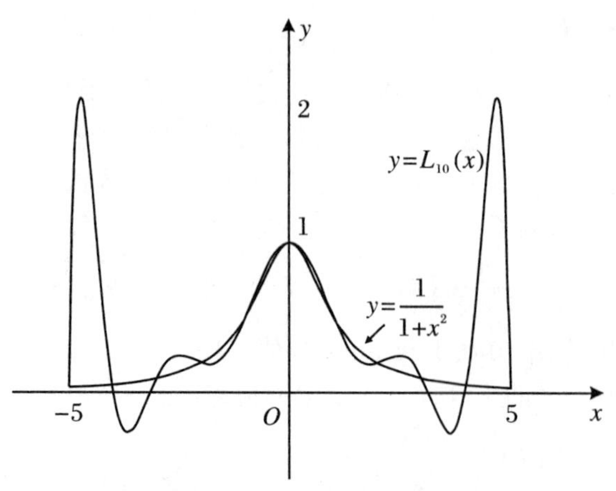

图 2.2　Runge 现象示意图

大量的数值实验结果表明,对于 7 次以上的高次插值,极易产生 Runge 现象.因此,在实际中高次插值很少使用.避免出现 Runge 现象的一个常用方法是,将插值区间 $[a,b]$ 分成分成若干小区间,在小区间内用低次(二次或三次)插值,即分段低次插值,最常用的是三次样条函数插值.

2.2　均差与 Newton 插值

Lagrange 插值多项式结构简单紧凑,在理论分析中较为方便,在数值积分和常微分方程数值方法中也经常使用.但在使用 Lagrange 插值多项式过程中也存在不甚方便之处.例如,当插值节点增加、减少时,构造插值多项式的基函数均需要重新构造,这在实际计算中极为不便,而本节讨论的 Newton[②] 插值多项式可以克服这一缺陷.Newton 插值多项式中需要均差作为工具,因此先讨论均差及其性质.

2.2.1　均差及其性质

设函数 f 在 $n+1$ 个不同节点 $x_0,x_1,\cdots,x_n$ 上的值为 $f(x_0),f(x_1),\cdots,$

---

① 龙格(Carl David Tolmé Runge,1856～1927)是德国数学家、物理学家和光谱学家.他以微分方程数值解法、Runge-Kutta 法而著名.

② 牛顿(Isaac Newton,1642～1727)是英国数学家、物理学家、天文学家、哲学家.他在众多领域,尤其在物理学、天文学和数学方面做出了杰出的贡献,被公认为有史以来最伟大的科学家之一.

$f(x_n)$,则分别称

$$f[x_k]=f(x_k),$$

$$f[x_k,x_{k+1}]=\frac{f[x_{k+1}]-f[x_k]}{x_{k+1}-x_k},$$

$$f[x_k,x_{k+1},x_{k+2}]=\frac{f[x_{k+1},x_{k+2}]-f[x_k,x_{k+1}]}{x_{k+2}-x_k}$$

为 f 在 x_k 上的**零阶均差**、在 x_k,x_{k+1} 上的**一阶均差**和在 x_k,x_{k+1},x_{k+2} 上的**二阶均差**.一般地,称

$$f[x_k,x_{k+1},\cdots,x_{k+j}]=\frac{f[x_{k+1},\cdots,x_{k+j}]-f[x_k,\cdots,x_{k+j-1}]}{x_{k+j}-x_k} \quad (2.2.1)$$

为 f 在节点 $x_k,x_{k+1},\cdots,x_{k+j}$ 上的 **j 阶均差**,其中 $f[x_{k+1},\cdots,x_{k+j}]$,$f[x_k,\cdots,x_{k+j-1}]$分别为 f 在节点 $x_{k+1},\cdots,x_{k+j}$ 和 $x_k,\cdots,x_{k+j-1}$ 上的 $j-1$ 阶均差.

在实际计算中,一般都采用列表方法,各阶均差见表 2.4.

表 2.4

x_k	$f(x_k)$	一阶均差	二阶均差	三阶均差
x_0	$f(x_0)$			
x_1	$f(x_1)$	$f[x_0,x_1]$		
x_2	$f(x_2)$	$f[x_1,x_2]$	$f[x_0,x_1,x_2]$	
x_3	$f(x_3)$	$f[x_2,x_3]$	$f[x_1,x_2,x_3]$	$f[x_0,x_1,x_2,x_3]$

例 2.6 给定节点 $x_0=0,x_1=1,x_2=3,x_3=4$ 和相应的函数值 $f(x_0)=0$,$f(x_1)=2,f(x_2)=8,f(x_3)=9$,试列出均差表.

各阶均差见表 2.5.

表 2.5

x_k	$f(x_k)$	一阶均差	二阶均差	三阶均差
0	0			
1	2	2		
3	8	3	1/3	
4	9	1	-2/3	-1/4

下面给出均差的一些重要性质.

性质 2.1 k 阶均差 $f[x_0,x_1,\cdots,x_k]$是函数值 $f(x_0),f(x_1),\cdots,f(x_k)$的线性组合

$$f[x_0,x_1,\cdots,x_k]=\sum_{j=0}^{k}\frac{f(x_j)}{(x_j-x_0)\cdots(x_j-x_{j-1})(x_j-x_{j+1})(x_j-x_k)}. \quad (2.2.2)$$

证　用数学归纳法证明.当 $k=1$ 时有

$$f[x_0,x_1]=\frac{f(x_1)-f(x_0)}{x_1-x_0}=\frac{f(x_0)}{x_0-x_1}+\frac{f(x_1)}{x_1-x_0},$$

(2.2.2)式成立.下设 $k=m-1$ 时(2.2.2)式成立,即有

$$f[x_0,x_1,\cdots,x_{m-1}]=\sum_{j=0}^{m-1}\frac{f(x_j)}{(x_j-x_0)\cdots(x_j-x_{j-1})(x_j-x_{j+1})(x_j-x_{m-1})}$$

和

$$f[x_1,x_2,\cdots,x_m]=\sum_{j=1}^{m}\frac{f(x_j)}{(x_j-x_1)\cdots(x_j-x_{j-1})(x_j-x_{j+1})(x_j-x_m)}.$$

由 m 阶均差的定义及归纳假设有

$$\begin{aligned}f[x_0,x_1,\cdots,x_m]&=\frac{1}{x_0-x_m}(f[x_0,x_1,\cdots,x_{m-1}]-f[x_1,x_2,\cdots,x_m])\\&=\frac{1}{x_0-x_m}\cdot\frac{f(x_0)}{(x_0-x_1)(x_0-x_2)\cdots(x_0-x_{m-1})}\\&\quad+\frac{1}{x_0-x_m}\sum_{j=1}^{m-1}\frac{f(x_j)}{(x_j-x_0)\cdots(x_j-x_{j-1})(x_j-x_{j+1})(x_j-x_{m-1})}\\&\quad\cdot\left(\frac{1}{x_j-x_0}-\frac{1}{x_j-x_m}\right)\\&\quad+\frac{1}{x_m-x_0}\cdot\frac{f(x_m)}{(x_m-x_1)(x_m-x_2)\cdots(x_m-x_{m-1})}\\&=\sum_{j=0}^{m}\frac{f(x_j)}{(x_j-x_0)\cdots(x_j-x_{j-1})(x_j-x_{j+1})(x_j-x_m)}.\end{aligned}$$

性质 2.2　均差对于定义的节点是对称的,即任意改变均差中节点的次序,$f[x_0,x_1,\cdots,x_k]$的值不变.

性质 2.3　如果 $f[x,x_0,x_1,\cdots,x_k]$是 x 的 m 次多项式,则 $f[x,x_0,x_1,\cdots,x_k,x_{k+1}]$是 x 的 $m-1$ 次多项式.

证　由均差定义有

$$f[x,x_0,x_1,\cdots,x_k,x_{k+1}]=\frac{f[x,x_0,x_1,\cdots,x_k]-f[x,x_1,\cdots,x_k,x_{k+1}]}{x-x_{k+1}}.$$

此等式的右端分子为 x 的 m 次多项式,且当 $x=x_{k+1}$时为零,所以分子含有因子 $x-x_{k+1}$.当分子和分母同时约去因子 $x-x_{k+1}$后,右端即为 $m-1$ 次多项式.

推论 2.3　若 $f\in P_n$,则 $f[x,x_0,x_1,\cdots,x_n]$恒等于零.

性质 2.4　若 $f\in C^n[a,b]$, $x_j\in[a,b](j=0,1,\cdots,n)$为相异节点,则

$$f[x_0,x_1,\cdots,x_n]=\frac{1}{n!}f^{(n)}(\xi),\tag{2.2.3}$$

其中 $\xi\in(a,b)$.

性质 2.4 在 Newton 插值公式余项的讨论中给出证明.

2.2.2 Newton 插值多项式

设 x,x_0,x_1 为相异节点,则函数 f 关于这三个节点的二阶均差为

$$f[x,x_0,x_1]=\frac{f[x_0,x_1]-f[x,x_0]}{x_1-x}.$$

上式改写为

$$f[x_0,x_1]-f[x,x_0]=(x_1-x)f[x,x_0,x_1].$$

注意到

$$f[x,x_0]=\frac{f(x_0)-f(x)}{x_0-x},$$

将此式代入上式并用 x_0-x 乘以两边即得到

$$(x_0-x)f[x_0,x_1]-[f(x_0)-f(x)]=(x_0-x)(x_1-x)f[x,x_0,x_1],$$

即

$$f(x)=f(x_0)+(x-x_0)f[x_0,x_1]+(x-x_0)(x-x_1)f[x_0,x_1,x]. \tag{2.2.4}$$

如果将 x 作为变量,则上式就给出了函数 f 的表达式.若令

$$N_1(x)=f(x_0)+(x-x_0)f[x_0,x_1],$$

则

$$N_1(x_0)=f(x_0),$$
$$N_1(x_1)=f(x_1).$$

由此可见,N_1 为满足上述插值条件的一次插值多项式.利用插值多项式的唯一性,N_1 即为一次 Lagrange 插值多项式 L_1.由此给出了 L_1 的另一个表达形式,即用均差来表示.N_1 称为**一次 Newton 插值多项式**.

下面来推导一般的 Newton 插值多项式.设 $x,x_0,x_1,\cdots,x_n$ 为相异节点,因为

$$f[x,x_0,x_1,x_2]=\frac{1}{x_2-x}(f[x_0,x_1,x_2]-f[x,x_0,x_1]),$$

从而有

$$f[x,x_0,x_1]=f[x_0,x_1,x_2]+(x-x_2)f[x,x_0,x_1,x_2].$$

类似地,有

$$f[x,x_0,x_1,x_2]=f[x_0,x_1,x_2,x_3]+(x-x_3)f[x,x_0,x_1,x_2,x_3],$$

$$\cdots\cdots$$

$$f[x,x_0,\cdots,x_n]=f[x_0,x_1,\cdots,x_n]+(x-x_n)f[x,x_0,x_1,\cdots,x_n].$$

依次将后一式代入前一式,并应用(2.2.4)式可以得到

$$\begin{aligned}f(x)=&f(x_0)+f[x_0,x_1](x-x_0)+f[x_0,x_1,x_2](x-x_0)(x-x_1)\\&+\cdots+f[x_0,x_1,\cdots,x_n](x-x_0)(x-x_1)\cdots(x-x_{n-1})\\&+f[x,x_0,x_1,\cdots,x_n](x-x_0)(x-x_1)\cdots(x-x_{n-1})(x-x_n).\end{aligned}$$

将 x 作为变量,并令

$$N_n(x)=f(x_0)+f[x_0,x_1](x-x_0)+f[x_0,x_1,x_2](x-x_0)(x-x_1)+\cdots+f[x_0,x_1,\cdots,x_n](x-x_0)(x-x_1)\cdots(x-x_{n-1}),\quad(2.2.5)$$

则有

$$f(x)=N_n(x)+f[x,x_0,x_1,\cdots,x_n](x-x_0)(x-x_1)\cdots(x-x_{n-1})(x-x_n).\quad(2.2.6)$$

利用均差性质,可以验证 N_n 满足插值条件

$$N_n(x_i)=f(x_i)\quad(i=0,1,\cdots,n),$$

并且 $N_n\in \boldsymbol{P}_n$. 由插值多项式的唯一性,可以得到 $N_n=L_n$,即 N_n 为满足插值条件的 n 次 Lagrange 插值多项式. (2.2.5)式称为 **n 次 Newton 插值多项式**.

利用(2.2.6)式有

$$R_n(x)=f(x)-N_n(x)=f[x,x_0,x_1,\cdots,x_n](x-x_0)(x-x_1)\cdots(x-x_n),\quad(2.2.7)$$

此余项称为插值多项式 N_n 的**均差形式余项**.

设 $f\in C^{n+1}[\min\limits_i\{x_i\},\max\limits_i\{x_i\}]$,则由于 $N_n=L_n$,所以有

$$f[x,x_0,x_1,\cdots,x_n](x-x_0)(x-x_1)\cdots(x-x_n)=\frac{f^{(n+1)}(\xi)}{(n+1)!}\omega_{n+1}(x).$$

此式即证明了均差性质 2.4.

相应于均差形式余项,称余项

$$R_n(x)=\frac{f^{(n+1)}(\xi)}{(n+1)!}\omega_{n+1}(x)$$

为**微分形式的余项**. 显然,均差形式的余项给定 x 后可以求出其值,但没有给出更多信息;微分形式的余项对函数的光滑性要求较高,但由此可对余项进行估计.

例 2.7 设 $x_k=k(k=0,1,2,3)$, $f(x)=\cos x$. 试构造均差表及 1 次、2 次、3 次 Newton 插值多项式 N_1,N_2,N_3.

解 先构造出均差表,见表 2.6.

表 2.6

x_k	$f(x_k)$	一阶均差	二阶均差	三阶均差
0.0	1.0			
1.0	0.5403	−0.4597		
2.0	−0.4161	−0.9564	−0.2484	
3.0	−0.9900	−0.5739	0.1913	0.1466

取 $x_0=0.0, x_1=1.0$ 得

$$N_1(x)=1.0-0.4597x.$$

取 $x_0=0.0, x_1=1.0, x_2=2.0$ 得

$$N_2(x)=1.0-0.4597x-0.2484x(x-1.0).$$

取 $x_0=0.0, x_1=1.0, x_2=2.0, x_3=3.0$ 得

$$N_3(x)=1.0-0.4597x-0.2484x(x-1.0)+0.1466x(x-1.0)(x-2.0).$$

这三个 Newton 插值多项式在 $x=0.5$ 处的实际误差为

$$|f(0.5)-N_1(0.5)|=0.1074,$$
$$|f(0.5)-N_2(0.5)|=0.0453,$$
$$|f(0.5)-N_3(0.5)|=0.0096.$$

由于被插函数 $f(x)=\cos x$ 是任意光滑的,因此可以用余项来进行误差估计.

$$|f(x)-N_1(x)|\leqslant\left|\frac{f''(\xi)}{2!}(x-x_0)(x-x_1)\right|$$
$$\leqslant\frac{1}{8}=0.125\quad(x\in[0.0,1.0]),$$
$$|f(x)-N_2(x)|\leqslant\frac{f'''(\xi)}{3!}(x-x_0)(x-x_1)(x-x_2)$$
$$\leqslant\frac{\sqrt{3}}{27}=0.0642\quad(x\in[0.0,2.0]).$$

对 $N_3(x)$的误差估计,先要估计 $\omega_4(x)=(x-x_0)(x-x_1)(x-x_2)(x-x_3)(x\in[0.0,3.0])$. 当 $x\in[0.0,1.0]\cup[2.0,3.0]$时,$|\omega_4(x)|\leqslant\frac{2}{9}\sqrt{3}\cdot 3=\frac{2}{3}\sqrt{3}$;当 $x\in[1.0,2.0]$时,$|\omega_4(x)|\leqslant\frac{4}{9}\sqrt{3}$. 因此

$$|\omega_4(x)|\leqslant\frac{2}{3}\sqrt{3}\quad(x\in[0.0,3.0]),$$
$$|f(x)-N_3(x)|\leqslant\left|\frac{f^{(4)}(\xi)}{4!}\omega_4(x)\right|\leqslant\frac{1}{4!}\cdot\frac{2}{3}\sqrt{3}=0.0481\quad(x\in[0.0,3.0]).$$

2.2.3 差分及其性质

在实际计算中,经常遇见插值节点等距分布的情形. 此时引入差分的概念将使 Newton 插值多项式简化.

设函数 f 在等距节点 $x_k=x_0+kh\ (k=0,1,\cdots,n)$上的值为$f(x_k)$,其中 h 为步长. 下面引入一些常用记号:

$$\Delta f(x_k)=f(x_{k+1})-f(x_k),$$
$$\nabla f(x_k)=f(x_k)-f(x_{k-1}).$$

$\Delta f(x_k)$,$\nabla f(x_k)$分别称为f 在 x_k 处以步长为 h 的**向前差分**和**向后差分**. 上面定义的是一阶差分,一般地,m 阶差分可以递推定义:

$$\Delta^m f(x_k)=f^{m-1}(x_{k+1})-f^{m-1}(x_k),$$
$$\nabla^m f(x_k)=f^{m-1}(x_k)-f^{m-1}(x_{k-1}).$$

为方便起见,令

$$Ef(x_k)=f(x_{k+1}),\quad E^{-1}f(x_k)=f(x_{k-1}),$$

$$If(x_k)=f(x_k),$$

E 称为步长为 h 的**移位算子**,I 称为**单位算子**.采用这些记号,可以推导出一些有用的等式,例如:

$$f(x_{k+n})=E^n f(x_k)=(I+\Delta)^n f(x_k)=\sum_{j=0}^{n}C_n^j\Delta^j f(x_k),$$

$$\Delta^n f(x_k)=(E-I)^n f(x_k)=\sum_{j=0}^{n}(-1)^j C_n^j f(x_{n+k-j}),$$

$$\nabla^n f(x_k)=(I-E)^n f(x_k)=\sum_{j=0}^{n}(-1)^{n-j}C_n^j f(x_{k+j-n}).$$

容易推出均差与差分的关系:

$$f[x_0,x_1]=\frac{f(x_1)-f(x_0)}{x_1-x_0}=\frac{1}{h}\Delta f(x_0),$$

$$f[x_0,x_1,x_2]=\frac{1}{2h}\frac{\Delta f(x_1)-\Delta f(x_0)}{h}=\frac{1}{2h^2}\Delta^2 f(x_0).$$

一般地,当 $k\geqslant 1$ 时有

$$f[x_0,x_1,\cdots,x_k]=\frac{1}{k!h^k}\Delta^k f(x_0). \tag{2.2.8}$$

同样地,对于向后差分有

$$f[x_n,x_{n-1}]=\frac{1}{h}\nabla f(x_n),$$

$$f[x_n,x_{n-1},x_{n-2}]=\frac{1}{2h^2}\nabla^2 f(x_n).$$

一般地,有

$$f[x_n,x_{n-1},\cdots,x_{n-k}]=\frac{1}{k!h^k}\nabla^k f(x_n). \tag{2.2.9}$$

2.2.4 等距节点的 Newton 插值公式

在 Newton 插值公式(2.2.5)中,如果节点是等距分布的,则可用差分来代替均差,即可得到等距节点的 Newton 插值公式.

设 $f(x_k)=f(x_0+kh)$ $(k=0,1,\cdots,n)$ 已知,需要求在 $x=x_0+th$ $(0<t<1)$ 处的近似值,插值节点取为 $x_0,x_1,\cdots,x_n$.对于等距节点,将均差与差分的关系(2.2.8)式代入 Newton 插值公式(2.2.5)可以得到

$$N_n(x_0+th)=f(x_0)+t\Delta f(x_0)+\frac{1}{2!}t(t-1)\Delta^2 f(x_0)+\cdots$$
$$+\frac{1}{n!}t(t-1)\cdots(t-n+1)\Delta^n f(x_0). \tag{2.2.10}$$

此公式称为 **Newton 向前插值公式**.利用二项式系数的记号,(2.2.10)式可以写为

$$N_n(x_0+th)=\sum_{k=0}^{n}C_t^k\Delta^k f(x_0). \tag{2.2.11}$$

注意到

$$\omega_{n+1}(x)=\prod_{j=0}^{n}(x-x_j)=t(t-1)\cdots(t-n)h^{n+1},$$

则(2.2.11)式的余项(2.2.7)可以写成

$$R_n(x)=\frac{t(t-1)\cdots(t-n)}{(n+1)!}h^{n+1}f^{(n+1)}(\xi)\quad(\xi\in(x_0,x_n)).\tag{2.2.12}$$

如果插值节点重排次序为 $x_n,x_{n-1},\cdots,x_1,x_0$,相应的 Newton 插值公式为

$$N_n(x)=f[x_n]+f[x_n,x_{n-1}](x-x_n)+f[x_n,x_{n-1},x_{n-2}](x-x_n)(x-x_{n-1})$$
$$+\cdots+f[x_n,x_{n-1},\cdots,x_1,x_0](x-x_n)(x-x_{n-1})\cdots(x-x_1).$$

考虑到等距节点,$x=x_n+th=x_i+(t+n-i)h$,则

$$\begin{aligned}N_n(x)&=N_n(x_n+th)\\&=f[x_n]+thf[x_n,x_{n-1}]+t(t+1)h^2f[x_n,x_{n-1},x_{n-2}]\\&\quad+\cdots+t(t+1)\cdots(t+n-1)h^nf[x_n,x_{n-1},\cdots,x_1,x_0].\end{aligned}$$

利用均差与差分的关系(2.2.9),可以将上式写成

$$N_n(x)=f[x_n]+t\,\nabla f(x_n)+\frac{1}{2!}t(t+1)\nabla^2f(x_n)+\cdots$$
$$+\frac{1}{n!}t(t+1)\cdots(t+n-1)\nabla^nf(x_n).$$

如果将二项式系数记号推广到实数,并记

$$\mathrm{C}_{-t}^{k}=\frac{-t(-t-1)\cdots(-t-k+1)}{k!}=(-1)^k\frac{t(t+1)\cdots(t+k-1)}{k!},$$

则有

$$\begin{aligned}N_n(x)&=f[x_n]+(-1)\mathrm{C}_{-t}^{1}\nabla f(x_n)\\&\quad+(-1)^2\mathrm{C}_{-t}^{2}\nabla^2f(x_n)+\cdots+(-1)^n\mathrm{C}_{-t}^{n}\nabla^nf(x_n).\end{aligned}$$

此式称为 **Newton 向前差分公式**,也可记为

$$N_n(x)=f[x_n]+\sum_{k=1}^{n}(-1)^k\mathrm{C}_{-t}^{k}\nabla^kf(x_n).\tag{2.2.13}$$

相应的余项为

$$R_n(x)=\frac{t(t+1)\cdots(t+n)}{(n+1)!}h^{n+1}f^{(n+1)}(\xi)\quad(\xi\in(x_0,x_n)).\tag{2.2.14}$$

例 2.8 设 $x_0=1.0$, $h=0.05$. 给出 $f(x)=\sqrt{x}$ 在 $x_j=x_0+jh(j=0,1,\cdots,6)$ 处的值,并用 3 次等距节点插值公式求 $f(1.01)$ 和 $f(1.28)$ 的近似值.

解 用 Newton 向前插值公式(2.2.10)或(2.2.11)来计算 $f(1.01)$ 的近似值.先构造对应于均差表的差分表,见表 2.7 的上半部分.

表 2.7

k	x_k	$f(x_k)$	$\Delta f(x_k)$	$\Delta^2 f(x_k)$	$\Delta^3 f(x_k)$
0	1.00	1.00000			
1	1.05	1.02470	0.02470	−0.00059	
2	1.10	1.04881	0.02411	−0.00054	0.00005
3	1.15	1.07238	0.02357		
4	1.20	1.09544	0.02306	−0.00048	
5	1.25	1.11803	0.02259	−0.00045	0.00003
6	1.30	1.14017	0.02214		

$$
\begin{aligned}
N_3(1.01) &= N_3\left(1.00+\frac{1}{5}\times 0.05\right)\\
&= 1.00000+\frac{1}{5}\times 0.02470+\frac{1}{2!}\times\frac{1}{5}\times\left(\frac{1}{5}-1.00\right)\times(-0.00059)\\
&\quad +\frac{1}{3!}\times 5\times\left(\frac{1}{5}-1.00\right)\times\left(\frac{1}{5}-2.00\right)\times 0.00005\\
&= 1.00499.
\end{aligned}
$$

用 Newton 向后插值公式(2.2.13)计算 $f(1.28)$的近似值,可利用表 2.7 的下半部分.

$$
\begin{aligned}
N_3(1.28) &= N_3(1.30-0.4\times 0.05)\\
&= 1.14017-C_{0.4}^{1}\times 0.02214+C_{0.4}^{2}\times(-0.00045)\\
&\quad -C_{0.4}^{3}\times 0.00003\\
&= 1.13137.
\end{aligned}
$$

$f(1.01)$和 $f(1.28)$的真值为 1.00498756 和 1.13137085. 由此可见,计算是相当精确的.

2.3 Hermite 插值

Lagrange 和 Newton 插值仅要求插值多项式与被插值函数在插值节点上的值相等. 若除了上述要求外,还要求它们在节点上的一阶导数甚至高阶导数相等,则称满足这种条件的插值多项式为 **Hermite**[①] **插值多项式**. 本节主要讨论在插值节

① 埃尔米特(Charles Hermite,1822~1901)是法国数学家. 埃尔米特的研究领域涉及数论、二次型、变分理论、正交多项式、椭圆方程和代数. 他最重要的数学成就有:用椭圆函数求出五次方程的一般解以及证明了 e 是超越数等.

点上插值函数与被插值函数的函数值和一阶导数值相等的 Hermite 插值.

2.3.1 Hermite 插值多项式

给定 $n+1$ 个相异的插值节点,不妨设为 $a\leqslant x_0<x_1<\cdots<x_n\leqslant b$,并且记 $y_j=f(x_j),m_j=f'(x_j)(j=0,1,\cdots,n)$.要求一个 $2n+1$ 次插值多项式 $H_{2n+1}\in\boldsymbol{P}_{2n+1}$,满足插值条件

$$\begin{cases}H_{2n+1}(x_j)=y_j\\H'_{2n+1}(x_j)=m_j\end{cases}\quad(j=0,1,\cdots,n).\tag{2.3.1}$$

Hermite 插值多项式 H_{2n+1} 可以采用类似于 Lagrange 插值多项式的方法来构造.先构造两组插值基函数 $\alpha_j,\beta_j(j=0,1,\cdots,n)$,每个基函数为 $2n+1$ 次多项式,并满足如下条件:

$$\begin{cases}\alpha_j(x_k)=\delta_{jk},\ \alpha'_j(x_k)=0,\\\beta_j(x_k)=0,\ \beta'_j(x_k)=\delta_{jk}.\end{cases}\tag{2.3.2}$$

利用 $\alpha_j,\beta_j(j=0,1,\cdots,n)$来构造多项式

$$H_{2n+1}(x)=\sum_{j=0}^{n}[y_j\alpha_j(x)+m_j\beta_j(x)].\tag{2.3.3}$$

由于 $\alpha_j,\beta_j\in\boldsymbol{P}_{2n+1}$,所以 $H_{2n+1}\in\boldsymbol{P}_{2n+1}$.由基函数条件(2.3.2)可以得到 H_{2n+1} 满足插值条件(2.3.1).

下面来确定 $\alpha_j,\beta_j(j=0,1,\cdots,n)$满足条件(2.3.2).考虑到 n 次 Lagrange 插值多项式的基函数

$$l_j(x)=\prod_{n}\frac{x-x_i}{x_j-x_i}\quad(j=0,1,\cdots,n)$$

为 n 次多项式,并有 $l_j(x_k)=\delta_{jk}(k=0,1,\cdots,n)$.令

$$\alpha_j(x)=(ax+b)l_j^2(x),$$

则 $\alpha_j\in\boldsymbol{P}_{2n+1}(j=0,1,\cdots,n)$.要使 α_j 满足条件(2.3.2)的第一式,必须要求

$$\begin{cases}ax_j+b=1,\\a+2l'_j(x_j)=0.\end{cases}$$

由此解出 $a=-2l'_j(x_j),b=1+2x_jl'_j(x_j)$,从而得出

$$\alpha_j(x)=[1-2l'_j(x_j)(x-x_j)]l_j^2(x)\quad(j=0,1,\cdots,n).\tag{2.3.4}$$

同样地,令

$$\beta_j(x)=(ax+b)l_j^2(x)\quad(j=0,1,\cdots,n),$$

由 $\beta_j(x_j)=0$,得出 $ax_j+b=0$.由

$$\beta'_j(x_j)=al_j^2(x)+2(ax_j+b)l_j(x_j)l'_j(x_j)=1$$

得 $a=1$,再由 $ax_j+b=0$ 得 $b=-x_j$.从而得出

$$\beta_j(x)=(x-x_j)l_j^2(x)\quad(j=0,1,\cdots,n).\tag{2.3.5}$$

由(2.3.4),(2.3.5)及(2.3.3)式完全确定了满足插值条件(2.3.1)的 $2n+1$ 次 Hermite 多项式 H_{2n+1}.

下面讨论 Hermite 插值多项式的唯一性问题.假定还有一个次数 $\leqslant 2n+1$ 的多项式 G_{2n+1} 满足插值条件(2.3.1).令

$$P_{2n+1} = H_{2n+1} - G_{2n+1},$$

由(2.3.1)式得出

$$P_{2n+1}(x_j) = P'_{2n+1}(x_j) = 0 \quad (j = 0,1,\cdots,n),$$

$P_{2n+1} \in \boldsymbol{P}_{2n+1}$,且其有 $n+1$ 个二重零点 $x_0, x_1, \cdots, x_n$.根据代数定理,P_{2n+1} 为零多项式,从而 $G_{2n+1} = H_{2n+1}$.

根据上述讨论可得如下定理:

定理 2.3 设 $f(x) \in C^1[a,b]$,相异节点 $x_0, x_1, \cdots, x_n \in [a,b]$,则存在唯一的多项式 $H_{2n+1} \in \boldsymbol{P}_{2n+1}$ 满足插值条件(2.3.1).H_{2n+1} 可由(2.3.3),(2.3.4)和(2.3.5)式给出.

H_{2n+1} 称为 $2n+1$ 次 Hermite 插值多项式.

仿照 n 次 Lagrange 插值多项式余项的证明,可以得到 $2n+1$ 次 Hermite 插值多项式的余项.

定理 2.4 设 $f(x) \in C^{2n+2}[a,b]$,相异节点 $x_0, x_1, \cdots, x_n \in [a,b]$,$H_{2n+1}$ 为满足插值条件(2.3.1)的 $2n+1$ 次 Hermite 插值多项式,则对任意 $x \in [a,b]$,存在 $\xi = \xi(x) \in (a,b)$,使得

$$R_{2n+1}(x) = f(x) - H_{2n+1}(x) = \frac{f^{(2n+2)}(\xi)}{(2n+2)!}\omega_{n+1}^2(x). \tag{2.3.6}$$

由于插值基函数 $\alpha_j\ (j=0,1,\cdots,n)$ 的表达式中有 n 次 Lagrange 插值基函数 $l_j\ (j=0,1,\cdots,n)$ 的导数,给具体应用时带来不便,所以下面对其化简.

为确定 $l'_j(x_j)$,先对

$$l_j(x) = \prod_{\substack{i=0\\ i\neq j}}^{n} \frac{x - x_i}{x_j - x_i}$$

两边取对数,得

$$\ln l_j(x) = \sum_{\substack{i=0\\ i\neq j}}^{n} \ln \frac{x - x_i}{x_j - x_i},$$

再两边对 x 求导数

$$\frac{l'_j(x)}{l_j(x)} = \sum_{\substack{i=0\\ i\neq j}}^{n} \frac{x_j - x_i}{x - x_i}\left(\frac{1}{x_j - x_i}\right).$$

令 $x = x_j$,得

$$l'_j(x_j) = \sum_{\substack{i=0\\ i\neq j}}^{n} \frac{1}{x_j - x_i}.$$

这样就得出 $\alpha_j\ (j=0,1,\cdots,n)$ 的另一个表达式

$$\alpha_j(x) = \left[1 - 2(x - x_j)\sum_{\substack{i=0 \\ i \neq j}}^{n} \frac{1}{x_j - x_i}\right] l_j^2(x). \tag{2.3.7}$$

三次 Hermite 插值多项式在应用上特别重要,下面给出详细计算公式.取节点 x_k, x_{k+1},三次 Hermite 插值多项式 H_3 满足插值条件

$$\begin{cases} H_3(x_k) = f(x_k),\ H_3(x_{k+1}) = f(x_{k+1}), \\ H'_3(x_k) = f(x_k),\ H'_3(x_{k+1}) = f(x_{k+1}). \end{cases} \tag{2.3.8}$$

相应的插值基函数为

$$\begin{cases} \alpha_k(x) = \left(1 + 2\dfrac{x - x_k}{x_{k+1} - x_k}\right)\left(\dfrac{x - x_{k+1}}{x_k - x_{k+1}}\right)^2, \\ \alpha_{k+1}(x) = \left(1 + 2\dfrac{x - x_{k+1}}{x_k - x_{k+1}}\right)\left(\dfrac{x - x_k}{x_{k+1} - x_k}\right)^2. \end{cases} \tag{2.3.9}$$

$$\begin{cases} \beta_k(x) = (x - x_k)\left(\dfrac{x - x_{k+1}}{x_k - x_{k+1}}\right)^2, \\ \beta_{k+1}(x) = (x - x_{k+1})\left(\dfrac{x - x_k}{x_{k+1} - x_k}\right)^2. \end{cases} \tag{2.3.10}$$

从而

$$H_3(x) = f(x_k)\alpha_k(x) + f(x_{k+1})\alpha_{k+1}(x) + f'(x_k)\beta_k(x) + f'(x_{k+1})\beta_{k+1}(x). \tag{2.3.11}$$

由 Hermite 插值多项式的余项公式(2.3.6)可以给出三次 Hermite 插值多项式的误差估计

$$\max_{x \in [x_k, x_{k+1}]} |f(x) - H_3(x)| \leqslant \frac{(x_{k+1} - x_k)^4}{384} \max_{x \in [x_k, x_{k+1}]} |f^{(4)}(x)|. \tag{2.3.12}$$

例 2.9 设 $f(x) = \ln x$,给出 $f(1.0) = 0.0$,$f(2.0) = 0.6931$,$f'(1.0) = 1.0$,$f'(2.0) = 0.5$.试用三次 Hermite 插值多项式 H_3 计算 $f(1.5)$ 的近似值,并给出误差估计.

解 利用(2.3.9),(2.3.10)和(2.3.11)式得到

$$H_3(x) = 0.6931(5 - 2x)(x - 1)^2 + (x - 1)(x - 2)^2 + \frac{1}{2}(x - 2)(x - 1)^2.$$

$H_3(1.5) = 0.4091$,$f(1.5) = 0.4055$,实际误差为

$$|H_3(1.5) - f(1.5)| = 0.003609.$$

利用(2.3.12)式有

$$|H_3(1.5) - f(1.5)| \leqslant 0.01563.$$

2.3.2 重节点均差

在上节中,利用 Lagrange 插值基函数导出了计算 Hermite 插值多项式的计算

方法.为了导出更容易计算的形式,本节将利用 Newton 插值多项式即均差形式研究 Hermite 插值多项式.为此,要将均差概念推广,使之节点相同时仍有意义,即把均差推广到几个或全部节点重合的情形.首先给出均差的另一个表示.

定理 2.5 设 $x_0,x_1,\cdots,x_n$ 为相异节点,$f\in C^n[\min(x_0,x_1,\cdots,x_n),\max(x_0,x_1,\cdots,x_n)]$,则

$$f[x_0,x_1,\cdots,x_n]=\int_0^{t_0}\int_0^{t_1}\cdots\int_0^{t_{n-1}}f^{(n)}[t_n(x_n-x_{n-1})+\cdots+t_1(x_1-x_0)+t_0x_0]\mathrm{d}t_n\cdots\mathrm{d}t_2\mathrm{d}t_1.\tag{2.3.13}$$

其中 $n\geqslant1,\ t_0=1$.

由定理 2.5 可以看出,当 f 的 n 阶导数连续时,(2.3.13)式右边的被积函数是 $n+1$ 个变量 $x_0,x_1,\cdots,x_n$ 的连续函数,因此右边的积分也是这些变量的连续函数.由此得出 $f[x_0,x_1,\cdots,x_n]$是其变量的连续函数.基于这个原因,对于光滑函数,均差可以推广到节点相同的情形,即重节点情形.

推论 2.4 设 $f(x)\in C^n[a,b]$, $x_0,x_1,\cdots,x_n\in[a,b]$,则 n 阶均差 $f[x_0,x_1,\cdots,x_n]$是其变量 $x_0,x_1,\cdots,x_n$ 的连续函数.

推论 2.5 设 $f(x)\in C^n[a,b]$,$x_0,x_1,\cdots,x_n\in[a,b]$,则 n 阶均差

$$f[x_0,x_1,\cdots,x_n]=\frac{1}{n!}f^{(n)}(\xi),\tag{2.3.14}$$

其中 $\xi\in[\alpha,\beta]$,$\alpha=\min(x_0,x_1,\cdots,x_n)$,$\beta=\max(x_0,x_1,\cdots,x_n)$.

推论 2.6 设 $f^{(n)}$连续,则 n 阶均差

$$f[x,x,\cdots,x]=\frac{1}{n!}f^{(n)}(x).\tag{2.3.15}$$

推论 2.7 设 $f(x)\in C^{n+2}[a,b]$,$x_0,x_1,\cdots,x_n,x\in[a,b]$,则

$$\frac{\mathrm{d}}{\mathrm{d}x}f[x_0,x_1,\cdots,x_n,x]=f[x_0,x_1,\cdots,x_n,x,x].\tag{2.3.16}$$

2.3.3 Newton 形式的 Hermite 插值多项式

从前面的内容可知,利用两组基函数 $\alpha_j,\beta_j(j=0,1,\cdots,n)$即可完全确定 $2n+1$ 次 Hermite 插值多项式.但即使 n 不大,确定 Hermite 插值多项式的过程也并不简单.若采用 Newton 插值多项式形式构造 Hermite 插值多项式,则相对较为方便.

设被插值函数 f 在相异节点 $z_0,z_1,z_2,\cdots,z_{2n+1}\in[a,b]$上的 $2n+1$ 次 Newton 插值多项式为

$$\begin{aligned}N_{2n+1}(x)=&f(z_0)+f[z_0,z_1](x-z_0)+f[z_0,z_1,z_2](x-z_0)(x-z_1)\\&+\cdots+f[z_0,z_1,\cdots,z_{2n+1}](x-z_0)(x-z_1)\cdots(x-z_{2n})\end{aligned}$$

相应的余项为

$$R_{2n+1}(x)=f[z_0,z_1,\cdots,z_{2n+1},x](x-z_0)(x-z_1)\cdots(x-z_{2n})(x-z_{2n+1}).$$

假定 $f\in C^{2n+2}[a,b]$，并令 $z_{2i},z_{2i+1}\to x_i(i=0,1,\cdots,n)$，则有

$$\begin{aligned}N_{2n+1}(x)=&f(x_0)+f[x_0,x_0](x-x_0)+f[x_0,x_0,x_1](x-x_0)^2\\&+\cdots+f[x_0,x_0,x_1,x_1,\cdots,x_n,x_n](x-x_0)^2\cdots(x-x_{n-1})^2(x-x_n),\end{aligned}\tag{2.3.17}$$

$$R_{2n+1}(x)=f[x_0,x_0,\cdots,x_n,x_n,x](x-x_0)^2\cdots(x-x_{n-1})^2(x-x_n)^2.\tag{2.3.18}$$

下面证明(2.3.17)满足 $2n+1$ 次 Hermite 插值多项式 H_{2n+1} 的插值条件(2.3.1).

因为 $f(x)=N_{2n+1}(x)+R_{2n+1}(x)(x\in[a,b])$，由(2.3.18)式得出 $R_{2n+1}(x_i)=0(i=0,1,\cdots,n)$，所以得到(2.3.1)式中的第一个条件，

$$N_{2n+1}(x_i)=f(x_i)\quad(i=0,1,\cdots,n).$$

对 f 求导有

$$f'(x)=N'_{2n+1}(x)+R'_{2n+1}(x)\quad(x\in[a,b]).$$

$$\begin{aligned}R'_{2n+1}(x)&=\frac{\mathrm{d}}{\mathrm{d}x}\{f[x_0,x_0,\cdots,x_n,x_n,x](x-x_0)^2\cdots(x-x_{n-1})^2(x-x_n)^2\}\\&=f[x_0,x_0,\cdots,x_n,x_n,x,x](x-x_0)^2\cdots(x-x_n)^2(x-x_{n+1})^2\\&\quad+2f[x_0,x_0,\cdots,x_n,x_n,x]\prod_{j=0}^{n}(x-x_j)\frac{\mathrm{d}}{\mathrm{d}x}\Big[\prod_{j=0}^{n}(x-x_j)\Big].\end{aligned}$$

由此得

$$R'_{2n+1}(x_i)=0\quad(i=0,1,\cdots,n),$$

所以有

$$N'_{2n+1}(x_i)=f'(x_i)\quad(i=0,1,\cdots,n),$$

即 N_{2n+1} 满足插值条件(2.3.1)中的第二个条件.由于 Hermite 插值多项式的唯一性，所以有 $H_{2n+1}=N_{2n+1}$.

特别地，对于三次 Hermite 插值多项式 H_3，满足插值条件

$$H_3(x_i)=f(x_i),$$
$$H'_3(x_i)=f'(x_i)\quad(i=0,1).$$

根据(2.3.17)式有

$$\begin{aligned}H_3(x)=&f(x_0)+f[x_0,x_0](x-x_0)+f[x_0,x_0,x_1](x-x_0)^2\\&+f[x_0,x_0,x_1,x_1](x-x_0)^2(x-x_1).\end{aligned}\tag{2.3.19}$$

相应的插值余项为

$$R_3(x)=f(x)-H_3(x)=f[x_0,x_0,x_1,x_1,x](x-x_0)^2(x-x_1)^2.$$

如果 $f\in C^4[x_0,x_1]$，则有

$$R_3(x)=\frac{1}{4!}f^{(4)}(\xi)(x-x_0)^2(x-x_1)^2,$$

进而有

$$|f(x)-H_3(x)| \leqslant \frac{(x_1-x_0)^4}{384} \max_{x\in[x_0,x_1]} |f^{(4)}(x)|. \qquad (2.3.20)$$

例 2.10 用 Newton 型 Hermite 插值多项式解例 2.9 的插值问题.

解 先列出具有重节点的均差表,见表 2.8.

表 2.8

x_i	$f(x_i)$	一阶均差	二阶均差	三阶均差
1	<u>0.0</u>			
1	0.0	<u>1.0</u>		
2	0.693147	0.693147	<u>-0.306853</u>	
2	0.693147	0.5	-0.193147	<u>0.113706</u>

利用插值公式(2.3.19)式有

$H_3(x)=0.0+1.0(x-1)-0.306853(x-1)^2+0.113706(x-1)^2(x-2)$,

$H_3(1.5)=0.409074$.

下面的例子在数值积分余项公式推导中将要用到.

例 2.11 试求多项式 $p\in \boldsymbol{P}_3$ 满足插值条件

$$p(x_i)=f(x_i)(i=0,1,2); \quad p'(x_1)=f'(x_1).$$

解 设 x_0,x_1,x_2,x_3 为插值节点,其中 $x_3=x_1$ 为重节点.利用 Newton 形式的插值公式有

$$\begin{aligned}p(x)=&f(x_0)+f[x_0,x_1](x-x_0)+f[x_0,x_1,x_2](x-x_0)(x-x_1)\\&+(x-x_0)(x-x_1)(x-x_2)f[x_0,x_1,x_2,x_1],\end{aligned}$$

相应的插值余项为

$$R(x)=f[x_0,x_1,x_2,x_1,x](x-x_0)(x-x_1)^2(x-x_2).$$

下面验证插值条件.

$$f(x)=p(x)+R(x),$$

令 $x=x_i$,则有 $f(x_i)=p(x_i)(i=0,1,2)$.若 $f(x)$为光滑函数,则

$$p'(x)=f'(x)-R'(x),$$

而

$$\begin{aligned}R'(x)=&f[x_0,x_1,x_1,x_2,x,x](x-x_0)(x-x_1)^2(x-x_2)\\&+2f[x_0,x_1,x_1,x_2,x]\Big[2(x-x_0)(x-x_1)(x-x_2)\\&+(x-x_1)^2\frac{\mathrm{d}}{\mathrm{d}x}(x-x_0)(x-x_2)\Big],\end{aligned}$$

所以有

$$R'(x_1)=0,$$

从而

$$p'(x_1)=f'(x_1).$$

2.4 三次样条插值

Runge 现象表明,高次多项式插值并不一定能达到高精度.避免出现 Runge 现象的一个有效方法是分段低次多项式插值,其中常用的是三次样条插值.

2.4.1 分段线性插值和分段三次 Hermite 插值

设在区间$[a,b]$上取定$n+1$个节点

$$a = x_0 < x_1 < \cdots < x_n = b, \tag{2.4.1}$$

在节点上给定函数值$f(x_k)(k=0,1,\cdots,n)$.如果函数φ满足条件:

(1) $\varphi \in C[a,b]$;

(2) 满足插值条件$\varphi(x_k)=f(x_k)(k=0,1,\cdots,n)$;

(3) 在每个小区间$[x_k,x_{k+1}](k=0,1,\cdots,n-1)$上$\varphi$是线性多项式,则称$\varphi$为$f$的**分段线性插值多项式**.

利用线性插值多项式的误差估计

$$|f(x)-\varphi(x)| \leqslant \frac{h_{k+1}^2}{8} \max_{x\in[x_k,x_{k+1}]} \|f''(x)\|_\infty \quad (x \in [x_k,x_{k+1}]),$$

可以得出分段线性插值的误差.

定理 2.6 设$f\in C^2[a,b]$,φ为f在节点(2.4.1)上的分段线性插值多项式,则有

$$|f(x)-\varphi(x)| \leqslant \frac{h_{k+1}^2}{8} \max_{x\in[x_k,x_{k+1}]} \|f''(x)\|_\infty, \tag{2.4.2}$$

其中$h=\max\limits_{1\leqslant i\leqslant n}(x_k-x_{k-1})$, $\|f\|_\infty=\max\limits_{a\leqslant x\leqslant b}|f(x)|$.

分段线性插值多项式的优点是简单,但线性插值的误差仅为$O(h^2)$,所以要达到给定的精度就需要更多的插值节点.另一方面,分段线性插值多项式在区间$[a,b]$上是连续的,但一阶导数间断,因此φ不光滑.

下面讨论分段三次 Hermite 插值多项式.设$f\in C^1[a,b]$,在节点(2.4.1)处给定

$$f(x_k), \quad f'(x_k) \quad (k=0,1,\cdots,n).$$

如果ψ满足下列条件:

(1) $\psi\in C^1[a,b]$;

(2) ψ满足插值条件

$$\psi(x_k)=f(x_k), \quad \psi'(x_k)=f'(x_k) \quad (k=0,1,\cdots,n);$$

(3) 在每个小区间$[x_k, x_{k+1}]$($k=0,1,\cdots,n-1$)上ψ是一个3次多项式，则称ψ为f以节点(2.4.1)的**分段三次 Hermite 插值多项式**.

利用三次 Hermite 插值多项式的误差估计(2.3.12)得下面估计.

定理 2.7 设$f\in C^4[a,b]$,ψ为f在节点(2.4.1)上的分段三次 Hermite 插值多项式,则有

$$\| f - \psi \|_\infty \leqslant \frac{1}{384} h^4 \ \| f^{(4)} \|_\infty, \tag{2.4.3}$$

其中$h = \max\limits_{1\leqslant i\leqslant n}(x_k - x_{k-1})$.

分段三次 Hermite 插值多项式具有较高精度并且$\psi\in C^1[a,b]$.能否构造出在$[x_k, x_{k+1}]$上光滑性更好的三次多项式呢？另外,在许多实际问题中,要求满足导数插值的条件较为困难.下面讨论的三次样条插值函数可以较好地解决上述问题.

2.4.2 三次样条插值函数

上面讨论的分段低次插值函数都有一致收敛性,但光滑性较差.在飞机机翼设计和船体放样等问题中,往往要求型值线具有二阶光滑度,即二阶导数连续.早期工程师在制图时,将富有弹性的细长木条即样条用压铁固定在样点上,在其他地方自由弯曲,然后沿木条画下曲线,称为样条曲线.样条曲线实际上是由分段三次曲线拼接而成,在连接点即样条点处要求二阶导数连续.对样条曲线进行数学上的抽象、概括即得样条函数的概念.

定义 2.1 设区间$[a,b]$上给定一个剖分

$$\Delta: a = x_0 < x_1 < \cdots < x_n = b,$$

S为$[a,b]$上满足下面条件的函数:

(1) $S\in C^2[a,b]$;

(2) S在每个子区间$[x_j, x_{j+1}]$($j=0,1,\cdots,n-1$)上是三次多项式,

则称S为关于剖分Δ的一个**三次样条函数**.

设f为$[a,b]$上定义的函数,若S满足

$$S(x_j) = f(x_j) \quad (j = 0,1,\cdots,n), \tag{2.4.4}$$

则称S为函数f在$[a,b]$上关于剖分Δ的**三次样条插值函数**.

S在每一小区间$[x_j, x_{j+1}]$($j=0,1,\cdots,n-1$)上为三次多项式,可设为

$$a_j x^3 + b_j x^2 + c_j x + d_j,$$

其中系数a_j, b_j, c_j, d_j($j=0,1,\cdots,n-1$)待定.如果这些系数确定并S满足条件(1),(2)和(2.4.4)式,则三次样条插值函数S就完全确定了.可见,需要确定的系数共有$4n$个,因此必须有$4n$个条件.

由于$S\in C^2[a,b]$,所以有

$$S(x_j^-) = S(x_j^+),$$
$$S'(x_j^-) = S'(x_j^+),$$
$$S''(x_j^-) = S''(x_j^+) \quad (j = 1,2,\cdots,n-1).$$

再加上插值条件(2.4.4),这样共有 $4n-2$ 个条件,要完全确定 $a_j,b_j,c_j,d_j(j=0,1,\cdots,n-1)$还缺两个条件.这两个条件通常可在区间$[a,b]$的端点 $a=x_0,b=x_n$ 上附加条件来补充.

常用的三次样条插值函数的边界条件有下面三种类型:

(1) 在两端点给出一阶导数值

$$S'(x_0) = f'(x_0),\quad S'(x_n) = f'(x_n), \tag{2.4.5}$$

此边界条件称为**Ⅰ型边界条件**.

(2) 在两端点给出二阶导数值

$$S''(x_0) = f''(x_0),\quad S''(x_n) = f''(x_n), \tag{2.4.6}$$

此边界条件称为**Ⅱ型边界条件**,其特殊情况为

$$S''(x_0) = 0,\quad S''(x_n) = 0. \tag{2.4.6$'$}$$

上式称为**自然边界条件**,相应的样条函数称为**自然样条函数**.

(3) 在两端点满足

$$S^{(j)}(x_0) = f^{(j)}(x_0) \quad (j = 0,1,2), \tag{2.4.7}$$

此边界条件称为**周期型边界**条件或**Ⅲ型边界条件**,相应的三次样条函数称为**周期样条函数**.

2.4.3 三次样条插值函数的计算方法

对于给定剖分 Δ,设 $h_j = x_{j+1}-x_j(j=0,1,\cdots,n-1)$,$M_j=S''(x_j)(j=0,1,\cdots,n)$.在每个子区间$[x_j,x_{j+1}](j=0,1,\cdots,n-1)$上 S 是一个三次多项式,从而 S'' 在$[x_j,x_{j+1}]$上是一个线性函数,可以表示为

$$S''(x) = M_j\frac{x_{j+1}-x}{h_j} + M_{j+1}\frac{x-x_j}{h_j} \quad (x\in[x_j,x_{j+1}]).$$

对上式积分有

$$S'(x) = -\frac{M_j}{2h_j}(x_{j+1}-x)^2 + \frac{M_{j+1}}{2h_j}(x-x_j)^2 + C_1,$$

其中 C_1 为积分常数.再对 S'积分有

$$S(x) = \frac{M_j}{6h_j}(x_{j+1}-x)^3 + \frac{M_{j+1}}{6h_j}(x-x_j)^3 + C_1x + C_2,$$

其中 C_2 为积分常数.利用插值条件

$$S(x_j) = f(x_j),\quad S(x_{j+1}) = f(x_{j+1}),$$

可以得到

$$C_1 = \frac{1}{h_j}\left[\left(f(x_{j+1}) - \frac{M_{j+1}}{6}h_j^2\right) - \left(f(x_j) - \frac{M_j}{6}h_j^2\right)\right],$$

$$C_2 = \frac{1}{h_j}\left[x_{j+1}\left(f(x_j) - \frac{M_j}{6}h_j^2\right) - x_j\left(f(x_{j+1}) - \frac{M_{j+1}}{6}h_j^2\right)\right].$$

将 C_1,C_2 代入 S 的表达式可以得到

$$S(x) = M_j\frac{(x_{j+1}-x)^3}{6h_j} + M_{j+1}\frac{(x-x_j)^3}{6h_j} + \left(f(x_j) - \frac{M_j}{6}h_j^2\right)\frac{x_{j+1}-x}{h_j}$$
$$+ \left(f(x_{j+1}) - \frac{M_{j+1}}{6}h_j^2\right)\frac{x-x_j}{h_j} \quad (x \in [x_j, x_{j+1}]). \tag{2.4.8}$$

这是三次样条插值函数 S 的表达式,但式中 $M_j\ (j=0,1,\cdots,n)$ 是未知的. 当 M_j 确定后,S 就完全给定了.

为了确定 $M_j\ (j=0,1,\cdots,n)$,可利用条件

$$S'(x_j^+) = S'(x_j^-) \quad (j = 1,2,\cdots,n-1).$$

当 $x\in[x_j,x_{j+1}]$时,有

$$S'(x) = -M_j\frac{(x_{j+1}-x)^2}{2h_j} + M_{j+1}\frac{(x-x_j)^2}{2h_j} + \frac{f(x_{j+1})-f(x_j)}{h_j} - \frac{M_{j+1}-M_j}{6}h_j,$$

$$S'(x_j^+) = \lim_{x\to x_j} S'(x) = -\frac{h_j}{2}M_j + \frac{f(x_{j+1})-f(x_j)}{h_j} - \frac{M_{j+1}-M_j}{6}h_j.$$

当 $x\in[x_{j-1},x_j]$时,S 的表达式(2.4.8)平移一个下标,即用 $j-1$ 代替 j,这样得到

$$S'(x_j^-) = \frac{h_{j-1}}{2}M_j + \frac{f(x_j)-f(x_{j-1})}{h_{j-1}} - \frac{M_j - M_{j-1}}{6}h_{j-1}.$$

由 $S'(x_j^+) = S'(x_j^-)$得线性方程组

$$\mu_j M_{j-1} + 2M_j + \lambda_j M_{j+1} = d_j \quad (j = 1,2,\cdots,n-1), \tag{2.4.9}$$

其中

$$\mu_j = \frac{h_{j-1}}{h_{j-1}+h_j}, \quad \lambda_j = 1 - \mu_j = \frac{h_j}{h_{j-1}+h_j}, \quad d_j = 6f[x_{j-1},x_j,x_{j+1}].$$

(2.4.9)式中有 $n+1$ 未知数 $M_0,M_1,\cdots,M_n$,但方程个数为 $n-1$. 因此必须采用边界条件来减少求知数个数或增加方程个数.

对于Ⅱ型边界条件(2.4.6),直接可得

$$M_0 = f''(x_0), \quad M_n = f''(x_n).$$

此时,(2.4.9)的第一个方程变为

$$2M_1 + \lambda_1 M_2 = d_1 - \mu_1 M_0,$$

最后一个方程变为

$$\mu_{n-1}M_{n-2} + 2M_{n-1} = d_{n-1} - \lambda_{n-1}M_n.$$

将(2.4.9)式写成向量形式有

$$\begin{pmatrix} 2 & \lambda_1 & & & \\ \mu_2 & 2 & \lambda_2 & & \\ & \ddots & \ddots & \ddots & \\ & & \mu_{n-2} & 2 & \lambda_{n-2} \\ & & & \mu_{n-1} & 2 \end{pmatrix} \begin{pmatrix} M_1 \\ M_2 \\ \vdots \\ M_{n-2} \\ M_{n-1} \end{pmatrix} = \begin{pmatrix} d_1 - \mu_1 M_0 \\ d_2 \\ \vdots \\ d_{n-2} \\ d_{n-1} - \lambda_{n-1} M_n \end{pmatrix}. \tag{2.4.10}$$

对于Ⅰ型边界条件(2.4.5),此时有 $S'(x_0^+)=S'(x_0)$,$S'(x_n^-)=S'(x_n)$.利用 S 的表达式(2.4.8)有

$$S'(x_0^+) = -\frac{h_0}{3}M_0 - \frac{h_0}{6}M_1 + f[x_0,x_1].$$

由 $S'(x_0^+)=S'(x_0)=f'(x_0)$得出

$$2M_0 + M_1 = \frac{6}{h_0}(f[x_0,x_1] - f'(x_0)).$$

利用重节点均差,上式可以表示为

$$2M_0 + M_1 = 6f[x_0,x_0,x_1].$$

同样推导,可以得到

$$M_{n-1} + 2M_n = 6f[x_{n-1},x_n,x_n].$$

(2.4.9)式与上面两式结合给出了 $n+1$ 个未知量 $M_0,M_1,\cdots,M_n$ 的线性方程组

$$\begin{pmatrix} 2 & 1 & & & & \\ \mu_1 & 2 & \lambda_1 & & & \\ & \mu_2 & 2 & \lambda_2 & & \\ & & & \ddots & & \\ & & & \mu_{n-1} & 2 & \lambda_{n-1} \\ & & & & 1 & 2 \end{pmatrix} \begin{pmatrix} M_0 \\ M_1 \\ M_2 \\ \vdots \\ M_{n-1} \\ M_n \end{pmatrix} = \begin{pmatrix} d_0 \\ d_1 \\ d_2 \\ \vdots \\ d_{n-1} \\ d_n \end{pmatrix}, \tag{2.4.11}$$

其中 $d_0 = 6f[x_0,x_0,x_1]$, $d_i = 6f[x_{i-1},x_i,x_{i+1}]\,(i=1,2,\cdots,n-1)$, $d_n = 6f[x_{n-1},x_n,x_n]$.

对于周期边界条件的周期为 $b-a$ 的三次样条插值函数由(2.4.7)式和(2.4.8)式可以得到 $f(x_n)=f(x_0)$以及两个方程

$$\begin{cases} M_n = M_0, \\ \mu_n M_{n-1} + 2M_n + \lambda_n M_1 = d_n, \end{cases} \tag{2.4.12}$$

其中

$$\lambda_n = \frac{h_0}{h_{n-1}+h_0},\ \mu_n = 1-\lambda_n = \frac{h_{n-1}}{h_{n-1}+h_0},\ d_n = \frac{6(f[x_0,x_1] - f[x_{n-1},x_n])}{h_{n-1}+h_0}.$$

(2.4.9),(2.4.12)式可以写成如下形式的方程组

$$\begin{pmatrix} 2 & \lambda_1 & & & \\ \mu_2 & 2 & \lambda_2 & & \\ & \ddots & \ddots & \ddots & \\ & & \mu_{n-1} & 2 & \lambda_{n-1} \\ & & & \mu_n & 2 \end{pmatrix} \begin{pmatrix} M_1 \\ M_2 \\ \vdots \\ M_{n-1} \\ M_n \end{pmatrix} = \begin{pmatrix} d_1 \\ d_2 \\ \vdots \\ d_{n-1} \\ d_n \end{pmatrix}. \tag{2.4.13}$$

线性方程组(2.4.10),(2.4.11)和(2.4.13)的系数矩阵均为严格对角占优矩阵,所以均有唯一解.方程组(2.4.10)和(2.4.11)可用追赶法求解.(2.4.13)可由循环三对角方程组的解法进行求解.

例 2.12 设 f 为定义在$[0,3]$上的函数,节点剖分为 $x_j=0.0+j(j=0,1,2,3)$,并给出 $f(0.0)=0.0,f(1.0)=0.5,f(2.0)=2.0,f(3.0)=1.5$.试求三次自然样条插值函数 S,使其满足 $S(x_j)=f(x_j)(j=0,1,2,3)$.

解 由剖分节点知

$$h_0=h_1=h_2=1,\quad \lambda_1=\lambda_2=\frac{1}{2},\quad \mu_1=\mu_2=\frac{1}{2},$$

$$d_1=6f[x_0,x_1,x_2]=3,\quad d_2=6f[x_1,x_2,x_3]=-6.$$

由方程组(2.4.10)得

$$\begin{pmatrix}4&1\\1&4\end{pmatrix}\begin{pmatrix}M_1\\M_2\end{pmatrix}=\begin{pmatrix}6\\-12\end{pmatrix}.$$

容易解得 $M_1=2.4$, $M_2=-3.6$.注意到 $M_0=0$, $M_3=0$,利用表达式(2.4.10)有

$$S(x)=\begin{cases}0.4x^3+0.1x & (x\in[0,1]),\\ -(x-1)^3+1.2(x-1)^2+1.3(x-1)+0.5 & (x\in[1,2]),\\ 0.6(x-2)^3-1.8(x-2)^2+0.7(x-2)+2.0 & (x\in[2,3]).\end{cases}$$

例 2.13 取例 2.12 的数据,但使三次样条插值函数 S 满足 I 型边界条件 $S'(x_0)=f'(x_0)=0.2$, $S'(x_3)=f'(x_3)=-1$.

解 $d_0=6f[x_0,x_0,x_1]=1.8$.由例 2.12 知,$d_1=3.0$, $d_2=-6.0$,而 $d_3=6f[x_2,x_3,x_3]=-3.0$,从而可得线性方程组

$$\begin{pmatrix}2&1&&\\ \frac{1}{2}&2&\frac{1}{2}&\\ &\frac{1}{2}&2&\frac{1}{2}\\ &&1&2\end{pmatrix}\begin{pmatrix}M_0\\M_1\\M_2\\M_3\end{pmatrix}=\begin{pmatrix}1.8\\3.0\\-6.0\\-3.0\end{pmatrix}.$$

解此方程组有

$$M_0=-0.36,\quad M_1=2.52,\quad M_2=-3.72,\quad M_3=0.36.$$

将 $M_i(i=0,1,2,3)$代入表达式(2.4.8)得

$$S(x)=\begin{cases}0.48x^3-0.18x^2+0.2x & (x\in[0,1]),\\ -1.04(x-1)^3+1.26(x-1)^2+1.28(x-1)+0.5 & (x\in[1,2]),\\ 0.68(x-2)^3-1.86(x-2)^2+0.68(x-2)+2.0 & (x\in[2,3]).\end{cases}$$

可以看出,不同的边界条件对 S 有较大的影响.

2.5 三次样条插值函数的性质与误差估计

2.5.1 基本性质

引理 1 （**第一积分关系式**）设 $f\in C^2[a,b]$，$\Delta: a=x_0<x_1<\cdots<x_n=b$ 为 $[a,b]$ 上的一个剖分，S 是 f 在 $[a,b]$ 上关于剖分 Δ 的满足 I 型边界条件(2.4.5)的三次样条插值函数，则

$$\| f''-S''\|_2^2=\| f''\|_2^2-\| S''\|_2^2. \tag{2.5.1}$$

证

$$\begin{aligned}\| f''-S''\|_2^2&=\int_a^b[f''(x)-S''(x)]^2\mathrm{d}x\\&=\int_a^b[f''(x)]^2\mathrm{d}x+\int_a^b[S''(x)]^2\mathrm{d}x-2\int_a^b f''(x)S''(x)\mathrm{d}x\\&=\| f''\|_2^2-\| S''\|_2^2-2\int_a^b[f''(x)-S''(x)]S''(x)\mathrm{d}x.\end{aligned}$$

注意到，三次样条插值函数 S 在 $[a,b]$ 上二阶导数连续，在每个小区间 $[x_{j-1},x_j]$ $(j=1,2,\cdots,n)$ 上是三次多项式，因而在 $[x_{j-1},x_j]$ 上具有高阶导数. 考虑在 $[x_{j-1},x_j]$ 上的积分，并利用分部积分，有

$$\begin{aligned}\int_{x_{j-1}}^{x_j}[f''(x)-S''(x)]S''(x)\mathrm{d}x&=[f'(x)-S'(x)]S''(x)\Big|_{x_{j-1}}^{x_j}\\&\quad-\int_{x_{j-1}}^{x_j}[f'(x)-S'(x)]S'''(x)\mathrm{d}x\\&=[f'(x)-S'(x)]S''(x)\Big|_{x_{j-1}}^{x_j}\\&\quad-[f(x)-S(x)]S'''(x)\Big|_{x_{j-1}}^{x_j}\\&\quad+\int_{x_{j-1}}^{x_j}[f(x)-S(x)]S^{(4)}(x)\mathrm{d}x.\end{aligned}$$

由于在 $[x_{j-1},x_j]$ 上 $S^{(4)}(x)\equiv 0$，并利用插值条件 $S(x_j)=f(x_j)$ $(j=0,1,\cdots,n)$ 可得

$$\int_{x_{j-1}}^{x_j}[f''(x)-S''(x)]S''(x)\mathrm{d}x=[f'(x)-S'(x)]S''(x)\Big|_{x_{j-1}}^{x_j}.$$

再利用 I 型边界条件(2.4.5)得

$$\int_a^b[f''(x)-S''(x)]S''(x)\mathrm{d}x=\sum_{j=1}^n\int_{x_{j-1}}^{x_j}[f''(x)-S''(x)]S''(x)\mathrm{d}x=0.$$

定理 2.8 （**极小范数性质**）设 $f\in C^2[a,b]$，$\Delta: a=x_0<x_1<\cdots<x_n=b$ 为

$[a,b]$上的一个剖分，S 是 f 在$[a,b]$上关于剖分 Δ 的满足 I 型边界条件(2.4.5)的三次样条插值函数，则

$$\| S'' \|_2^2 \leqslant \| f'' \|_2^2, \tag{2.5.2}$$

且等号仅当 $f=S$ 时成立.

证 因为 $\| f''-S'' \|_2^2 \geqslant 0$，所以(2.5.2)式成立.

若等号成立，即 $\| f''-S'' \|_2^2=0$. 由于 f'', S'' 均为$[a,b]$上连续函数，所以 $f''(x)-S''(x)=0$. 从而，$f-S$ 为线性函数. 再利用插值条件 $S(x_j)=f(x_j)(j=0,1,\cdots,n)$，即得 $f=S$.

2.5.2 三次样条插值函数的误差估计

引理 2 (**Gershgorin 定理**)设 $\boldsymbol{A}=(a_{ij})\in\mathbf{R}^{n\times n}$ 是严格对角占优矩阵，即

$$\sum_{\substack{j=1\\ j\neq i}}^{n} |a_{ij}| < |a_{ii}| \quad (i=1,2,\cdots,n),$$

则 $\boldsymbol{A}^{-1}$ 存在且有

$$\| \boldsymbol{A}^{-1} \|_\infty \leqslant \Big[\min_{1\leqslant i\leqslant n} \Big(|a_{ii}| - \sum_{\substack{j=1\\ j\neq i}}^{n} |a_{ij}| \Big) \Big]^{-1}.$$

为了推导三次样条插值函数 S 的误差估计，下面给出 S 的不同表达形式. 假定 $S'(x_j)=m_j(j=0,1,\cdots,n)$，在每个小区间$[x_j,x_{j+1}]$上作 S 的三次 Hermite 插值多项式. 利用插值多项式的唯一性可知，S 就是三次 Hermite 插值多项式. 从而有

$$\begin{aligned} S(x)=&f(x_j)\alpha_j(x)+f(x_{j+1})\alpha_{j+1}(x)\\ &+m_j\beta_j(x)+m_{j+1}\beta_{j+1}(x) \quad (x\in[x_j,x_{j+1}]), \end{aligned} \tag{2.5.3}$$

其中 $\alpha_j(x)$, $\alpha_{j+1}(x)$, m_j, m_{j+1} 为三次 Hermite 插值基函数，它们由公式(2.3.9)和(2.3.10)给出. 公式(2.5.3)中 m_j 和 m_{j+1} 是求知的，一旦 m_j 和 m_{j+1} 确定，则(2.5.3)式就完全确定了三次样条插值函数.

首先来确定 $m_j(j=0,1,\cdots,n)$. 对(2.5.3)式两边求二阶导数

$$\begin{aligned} S''(x)=&\frac{6x-2x_j-4x_{j+1}}{h_j^2}m_j+\frac{6x-4x_j-2x_{j+1}}{h_j^2}m_{j+1}\\ &+\frac{6(x_j+x_{j+1}-2x)}{h_j^2}[f(x_{j+1})-f(x_j)], \end{aligned}$$

从而

$$S''(x_j^+)=-\frac{4}{h_j}m_j-\frac{2}{h_j}m_{j+1}+\frac{6}{h_j}[f(x_{j+1})-f(x_j)].$$

同理可在$[x_{j-1},x_j]$上考虑 S 的表达式，得到

$$S''(x_j^-)=\frac{2}{h_{j-1}}m_{j-1}+\frac{4}{h_{j-1}}m_j-\frac{6}{h_{j-1}}[f(x_j)-f(x_{j-1})].$$

由于 $S\in C^2[a,b]$,因此有 $S''(x_j^+)=S''(x_j^-)(j=1,2,\cdots,n-1)$. 由此得到线性方程组

$$\lambda_j m_{j-1}+2m_j+\mu_j m_{j+1}=d_j \quad (j=1,2,\cdots,n-1), \tag{2.5.4}$$

其中

$$\lambda_j=\frac{h_j}{h_{j-1}+h_j},\quad \mu_j=1-\lambda_j=\frac{h_{j-1}}{h_{j-1}+h_j},$$
$$d_j=3(\lambda_j[x_{j-1},x_j]+\mu_j f[x_j,x_{j+1}]).$$

考虑 I 型边界条件有

$$m_0=f'(x_0),\quad m_n=f'(x_n), \tag{2.5.5}$$

解方程组(2.5.4)可得 $m_1,m_2,\cdots,m_{n-1}$,最终得到 S 的表达式(2.5.3).

引理 3 设 $f\in C^2[a,b]$, $\Delta: a=x_0<x_1<\cdots<x_n=b$ 为$[a,b]$上的一个剖分,S 是 f 在$[a,b]$上关于剖分 Δ 的满足 I 型边界条件(2.4.5)的三次样条插值函数,则

$$|m_j-f'_j|\leqslant\frac{1}{24}h^3\|f^{(4)}\|_\infty, \tag{2.5.6}$$

其中 $h=\max\limits_{0\leqslant j\leqslant n-1}h_j, h_j=x_{j+1}-x_j$.

证 利用表达式(2.5.4)和(2.5.5)得方程组

$$\boldsymbol{Am}=\boldsymbol{b}, \tag{2.5.7}$$

其中

$$\boldsymbol{A}=\begin{pmatrix} 2 & \mu_1 & & & \\ \lambda_2 & 2 & \mu_2 & & \\ & \ddots & \ddots & \ddots & \\ & & \lambda_{n-2} & 2 & \mu_{n-2} \\ & & & \lambda_{n-1} & 2 \end{pmatrix},$$

$$\boldsymbol{m}=(m_1,m_2,\cdots,m_{n-2},m_{n-1})^{\mathrm{T}},$$
$$\boldsymbol{b}=(d_1-\lambda_1 f'(x_0),d_2,\cdots,d_{n-2},d_{n-1}-\mu_1 f'(x_n))^{\mathrm{T}},$$
$$\lambda_j=\frac{h_j}{h_{j-1}+h_j},\ \mu_j=1-\lambda_j,\ d_j=3(\lambda_j f[x_{j-1},x_j]+\mu_j f[x_j,x_{j+1}]).$$

令 $q_j=m_j-f'(x_j)(j=0,1,\cdots,n)$,将方程组化为以 $j=1,2,\cdots,n-1$ 为未知数的线性方程组

$$\boldsymbol{Aq}=\boldsymbol{c}, \tag{2.5.8}$$

其中

$$\boldsymbol{q}=(q_1,q_2,\cdots,q_{n-1})^{\mathrm{T}},\quad \boldsymbol{c}=(c_1,c_2,\cdots,c_{n-1})^{\mathrm{T}},$$
$$c_j=3(\lambda_j[x_{j-1},x_j]+\mu_j f[x_j,x_{j+1}])-\lambda_j f'(x_{j-1})-2f'(x_j)-\mu_j f'(x_{j+1}).$$

矩阵 $\boldsymbol{A}$ 为严格对角占优,由引理 2 有

$$\| \boldsymbol{A}^{-1} \|_\infty \leqslant \left[\min_{1\leqslant i\leqslant n-1} \left(|a_{ii}| - \sum_{\substack{j=1\\ j\neq i}}^{n-1} |a_{ij}| \right) \right]^{-1}.$$

由 $\boldsymbol{A}$ 的元素表达式有

$$\sum_{\substack{j=1\\ j\neq i}}^{n-1} |a_{ij}| = \begin{cases} \mu_1 & (i=1), \\ \lambda_i + \mu_i & (i<i<n-1), \\ \lambda_{n-1} & (i=n-1), \end{cases}$$

所以有 $\| \boldsymbol{A}^{-1} \|_\infty \leqslant 1$. 由线性方程组(2.5.8)有 $\boldsymbol{q} = \boldsymbol{A}^{-1}\boldsymbol{c}$,所以得出 $\| \boldsymbol{q} \|_\infty \leqslant \| \boldsymbol{A}^{-1} \|_\infty \| \boldsymbol{c} \|_\infty$,从而

$$\| \boldsymbol{q} \|_\infty \leqslant \| \boldsymbol{A}^{-1} \|_\infty \ \| \boldsymbol{c} \|_\infty. \tag{2.5.9}$$

由于 $f \in C^4[a,b]$,采用 Taylor 展开并记 $f_j^{(k)} = f^{(4)}(x_j)(k=0,1,2,3)$,可得出

$$\begin{aligned} c_j &= 3\mu_j \frac{1}{h_j}(f_{j+1} - f_j) + 3\lambda_j \frac{1}{h_{j-1}}(f_j - f_{j-1}) - \lambda_j f'_{j-1} - 2f'_j - \mu_j f'_{j+1} \\ &= 3\mu_j \left[f'_j + \frac{1}{2} h_j f''_j + \frac{1}{6} h_j^2 f'''_j + \frac{1}{6h_j} \int_{x_j}^{x_{j+1}} (x_{j+1} - v)^3 f^{(4)}(v) \mathrm{d}v \right] \\ &\quad + 3\lambda_j \left[f'_j - \frac{1}{2} h_{j-1} f''_j + \frac{1}{6} h_{j-1}^2 f'''_j - \frac{1}{6h_{j-1}} \int_{x_j}^{x_{j-1}} (x_{j-1} - v)^3 f^{(4)}(v) \mathrm{d}v \right] \\ &\quad - \lambda_j \left[f'_j - h_{j-1} f''_j + \frac{1}{2} h_{j-1}^2 f'''_j + \frac{1}{2} \int_{x_j}^{x_{j-1}} (x_{j-1} - v)^2 f^{(4)}(v) \mathrm{d}v \right] - 2f' \\ &\quad - \mu_j \left[f'_j + h_j f''_j + \frac{1}{2} h_j^2 f'''_j + \frac{1}{2} \int_{x_j}^{x_{j+1}} (x_{j+1} - v)^2 f^{(4)}(v) \mathrm{d}v \right] \\ &= \frac{1}{2}\mu_j \int_{x_j}^{x_{j+1}} \left[\frac{1}{h_j} (x_{j+1} - v)^3 - (x_{j+1} - v)^2 \right] f^{(4)}(v) \mathrm{d}v \\ &\quad + \frac{1}{2}\lambda_j \int_{x_j}^{x_{j+1}} \left[-\frac{1}{h_{j-1}} (x_{j-1} - v)^3 - (x_{j-1} - v)^2 \right] f^{(4)}(v) \mathrm{d}v. \end{aligned}$$

对于上式第一个积分作变量代换 $v - x_j = \tau h_j (0\leqslant \tau \leqslant 1)$,对于第二个积分作变量代换 $v - x_{j-1} = \tau h_{j-1}(0\leqslant \tau \leqslant 1)$,可得

$$\begin{aligned} c_j &= -\frac{1}{2}\mu_j h_j^3 \int_0^1 \tau (1-\tau)^2 f^{(4)}(x_j + \tau h_j) \mathrm{d}\tau \\ &\quad + \frac{1}{2}\lambda_j h_{j-1}^3 \int_0^1 \tau (1-\tau)^2 f^{(4)}(x_{j-1} + \tau h_{j-1}) \mathrm{d}\tau, \end{aligned}$$

从而有

$$\begin{aligned} |c_j| &\leqslant \frac{1}{2}\mu_j h_j^3 \ \| f^{(4)} \|_\infty \int_0^1 \tau (1-\tau)^2 \mathrm{d}\tau + \frac{1}{2}\lambda_j h_{j-1}^3 \ \| f^{(4)} \|_\infty \int_0^1 \tau (1-\tau)^2 \mathrm{d}\tau \\ &\leqslant \frac{1}{2} \ \| f^{(4)} \|_\infty \left(\frac{1}{12}\mu_j h_j^3 + \frac{1}{12}\lambda_j h_{j-1}^3 \right) \\ &\leqslant \frac{1}{24} \ \| f^{(4)} \|_\infty. \end{aligned}$$

由(2.5.9)式得

$$|m_j - f'_j| \leqslant \frac{1}{24}h^3 \|f^{(4)}\|_\infty \quad (j = 1,2,\cdots,n-1).$$

定理 2.9 设$f\in C^4[a,b]$, $\Delta: a = x_0 < x_1 < \cdots < x_n = b$为$[a,b]$上的一个剖分,$S$是$f$在$[a,b]$上关于剖分$\Delta$的满足I型边界条件(2.4.5)的三次样条插值函数,则

$$\|f - S\|_\infty \leqslant \frac{5}{384}h^4 \|f^{(4)}\|_\infty, \tag{2.5.10}$$

其中$h = \max\limits_{0\leqslant j\leqslant n-1} h_j, h_j = x_{j+1} - x_j$.

证 设φ为$[a,b]$上关于节点$x_0<x_1<\cdots<x_n$的分段三次Hermite插值多项式

$$\varphi(x_j) = f_j, \quad \varphi'(x_j) = f'_j \quad (j = 0,1,\cdots,n).$$

在子区间$[x_j, x_{j+1}]$($j=0,1,\cdots,n-1$)上有

$$\varphi(x) = f_j\alpha_j(x) + f_{j+1}\alpha_{j+1}(x) + f'_j\beta_j(x) + f'_{j+1}\beta_{j+1}(x),$$

其中α_j,α_{j+1}和β_j,β_{j+1}由(2.3.9)和(2.3.10)式给出.

对于$x\in[x_j, x_{j+1}]$,利用三次样条插值函数表达式(2.5.3)有

$$\begin{aligned} S(x) - f(x) &= [S(x) - \varphi(x)] + [\varphi(x) - f(x)] \\ &= (m_j - f'_j)\beta_j(x) + (m_{j+1} - f'_{j+1})\beta_{j+1}(x) + [\varphi(x) - f(x)], \end{aligned}$$

$$|S(x) - f(x)| \leqslant (|\beta_j(x)| + |\beta_{j+1}(x)|)\max_{0\leqslant i\leqslant n}|m_j - f'_j| + [\varphi(x) - f(x)].$$

利用三次Hermite插值多项式的余项估计(2.3.12)有

$$|\varphi(x) - f(x)| \leqslant \frac{1}{384}h^4 \|f^{(4)}\|_\infty \quad (x \in [x_j, x_{j+1}]).$$

注意到

$$\begin{aligned} |\beta_j(x)| + |\beta_{j+1}(x)| &= (x - x_j)\left(\frac{x_{j+1} - x}{h_j}\right)^2 + (x_{j+1} - x)\left(\frac{x - x_j}{h_j}\right)^2 \\ &= \frac{1}{h_j^2}(x - x_j)(x_{j+1} - x)(x_{j+1} - x + x - x_j) \\ &= \frac{1}{h_j^2}(x - x_j)(x_{j+1} - x)(x_{j+1} - x_j) \\ &= \frac{1}{h_j}(x - x_j)(x_{j+1} - x) \leqslant \frac{h}{4} \quad (x \in [x_j, x_{j+1}]). \end{aligned}$$

利用引理3,当$x\in[x_j, x_{j+1}]$时有

$$|S(x) - f(x)| \leqslant \frac{1}{384}h^4 \|f^{(4)}\|_\infty + \frac{h}{4}\cdot\frac{1}{24}h^3 \|f^{(4)}\|_\infty = \frac{5}{384}h^4 \|f^{(4)}\|_\infty.$$

由区间$[x_j, x_{j+1}]$任意性即得结论.

复习与思考题

1. 什么是 Lagrange 插值基函数？它们是如何构造的？有何重要性质？

2. 什么是 Newton 基函数？它与单项式基$\{1,x,\cdots,x^n\}$有何不同？

3. 什么是函数的 n 阶均差？它有何重要性质？

4. 写出 $n+1$ 个点的 Lagrange 插值多项式与 Newton 均差插值多项式，并指出两者的异同.

5. 插值多项式的确定相当于求解线性方程组 $\boldsymbol{Ax}=\boldsymbol{y}$，其中系数矩阵 $\boldsymbol{A}$ 与使用的基函数有关，$\boldsymbol{y}$ 包含的是要满足的函数值$(y_0,y_1,\cdots,y_n)^{\mathrm{T}}$. 用下列基底作多项式插值时，试描述矩阵 $\boldsymbol{A}$ 中非零元素的分布.

(1) 单项式基底；

(2) Lagrange 基底；

(3) Newton 基底.

6. 用上题给出的三种不同基底构造插值多项式的方法确定基函数系数，试按工作量由低到高给出排序.

7. 给出插值多项式的余项表达式. 如何用它估计截断误差？

8. Hermite 插值与一般函数插值的区别是什么？什么是 Taylor 多项式？它是什么条件下的插值多项式？

9. 为什么高次多项式插值不能令人满意？分段低次插值与单个高次多项式插值相比有何优点？

10. 三次样条插值与三次分段 Hermite 插值有何区别？哪一个更优越？请说明理由.

11. 确定 $n+1$ 个节点的三次样条插值函数要多少个参数？为确定这些参数，需加上什么条件？

12. 判断下列命题是否正确：

(1) 对给定的数据作插值，插值函数个数可以有许多.

(2) 如果给定点集的多项式插值中唯一的，则其多项式表达式也是唯一的.

(3) $l_i(x)(i=0,1,\cdots,n)$是关于节点 $x_i(i=0,1,\cdots,n)$的 Lagrange 基函数，则对任何次数不大于 n 的多项式$P(x)$都有 $\sum_{i=0}^{n} l_i(x)P(x_i)=P(x)$.

(4) 当 $f(x)$为连续函数，节点 $x_i(i=0,1,\cdots,n)$为等距节点，构造 Lagrange 插值多项式 $L_n(x)$，则 n 越大 $L_n(x)$越接近$f(x)$.

(5) 同上题，当 $f(x)$满足一定的连续可微条件时，若构造三次样条插值函数 $S_n(x)$，则 n 越大得到的三次样条函数$S_n(x)$越接近$f(x)$.

(6) 高次 Lagrange 插值是很常用的.

(7) 对函数 $f(x)$的 Newton 插值多项式 $P_n(x)$，如果 $f(x)$的各阶导数均存在，则当 $x_i \to x_0(i=1,2,\cdots,n)$时，$P_n(x)$就是$f(x)$在$x_0$ 点处的 Taylor 多项式.

习　题

1. 当 $x=1,-1,2$ 时，$f(x)=0,-3,4$，求 $f(x)$的二次插值多项式.

(1) 用单项式基底；

(2) 用 Lagrange 插值基底；

(3) 用牛顿基底.

2. 给出 $f(x)=\ln x$ 的数值表：

x	0.4	0.5	0.6	0.7	0.8
$\ln x$	−0.9163	−0.6931	−0.5108	−0.3567	−0.2231

用线性插值及二次插值计算 ln0.54 的近似值.

3. 给出 $\cos x(0^\circ\leqslant x\leqslant 90^\circ)$的函数表，步长 $h=1'=(1/60)^\circ$，若函数表具有 5 位有效数字，研究用线性插值求 $\cos x$ 近似值时的总误差界.

4. 设 x_j 为互异节点 $j=0,1,\cdots,n$，求证：

(1) $\sum\limits_{j=0}^{n} x_j^k l_j(x)\equiv x^k(k=0,1,\cdots,n)$；

(2) $\sum\limits_{j=0}^{n}(x_j-x)^k l_j(x)\equiv 0(k=1,2,\cdots,n)$.

5. 设 $f(x)\in C^2[a,b]$且$f(a)=f(b)=0$，求证：

$$\max_{a\leqslant x\leqslant b}|f(x)|\leqslant\frac{1}{8}(b-a)^2\max_{a\leqslant x\leqslant b}|f''(x)|.$$

6. 在$-4\leqslant x\leqslant 4$ 上给出 $f(x)=e^x$ 的等距节点函数表，若用二次插值求 e^x 的近似值，要使截断误差不超过10^{-6}，问使用函数表的步长 h 应取多少？

7. 证明 n 阶均差有下列性质：

(1) 若 $F(x)=cf(x)$，则 $F[x_0,x_1,\cdots,x_n]=cf[x_0,x_1,\cdots,x_n]$；

(2) 若 $F(x)=f(x)+g(x)$，则

$$F[x_0,x_1,\cdots,x_n]=f[x_0,x_1,\cdots,x_n]+g[x_0,x_1,\cdots,x_n].$$

8. $f(x)=x^7+x^4+3x+1$，求 $f[2^0,2^1,\cdots,2^7]$及 $f[2^0,2^1,\cdots,2^8]$.

9. 证明：$\Delta(f_k g_k)=f_k\Delta g_k+g_{k+1}\Delta f_k$.

10. 证明：$\sum\limits_{k=0}^{n-1} f_k\Delta g_k=f_n g_n-f_0 g_0-\sum\limits_{k=0}^{n-1} g_{k+1}\Delta f_k$.

11. 证明：$\sum\limits_{j=0}^{n-1}\Delta^2 y_j=\Delta y_n-\Delta y_0$.

12. 若 $f(x)=a_0+a_1x+\cdots+a_{n-1}x^{n-1}+a_nx^n$ 有 n 个不同实根 $x_1,x_2,\cdots,x_n$，证明：

$$\sum_{j=0}^{n}\frac{x_j^k}{f'(x_j)}=\begin{cases}0 & (0\leqslant k\leqslant n-2),\\ a_n^{-1} & (k=n-1).\end{cases}$$

13. 求次数小于等于3的多项式 $P(x)$，使其满足条件

$$P(x_0)=f(x_0),\quad P'(x_0)=f'(x_0),$$
$$P''(x_0)=f''(x_0),\quad P(x_1)=f(x_1).$$

14. 求次数小于等于3的多项式 $P(x)$，使其满足条件

$$P(0)=0,\quad P'(0)=1,\quad P(1)=1,\quad P'(1)=2.$$

15. 证明两点三次 Hermite 插值余项是

$$R_3(x)=\frac{f^{(4)}(\xi)(x-x_k)^2(x-x_{k+1})^2}{4!}\quad(\xi\in(x_k,x_{k+1})).$$

并由此求出分段三次 Hermite 插值的误差限.

16. 求一个次数不高于4次的多项式 $P(x)$，使它满足 $P(0)=P'(0)=0$，$P(1)=P'(1)=1$，$P(2)=1$.

17. 设 $f(x)=1/(1+x^2)$，在 $-5\leqslant x\leqslant 5$ 上取 $n=10$，按等距节点求分段线性插值函数 $I_h(x)$，计算各节点间中点处的 $I_h(x)$ 与 $f(x)$ 的值，并估计误差.

18. 求 $f(x)=x^2$ 在 $[a,b]$ 上的分段 Hermite 插值 $I_h(x)$，并估计误差.

19. 求 $f(x)=x^4$ 在 $[a,b]$ 上的分段 Hermite 插值 $I_h(x)$，并估计误差.

20. 给定数据表如下：

x_j	0.25	0.30	0.39	0.45	0.53
y_j	0.5000	0.5477	0.6245	0.6708	0.7280

试求三次样条插值 $S(x)$，并满足条件：

(1) $S'(0.25)=1.0000$，$S'(0.53)=0.6868$；

(2) $S''(0.25)=S''(0.53)=0$.

21. 若 $f(x)\in C^2[a,b]$，$S(x)$ 是三次样条函数，证明：

(1)

$$\begin{aligned}&\int_a^b[f''(x)]^2\mathrm{d}x-\int_a^b[S''(x)]^2\mathrm{d}x\\&=\int_a^b[f''(x)-S''(x)]^2\mathrm{d}x+2\int_a^b S''(x)[f''(x)-S''(x)]\mathrm{d}x;\end{aligned}$$

(2) 若 $f(x_i)=S(x_i)(i=0,1,\cdots,n)$，式中 x_i 为插值节点，且 $a=x_0<x_1<\cdots<x_n=b$，则

$$\begin{aligned}&\int_a^b S''(x)[f''(x)-S''(x)]\mathrm{d}x\\&=S''(b)[f'(b)-S'(b)]-S''(a)[f'(a)-S'(a)].\end{aligned}$$

第3章　函数逼近

3.1　函数逼近的基本概念

3.1.1　函数逼近问题

在数值计算中经常要计算基本初等函数或其他函数的值,因此构造出简单的、可用计算机直接计算的近似公式是一个重要问题.下面给出一例.

例3.1　某气象仪器厂要在某仪器中设计一种专用计算芯片,以便于计算观测经常遇到的三角函数以及其他初等函数.设计要求x在区间$[a,b]$中变化时,近似函数在每一点的误差都要小于某一指定的正数ε.

(1) 由于插值法的特点是在区间$[a,b]$中的$n+1$个节点处,插值函数$P_n(x)$与被插值函数$f(x)$无误差,而在其他点处$P_n(x)$,对于$x \neq x_i$,$P_n(x)$逼近$f(x)$的效果可能很好,也可能很差.在本问题中要求$P_n(x)$在区间$[a,b]$中的每一点都要"很好"地逼近$f(x)$,应用一般的插值方法显然是不可行的,Runge现象就是典型的例证.采用样条插值固然可以在区间的每一点上满足误差要求.但由于样条插值的计算比较复杂,需要求解一个大型的三对角方程组,在芯片中固化这些计算过程较为复杂.

(2) 可以采用Taylor展式解决本问题.

将$f(x)$在特殊点x_0处作Taylor展开,

$$f(x)=f(x_0)+f'(x_0)(x-x_0)+\cdots+\frac{f^{(n)}(x_0)}{n!}(x-x_0)^n + \frac{f^{(n)}(\xi)}{(n+1)!}(x-x_0)^{n+1}.$$

取其前$n+1$项作为$f(x)$的近似,即

$$P_n(x)=f(x_0)+f'(x_0)(x-x_0)+\cdots+\frac{f^{(n)}(x_0)}{n!}(x-x_0)^n \approx f(x).$$

但Taylor展式仅对x_0附近的点效果较好,为了使得远离x_0的点的误差也小于ε,

只好将项数 n 取得相当大,这大大增加了计算量,降低了计算速度.因此,从数值计算的角度来说,用 Taylor 展式作函数在区间上的近似计算是不合适的.

(3) 本例提出了一个新的问题,即能否找到一个近似函数 $P_n(x)$,比如说,它仍然是一个 n 次多项式,$P_n(x)$不一定要在某些点处与$f(x)$相等,但 $P_n(x)$却在区间$[a,b]$上的每一点处都能"很好"地、"均匀"地逼近 $f(x)$.此类问题即为本章要讨论的函数逼近问题.

函数逼近问题可以粗略描述为:对函数类 A 中给定的函数$f(x)$,要求在另一类简单的便于计算的函数类 B 中求一个函数$p(x)$,使得 $p(x)$与$f(x)$的误差在某种衡量标准下最小.函数类 A 通常是区间$[a,b]$上的连续函数,记为 $C[a,b]$,称为连续函数空间,而函数类 B 通常为代数多项式、有理分式以及三角多项式.

对于函数逼近问题,魏尔斯特拉斯(Weierstrass)给出了下列定理:

定理 3.1 设 $f(x)\in C[a,b]$,则对任意 $\varepsilon>0$,有代数多项式 $p(x)$,使

$$\max_{a\leqslant x\leqslant b}|f(x)-p(x)|<\varepsilon$$

在$[a,b]$上一致成立.

本定理的证法很多,Bernstein① 在 1921 年构造性地引入了一个多项式

$$B_n(f,x)=\sum_{k=0}^{n}f\left(\frac{k}{n}\right)C_n^k x^k(1-x)^{n-k},$$

并证明了$\lim\limits_{n\to\infty}B_n(f,x)=f(x)(0\leqslant x\leqslant 1)$.

Bernstein 多项式在自由外形设计中有较好的应用.但它有一个致命的缺点,就是收敛太慢.要提高逼近精度,只好增加多项式的次数,这在实际中是很不合算的.

Chebyshev② 从另一个角度去研究逼近问题.他不让多项式的次数 n 趋于无穷,而是先把 n 固定.对于 $f(x)\in C[a,b]$,他提出在 n 次多项式集合中,寻找一种多项式 $P_n(x)$,使 $P_n(x)$在$[a,b]$上"最佳地逼近"$f(x)$.这种多项式往往具有某种特性,比如后面介绍的正交多项式.

3.1.2 赋范线性空间与内积

为了准确定义函数逼近问题,本节给出赋范线性空间与内积的概念.

定义 3.1 设 S 为线性空间,$x\in S$.若存在唯一实数 $\|\cdot\|$,满足条件:

(1) 正定性:$\|x\|\geqslant 0$,当且仅当 $x=0$ 时,$\|x\|=0$;

(2) 齐次性:$\|\alpha x\|=|\alpha|\,\|x\|\,(\alpha\in\mathbf{R})$;

---

① 伯恩斯坦(Sergi Natanovich Bernstein,1880～1968)是苏联数学家,他在编微分方程、函数构造论和多项式逼近理论、泛函分析等方面都做出了贡献.

② 切比雪夫(Pafnuty Livovich Chebyshev,1821～1894)是俄国数学家、力学家.切比雪夫在函数逼近论、概率论、数学分析等数学的很多方面及其邻近的学科都做出了重要贡献.

(3) 三角不等式：$\| x+y \| \leqslant \| x \| + \| y \| (x, y \in S)$，

则称 $\| \cdot \|$ 为线性空间 S 上的范数，S 与 $\| \cdot \|$ 称为赋范线性空间，记为 X.

对于 $\mathbf{R}^n$ 上的向量 $\boldsymbol{x}=(x_1, x_2, \cdots, x_n)^{\mathrm{T}} \in \mathbf{R}^n$，通常有下列三种范数：

(1) ∞ - 范数或最大范数：$\| x \|_\infty = \max\limits_{1 \leqslant i \leqslant n} | x_i |$；

(2) 1 - 范数：$\| x \|_1 = \sum\limits_{i=1}^{n} | x_i |$；

(3) 2 - 范数：$\| x \|_2 = \left(\sum\limits_{i=1}^{n} x_i^2 \right)^{\frac{1}{2}}$.

对连续函数空间 $C[a,b]$，常用的范数如下：

(1) ∞ - 范数或最大范数：$\| f \|_\infty = \max\limits_{a \leqslant i \leqslant b} | f(x) |$；

(2) 1 - 范数：$\| f \|_1 = \int_a^b | f(x) | \mathrm{d}x$；

(3) 2 - 范数：$\| f \|_2 = \left(\int_a^b f^2(x) \mathrm{d}x \right)^{\frac{1}{2}}$.

下面给出 $C[a,b]$上的内积概念.为此，先定义权函数.

定义 3.2 若$[a,b]$上的非负函数$\rho(x)$满足条件：

(1) $\int_a^b x^k \rho(x) \mathrm{d}x \ (k=0,1,\cdots)$ 存在；

(2) 对$[a,b]$上的非负函数$g(x)$，若$\int_a^b g(x)\rho(x)\,\mathrm{d}x=0$，则 $g(x) \equiv 0$，

则称 $\rho(x)$为$[a,b]$上的权函数.

定义 3.3 设 $f(x), g(x) \in C[a,b]$，$\rho(x)$是$[a,b]$上的权函数，则

$$(f(x), g(x)) = \int_a^b f(x) g(x) \rho(x) \mathrm{d}x \tag{3.1.1}$$

称为 $C[a,b]$上带权$\rho(x)$的内积.

显然，当 $\rho(x) \equiv 1$ 时，

$$\| f(x) \|_2 = (f(x), f(x))^{\frac{1}{2}} = \left(\int_a^b f^2(x) \mathrm{d}x \right)^{\frac{1}{2}}.$$

3.1.3 最佳逼近

记 H_n 为多项式空间，$\Phi=\mathrm{span}\{\varphi_0, \varphi_1, \cdots, \varphi_n\}$为由基 $\varphi_0, \varphi_1, \cdots, \varphi_n$ 生成的线性空间.

对 $f(x) \in C[a,b]$，若有 $P^*(x) \in \Phi = \mathrm{span}\{\varphi_0, \varphi_1, \cdots, \varphi_n\}$，使得

$$\| f(x) - P^*(x) \| = \min_{P \in \Phi} \| f(x) - P(x) \|, \tag{3.1.2}$$

则称 $P^*(x)$是$f(x)$在 Φ 上的最佳逼近函数.若 $\Phi = H_n$，则称 $P^*(x)$是$f(x)$的**最佳逼近多项式**.

若取 $\| \cdot \| = \| \cdot \|_\infty$，即

$$\| f(x)-P^*(x) \|_\infty = \min_{P\in H_n} \| f(x)-P(x) \|_\infty = \min_{P\in H_n} \max_{a\leqslant x\leqslant b} | f(x)-P(x) |, \tag{3.1.3}$$

则称 $P^*(x)$为$f(x)$在$[a,b]$上的**最佳一致逼近多项式**.

若取$\|\cdot\| = \|\cdot\|_2$,即

$$\begin{aligned} \| f(x)-P^*(x) \|_2^2 &= \min_{P\in H_n} \| f(x)-P(x) \|_2^2 \\ &= \min_{P\in H_n} \int_a^b [f(x)-P(x)]^2 \mathrm{d}x, \end{aligned} \tag{3.1.4}$$

则称 $P^*(x)$为$f(x)$在$[a,b]$上的**最佳平方逼近多项式**.

考虑到应用范围与计算,本章主要讨论最佳平方逼近.

3.2 正交多项式

正交多项式是函数逼近的重要工具,在数值积分中也有重要应用.

3.2.1 正交多项式的概念与性质

定义 3.4 若$f(x),g(x)\in C[a,b]$,$\rho(x)$是$[a,b]$上的权函数,且

$$(f(x),g(x)) = \int_a^b f(x)g(x)\rho(x)\mathrm{d}x = 0, \tag{3.2.1}$$

则称$f(x)$与$g(x)$在$[a,b]$上带权$\rho(x)$正交.

定义 3.5 设$\varphi_n(x)$是$[a,b]$上的n次多项式,$\rho(x)$是$[a,b]$上的权函数.若多项式序列$\{\varphi_n(x)\}_0^\infty$满足

$$(\varphi_i,\varphi_j) = \int_a^b \varphi_i(x)\varphi_j(x)\rho(x)\mathrm{d}x = \begin{cases} 0 & (i\neq j), \\ A_i & (i=j), \end{cases} \tag{3.2.2}$$

则称多项式序列$\{\varphi_n(x)\}_0^\infty$为在$[a,b]$上带权$\rho(x)$正交,称$\varphi_n(x)$为在$[a,b]$上带权$\rho(x)$的$n$次正交多项式.

利用 Gram-Schmidt 方法可以构造出在$[a,b]$上带权$\rho(x)$的正交多项式序列$\{\varphi_n(x)\}_0^\infty$:

$$\begin{cases} \varphi_0(x) = 1, \\ \varphi_n(x) = x^n - \displaystyle\sum_{i=0}^{n-1} \frac{(x^n,\varphi_i(x))}{(\varphi_i(x),\varphi_i(x))}\varphi_i(x) \quad (n=1,2,\cdots). \end{cases} \tag{3.2.3}$$

上述方法构造的正交多项式序列$\{\varphi_n(x)\}_0^\infty$满足下列性质:

(1) 对任何$P(x)\in H_n$,有

$$P(x) = \sum_{i=0}^{n} c_i \varphi_i(x),$$

即任何 n 次多项式均可表示为 $n+1$ 个正交多项式 $\varphi_i(x)$ 的线性组合.

(2) $\varphi_n(x)$ 与任何次数小于 n 的多项式 $P(x) \in H_{n-1}$ 均正交，即

$$(\varphi_n, P) = \int_a^b \varphi_n(x) P(x) \rho(x) \mathrm{d}x = 0.$$

正交多项式还有许多特有的优良性质.

定理 3.2　设 $\{\varphi_n(x)\}_0^\infty$ 是 $[a,b]$ 上带权 $\rho(x)$ 的正交多项式序列，则对 $n \geqslant 1$ 有递推公式

$$\varphi_{n+1}(x) = (\alpha_n x + \beta_n)\varphi_n(x) + \gamma_{n-1}\varphi_{n-1}(x), \tag{3.2.4}$$

其中 α_n, β_n 和 γ_{n-1} 与 x 无关，$\varphi_{-1}(x) \equiv 0$.

证　令 a_n 为 φ_n 的最高次项 x^n 的系数，取 $\alpha_n = \dfrac{a_{n+1}}{a_n}$，并用 $x\varphi_n$ 表示对所有 $x \in [a,b]$ 取值为 $x\varphi_n(x)$ 的多项式，则 $\varphi_{n+1} - \alpha_n x \varphi_n$ 的次数 $\leqslant n$，从而可表示为

$$\varphi_{n+1}(x) - \alpha_n x \varphi_n(x) = \beta_n \varphi_n(x) + \sum_{i=0}^{n-1} \gamma_i \varphi_i(x). \tag{3.2.5}$$

用 φ_n 对(3.2.5)式两边作内积并利用正交性有

$$-(\alpha_n x \varphi_n, \varphi_n) = \beta_n(\varphi_n, \varphi_n),$$

由此得

$$\beta_n = -\frac{\alpha_n (x\varphi_n, \varphi_n)}{(\varphi_n, \varphi_n)}.$$

用 $\varphi_j (j = 0, 1, \cdots, n-1)$ 对(3.2.5)式两边作内积并利用正交性有

$$-\alpha_n(\varphi_j, x\varphi_n) = \gamma_j(\varphi_j, \varphi_j),$$

因此得

$$\gamma_j = -\frac{\alpha_n(\varphi_j, x\varphi_n)}{(\varphi_j, \varphi_j)} \quad (j = 0, 1, \cdots, n-1).$$

由于 $(\varphi_j, x\varphi_n) = (\varphi_n, x\varphi_j)$，所以当 $j \leqslant n-2$ 时，$x\varphi_j$ 的次数 $\leqslant n-1$，有 $(\varphi_j, x\varphi_n) = 0 (\gamma_j = 0, j = 0, 1, \cdots, n-2)$，从而由(3.2.5)式得

$$\varphi_{n+1}(x) = (\alpha_n x + \beta_n)\varphi_n(x) + \gamma_{n-1}\varphi_{n-1}(x).$$

递推公式中的系数归纳如下：

$$\begin{cases} \alpha_n = \dfrac{a_{n+1}}{a_n}, \\ \beta_n = -\dfrac{a_{n+1}}{a_n} \cdot \dfrac{(x\varphi_n, \varphi_n)}{(\varphi_n, \varphi_n)}, \\ \gamma_n = -\dfrac{a_{n-1}a_{n+1}}{a_n^2} \cdot \dfrac{(\varphi_n, x\varphi_n)}{(\varphi_{n-1}, \varphi_{n-1})}. \end{cases} \tag{3.2.6}$$

定理 3.3　设 $\{\varphi_n(x)\}_0^\infty$ 是 $[a,b]$ 上带权 $\rho(x)$ 的正交多项式序列，则 n 次正交多项式 $\varphi_n(x)$ 在开区间 (a,b) 内有 n 个不同的零点.

证 因为 φ_n 为 n 次多项式，所以 φ_n 有 n 个零点 $x_1,x_2,\cdots,x_n$. 其中可能有复共轭对的，也可能有偶数重的实零点，还可能有奇数重的实零点. 由于 φ_n 是 $[a,b]$ 上带权 $\rho(x)$ 的 n 次正交多项式，所以有

$$\int_a^b \varphi_n(x)\varphi_0(x)\rho(x)\mathrm{d}x = 0,$$

由此可得

$$\int_a^b (x-x_1)(x-x_2)\cdots(x-x_n)\rho(x)\mathrm{d}x = 0.$$

如果 φ_n 在 (a,b) 内无奇数重的零点，那么上式的左边应为正数. 从而推出，φ_n 在 (a,b) 内存在奇数重零点. 可设 $x_i\,(i=1,2,\cdots,n)$ 为 (a,b) 内的奇数重零点，且

$$a < x_1 < x_2 < \cdots < x_n < b,$$

则 φ_n 在 $x_i\,(i=1,2,\cdots,n)$ 处变号. 令

$$q(x) = \prod_{i=1}^{n}(x-x_i),$$

那么 $\varphi_n q$ 在 $[a,b]$ 上不变号，由此可得

$$(\varphi_n,q) = \int_a^b \varphi_n(x)q(x)\rho(x)\mathrm{d}x \neq 0.$$

若 $i<n$，则利用正交性有 $(\varphi_n,q)=0$. 这与 $(\varphi_n,q)\neq 0$ 矛盾，从而 $i=n$，即 φ_n 在 (a,b) 内有 n 个单重零点.

3.2.2 Legendre 多项式

当区间为 $[-1,1]$，权函数 $\rho(x)\equiv 1$ 时，由 $\{1,x,\cdots,x^n,\cdots\}$ 正交化所得的多项式 $\mathrm{P}_n(x)$ 称为 Legendre① 多项式. Legendre 多项式最早由 Legendre 于 1785 年提出，1814 年罗德利克(Rodrigul)给出了下列简单表达式

$$\begin{cases} \mathrm{P}_0(x) = 1, \\ \mathrm{P}_n(x) = \dfrac{1}{2^n n!}\dfrac{\mathrm{d}^n}{\mathrm{d}x^n}[(x^2-1)^n] \quad (n \geqslant 1). \end{cases} \tag{3.2.7}$$

不难看出，$\mathrm{P}_n(x)$ 确实为一个 n 次多项式，且首项系数为

$$\frac{1}{2^n n!}(2n)(2n-1)\cdots(n+1) = \frac{(2n)!}{2^n\,(n!)^2}.$$

令

$$\begin{cases} \widetilde{\mathrm{P}}_0(x) = 1, \\ \widetilde{\mathrm{P}}_n(x) = \dfrac{n!}{(2n)!}\dfrac{\mathrm{d}^n}{\mathrm{d}x^n}[(x^2-1)^n] \quad (n \geqslant 1), \end{cases} \tag{3.2.8}$$

---

① 勒让德(A. M. Legendre，1752～1833)是法国数学家. 他在统计、数论、椭圆积分、大地测量学、抽象代数及数学分析等领域都做出了很重要的贡献.

则$\widetilde{P}_n(x)$为首项系数为1的Legendre多项式.

Legendre多项式具有下列重要性质.

(1) 正交性

$$\int_{-1}^{1} P_n(x)P_m(x)dx = \begin{cases} 0 & (n \neq m), \\ \dfrac{2}{2n+1} & (n = m), \end{cases} \tag{3.2.9}$$

即Legendre多项式在$[-1,1]$上关于权函数$\rho(x)\equiv 1$正交.

证 令$\varphi(x)=(x^2-1)^n$,则$\varphi^{(k)}(\pm 1)=0(k=0,1,\cdots,n-1)$.根据分部积分

$$\begin{aligned}
\int_{-1}^{1} P_n(x)P_m(x)dx &= \frac{1}{2^n n!}\int_{-1}^{1} P_m(x)\varphi^{(n)}(x)dx \\
&= \frac{1}{2^n n!}\int_{-1}^{1} P_m(x)d\varphi^{(n-1)}(x) \\
&= \frac{1}{2^n n!}\left[P_m(x)\varphi^{(n-1)}(x)\Big|_{-1}^{1} - \int_{-1}^{1} P'_m(x)\varphi^{(n-1)}(x)dx\right] \\
&= -\frac{1}{2^n n!}\int_{-1}^{1} P'_m(x)\varphi^{(n-1)}(x)dx \\
&\cdots \\
&= \frac{(-1)^n}{2^n n!}\int_{-1}^{1} P_m^{(n)}(x)\varphi(x)dx.
\end{aligned}$$

若$m<n$,则$P_m^{(n)}(x)=0$,得

$$\int_{-1}^{1} P_n(x)P_m(x)dx = 0.$$

同理可证,$m>n$时上式也成立.

若$m=n$,则$P_m^{(n)}(x)=\dfrac{(2n)!}{2^n n!}$,从而

$$\int_{-1}^{1} P_n^2(x)dx = \frac{(-1)^n(2n)!}{2^{2n}(n!)^2}\int_{-1}^{1}(x^2-1)^n dx = \frac{(2n)!}{2^{2n}(n!)^2}\int_{-1}^{1}(1-x^2)^n dx.$$

由于

$$\int_{-1}^{1}(1-x^2)^n dx = 2\int_0^1 \sin^{2n+1} t dt = 2\cdot\frac{(2n)!!}{(2n+1)!!},$$

所以

$$\int_{-1}^{1} P_n^2(x)dx = \frac{2}{2n+1}.$$

综上有

$$\int_{-1}^{1} P_n(x)P_m(x)dx = \begin{cases} 0 & (n \neq m), \\ \dfrac{2}{2n+1} & (n = m). \end{cases}$$

(2) 递推公式

$$P_{n+1}(x)=\frac{2n+1}{n+1}xP_n(x)-\frac{n}{n+1}P_{n-1}(x)\quad(n=0,1,2,\cdots),\tag{3.2.10}$$

其中 $P_{-1}(x)=0$.

证　因为任何 n 次多项式均可表示为 $n+1$ 个正交多项式的线性组合,所以 $n+1$ 次多项式 $xP_n(x)$ 可表示为

$$xP_n(x)=a_0P_0(x)+a_1P_1(x)+\cdots+a_{n+1}P_{n+1}(x).$$

两边乘 $P_k(x)$ 后在 $[-1,1]$ 上积分,并利用正交性得

$$\int_{-1}^{1}xP_n(x)P_k(x)\mathrm{d}x=a_k\int_{-1}^{1}P_k^2(x)\mathrm{d}x.$$

当 $k\leqslant n-2$ 时,$xP_k(x)$ 的次数小于等于 $n-1$,上式左端积分为 0,因此 $a_k=0$. 当 $k=n$ 时,$xP_n^2(x)$ 为奇函数,左端积分也为 0,所以 $a_k=0$. 从而

$$xP_n(x)=a_{n-1}P_{n-1}(x)+a_{n+1}P_{n+1}(x),$$

即

$$P_{n+1}(x)=-\frac{1}{a_{n+1}}xP_n(x)-\frac{a_{n-1}}{a_{n+1}}P_{n-1}(x).$$

根据(3.2.6)式,

$$-\frac{1}{a_{n+1}}=\frac{(2n+2)!}{2^{n+1}[(n+1)!]^2}\cdot\frac{2^n(n!)^2}{(2n)!}=\frac{2n+1}{n+1},$$

$$-\frac{a_{n-1}}{a_{n+1}}=-\frac{(2n+2)!}{2^{n+1}[(n+1)!]^2}\cdot\frac{(2n-2)!}{2^{n-1}[(n-1)!]^2}\cdot\left[\frac{2^n(n!)^2}{(2n)!}\right]^2\cdot\frac{2}{2n+1}\cdot\frac{2n-1}{2}=-\frac{n}{n+1},$$

因此可得

$$P_{n+1}(x)=\frac{2n+1}{n+1}xP_n(x)-\frac{n}{n+1}P_{n-1}(x)\quad(n=0,1,2,\cdots).$$

由 $P_0(x)=1,P_1(x)=x$,利用(3.2.10)式可推出

$$P_2(x)=\frac{3x^2-1}{2},$$

$$P_3(x)=\frac{5x^3-3x}{2},$$

$$P_4(x)=\frac{35x^4-30x^2+3}{8},$$

$$P_5(x)=\frac{63x^5-70x^3+15x}{8},$$

……

$P_0(x),P_1(x),P_2(x),P_3(x)$ 的图形如图 3.1 所示.

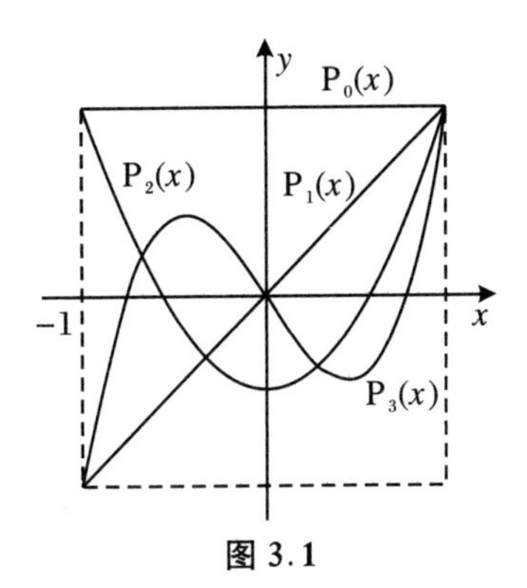

图 3.1

(3) 奇偶性

$$P_n(-x) = (-1)^n P_n(x), \tag{3.2.11}$$

即当 n 为奇(偶)数时,$P_n(x)$为奇(偶)函数.

证 因为 $\varphi(x)=(x^2-1)^n$ 为偶次多项式,经过偶次求导后仍为偶次多项式,经过奇次求导后为奇次多项式,所以当 n 为奇(偶)数时,$P_n(x)$为奇(偶)函数.

(4) 零点性质

$P_n(x)$在开区间$(-1,1)$内有 n 个互不相同的零点.

证 由定理3.3即可得此性质.

3.2.3 Chebyshev 多项式

在区间$[-1,1]$上权函数 $\rho(x)=\dfrac{1}{\sqrt{1-x^2}}$的正交多项式 $T_n(x)$称为 **Chebyshev 多项式**,其表达式为

$$T_n(x) = \cos(n\arccos x) \quad (n \geqslant 0, x \in [-1,1]).$$

若令 $x=\cos\theta$,则 $T_n(x)=\cos(n\theta)(\theta\in[0,\pi])$.

Chebyshev 多项式具有下述基本性质:

(1) 正交性

$$\int_{-1}^{1} T_n(x) T_m(x) \frac{1}{\sqrt{1-x^2}} dx = \begin{cases} 0 & (n \neq m), \\ \dfrac{\pi}{2} & (n = m \neq 0), \\ \pi & (n = m = 0). \end{cases} \tag{3.2.12}$$

即 Chebyshev 多项式在$[-1,1]$上关于权函数 $\rho(x)=\dfrac{1}{\sqrt{1-x^2}}$正交.

证 令 $x=\cos\theta$,则

$$\int_{-1}^{1} T_n(x) T_m(x) \frac{1}{\sqrt{1-x^2}} dx = \int_0^{\pi} \cos(n\theta)\cos(m\theta) d\theta$$

$$= \frac{1}{2}\int_0^\pi [\cos(n+m) + \cos(n-m)]\mathrm{d}\theta$$

$$= \begin{cases} 0 & (n \neq m), \\ \frac{\pi}{2} & (n = m \neq 0), \\ \pi & (n = m = 0). \end{cases}$$

(2) 递推公式

$$\begin{cases} T_0(x) = 1, T_1(x) = x, \\ T_{n+1}(x) = 2xT_n(x) - T_{n-1}(x) \quad (n = 1,2,\cdots). \end{cases} \tag{3.2.13}$$

证 根据三角公式

$$T_{n+1}(x) = \cos(n+1)\theta = \cos n\theta\cos\theta - \sin n\theta\sin\theta,$$

$$T_{n-1}(x) = \cos(n-1)\theta = \cos n\theta\cos\theta + \sin n\theta\sin\theta,$$

两式相加得

$$T_{n+1}(x) + T_{n-1}(x) = 2\cos n\theta\cos\theta,$$

从而

$$T_{n+1}(x) = 2xT_n(x) - T_{n-1}(x).$$

利用 $T_0(x)=1, T_1(x)=x$ 和(3.2.13)式可推出

$$T_2(x) = 2x^2 - 1,$$

$$T_3(x) = 4x^3 - 3x,$$

$$T_4(x) = 8x^4 - 8x^2 + 1,$$

$$T_5(x) = 16x^5 - 20x^3 + 5x,$$

$$T_6(x) = 32x^6 - 48x^4 + 18x^2 - 1,$$

……

$T_0(x), T_1(x), T_2(x), T_3(x)$的图形如图 3.2 所示.

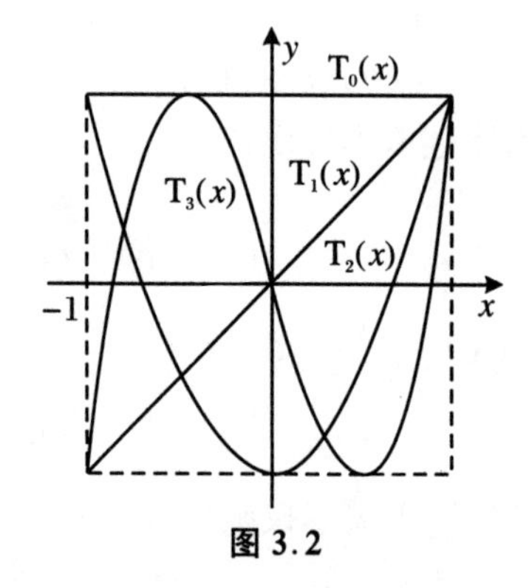

图 3.2

(3) 奇偶性

$$T_n(-x) = (-1)^n T_n(x), \tag{3.2.14}$$

即当 n 为奇(偶)数时,$T_n(x)$为奇(偶)函数.

证　$T_n(-x)=\cos(n\arccos(-x))=\cos(n\pi-n\arccos x)=(-1)^n\cos(n\arccos x)=(-1)^n T_n(x)$.

(4) 零点性质

$T_n(x)$在开区间$(-1,1)$内有 n 个互不相同的零点

$$x_k=\cos\frac{(2k-1)\pi}{2n}\quad(k=1,2,\cdots,n).\tag{3.2.15}$$

证　对于 $T_n(x)=\cos(n\arccos x)$不难看出,当

$$n\arccos x_k=\frac{2k-1}{2}\pi\quad(k=1,2,\cdots,n)$$

时,有 $T_n(x)=0$,从而 $T_n(x)$在开区间$(-1,1)$内有 n 个互不相同的零点.

(5) $T_n(x)$的首项系数为 $2^{n-1}(n=1,2,\cdots)$.

证　用归纳法.当 $n=1$ 时,$T_1(x)=x$,结论成立.设 $k\leqslant n$ 时结论成立,利用递推公式,即可得出 $T_n(x)$的首项系数为 2^{n-1}.

(6) 极值点

$T_n(x)$的极值点为

$$x_k=\cos\frac{k\pi}{n}\quad(k=0,1,2,\cdots,n),\tag{3.2.16}$$

且

$$T_n(x_k)=(-1)^k\quad(k=0,1,2,\cdots,n).\tag{3.2.17}$$

证　由于

$$\frac{d}{dx}T_n(x_k)=\frac{d}{dx}[\cos(n\arccos x)]=\frac{n\sin(n\arccos x)}{\sqrt{1-x^2}},$$

容易看出,当 $x_k(k=1,2,\cdots,n-1)$为(2.16)式时有 $T_n'(x_k)=0$.由于 $T_n'(x)$为 $n-1$ 次多项式,所以 $T_n'(x)$的全部零点为$x_k(k=1,2,\cdots,n-1)$.

又因为包括端点 $x_0=-1,x_n=1$ 的所有 $x_k(k=0,1,2,\cdots,n)$均使得

$$T_n(x_k)=\cos\left(n\arccos\left(\cos\frac{k\pi}{n}\right)\right)=\cos(k\pi)=(-1)^k\quad(k=0,1,2,\cdots,n),$$

所以 $T_n(x)$的极值点为

$$x_k=\cos\frac{k\pi}{n}\quad(k=0,1,2,\cdots,n),$$

且当 k 为偶数时,$T_n(x)$在x_k 处达到极大值 1;当 k 为奇数时,$T_n(x)$在x_k 处达到极小值-1.

3.2.4　最小化性质与 Chebyshev 多项式零点插值

令$\widetilde{T}_0(x)=T_0(x)$, $\widetilde{T}_n(x)=\frac{1}{2^{n-1}}T_n(x)(n\geqslant1)$,则$\widetilde{T}_n(x)$是首项系数为 1

的 Chebyshev 多项式.记$\widetilde{H}_n$为所有次数小于等于n的首项指数为1的多项式集合,则$\widetilde{\mathrm{T}}_n(x)$有以下性质:

定理 3.4 设$\widetilde{\mathrm{T}}_n(x)$是首项系数为1的 Chebyshev 多项式,则

$$\max_{x\in[-1,1]}|\widetilde{\mathrm{T}}_n(x)|\leqslant\max_{x\in[-1,1]}|\varphi_n(x)|,\quad \varphi_n(x)\in\widetilde{H}_n,\tag{3.2.18}$$

且有

$$\max_{x\in[-1,1]}|\widetilde{\mathrm{T}}_n(x)|=\frac{1}{2^{n-1}}.\tag{3.2.19}$$

证 由于$\mathrm{T}_n(x)$的极大值与极小值分别为1与−1,而$\widetilde{\mathrm{T}}_n(x)=\frac{1}{2^{n-1}}\mathrm{T}_n(x)$,所以直接可得(3.2.19)式.

下面用反证法证明(3.2.18)式.假设设$\varphi_n(x)\in\widetilde{H}_n$,且有

$$\max_{x\in[-1,1]}|\varphi_n(x)|<\frac{1}{2^{n-1}}=\max_{x\in[-1,1]}|\widetilde{\mathrm{T}}_n(x)|.\tag{3.2.20}$$

令$Q=\widetilde{\mathrm{T}}_n-\varphi_n$,由于$\widetilde{\mathrm{T}}_n$和$\varphi_n$都是首项系数为1的$n$次多项式,所以$Q\in\widetilde{\mathrm{T}}_{n-1}$.此外,在$\widetilde{\mathrm{T}}_n$的极值点$\tilde{x}_k(k=0,1,\cdots,n)$处,有

$$Q(\tilde{x}_k)=\widetilde{\mathrm{T}}_n(\tilde{x}_k)-\varphi_n(\tilde{x}_k)=\frac{1}{2^{n-1}}-\varphi_n(\tilde{x}_k).$$

根据假设有

$$|\varphi_n(\tilde{x}_k)|<\frac{1}{2^{n-1}}\quad(k=0,1,\cdots,n).$$

因此,当k为奇数时有$\varphi_n(\tilde{x}_k)<0$;当k为偶数时有$\varphi_n(\tilde{x}_k)>0$.注意到Q为$[-1,1]$上的连续函数,利用零点定理,Q在$\tilde{x}_j$和$\tilde{x}_{j+1}(j=0,1,\cdots,n)$之间至少有一个零点.这样,$Q\in\widetilde{\mathrm{T}}_{n-1}$在$(-1,1)$内至少有$n$个零点,所以$Q\equiv0$.由于$Q$为首项系数为1的$n$次 Chebyshev 多项式与任意$\varphi_n(x)\in\widetilde{H}_n$之差,所以假设(3.2.20)式不成立,从而得(3.2.18)式.

本定理表明,在所有首项系数为1的n次多项式集合$\widetilde{H}_n$中,$\|\widetilde{\mathrm{T}}_n(x)\|_\infty=\min\limits_{P\in\widetilde{H}_n}\|P(x)\|_\infty$,所以$\widetilde{\mathrm{T}}_n(x)$是$\widetilde{H}_n$中最大值最小的多项式,即

$$\max_{x\in[-1,1]}|\widetilde{\mathrm{T}}_n(x)|=\min_{P\in\widetilde{H}_n}\max_{x\in[-1,1]}|P(x)|=\frac{1}{2^{n-1}}.\tag{3.2.21}$$

利用这一结论,可求$P(x)\in H_n$在H_{n-1}中的最佳(一致)逼近多项式.

例 3.1 求$f(x)=2x^3+x^2+2x-1$在$[-1,1]$上的最佳二次逼近多项式.

解 由题意,所求最佳逼近多项式$P_2^*(x)$应满足

$$\max_{x\in[-1,1]}|f(x)-P_2^*(x)|=\min.$$

由定理 3.4 可知,当

$$f(x)-P_2^*(x)=\frac{1}{2}T_3(x)=2x^3-\frac{3}{2}x$$

时,多项式 $f(x)-P_2^*(x)$ 与零偏差最小,故

$$P_2^*(x)=f(x)-\frac{1}{2}T_3(x)=x^2+\frac{7}{2}x-1$$

就是 $f(x)$ 在 $[-1,1]$ 上的最佳二次逼近多项式. $P_2^*(x)$ 与 $f(x)$ 的对比图如图 3.3 所示.

对于一般区间 $[a,b]$ 上的函数,可以通过变量代换

$$x=\frac{b-a}{2}t+\frac{a+b}{2} \tag{3.2.22}$$

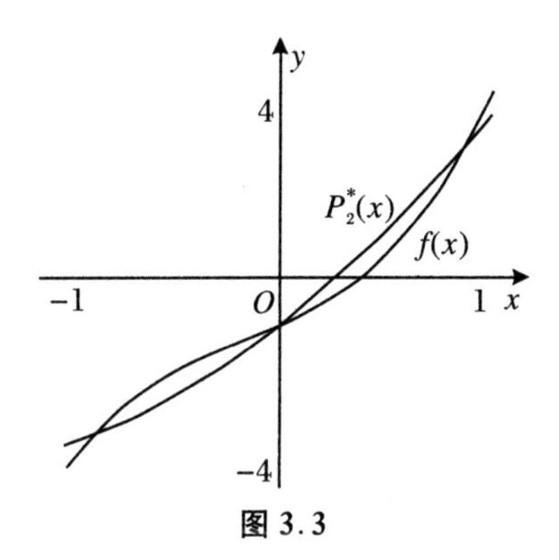

图 3.3

将其变换到区间 $[-1,1]$ 上.

Chebyshev 多项式 $T_n(x)$ 在区间 $[-1,1]$ 上有 n 个零点

$$x_k=\cos\frac{2k-1}{2n}\pi\quad(k=1,2,\cdots,n)$$

和 $n+1$ 个极值点(包括端点)

$$x_k=\cos\frac{k\pi}{n}\quad(k=0,1,\cdots,n).$$

这两组点称为 Chebyshev 点,它们在插值中有重要作用.

利用 Chebyshev 点作插值,可使插值最大误差最小化. 设插值点 $x_0,x_1,\cdots,x_n\in[-1,1]$, $f\in C^{n+1}[-1,1]$, $L_n(x)$ 为相应的 n 次 Lagrange 插值多项式,则插值余项

$$R_n(x)=f(x)-L_n(x)=\frac{f^{(n+1)}(\xi)}{(n+1)!}\omega_{n+1}(x),$$

从而

$$\max_{x\in[-1,1]}|f(x)-L_n(x)|\leqslant\frac{M_{n+1}}{(n+1)!}\max_{x\in[-1,1]}|(x-x_0)(x-x_1)\cdots(x-x_n)|,$$

其中

$$M_{n+1}=\|f^{(n+1)}(x)\|_\infty=\max_{x\in[-1,1]}|f^{(n+1)}(x)|.$$

如果插值节点为 $T_{n+1}(x)$ 的零点

$$x_k = \cos\frac{2k+1}{2(n+1)}\pi \quad (k=0,1,\cdots,n),$$

则由(3.2.21)式可得

$$\max_{x\in[-1,1]}|\omega_{n+1}(x)| = \max_{x\in[-1,1]}|\widetilde{T}_{n+1}(x)| = \frac{1}{2^n}.$$

由此可导出插值误差最小化的结论.

定理 3.5 设插值节点 $x_0,x_1,\cdots,x_n$ 是 Chebyshev 多项式 $T_{n+1}(x)$ 的零点,被插函数 $f\in C^{n+1}[-1,1]$,$L_n(x)$ 为相应的插值多项式,则

$$\max_{x\in[-1,1]}|f(x)-L_n(x)| \leqslant \frac{1}{2^n(n+1)!}\|f^{(n+1)}(x)\|_\infty. \quad (3.2.23)$$

对于一般区间 $[a,b]$ 上的插值,只要利用变换(3.2.22)式即可得相应结果.此时,插值节点为

$$x_k = \frac{b-a}{2}\cos\frac{2k+1}{2(n+1)}\pi + \frac{a+b}{2} \quad (k=0,1,\cdots,n).$$

例 3.2 求 $f(x)=e^x$ 在 $[0,1]$ 上的四次 Lagrange 插值多项式 $L_4(x)$,插值节点用 $T_5(x)$ 的零点,并估计误差 $\max\limits_{x\in[0,1]}|e^x - L_4(x)|$.

解 利用 $T_5(x)$ 的零点和区间变换可知节点

$$x_k = \frac{1}{2}\left(1+\cos\frac{2k+1}{10}\pi\right) \quad (k=0,1,2,3,4),$$

即

$$x_0 = 0.97553,\ x_1 = 0.79390,\ x_2 = 0.5,\ x_3 = 0.20611,\ x_4 = 0.02447.$$

对应的 Lagrange 插值多项式为

$$L_4(x) = 1.00002274 + 0.99886233x + 0.50902251x^2 + 0.14184105x^3 + 0.06849435x^4.$$

利用(3.2.23)式可得误差估计

$$\max_{x\in[0,1]}|e^x - L_4(x)| \leqslant \frac{M_{n+1}}{(n+1)!}\frac{(b-a)^{n+1}}{2^{2n+1}} \quad (n=4),$$

其中

$$M_{n+1} = \|f^{(5)}(x)\|_\infty \leqslant \|e^x\|_\infty \leqslant e^1 \leqslant 2.72,$$

从而

$$\max_{x\in[0,1]}|e^x - L_4(x)| \leqslant \frac{e}{5!}\frac{1}{2^9} < 4.4\times 10^{-5}.$$

$L_4(x)$ 与 $f(x)$ 的对比图如图 3.4 所示.从图中可以看出,由于逼近效果太好,以至于在 $[0,1]$ 上 $L_4(x)$ 与 $f(x)$ 的曲线几乎重合.

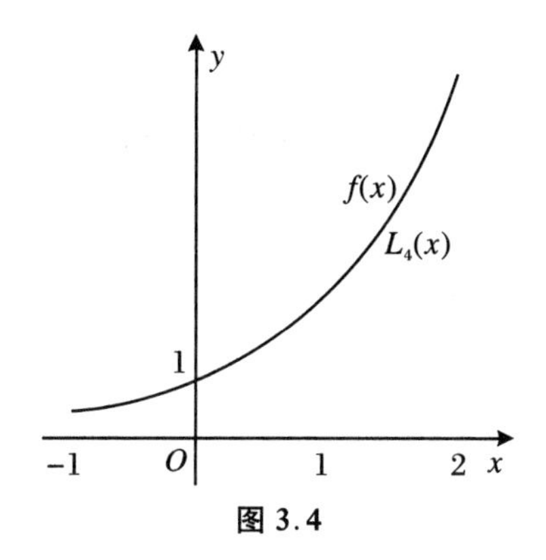

图 3.4

在第 2 章中我们知道，由于高次插值的 Runge 现象，$L_n(x)$一般不收敛于$f(x)$，因此它在实际中并不常用. 但若用 Chebyshev 多项式零点插值则可避免 Runge 现象，保证在整个区间上收敛.

例 3.3　设$f(x)=\dfrac{1}{1+x^2}$，在$[-5,5]$上利用$T_{11}(x)$的零点作插值点，构造 10 次 Lagrange 插值多项式$\widetilde{L}_{10}(x)$，并与第 2 章得到的等距节点$L_{10}(x)$进行比较.

解　在$[-1,1]$上的 11 次 Chebyshev 多项式$T_{11}(x)$的零点为

$$t_k = \cos\frac{21-2k}{22}\quad (k=0,1,\cdots,10).$$

作变换$x_k=5t_k(k=0,1,\cdots,10)$，则由这些插值点得到$f(x)$在$[-5,5]$上的 Lagrange 插值多项式$\widetilde{L}_{10}(x)$. $f(x)$，$L_{10}(x)$，$\widetilde{L}_{10}(x)$的图形如图 3.5 所示. 从图中可见，$\widetilde{L}_{10}(x)$没有 Runge 现象.

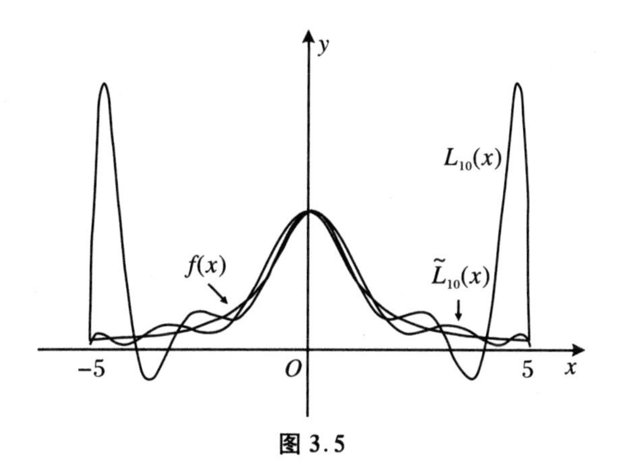

图 3.5

3.3 最佳平方逼近

3.3.1 最佳平方逼近及其计算

对 $f(x)\in C[a,b]$ 及 $C[a,b]$ 的一个子集 $\varphi=\mathrm{span}\{\varphi_0(x),\varphi_1(x),\cdots,\varphi_n(x)\}$，若存在 $S^*(x)=\sum\limits_{i=0}^{n}a_i\varphi_i(x)\in\varphi$，使

$$\begin{aligned}\|f(x)-S^*(x)\|_2^2&=\min_{S(x)\in\varphi}\|f(x)-S(x)\|_2^2\\&=\min_{S(x)\in\varphi}\int_a^b[f(x)-S(x)]^2\rho(x)\mathrm{d}x,\end{aligned}\quad(3.3.1)$$

则称 $S^*(x)$ 是 $f(x)$ 在子集 $\varphi\subset C[a,b]$ 中的最佳平方逼近函数. 为了求 $S^*(x)$，由(3.3.1)式可知该问题等价于求多元函数

$$I(a_0,a_1,\cdots,a_n)=\int_a^b\Big[\sum_{i=0}^{n}a_i\varphi_i(x)-f(x)\Big]^2\rho(x)\mathrm{d}x,\quad(3.3.2)$$

的最小值. 利用多元函数求极值的必要条件有

$$\frac{\partial I}{\partial a_k}=0\quad(k=0,1,\cdots,n),$$

即

$$\frac{\partial I}{\partial a_k}=2\int_a^b\Big[\sum_{i=0}^{n}a_i\varphi_i(x)-f(x)\Big]\varphi_k(x)\rho(x)\mathrm{d}x=0\quad(k=0,1,\cdots,n),$$

从而有

$$\sum_{i=0}^{n}(\varphi_i(x),\varphi_k(x))a_i=(f(x),\varphi_k(x))\quad(k=0,1,\cdots,n).\quad(3.3.3)$$

这是关于 $a_0,a_1,\cdots,a_n$ 的线性方程组，称为法方程. 由于 $\varphi_0(x),\varphi_1(x),\cdots,\varphi_n(x)$ 线性无关，故线性方程组的系数矩阵 $\det(\varphi_i(x),\varphi_k(x))\neq0$，因此线性方程组(3.3.3)有唯一解 $a_k=a_k^*$，从而得

$$S^*(x)=a_0^*\varphi_0(x)+a_1^*\varphi_1(x)+\cdots+a_n^*\varphi_n(x).$$

下面证明 $S^*(x)$ 满足(3.3.1)式，即对任何 $S(x)\in\varphi$，有

$$\int_a^b[f(x)-S^*(x)]^2\rho(x)\mathrm{d}x\leqslant\int_a^b[f(x)-S(x)]^2\rho(x)\mathrm{d}x.\quad(3.3.4)$$

为此只要考虑

$$\begin{aligned}D&=\int_a^b[f(x)-S^*(x)]^2\rho(x)\mathrm{d}x-\int_a^b[f(x)-S(x)]^2\rho(x)\mathrm{d}x\\&=\int_a^b[S(x)-S^*(x)]^2\rho(x)\mathrm{d}x\end{aligned}$$

$$+2\int_a^b [S(x)-S^*(x)][f(x)-S^*(x)]\rho(x)\mathrm{d}x.$$

由于 $S^*(x)$的系数a_k^* 是线性方程组(3.3.3)的解,故

$$\int_a^b [f(x)-S^*(x)]\varphi_k(x)\rho(x)\mathrm{d}x = 0 \quad (k=0,1,\cdots,n),$$

从而上式第二个积分为0,故

$$D=\int_a^b [S(x)-S^*(x)]^2\rho(x)\mathrm{d}x \geqslant 0,$$

故(3.3.4)式成立,即 $S^*(x)$是$f(x)$在φ 中的最佳平方逼近函数.

若令 $\delta(x)=f(x)-S^*(x)$,则最佳平方逼近的误差为

$$\begin{aligned}\|\delta(x)\|_2^2 &= (f(x)-S^*(x),f(x)-S^*(x))\\ &=(f(x),f(x))-(S^*(x),f(x))\\ &=\|f(x)\|_2^2-\sum_{k=0}^{n}a_k^*(\varphi_k(x),f(x)).\end{aligned}\tag{3.3.5}$$

若取 $\varphi_k(x)=x^k,\rho(x)\equiv 1,f(x)\in C[0,1]$,则要在 H_n 中求n 次最佳平方逼近多项式

$$S^*(x)=a_0^*+a_1^*x+\cdots+a_n^*x^n,$$

此时

$$(\varphi_i(x),\varphi_k(x))=\int_0^1 x^{i+k}\mathrm{d}x=\frac{1}{i+k+1},$$

$$(f(x),\varphi_k(x))=\int_0^1 f(x)x^k\mathrm{d}x\equiv d_k.$$

用 $\boldsymbol{H}$ 表示$\boldsymbol{G}_n=\boldsymbol{G}(1,x,\cdots,x^n)$对应的矩阵,即

$$\boldsymbol{H}=\begin{bmatrix}1 & 1/2 & \cdots & 1/(n+1)\\ 1/2 & 1/3 & \cdots & 1/(n+2)\\ \vdots & \vdots & & \vdots\\ 1/(n+1) & 1/(n+2) & \cdots & 1/(2n+1)\end{bmatrix}.\tag{3.3.6}$$

$\boldsymbol{H}$ 称为 Hilbert 矩阵,记 $\boldsymbol{a}=(a_0,a_1,\cdots,a_n)^{\mathrm{T}},\boldsymbol{d}=(d_0,d_1,\cdots,d_n)^{\mathrm{T}}$,则

$$\boldsymbol{Ha}=\boldsymbol{d}\tag{3.3.7}$$

的解 $a_k=a_k^*(k=0,1,\cdots,n)$即为所求.

例 3.4 设 $f(x)=\sqrt{1+x^2}$,求$[0,1]$上的一次最佳平方逼近多项式.

解 利用(3.3.7)式,得

$$d_0=\int_0^1\sqrt{1+x^2}\mathrm{d}x=\frac{1}{2}\ln(1+\sqrt{2})+\frac{\sqrt{2}}{2}\approx 1.147,$$

$$d_1=\int_0^1 x\sqrt{1+x^2}\mathrm{d}x=\frac{2\sqrt{2}-1}{3}\approx 0.609,$$

得线性方程组

$$\begin{pmatrix}1 & \frac{1}{2}\\ \frac{1}{2} & \frac{1}{3}\end{pmatrix}\begin{pmatrix}a_0\\ a_1\end{pmatrix}=\begin{pmatrix}1.147\\ 0.609\end{pmatrix},$$

其解为 $a_0=0.934, a_1=0.426$，故

$$S_1^*(x) = 0.934 + 0.426x.$$

平方逼近的误差为

$$\begin{aligned}\|\delta(x)\|_2^2 &= (f(x), f(x)) - (S_1^*(x), f(x)) \\ &= \int_0^1 (1+x^2)\mathrm{d}x - 0.426d_1 - 0.934d_0 = 0.0026.\end{aligned}$$

最大误差

$$\|\delta(x)\|_\infty = \min_{0\leqslant x\leqslant 1}\left|\sqrt{1+x^2} - S_1^*(x)\right| \approx 0.066.$$

$S_1^*(x)$与$f(x)$的对比图如图 3.6 所示.

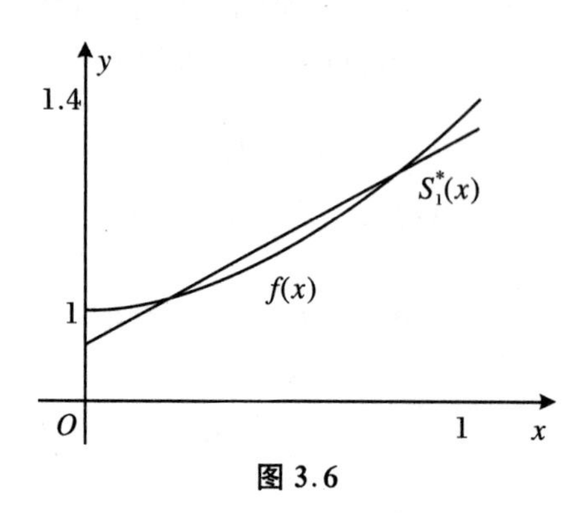

图 3.6

例 3.5 设 $f(x)=\sin \pi x$，求 f 在$[0,1]$上关于 $\rho(x)\equiv 1$，在 $\varphi=\mathrm{span}\{1,x,x^2)$ 中的最佳平方逼近多项式.

解

$(\varphi_0,\varphi_0)=\int_0^1 1\mathrm{d}x = 1$，$(\varphi_0,\varphi_1)=\int_0^1 x\mathrm{d}x = \frac{1}{2}$，$(\varphi_0,\varphi_2)=\int_0^1 x^2\mathrm{d}x = \frac{1}{3}$，

$(\varphi_1,\varphi_1)=\int_0^1 x^2\mathrm{d}x = \frac{1}{3}$，$(\varphi_1,\varphi_2)=\int_0^1 x^3\mathrm{d}x = \frac{1}{4}$，$(\varphi_2,\varphi_2)=\int_0^1 x^4\mathrm{d}x = \frac{1}{5}$，

$(f,\varphi_0)=\int_0^1 \sin \pi x\mathrm{d}x = \frac{2}{\pi}$，$(f,\varphi_1)=\int_0^1 x\sin \pi x\mathrm{d}x = \frac{1}{\pi}$，

$(f,\varphi_2)=\int_0^1 x^2\sin \pi x\mathrm{d}x = \frac{1}{\pi^3}(\pi^2-4)$.

法方程为

$$\begin{pmatrix} 1 & \frac{1}{2} & \frac{1}{3} \\ \frac{1}{2} & \frac{1}{3} & \frac{1}{4} \\ \frac{1}{3} & \frac{1}{4} & \frac{1}{5} \end{pmatrix}\begin{pmatrix} a_0 \\ a_1 \\ a_2 \end{pmatrix} = \begin{pmatrix} \frac{2}{\pi} \\ \frac{1}{\pi} \\ \frac{\pi^2-4}{\pi^3} \end{pmatrix},$$

解得

$$a_0^* = \frac{12\pi^2 - 120}{\pi^3} \approx -0.050465, \quad a_1^* = -a_2^* = \frac{720 - 60\pi^2}{\pi^3} \approx 4.12251.$$

因此有

$$S_2^*(x) = -4.12251x^2 + 4.12251x - 0.050465.$$

$S_2^*(x)$与$f(x)$的图形如图 3.7 所示.

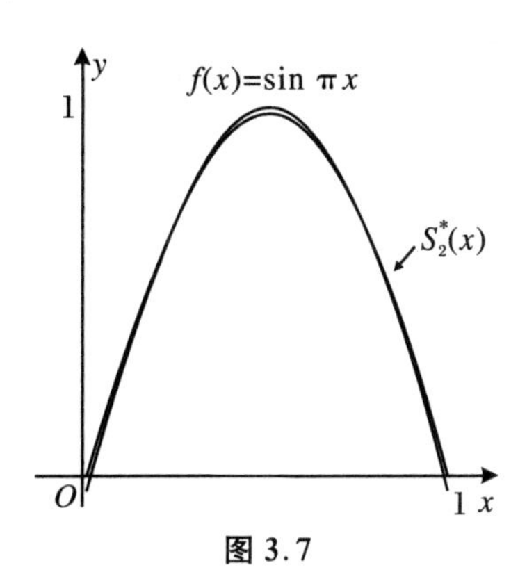

图 3.7

3.3.2　用正交函数族作最佳平方逼近

在用$\{1,x,\cdots,x^n\}$作基求最佳平方逼近多项式时,若 n 较大,则系数矩阵(3.3.5)高度病态(见第 7 章),所以直接求解法方程是相当困难的.此时,可采用正交多项式作基.

设 $f(x) \in C[a,b]$, $\varphi = \mathrm{span}\{\varphi_0(x),\varphi_1(x),\cdots,\varphi_n(x)\}$, $\{\varphi_0(x),\varphi_1(x),\cdots,\varphi_n(x)\}$为$[a,b]$上带权$\rho(x)$的正交函数族.此时

$$(\varphi_i(x),\varphi_k(x)) = \int_a^b \varphi_i(x)\varphi_k(x)\rho(x)\mathrm{d}x = \begin{cases} \|\varphi_k(x)\|_2^2 & (i \neq k), \\ 0 & (i = k), \end{cases}$$

法方程的系数矩阵为非奇异对角阵,且法方程的解为

$$a_k^* = \frac{(f(x),\varphi_k(x))}{(\varphi_k(x),\varphi_k(x))} \quad (k = 0,1,\cdots,n), \tag{3.3.8}$$

从而 $f(x)$在φ 中的最佳平方逼近函数为

$$S^*(x) = \sum_{k=0}^{n} a_k^* \varphi_k(x). \tag{3.3.9}$$

由(3.3.5)式可得平方逼近的误差为

$$\|\delta(x)\|_2 = \|f(x) - S^*(x)\|_2 = \left(\|f(x)\|_2^2 - \sum_{k=0}^{n}\left[\frac{(f(x),\varphi_k(x))}{\|\varphi_k(x)\|_2}\right]^2\right)^{\frac{1}{2}}. \tag{3.3.10}$$

若 $f(x) \in C[a,b]$,按正交函数族$\{\varphi_0(x),\varphi_1(x),\cdots,\varphi_n(x)\}$展开,系数按(3.3.8)式计算,得级数

$$\sum_{k=0}^{\infty} a_k^* \varphi_k(x), \tag{3.3.11}$$

称之为 $f(x)$ 的**广义 Fourier 级数**, a_k^* 称为**广义 Fourier 系数**.

特别地,若 $\varphi = \text{span}\{\varphi_0(x), \varphi_1(x), \cdots, \varphi_n(x)\}$, $\varphi_n(x)(k=0,1,\cdots,n)$ 可由 $1, x, \cdots, x^n$ 正交化得到的正交多项式,则有下面的定理:

定理 3.6 设 $f(x) \in C[a,b]$, $S^*(x)$ 是由(3.3.9)式给出的 $f(x)$ 的最佳平方逼近多项式,其中 $\{\varphi_0(x), \varphi_1(x), \cdots, \varphi_n(x)\}$ 是正交多项式族,则有

$$\lim_{n\to\infty} \| f(x) - S^*(x) \|_2 = 0.$$

对 $f(x) \in C[-1,1]$,若取正交多项式族为 Legendre 多项式 $\{\mathrm{P}_0(x), \mathrm{P}_1(x), \cdots, \mathrm{P}_n(x)\}$,由(3.3.8)式和(3.3.9)式可得

$$S_n^*(x) = \sum_{k=0}^{n} a_k^* \mathrm{P}_k(x), \tag{3.3.12}$$

其中

$$a_k^* = \frac{(f(x), \mathrm{P}_k(x))}{(\mathrm{P}_k(x), \mathrm{P}_k(x))} = \frac{2k+1}{2}\int_{-1}^{1} f(x)\mathrm{P}_k(x)\mathrm{d}x \quad (k = 0,1,\cdots,n). \tag{3.3.13}$$

根据(3.3.10)式,平方逼近的误差为

$$\| \delta_n(x) \|_2^2 = \int_{-1}^{1} f^2(x)\mathrm{d}x - \sum_{k=0}^{n} \frac{2}{2k+1} a_k^{*2}. \tag{3.3.14}$$

对于首项系数为 1 的 Legendre 多项式 $\widetilde{\mathrm{P}}_n(x)$ 有如下定理:

定理 3.7 在所有最高次项系数为 1 的 n 次多项式中, Legendre 多项式 $\widetilde{\mathrm{P}}_n(x)$ 在 $[-1,1]$ 上与零的平方逼近误差最小.

上述定理表明,可以利用 Legendre 多项式做最佳平方逼近.

例 3.6 利用 Legendre 多项式,求 $f(x) = \mathrm{e}^x$ 在 $[-1,1]$ 上的三次最佳平方逼近多项式.

解 先计算 $(f(x), \mathrm{P}_k(x))(k=0,1,2,3)$.

$$(f(x), \mathrm{P}_0(x)) = \int_{-1}^{1} \mathrm{e}^x \mathrm{d}x = \mathrm{e} - \frac{1}{\mathrm{e}} \approx 2.3504;$$

$$(f(x), \mathrm{P}_1(x)) = \int_{-1}^{1} x\mathrm{e}^x \mathrm{d}x = \frac{2}{\mathrm{e}} \approx 0.7358;$$

$$(f(x), \mathrm{P}_2(x)) = \int_{-1}^{1} \left(\frac{3}{2}x^2 - \frac{1}{2}\right)\mathrm{e}^x \mathrm{d}x = \mathrm{e} - \frac{7}{\mathrm{e}} \approx 0.1431;$$

$$(f(x), \mathrm{P}_3(x)) = \int_{-1}^{1} \left(\frac{5}{2}x^3 - \frac{3}{2}x\right)\mathrm{e}^x \mathrm{d}x = \frac{37}{\mathrm{e}} - 5\mathrm{e} \approx 0.02013.$$

由(3.3.13)式得

$$a_0^* = \frac{1}{2}(f(x), \mathrm{P}_0(x)) = 1.1752;$$

$$a_1^* = \frac{3}{2}(f(x), \mathrm{P}_1(x)) = 1.1036;$$

$$a_2^* = \frac{5}{2}(f(x), P_2(x)) = 0.3578;$$

$$a_3^* = \frac{7}{2}(f(x), P_3(x)) = 0.07046.$$

代入(3.3.12)式得

$$S_3^*(x) = 0.9963 + 0.9979x + 0.5367x^2 + 0.1761x^3.$$

均方逼近的误差

$$\| \delta_n(x) \|_2 = \| e^x - S_3^*(x) \|_2 = \sqrt{\int_{-1}^{1} e^{2x} dx - \sum_{k=0}^{3} \frac{2}{2k+1} a_k^{*2}} \leqslant 0.0084.$$

最大误差

$$\| \delta_n(x) \|_\infty = \| e^x - S_3^*(x) \|_\infty \leqslant 0.0112.$$

如果 $f(x) \in C[a,b]$,可做变换

$$x = \frac{b-a}{2}t + \frac{a+b}{2} \quad (-1 \leqslant t \leqslant 1),$$

对 $F(t) = f\left(\frac{b-a}{2}t + \frac{a+b}{2}\right)$在$[-1,1]$上利用 Legendre 多项式做最佳平方逼近,从而得到$[a,b]$上的最佳平方逼近多项式$S_n^*\left(\frac{1}{b-a}(2x-a-b)\right)$.

由于 Legendre 多项式$\{P_k(x)\}$在$[-1,1]$上可由$\{1, x, \cdots, x^k, \cdots\}$正交化得到,因此利用函数的 Legendre 展开部分和得到的最佳平方逼近多项式与由

$$S(x) = a_0 + a_1 x + \cdots + a_n x^n$$

直接通过解法方程得到的 H_n 中的最佳平方逼近多项式是一致的.只不过当 n 较大时,法方程出现病态,计算误差较大,而用 Legendre 展开则不用解线性方程组,不存在病态问题,因此通常都使用这种方法求最佳平方逼近多项式.

3.3.3 Chebyshev 级数

如果 $f(x) \in C[-1,1]$,按$\{T_k(x)\}_0^\infty$ 展成广义 Fourier 级数,由若(3.3.11)式可得级数

$$\frac{C_0^*}{2} + \sum_{k=1}^{\infty} C_k^* T_k(x), \tag{3.3.15}$$

其中系数 C_k^* 根据(3.3.8)式,由(3.2.12)式可得

$$C_k^* = \frac{2}{\pi}\int_{-1}^{1} \frac{f(x)T_k(x)}{\sqrt{1-x^2}} dx \quad (k = 0, 1, \cdots), \tag{3.3.16}$$

这里

$$T_k(x) = \cos(k \arccos x) \quad (|x| \leqslant 1).$$

级数(3.3.15)称为 $f(x)$在$[-1,1]$上的 Chebyshev 级数.

若令 $x = \cos\theta (0 \leqslant \theta \leqslant \pi)$,则(3.3.15)式就是 $f(\cos\theta)$的 Fourier 级数,其中

$$C_k^* = \frac{2}{\pi}\int_0^\pi f(\cos\theta)\cos k\theta \mathrm{d}\theta \quad (k = 0,1,\cdots). \tag{3.3.17}$$

根据 Fourier 级数理论，只要 $f''(x)$ 在 $[-1,1]$ 上分段连续，则 $f(x)$ 在 $[-1,1]$ 上的 Chebyshev 级数(3.3.15)一致收敛于 $f(x)$，从而有

$$f(x) = \frac{C_0^*}{2} + \sum_{k=1}^{\infty} C_k^* T_k(x). \tag{3.3.18}$$

取其部分和

$$C_n^*(x) = \frac{C_0^*}{2} + \sum_{k=1}^{n} C_k^* T_k(x), \tag{3.3.19}$$

其误差为

$$f(x) - C_n^*(x) \approx C_{n+1}^* T_{n+1}(x).$$

可以证明，Chebyshev 逼近是等波纹逼近，它使误差频带近似均匀分布，从而 $\max\limits_{-1\leqslant x\leqslant 1}|T_{n+1}(x)|$ 近似最小，即 $C_n^*(x)$ 可作为 $f(x)$ 在 $[-1,1]$ 上的近似最佳一致逼近多项式.

例 3.7 将 $f(x) = \arcsin x$ 在 $[-1,1]$ 上展成 Chebyshev 级数和 Maclaurin 级数，并比较这两种级数的收敛速度.

解 因 $f(x)$ 为奇函数，从而 $\dfrac{f(x)T_{2k}(x)}{\sqrt{1-x^2}}$ 也为奇函数，故

$$a_{2k} = \frac{2}{\pi}\int_{-1}^{1} \frac{f(x)\mathrm{T}_{2k}(x)}{\sqrt{1-x^2}}\mathrm{d}x = 0.$$

利用分部积分法不难求得

$$\begin{aligned} a_{2k+1} &= \frac{2}{\pi}\int_0^\pi \arcsin(\cos\theta)\cos(2k+1)\theta \mathrm{d}\theta \\ &= \frac{2}{\pi}\int_0^\pi \left(\frac{\pi}{2} - \theta\right)\cos(2k+1)\theta \mathrm{d}\theta = \frac{4}{\pi}\cdot\frac{1}{(2k+1)^2}. \end{aligned}$$

从而 $f(x)$ 的 Chebyshev 级数为

$$f(x) = \arcsin x = \frac{4}{\pi}\left[\mathrm{T}_1(x) + \frac{\mathrm{T}_3(x)}{9} + \cdots + \frac{\mathrm{T}_{2k+1}(x)}{(2k+1)^2} + \cdots\right], (x \in [-1,1]).$$

利用常用 Maclaurin 展式有

$$\begin{aligned} \frac{1}{\sqrt{1-x^2}} &= [1 + (-x^2)]^{-\frac{1}{2}} \\ &= \sum_{k=0}^{\infty} \frac{\left(-\frac{1}{2}\right)\left(-\frac{1}{2}-1\right)\cdots\left(-\frac{1}{2}-k+1\right)}{k!}(-x^2)^k \\ &= \sum_{k=0}^{\infty} \frac{(2k-1)!!}{(2k)!!}x^{2k}, \end{aligned}$$

两边积分即得 $f(x) = \arcsin x$ 的 Maclaurin 级数

$$\arcsin x = \sum_{k=0}^{+\infty} \frac{(2k-1)!!}{(2k)!!}\cdot\frac{1}{(2k+1)}x^{2k+1} = \sum_{k=0}^{+\infty} b_{2k+1}x^{2k+1}.$$

显然，比较两种级数的收敛速度就是要比较 a_{2k+1} 和 b_{2k+1} 趋于零的速度. 由于

$$\frac{a_{2k+1}}{b_{2k+1}}=\frac{4}{\pi}\cdot\frac{(2k)!!}{(2k+1)!!}=\frac{4}{\pi}\int_0^{\pi/2}\sin^{2k+1}x\mathrm{d}x\to 0\quad(k\to+\infty),$$

所以 Chebyshev 级数的收敛速度高于 Maclaurin 级数，即 Chebyshev 级数可用较少的项数达到 Maclaurin 级数的精度. 比如对 arcsin x 要达到 10 位有效数字，Maclaurin 级数要 25 项，而 Chebyshev 级数仅要 10 项.

3.4 有理逼近

用多项式逼近连续函数具有下列优点：

(1) 多项式及其导数和积分计算简便；

(2) 在闭区间上能以任意精度逼近给定的连续函数.

但当被逼近函数在某点附近无界时，用多项式逼近会出现较为严重的振荡，效果很差，此时若用有理逼近则可在一定程度上避免上述问题，获得较好的逼近效果.

形如

$$R_{nm}(x)=\frac{P_n(x)}{Q_m(x)}=\frac{\sum_{k=0}^{n}a_kx^k}{\sum_{k=0}^{m}b_kx^k}\tag{3.4.1}$$

的函数称为**有理函数**. 通常假设 $P_n(x)$ 和 $Q_m(x)$ 无公因子.

有理逼近的目的是使逼近的误差尽可能地小，即对于给定的计算量，在给定的区间上有理逼近的误差要比多项式逼近小. 下面简要介绍 Pade 逼近.

3.4.1 Pade 逼近

Pade 逼近要求被逼近函数 f 及其各阶导数在 $x=0$ 处连续. 选择 $x=0$ 有两个原因，首先可使计算简单，其次通过变量代换可以将计算拓展到不包含零的区间.

定义 3.6 设 $f\in C[-a,a]$，并在 $x=0$ 附近充分光滑. 如果存在有理函数

$$R_{nm}(x)=\frac{P_n(x)}{Q_m(x)},$$

其中 $P_n(x)$ 和 $Q_m(x)$ 满足条件

$$R_{nm}(0)=f(0),\ R_{nm}^{(i)}(0)=f^{(i)}(0)\quad(i=1,2,\cdots,n+m),\tag{3.4.2}$$

则称 $R_{nm}(x)$ 为函数 f 在 $x=0$ 处的 (n,m) 阶 Pade 逼近，记作 $R(n,m)$.

显然，若 $m=0,Q_0(x)=1$，则 $R_{nm}(x)=P_n(x)$，即为 f 的 Maclaurin 展式.

若给定 $n,m,R_{nm}(x)$共有 $n+m+1$ 个系数要确定,而(3.4.2)式恰好有 $n+m+1$ 个条件.

设 $R_{nm}(x)$为f 在 $x=0$ 处的 Pade 逼近,易得

$$f(x)-R_{nm}(x)=\frac{f(x)Q_m(x)-P_n(x)}{Q_m(x)}. \tag{3.4.3}$$

定理 3.8 设 f 充分光滑,则

$$f(x)Q_m(x)-P_n(x)=\sum_{i=n+m+1}^{\infty}c_ix^i. \tag{3.4.4}$$

证 对 $f(x)Q_m(x)-P_n(x)$进行 Maclaurin 展开,得

$$f(x)Q_m(x)-P_n(x)=\sum_{i=0}^{\infty}c_ix^i.$$

下面考虑 $i=0,1,\cdots,n+m$,

$$\begin{aligned}c_i&=\frac{1}{i!}\frac{\mathrm{d}^i}{\mathrm{d}x^i}[f(x)Q_m(x)-P_n(x)]\Big|_{x=0}\\&=\frac{1}{i!}\left[\frac{\mathrm{d}^i}{\mathrm{d}x^i}(f(x)Q_m(x))-P_n^{(i)}(x)\right]\Bigg|_{x=0}\\&=\frac{1}{i!}\Big[\sum_{j=0}^{i}C_i^jf^{(i)}(0)Q_m^{(i-j)}(0)-P_n^{(i)}(0)\Big].\end{aligned}$$

利用 Pade 逼近条件

$$R_{nm}(0)=f(0),\ R_{nm}^{(i)}(0)=f^{(i)}(0)\quad(i=1,2,\cdots,n+m),$$

有

$$\begin{aligned}c_i&=\frac{1}{i!}\Big[\sum_{j=0}^{i}C_i^jR_{nm}^{(j)}(0)Q_m^{(i-j)}(0)-P_n^{(i)}(0)\Big]\\&=\frac{1}{i!}\Big[\sum_{j=0}^{i}C_i^j\frac{\mathrm{d}^j}{\mathrm{d}x^j}\Big(\frac{P_n(x)}{Q_m(x)}\Big)\Bigg|_{x=0}Q_m^{(i-j)}(0)-P_n^{(i)}(0)\Big]\\&=\frac{1}{i!}\Big[\frac{\mathrm{d}^i}{\mathrm{d}x^i}\Big(\frac{P_n(x)}{Q_m(x)}Q_m(x)\Big)\Bigg|_{x=0}-P_n^{(i)}(0)\Big]\\&=0,\end{aligned}$$

即 $c_0=c_1=\cdots=c_{n+m}=0$.

从上述定理可知,对于给定的充分光滑的函数 f,利用 f 的 Maclaurin 展式,从而 $f(x)=\sum\limits_{i=0}^{\infty}a_ix^i$ 中的a_i 均为已知.根据(3.4.4)式得

$$\begin{aligned}&(a_0+a_1x+a_2x^2+\cdots)(1+q_1x+q_2x^2+\cdots+q_mx^m)\\&-(p_0+p_1x+p_2x^2+\cdots+p_nx^n)\\&=C_{n+m+1}x^{n+m+1}+\cdots,\end{aligned}$$

比较系数,可以得到

$$\begin{cases} x^0 & a_0 - p_0 = 0, \\ x^1 & q_1 a_0 + a_1 - p_1 = 0, \\ x^2 & q_2 a_0 + q_1 a_1 + a_2 - p_2 = 0, \\ x^3 & q_3 a_0 + q_2 a_1 + q_1 a_2 + a_3 - p_3 = 0, \\ \cdots\cdots & \\ x^n & q_m a_{n-m} + q_{m-1} a_{n-m+1} + \cdots + a_n - p_n = 0, \end{cases} \tag{3.4.5}$$

$$\begin{cases} x^{n+1} & q_m a_{n-m+1} + q_{m-1} a_{n-m+2} + \cdots + q_1 a_n + a_{n+1} = 0, \\ x^{n+2} & q_m a_{n-m+2} + q_{m-1} a_{n-m+3} + \cdots + q_1 a_{n+1} + a_{n+2} = 0, \\ \cdots\cdots & \\ x^{n+m} & q_m a_n + q_{m-1} a_{n+1} + \cdots + q_1 a_{n+m-1} + a_{n+m} = 0. \end{cases} \tag{3.4.6}$$

从(3.4.6)式可解得 $q_1, q_2, \cdots, q_m$，然后将其代入(3.4.5)式又可解得 $p_0, p_1, \cdots, p_n$，这样就得到 f 的 Pade 逼近

$$R_{nm}(x) = \frac{P_n(x)}{Q_m(x)}.$$

例 3.8　试建立 Pade 逼近

$$e^x \approx R_{32}(x) = \frac{60 + 36x + 9x^2 + x^3}{60 - 24x + 3x^2}.$$

解　e^x 的 Maclourin 展式为

$$e^x = 1 + x + \frac{1}{2}x^2 + \frac{1}{6}x^3 + \frac{1}{24}x^4 + \frac{1}{120}x^5 + \cdots.$$

设

$$Q_2(x) = 1 + q_1 x + q_2 x^2,$$
$$P_3(x) = p_0 + p_1 x + p_2 x^2 + p_3 x^3.$$

对应(3.4.6)式的方程组为

$$\begin{cases} x^4 & \frac{1}{2}q_2 + \frac{1}{6}q_1 + \frac{1}{24} = 0, \\ x^5 & \frac{1}{6}q_2 + \frac{1}{14}q_1 + \frac{1}{120} = 0, \end{cases}$$

解得

$$q_1 = -\frac{2}{5}, \quad q_2 = \frac{1}{20}.$$

对应(3.4.5)式的方程组为

$$\begin{cases} x^0 & 1 = p_0, \\ x^1 & 1 + q_1 = p_1, \\ x^2 & \frac{1}{2} + q_1 + q_2 = p_2, \\ x^3 & \frac{1}{6} + \frac{1}{2}q_1 + q_2 = p_3, \end{cases}$$

解得

$$p_0 = 1,\quad p_1 = \frac{3}{5},\quad p_2 = \frac{3}{20},\quad p_3 = \frac{1}{60}.$$

从而

$$R_{32}(x) = \frac{P_3(x)}{Q_2(x)} = \frac{1 + \frac{3}{5}x + \frac{3}{20}x^2 + \frac{1}{60}x^3}{1 - \frac{2}{5}x + \frac{1}{20}x^2} = \frac{60 + 36x + 9x^2 + x^3}{60 - 24x + 3x^2}.$$

如果令 $x=0.5$,则有

$$R_{32}(0.5) = 1.648718,$$
$$e^{0.5} = 1.648721.$$

取 e^x 的 Maclourin 展式

$$P_5(x) = 1 + x + \frac{1}{2}x^2 + \frac{1}{6}x^3 + \frac{1}{24}x^4 + \frac{1}{120}x^5,$$
$$P_5(0.5) = 1.648698.$$

可以看出,Pade 逼近 $R_{32}(0.5)$ 比 Maclourin 级数的部分和 $P_5(0.5)$ 更接近于 $e^{0.5}$.

$f(x)=e^x$ 的不同 Pade 逼近见表 3.1.

表 3.1

n \ m	0	1	2	3
0	1	$\frac{1}{1-x}$	$\frac{2}{2-2x+x^2}$	$\frac{6}{6-6x+3x^2-x^3}$
1	$1+x$	$\frac{2+x}{2-x}$	$\frac{6+2x}{6-4x+x^2}$	$\frac{24+6x}{24-18x+16x^2-x^3}$
2	$\frac{2+2x+x^2}{2}$	$\frac{6+4x+x^2}{6-2x}$	$\frac{12+6x+x^2}{12-6x+x^2}$	$\frac{60+24x+3x^2}{60-36x+9x^2-x^3}$
3	$\frac{6+6x+3x^2+x^3}{6}$	$\frac{24+18x+6x^2+x^3}{24-6x}$	$\frac{60+36x+9x^2+x^3}{60-24x+3x^2}$	$\frac{120+60x+12x^2+x^3}{120-60x+12x^2-x^3}$

令 $x=1$,则有 $R_{11}(1)=3$,$R_{22}(1)=2.7142857$,$R_{33}(1)=2.71830986$,e^x 的 Maclourin 级数部分和 $P_4(1)=2.7083333$,$P_6(1)=2.7180556$ 与 $e=2.7182818$ 相比,可以看出 $R_{22}(1)$ 比 $P_4(1)$,$R_{33}(1)$ 比 $P_6(1)$ 要精确.

3.4.2　连分式

利用连分式可以减少计算次数,从而可以节省计算量.这里仅举例说明,不做进一步讨论.

例 3.9 对于有理函数

$$R_{43}(x)=\frac{2x^4+45x^3+381x^2+1353x+1511}{x^3+21x^2+157x+409},$$

利用辗转相除法将它化为连分式,并写成紧凑形式.

解 用辗转相除法可逐步得到

$$\begin{aligned}R_{43}(x)&=2x+3+\frac{4x^2+64x+284}{x^3+21x^2+157x+409}\\&=2x+3+\cfrac{4}{x+5+\cfrac{6(x+9)}{x^2+16x+71}}\\&=2x+3+\cfrac{4}{x+5+\cfrac{6}{x+7+\cfrac{8}{x+9}}}\\&=2x+3+\frac{4}{x+5}+\frac{6}{x+7}+\frac{8}{x+9}.\end{aligned}$$

在本例中,若直接用多项式计算的秦九韶算法需要 6 次乘法和 1 次除法及 7 次加法,而用连分式计算 $R_{43}(x)$的值只需 3 次除法,1 次乘法和 7 次加法. 显然将 $R_{nm}(x)$化为连分式可节省计算量. 对一般有理函数(3.4.1),化为连分式

$$R_{nm}(x)=P_1(x)+\frac{c_1}{x+d_1}+\cdots+\frac{c_l}{x+d_l},$$

后,只需 $\max\{m,n\}$次乘除法,而直接计算则需要 $m+n$ 次乘除法.

3.5 曲线拟合

3.5.1 曲线拟合问题

引例 3.1 矿井中某处的瓦斯浓度 y 与该处距地面的距离 x 有关,现用仪器测得从地面到井下 500 米每隔 50 米的瓦斯浓度数据$(x_i,y_i)(i=0,1,2,\cdots,10)$,根据这些数据完成下列工作:(1) 寻找一个函数,要求从此函数中可近似求得从地面到井下 500 米之间任意一点处的瓦斯浓度;(2) 估计井下 600 米处的瓦斯浓度.

根据所学内容,分别给出解决上述问题的方法,并说明理由.

对于第一个问题,可根据已有瓦斯浓度数据$(x_i,y_i)(i=0,1,2,\cdots,10)$,求出其样条插值函数 $p(x)$,由 $p(x)$即可较为准确地求得从地面到井下 500 米之间任意一点处的瓦斯浓度.

但对第二个问题不宜用插值方法,因为600米已超出所给数据范围,用插值函数外推插值区间外的数据会产生较大的误差.

解决第二个问题的常用方法是,根据地面到井下500米处的数据求出瓦斯浓度与地面到井下距离之间的函数关系 $f(x)$,由 $f(x)$ 求井下600米处的瓦斯浓度.

引例 3.2 在某化学反应中,根据实验测得生成物浓度 y 与时间 x 的关系见表3.2,求浓度 y 与时间 x 的对应函数关系 $y=f(x)$,并据此求出反应速度曲线.

表 3.2

时间 x	1	2	3	4	5	6	7	8
浓度 y	4.00	6.40	8.00	8.80	9.22	9.50	9.70	9.86
时间 x	9	10	11	12	13	14	15	16
浓度 y	10.00	10.20	10.32	10.42	10.50	10.55	10.58	10.60

显然,从理论上讲,上述两例中的 $y=f(x)$ 是客观存在的.但在实际中,仅由离散数据 $(x_i,y_i)(i=1,2,\cdots,n)$ 是不可能得出 $y=f(x)$ 的精确表达式的,只能寻找 $y=f(x)$ 的一个近似表达式 $y=\varphi(x)$,这种问题称为离散数据的曲线拟合问题.

拟合问题与插值问题的区别在于:(1) 插值函数过已知点,而拟合函数不一定过已知点;(2) 插值主要用于求函数值,而拟合的主要目的是求近似函数关系,从而进行预测等进一步的分析.当然,某些特定问题既可以用插值也可以用拟合.

曲线拟合需解决如下两个问题:(1) $\varphi(x)$ 线型的选择;(2) $\varphi(x)$ 中参数的计算.

3.5.2 线型的选择

通常主要根据专业知识和散点图确定 $\varphi(x)$ 的线型,常见的线型有:

(1) 线性函数:$y=a+bx$;

(2) 可化为线性函数的非线性函数,如

$$y=ae^{-\frac{b}{x}},\ \frac{1}{y}=a+\frac{b}{x},\ y=ae^{bx},\ y=a+\frac{b}{x}\quad(a,b>0).$$

显然,只要作适当的代换,即可将上述函数化为线性函数.

(3) 非线性函数.

当描述事物经历发生、发展到成熟的过程时,可考虑用 S 型曲线.常用的 S 型曲线为 Logistic 曲线

$$y=\frac{L}{1+ae^{-bt}}.$$

这种曲线可用于对产品生命周期、生物繁殖、人口发展统计的分析和预测.典型的 Logistic 曲线图形如图3.8所示.

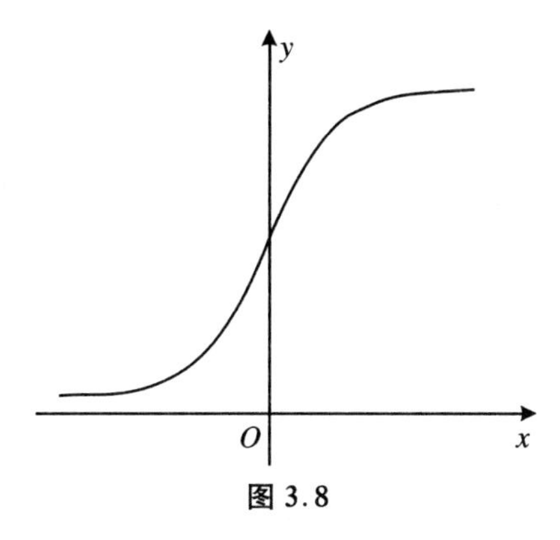

图 3.8

3.5.3 最小二乘法

曲线拟合问题可用函数的最佳平方逼近语言描述如下：

对 $f(x)\in C[a,b]$，而 $f(x)$ 只在离散点集 $\{x_i(i=0,1,\cdots,m)\}$ 上给出，要求一个函数 $y=S^*(x)$，使得误差 $\delta_i=S^*(x_i)-f(x_i)$ 的平方和

$$\|\boldsymbol{\delta}\|_2^2=\sum_{i=0}^{m}\delta_i^2=\sum_{i=0}^{m}[S^*(x_i)-f(x_i)]^2=\min_{S(x)\in\varphi}\sum_{i=0}^{m}[S(x_i)-f(x_i)]^2, \tag{3.5.1}$$

这里 $\boldsymbol{\delta}=(\delta_0,\delta_1,\cdots,\delta_n)^{\mathrm{T}}$，$S^*(x)\in\Phi=\mathrm{span}\{\varphi_0(x),\varphi_1(x),\cdots,\varphi_n(x)\}$，$\varphi_0(x),\varphi_1(x),\cdots,\varphi_n(x)$ 是 $C[a,b]$ 上的线性无关函数族，即

$$S(x)=a_0\varphi_0(x)+a_1\varphi_1(x)+\cdots+a_n\varphi_n(x). \tag{3.5.2}$$

上述逼近方法称为曲线拟合的最小二乘法.

为了使问题更具有一般性，通常在最小二乘法中考虑加权平方和

$$\sum_{i=0}^{m}\omega(x_i)[S(x_i)-f(x_i)]^2. \tag{3.5.3}$$

其中 $\omega(x)\geqslant 0$ 是 $[a,b]$ 上的权函数，它表示不同点 $(x_i,f(x_i))$ 处数据的比重，例如，$\omega(x_i)$ 可表示在点 $(x_i,f(x_i))$ 处重复观测的次数. 显然，曲线拟合问题可转化为求多元函数

$$I(a_0,a_1,\cdots,a_n)=\sum_{i=0}^{m}\omega(x_i)\Big[\sum_{j=0}^{n}a_j\varphi_j(x_i)-f(x_i)\Big]^2 \tag{3.5.4}$$

的极小点 $(a_0^*,a_1^*,\cdots,a_n^*)$ 问题. 由求多元函数极值的必要条件，有

$$\frac{\partial I}{\partial a_k}=2\sum_{i=0}^{m}\omega(x_i)\Big[\sum_{j=0}^{n}a_j\varphi_j(x_i)-f(x_i)\Big]\varphi_k(x_i)=0\quad(k=0,1,\cdots,n).$$

若记

$$(\varphi_j,\varphi_k)=\sum_{i=0}^{m}\omega(x_i)\varphi_j(x_i)\varphi_k(x_i),$$

$$(f,\varphi_k)=\sum_{i=0}^{m}\omega(x_i)f(x_i)\varphi_k(x_i)\equiv d_k\quad(k=0,1,\cdots,n),\tag{3.5.5}$$

则上式可改写为

$$\sum_{j=0}^{m}(\varphi_k,\varphi_j)a_j=d_k\quad(k=0,1,\cdots,n).\tag{3.5.6}$$

线性方程组(3.5.6)称为法方程,可将其写成矩阵形式

$$\boldsymbol{G}\boldsymbol{a}=\boldsymbol{d}.$$

其中 $\boldsymbol{a}=(a_0,a_1,\cdots,a_n)^{\mathrm{T}}$,$\boldsymbol{d}=(d_0,d_1,\cdots,d_n)^{\mathrm{T}}$,

$$\boldsymbol{G}=\begin{pmatrix}(\varphi_0,\varphi_0)&(\varphi_0,\varphi_1)&\cdots&(\varphi_0,\varphi_n)\\(\varphi_1,\varphi_0)&(\varphi_1,\varphi_1)&\cdots&(\varphi_1,\varphi_n)\\\vdots&\vdots&&\vdots\\(\varphi_n,\varphi_0)&(\varphi_n,\varphi_1)&\cdots&(\varphi_n,\varphi_n)\end{pmatrix}.\tag{3.5.7}$$

只有当矩阵 $\boldsymbol{G}$ 非奇异时,法方程(3.5.6)才有唯一解 $a_0^*,a_1^*,\cdots,a_n^*$.必须指出的是,$\varphi_0(x)$, $\varphi_1(x)$,$\cdots$,$\varphi_n(x)$在$[a,b]$上线性无关不能推出矩阵$\boldsymbol{G}$非奇异.例如,令 $\varphi_0(x)=\sin x$,$\varphi_1(x)=\sin 2x(x\in[0,2\pi])$,显然$\{\varphi_0(x),\varphi_1(x)\}$在$[0,2\pi]$上线性无关,但若取点 $x_k=k\pi(k=0,1,2;n=1,m=2)$,则

$$\boldsymbol{G}=\begin{pmatrix}(\varphi_0,\varphi_0)&(\varphi_0,\varphi_1)\\(\varphi_1,\varphi_0)&(\varphi_1,\varphi_1)\end{pmatrix}=\boldsymbol{0}.$$

为保证方程组(3.5.6)的系数矩阵 $\boldsymbol{G}$ 非奇异,必须加上另外的条件.

定义 3.7 设 $\varphi_0(x),\varphi_1(x),\cdots,\varphi_n(x)\in C[a,b]$的任意线性组合在点集$\{x_i(i=0,1,\cdots,m)\}$ $(m\geqslant n)$上至多只有n个不同的零点,则称 $\varphi_0(x),\varphi_1(x),\cdots,\varphi_n(x)$在点集$\{x_i(i=0,1,\cdots,m)\}$上满足哈尔(Haar)条件.

显然,$1,x,\cdots,x^n$ 在任意$m(m\geqslant n)$个点上满足哈尔条件.

可以证明,如果 $\varphi_0(x),\varphi_1(x),\cdots,\varphi_n(x)$在点集$\{x_i(i=0,1,\cdots,m)\}$上满足哈尔条件,则法方程(3.5.6)的系数矩阵 $\boldsymbol{G}$ 非奇异,于是法方程(3.5.6)有唯一解$(a_0^*,a_1^*,\cdots,a_n^*)$,从而得到函数 $f(x)$的最小二乘解为

$$S^*(x)=a_0^*\varphi_0(x)+a_1^*\varphi_1(x)+\cdots+a_n^*\varphi_n(x).$$

可以证明,这样得到的 $S^*(x)$对任何形如(3.5.2)式的 $S(x)$,均有

$$\sum_{i=0}^{m}\omega(x_i)[S^*(x_i)-f(x_i)]^2\leqslant\sum_{i=0}^{m}\omega(x_i)[S(x_i)-f(x_i)]^2,$$

故 $S^*(x)$确为所求最小二乘解.

特别地,当 $\varphi=\{1,x\}$即用线性函数$\varphi(x)=a+bx$ 进行线性拟合时,根据法方程易得

$$a=\frac{\sum_{i=1}^{n}x_i^2\sum_{i=1}^{n}y_i-\sum_{i=1}^{n}x_i\sum_{i=1}^{n}x_iy_i}{n\sum_{i=1}^{n}x_i^2-\left(\sum_{i=1}^{n}x_i\right)^2},\quad b=\frac{n\sum_{i=1}^{n}x_iy_i-\sum_{i=1}^{n}x_i\sum_{i=1}^{n}y_i}{n\sum_{i=1}^{n}x_i^2-\left(\sum_{i=1}^{n}x_i\right)^2},$$

其中$(x_i,y_i)(i=1,2,\cdots,n)$为数据点.

例 3.10 观测物体的直线运动,得出表3.3中数据,求运动方程.

表 3.3

时间 t(s)	0	0.9	1.9	3.0	3.9	5.0
距离 s(m)	0	10	30	50	80	110

解 $\sum_{i=1}^{6}x_i=14.7,\sum_{i=1}^{6}y_i=280,\sum_{i=1}^{6}x_i^2=53.63,\sum_{i=1}^{6}x_iy_i=1078,$

$$a=\frac{\sum_{i=1}^{n}x_i^2\sum_{i=1}^{n}y_i-\sum_{i=1}^{n}x_i\sum_{i=1}^{n}x_iy_i}{n\sum_{i=1}^{n}x_i^2-\left(\sum_{i=1}^{n}x_i\right)^2}=-7.855,$$

$$b=\frac{n\sum_{i=1}^{n}x_iy_i-\sum_{i=1}^{n}x_i\sum_{i=1}^{n}y_i}{n\sum_{i=1}^{n}x_i^2-\left(\sum_{i=1}^{n}x_i\right)^2}=22.254,$$

所求运动方程为 $s(t)=22.254t-7.855$.

拟合效果如图3.9所示.

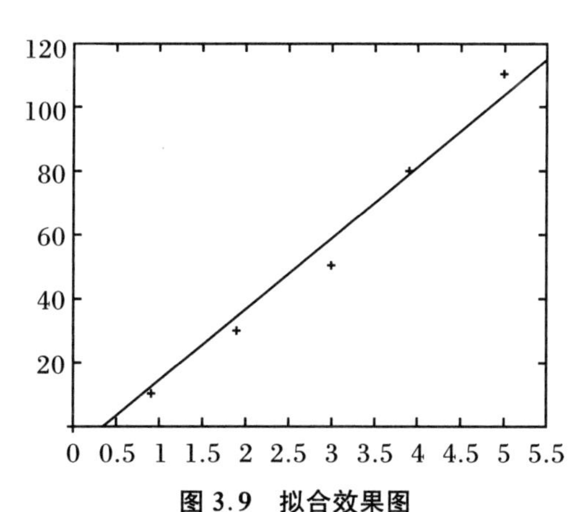

图 3.9 拟合效果图

例 3.11 根据引例3.2的数据拟合出生成物浓度 y 与时间 x 的近似表达式.

解 根据散点图3.10,可以选择下列两种可线性化函数进行拟合:

(1) 双曲线型$\frac{1}{y}=a+\frac{b}{x}$

令$\dfrac{1}{y}=y_1,\dfrac{1}{x}=x_1$，则 $y_1=a+bx_1$ 为线性函数. 经计算，$a=0.08017,b=0.1627$，从而

$$y=\frac{x}{0.08017x+0.1627}.$$

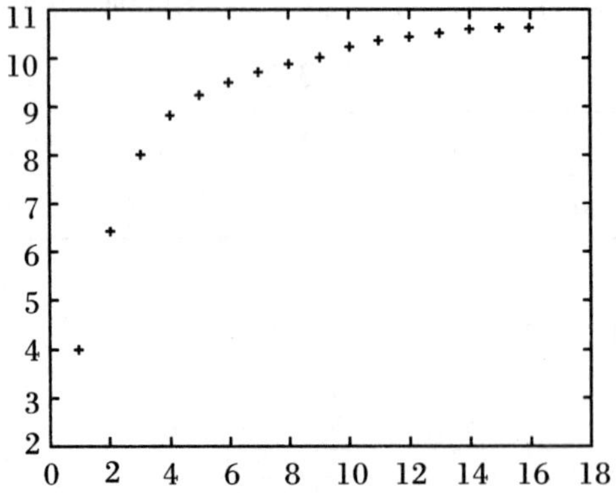

图 3.10　数据散点图

(2) 指数线型 $y=a\mathrm{e}^{-\frac{b}{x}}$

两边取对数 $\ln y=\ln a-\dfrac{b}{x}$，令 $y_2=\ln y,x_2=\dfrac{1}{x}$，则 $y_2=\ln a-bx_2$ 为线性函数. 经计算，$a=11.3253,b=1.0567$，从而

$$y=11.3253\mathrm{e}^{-\frac{1.0567}{x}}.$$

两种线型的均方误差分别为

$$\delta_1=\sqrt{\sum_{i=1}^{16}(\varphi_1(x_i)-y_i)^2}=1.19,\quad \delta_2=\sqrt{\sum_{i=1}^{16}(\varphi_2(x_i)-y_i)^2}=0.34.$$

可见，线型(2)优于线型(1). 两种线型的拟合效果图分别如图 3.11 和图 3.12 所示.

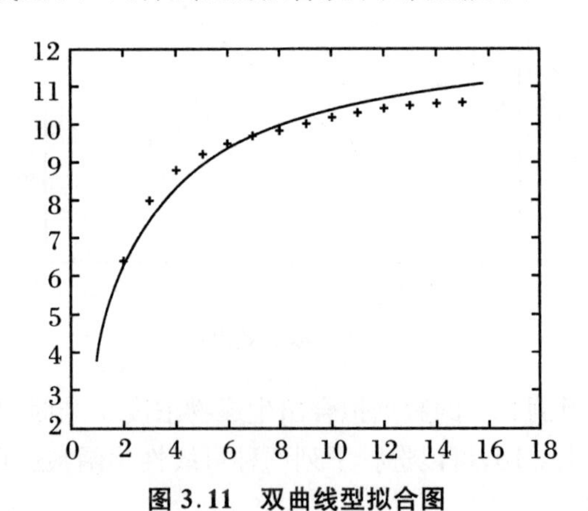

图 3.11　双曲线型拟合图

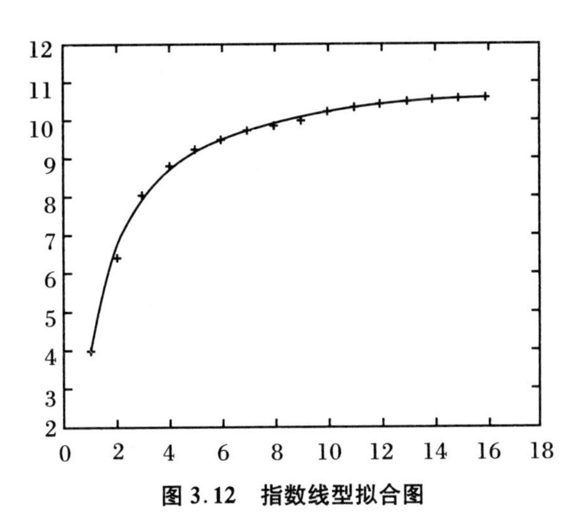

图 3.12　指数线型拟合图

3.5.4　用正交多项式作最小二乘法

用最小二乘法得到的法方程(3.5.6),其系数矩阵 G 可能是病态的.但如果 $\varphi_0(x),\varphi_1(x),\cdots,\varphi_n(x)$ 是关于点集 $\{x_i(i=0,1,\cdots,m)\}$ 带权 $\omega(x_i)(i=0,1,\cdots,m)$ 正交的函数族,即

$$(\varphi_j,\varphi_k)=\sum_{i=0}^{m}\omega(x_i)\varphi_j(x_i)\varphi_k(x_i)=\begin{cases}0 & (j\neq k),\\ A_k>0 & (j=k),\end{cases}\tag{3.5.8}$$

则法方程(3.5.6)的解为

$$a_k^*=\frac{(f,\varphi_k)}{(\varphi_k,\varphi_k)}=\frac{\sum\limits_{i=0}^{m}\omega(x_i)f(x_i)\varphi_k(x_i)}{\sum\limits_{i=0}^{m}\omega(x_i)\varphi_k^2(x_i)}\quad(k=0,1,\cdots,n),\tag{3.5.9}$$

且平方误差为

$$\|\delta\|_2^2=\|f\|_2^2-\sum_{k=0}^{n}A_k(a_k^*)^2.$$

现在根据给定节点 $x_0,x_1,\cdots,x_m$ 及权函数 $\omega(x)$,造出带权 $\omega(x)$ 正交的多项式 $\{P_n(x)\}$.因为 $n\leqslant m$,用递推公式表示 $P_k(x)$,即

$$\begin{cases}P_0(x)=1,\\ P_1(x)=(x-\alpha_1)P_0(x),\\ P_{k+1}(x)=(x-\alpha_{k+1})P_k(x)-\beta_kP_{k-1}(x)\quad(k=1,2,\cdots,n-1).\end{cases}\tag{3.5.10}$$

这里 $P_k(x)$ 是首项系数为 1 的 k 次多项式,根据 $P_k(x)$ 的正交性,得

$$
\begin{cases}
\alpha_{k+1} = \dfrac{\sum\limits_{i=0}^{m} \omega(x_i) x_i P_k^2(x_i)}{\sum\limits_{i=0}^{m} \omega(x_i) P_k^2(x_i)} = \dfrac{(xP_k(x), P_k(x))}{(P_k(x), P_k(x))} \quad (k = 0,1,\cdots,n-1), \\
\beta_k = \dfrac{\sum\limits_{i=0}^{m} \omega(x_i) P_k^2(x_i)}{\sum\limits_{i=0}^{m} \omega(x_i) P_{k-1}^2(x_i)} = \dfrac{(P_k(x), P_k(x))}{(P_{k-1}(x), P_{k-1}(x))} \quad (k = 1,2,\cdots,n-1).
\end{cases}
\tag{3.5.11}
$$

下面有归纳法证明上述$\{P_k(x)\}$是正交的.由(3.5.10)式第二式及(3.5.11)式中α_1的表达式,有

$$
\begin{aligned}
(P_0, P_1) &= (P_0, xP_0) - \alpha_1(P_0, P_0) \\
&= (P_0, xP_0) - \frac{(P_0, xP_0)}{(P_0, P_0)}(P_0, P_0) = 0.
\end{aligned}
$$

现假定$(P_l, P_s) = 0 (l \neq s)$对$s = 0,1,\cdots,l-1$及$l = 0,1,\cdots,k (k < n)$均成立,要证$(P_{k+1}, P_s) = 0$对$s = 0,1,\cdots,k$均成立.由(3.5.10)式有

$$
\begin{aligned}
(P_{k+1}, P_s) &= ((x - \alpha_{k+1})P_k, x_s) - \beta_k(P_{k-1}, P_s) \\
&= (xP_k, P_s) - \alpha_{k+1}(P_k, P_s) - \beta_k(P_{k-1}, P_s).
\end{aligned}
\tag{3.5.12}
$$

由归纳法假定,当$0 \leqslant s \leqslant k-2$时,

$$
(P_k, P_s) = 0, \quad (P_{k-1}, P_s) = 0.
$$

另外,$xP_s(x)$是首项系数为1的$s+1$次多项式,它可由$P_0, P_1, \cdots, P_{s+1}$的线性组合表示,而$s+1 \leqslant k-1$,故由归纳法假定又有

$$
(xP_k, P_s) \equiv (P_k, xP_s) = 0,
$$

于是由(3.5.12)式,当$s \leqslant k-2$时,$(P_{k+1}, P_s) = 0$.

又

$$
(P_{k+1}, P_{k-1}) = (xP_k, P_{k-1}) - \alpha_{k+1}(P_k, P_{k-1}) - \beta_k(P_{k-1}, P_{k-1}),
\tag{3.5.13}
$$

由假定有

$$
(P_{k+1}, P_{k-1}) = 0,
$$

$$
(xP_k, x_{k-1}) = (P_k, xP_{k-1}) = \left(P_k, P_k + \sum_{j=0}^{k-1} c_j P_j\right) = (P_k, P_k).
$$

利用(3.5.11)式中β_k表达式及以上结果,得

$$
\begin{aligned}
(P_{k+1}, P_{k-1}) &= (xP_k, P_{k-1}) - \beta_k(P_{k-1}, P_{k-1}) \\
&= (P_k, P_k) - (P_k, P_k) = 0.
\end{aligned}
$$

最后,由(3.5.11)式有

$$
(P_{k+1}, P_k) = (xP_k, P_k) - \alpha_{k+1}(P_k, P_k) - \beta_k(P_k, P_{k-1})
$$

$$= (xP_k, P_k) - \frac{(xP_k, P_k)}{(P_k, P_k)}(P_k, P_k) = 0.$$

综上,由(3.5.10)式和(3.5.11)式确定的多项式$\{P_k(x)\}(k=0,1,\cdots,n,n\leqslant m)$组成一个关于点集$\{x_i\}$的正交系.

用正交多项式$\{P_k(x)\}$的线性组合作最小二乘曲线拟合,只要根据公式(3.5.10)和(3.5.11)逐步求$P_k(x)$,同时计算系数

$$a_k^* = \frac{(f, P_k)}{(P_k, P_k)} = \frac{\sum_{i=0}^{m} \omega(x_i) f(x_i) P_k(x_i)}{\sum_{i=0}^{m} \omega(x_i) P_k^2(x_i)} \quad (k = 0,1,\cdots,n),$$

并逐步将$a_k^* P_k(x)$累加到$S(x)$中,最后即可得到所求的拟合曲线

$$y = S(x) = a_0^* P_0(x) + a_1^* P_1(x) + \cdots + a_n^* P_n(x).$$

3.6　三角多项式逼近与快速傅里叶变换

自然界中存在种种复杂的振动现象,它由许多不同频率不同振幅的波叠加得到.一个复杂的波还可分解为一系列谐波,它们呈周期现象.当数据具有周期性时,用代数多项式或有理函数作为基函数显然不合适,而采用三角函数特别是正弦函数和余弦函数作为基函数是比较合适的.

早在18世纪50年代,一些学者就开始研究用正弦函数和余弦函数表示任意函数,并逐步建立起一套有效的分析方法,称为傅里叶变换.随着计算机技术的发展,人们又研究了离散傅里叶变换(DFT).由于DTF计算量很大,使得其应用受到很大限制.直到1965年快速傅里叶变换(FFT)的出现,才使得FFT得到更广泛的应用.

3.6.1　最佳平方三角逼近与三角插值

设$f(x)$是以2π为周期的平方可积函数,用三角多项式

$$S_n(x) = \frac{1}{2}a_0 + a_1\cos x + b_1\sin x + \cdots + a_n\cos nx + b_n\sin nx \tag{3.6.1}$$

作最佳平方逼近函数.由于三角函数族

$$1, \cos x, \sin x, \cdots, \cos kx, \sin kx, \cdots$$

在$[0,2\pi]$上是正交函数族,于是$f(x)$在$[0,2\pi]$上的最佳平方三角逼近多项式$S_n(x)$的系数是

$$\begin{cases} a_k = \dfrac{1}{\pi}\displaystyle\int_0^{2\pi} f(x)\cos kx\,\mathrm{d}x & (k = 0,1,\cdots,n) \\ b_k = \dfrac{1}{\pi}\displaystyle\int_0^{2\pi} f(x)\sin kx\,\mathrm{d}x & (k = 1,2,\cdots,n) \end{cases} \tag{3.6.2}$$

a_k, b_k 称为傅里叶系数,函数 $f(x)$ 按傅里叶系数展开得到的级数

$$\frac{1}{2}a_0 + \sum_{k=1}^{\infty}(a_k\cos kx + b_k\sin kx) \tag{3.6.3}$$

称为傅里叶级数.

对于最佳平方逼近多项式(3.6.1)有

$$\| f(x) - S_n(x) \|_2^2 = \| f(x) \|_2^2 - \| S_n(x) \|_2^2.$$

由此可得到贝塞尔不等式

$$\frac{1}{2}a_0^2 + \sum_{k=1}^{\infty}(a_k^2 + b_k^2) \leqslant \frac{1}{\pi}\int_0^{2\pi} f^2(x)\,\mathrm{d}x.$$

因为不等式不依赖于 n,左边单调有界,所以级数 $\frac{1}{2}a_0^2 + \sum_{k=1}^{\infty}(a_k^2 + b_k^2)$ 收敛,并有

$$\lim_{k\to\infty} a_k = \lim_{k\to\infty} b_k = 0.$$

当 $f(x)$ 只在给定的离散点集 $\left\{x_j = \frac{2\pi}{N}j\,(j=0,1,\cdots,N-1)\right\}$ 上已知时,则可类似得到离散点集正交性与相应的离散傅里叶系数.为方便起见,下面只给出奇数个点的情形.令

$$x_j = \frac{2\pi j}{2m+1} \quad (j = 0,1,\cdots,2m),$$

可以证明对任何 $k, l = 0,1,\cdots,m$ 有

$$\sum_{j=0}^{2m}\sin lx_j\sin kx_j = \begin{cases} 0 & (l \neq k, l = k = 0), \\ \dfrac{2m+1}{2} & (l = k \neq 0); \end{cases}$$

$$\sum_{j=0}^{2m}\cos lx_j\cos kx_j = \begin{cases} 0 & (l \neq k), \\ \dfrac{2m+1}{2} & (l = k \neq 0), \\ 2m+1 & (l = k = 0); \end{cases}$$

$$\sum_{j=0}^{2m}\cos lx_j\sin kx_j = 0 \quad (0 \leqslant k, l \leqslant m).$$

这就表明函数族 $\{1, \cos x, \sin x, \cdots, \cos mx, \sin mx\}$ 在点集 $\left\{x_j = \frac{2\pi j}{2m+1}\right\}$ 上正交.若令 $f_j = f(x_j)$ $(j=0,1,\cdots,2m)$,则 $f(x)$ 的最小二乘三角逼近为

$$S_n(x) = \frac{1}{2}a_0 + \sum_{k=1}^{n}(a_k\cos kx + b_k\sin kx) \quad (n < m),$$

其中

$$\begin{cases} a_k = \dfrac{2}{2m+1}\sum_{j=0}^{2m} f_j \cos \dfrac{2\pi jk}{2m+1} & (k=0,1,\cdots,n) \\ b_k = \dfrac{2}{2m+1}\sum_{j=0}^{2m} f_j \sin \dfrac{2\pi jk}{2m+1} & (k=1,2,\cdots,n) \end{cases} \tag{3.6.4}$$

当 $n=m$ 时,可证明

$$S_m(x_j) = f_j \quad (j=0,1,\cdots,2m),$$

于是

$$S_m(x) = \frac{1}{2}a_0 + \sum_{k=1}^{m}(a_k \cos kx + b_k \sin kx)$$

即为三角插值多项式,系数仍由(3.6.4)式确定.

对于一般情形,假设 $f(x)$是以 2π 为周期的复函数,给定 $f(x)$在N 个等分点 $x_j = \frac{2\pi j}{N}$ $(k=0,1,\cdots,N-1)$上的值 $f_j = f\left(\frac{2\pi j}{N}\right)$. 由于

$$e^{ijx} = \cos(jx) + i\sin(jx) \quad (j=0,1,\cdots,N-1; i=\sqrt{-1}),$$

函数族$\{1,e^{ix},\cdots,e^{i(N-1)x}\}$在区间$[0,2\pi]$上是正交的,函数 e^{ijx} 在等距点集 $x_k = \frac{2\pi k}{N}$ $(k=0,1,\cdots,N-1)$上的值 e^{ijx_k} 组成的向量记作

$$\boldsymbol{\varphi}_j = (1, e^{ij\frac{2\pi}{N}}, \cdots, e^{ij\frac{2\pi}{N}(N-1)})^{\mathrm{T}}.$$

当 $j=0,1,\cdots,N-1$ 时,N 个复向量$\boldsymbol{\varphi}_0,\boldsymbol{\varphi}_1,\cdots,\boldsymbol{\varphi}_{N-1}$具有下面所定义的正交性:

$$(\boldsymbol{\varphi}_l, \boldsymbol{\varphi}_s) = \sum_{k=0}^{N-1} e^{il\frac{2\pi}{N}k} e^{-is\frac{2\pi}{N}k} = \sum_{k=0}^{N-1} e^{i(l-s)\frac{2\pi}{N}k} = \begin{cases} 0 & (l \neq s), \\ N & (l = s). \end{cases} \tag{3.6.5}$$

事实上,令 $r = e^{i(l-s)\frac{2\pi}{N}}$,若 $l,s=0,1,\cdots,N-1$,则有

$$0 \leqslant l \leqslant N-1, \quad -(N-1) \leqslant -s \leqslant 0,$$

于是

$$-(N-1) \leqslant l-s \leqslant N-1,$$

即

$$-1 < -\frac{N-1}{N} \leqslant \frac{l-s}{N} \leqslant \frac{N-1}{N} < 1.$$

若 $l-s \neq 0$,则 $r \neq 1$,从而

$$r^N = e^{i(l-s)2\pi} = 1,$$

故

$$(\boldsymbol{\varphi}_l, \boldsymbol{\varphi}_s) = \sum_{k=0}^{N-1} r^k = \frac{1-r^N}{1-r} = 0.$$

若 $l-s=0$,则 $r=1$,从而

$$(\boldsymbol{\varphi}_s, \boldsymbol{\varphi}_s) = \sum_{k=0}^{N-1} r^k = N.$$

因此，$f(x)$在N个点$\left\{x_j=\frac{2\pi j}{N}(j=0,1,\cdots,N-1)\right\}$上的最小二乘傅里叶逼近为

$$S(x)=\sum_{k=0}^{n-1}c_k\mathrm{e}^{\mathrm{i}kx}\quad(n\leqslant N),\tag{3.6.6}$$

其中

$$c_k=\frac{1}{N}\sum_{j=0}^{N-1}f_je^{-\mathrm{i}kj\frac{2\pi}{N}}\quad(k=0,1,\cdots,n-1).\tag{3.6.7}$$

在(3.6.6)式中，若$n=N$，则$S(x)$为$f(x)$在点$x_j(j=0,1,\cdots,N-1)$上的插值函数，$S(x_j)=f(x_j)$，从而由(3.6.6)式得

$$f_j=\sum_{k=0}^{N-1}c_k\mathrm{e}^{\mathrm{i}kj\frac{2\pi}{N}}\quad(j=0,1,\cdots,N-1).\tag{3.6.8}$$

(3.6.7)式是由$\{f_j\}$求$\{c_k\}$的过程，称为$f(x)$的离散傅里叶变换(DFT)，而(3.6.8)式是由$\{c_k\}$求$\{f_j\}$的过程，称为离散傅里叶逆变换.这些变换是使用计算机进行傅里叶分析的主要方法，在数字信号处理、全息技术、频谱分析、石油勘探地震数字处理等领域中都有广泛的应用.

3.6.2 N 点 DFT 和 FFT 算法

事实上，无论是计算傅里叶逼近系数，还是进行傅里叶变换或逆变换，都可归结为计算

$$c_j=\sum_{k=0}^{N-1}x_k\omega_N^{kj}\quad(j=0,1,\cdots,N-1),\tag{3.6.9}$$

其中$\{x_k\}_0^{N-1}$为已知的输入数据，$\{c_j\}_0^{N-1}$为输出数据，而

$$\omega_N=\mathrm{e}^{\mathrm{i}\frac{2\pi}{N}}=\cos\frac{2\pi}{N}+\mathrm{i}\sin\frac{2\pi}{N}\quad(\mathrm{i}=\sqrt{-1}).$$

(3.6.9)式称为N点DFT.表面上看，计算c_j只需做N个复数乘法和N个加法，称为N个操作，计算全部$c_j(j=0,1,\cdots,N-1)$共需要N^2个操作，计算似乎并不复杂.但当N很大时，其计算量其实是相当大的.直到1965年快速傅里叶变换(FFT)被提出，大大提高了计算速度，才使DFT得到更广泛的应用.FFT的基本思想是尽量减少乘法次数，事实上，对于任意正整数k,j，有

$$\omega_N^j\omega_N^k=\omega_N^{j+k},\quad\omega_N^{jN+k}=\omega_N^k\text{(周期性)},$$
$$\omega_N^{jk+N/2}=-\omega_N^{jk}\text{(对称性)},\quad\omega_{jN}^{jk}=\omega_N^k.$$

由周期性可知所有$\omega_N^{jk}(j,k=0,1,\cdots,N-1)$中，最多有$N$个不同的值$\omega_N^0$，$\omega_N^1,\cdots,\omega_N^{N-1}$.特别地，有

$$\omega_N^0=\omega_N^N=1,\quad\omega_N^{N/2}=-1.$$

当$N=2^p$时，ω_N^{jk}只有$N/2$个不同的值.利用这些性质可将(3.6.9)式对半折成两

个和式,再将对应项相加,即

$$c_j = \sum_{k=0}^{N/2-1} x_k\omega_N^{jk} + \sum_{k=0}^{N/2-1} x_{N/2+k}\omega_N^{j(N/2+k)} = \sum_{k=0}^{N/2-1}[x_k + (-1)^j x_{N/2+k}]\omega_N^{jk}.$$

依下标奇、偶分别考察,则

$$c_{2j} = \sum_{k=0}^{N/2-1}(x_k + x_{N/2+k})\omega_N^{jk},$$

$$c_{2j+1} = \sum_{k=0}^{N/2-1}(x_k - x_{N/2+k})\omega_N^k\omega_{N/2}^{jk}.$$

若令

$$y_k = x_k + x_{N/2+k},\quad y_{N/2+k} = (x_k - x_{N/2+k})\omega_N^k,$$

则可将 N 点 DFT 归结为两个 $N/2$ 点 DFT:

$$\begin{cases} c_{2j} = \sum_{k=0}^{N/2-1} y_k\omega_{N/2}^{jk} \\ c_{2j+1} = \sum_{k=0}^{N/2-1} y_{N/2+k}\omega_{N/2}^{jk} \end{cases}\quad (j = 0,1,\cdots,N/2-1).$$

如此反复施行二分方法即可得到 FFT 算法. 下面以 $N=2^3$ 为例,说明 FFT 算法. 此时,$k,j = 0,1,\cdots,N-1=7$. 在(3.6.9)式中将 $\omega_N=\omega_8$ 记为 ω,则(3.6.9)式的和为

$$c_j = \sum_{k=0}^{7} x_k\omega_N^{jk}\quad (j = 0,1,\cdots,7). \tag{3.6.10}$$

将 k,j 用二进制表示为

$$k = k_2 2^2 + k_1 2^1 + k_0 2^0 = (k_2k_1k_0),$$

$$j = j_2 2^2 + j_1 2^1 + j_0 2^0 = (j_2j_1j_0),$$

其中 $k_r,j_r(r=0,1,2)$ 只能取 0 或 1,例如 $6=2^2+2^1+0\cdot 2^0=(110)$. 根据 k,j 表示法,公式(3.6.10)可表示为

$$\begin{aligned} c(j_2j_1j_0) &= \sum_{k_0=0}^{1}\sum_{k_1=0}^{1}\sum_{k_2=0}^{1} x(k_2k_1k_0)\,\omega^{(k_2k_1k_0)(j_2 2^2+j_1 2^1+j_0 2^0)} \\ &= \sum_{k_0=0}^{1}\left\{\sum_{k_1=0}^{1}\left[\sum_{k_2=0}^{1} x(k_2k_1k_0)\,\omega^{j_0(k_2k_1k_0)}\right]\omega^{j_1(k_1k_00)}\right\}\omega^{j_2(k_000)}. \end{aligned} \tag{3.6.11}$$

若引入记号

$$\begin{cases} A_0(k_2k_1k_0) = x(k_2k_1k_0), \\ A_1(k_1k_0j_0) = \sum_{k_2=0}^{1} A_0(k_2k_1k_0)\,\omega^{j_0(k_2k_1k_0)}, \\ A_2(k_0j_1j_0) = \sum_{k_1=0}^{1} A_1(k_1k_0j_0)\,\omega^{j_1(k_1k_00)}, \\ A_3(j_2j_1j_0) = \sum_{k_0=0}^{1} A_2(k_0j_1j_0)\,\omega^{j_2(k_000)}, \end{cases} \tag{3.6.12}$$

则(3.6.11)式变为

$$c(j_2j_1j_0) = A_3(j_2j_1j_0).$$

若注意 $\omega^{j_0 2^{p-1}} = \omega^{j_0 N/2} = (-1)^{j_0}$,公式(3.6.12)还可进一步简化为

$$\begin{aligned}A_1(k_1k_0j_0) &= \sum_{k_2=0}^{1} A_0(k_2k_1k_0)\omega^{j_0(k_2k_1k_0)}\\ &= A_0(0k_1k_0)\omega^{j_0(0k_1k_0)} + A_0(1k_1k_0)\omega^{j_0 2^2}\omega^{j_0(0k_1k_0)}\\ &= [A_0(0k_1k_0) + (-1)^{j_0}A_0(1k_1k_0)]\omega^{j_0(0k_1k_0)},\end{aligned}$$

$$A_1(k_1k_00) = A_0(0k_1k_0) + A_0(1k_1k_0),$$

$$A_1(k_1k_01) = [A_0(0k_1k_0) - A_0(1k_1k_0)]\omega^{(0k_1k_0)}.$$

将这表达式中二进制表示还原为十进制表示:$k = (0k_1k_0) = k_1 2^1 + k_0 2^0$,即 $k = 0,1,2,3$,得

$$\begin{cases}A_1(2k) = A_0(k) + A_0(k+2^2)\\ A_1(2k+1) = [A_0(k) - A_0(k+2^2)]\omega^k\end{cases}\quad (k = 0,1,2,3).\tag{3.6.13}$$

同样(3.6.12)式中的 A_2 也可简化为

$$A_2(k_0j_1j_0) = [A_1(0k_0j_0) + (-1)^{j_1}A_1(1k_0j_0)]\omega^{j_1(0k_00)},$$

即

$$A_2(k_00j_0) = A_1(0k_0j_0) + A_1(1k_0j_0),$$

$$A_2(k_01j_0) = [A_1(0k_0j_0) - A_1(1k_0j_0)]\omega^{(0k_00)}.$$

把二进制表示还原为十进制,得

$$\begin{cases}A_2(k2^2 + j) = A_1(2k+j) + A_1(2k+j+2^2)\\ A_2(k2^2 + j + 2) = [A_1(2k+j) - A_1(2k+j+2^2)]\omega^{2k}\end{cases}\quad (k,j = 0,1).\tag{3.6.14}$$

同理(3.6.12)式中的 A_3 可简化为

$$A_3(j_2j_1j_0) = A_2(0j_1j_0) + (-1)^{j_2}A_2(1j_1j_0),$$

即

$$A_3(0j_1j_0) = A_2(0j_1j_0) + A_2(1j_1j_0),$$

$$A_3(1j_1j_0) = A_2(0j_1j_0) - A_2(1j_1j_0).$$

表示为十进制,有

$$\begin{cases}A_3(j) = A_2(j) + A_2(j+2^2)\\ A_3(j+2^2) = A_2(j) - A_2(j+2^2)\end{cases}\quad (j = 0,1,2,3).\tag{3.6.15}$$

根据公式(3.6.13)～(3.6.15),由 $A_0(k) = x(k) = x_k\ (k = 0,1,\cdots,7)$ 逐次计算到 $A_3(j) = c_j\ (k = 0,1,\cdots,7)$.

上面推导的 $N = 2^3$ 的计算公式可类似地推广到 $N = 2^p$ 情形.根据公式(3.6.13)、(3.6.14)和(3.6.15),一般情况的 FFT 计算公式如下:

$$\begin{cases} A_q(k2^q+j)=A_{q-1}(k2^{q-1}+j)+A_{q-1}(k2^{q-1}+j+2^{p-1}), \\ A_q(k2^q+j+2^{q-1})=[A_{q-1}(k2^{q-1}+j)-A_{q-1}(k2^{q-1}+j+2^{p-1})]\omega^{k2^{q-1}}, \end{cases} \tag{3.6.16}$$

其中 $q=1,2,\cdots,p;k=0,1,\cdots,2^{p-q}-1;j=0,1,\cdots,2^{q-1}-1$. A_q 括号内的数代表它的位置,在计算机中代表存放数的地址.一组 A_q 占用N 个复数单元,计算时需给出两组单元,从 $A_0(m)$ $(m=0,1,\cdots,N-1)$出发,q 由 1 到 p 算到$A_p(j)=c_j(j=0,1,\cdots,N-1)$,即为所求.计算过程中只要按地址号存放 A_q,则最后得到的 $A_p(j)$就是所求离散频谱的次序.这个计算公式除了具有不倒地址的优点外,计算只有两重循环,外循环 q 由 1 计算到 p,内循环 k 由 0 计算到 $2^{p-q}-1$,j 由 0 计算到 $2^{q-1}-1$,更重要的是整个计算过程节省计算量.由公式算一个 A_q 共需 $2^{p-q}2^{q-1}=N/2$ 次复数乘法,而最后一步计算 A_q 时,由于 $\omega^{k2^{q-1}}=(\omega^{N/2})^k=(-1)^k=(-1)^0=1$($p=q$ 时,$2^{p-q}-1=0$,故 $k=0$).因此,总共要算$(p-1)N/2$ 次复数乘法,它比直接用(3.6.9)式需做 N^2 次乘法快得多.当 $N=2^{10}$时,两种算法的计算量之比约为 228,它比一般的 FFT 也快一倍,称之为改进的 FFT 算法.下面给出这一算法的计算步骤:

步骤 1　给出数组 $A_1(N),A_2(N),\omega(N/2)$.

步骤 2　将已知的记录复数数组$\{x_k\}$输入到单元 $A_1(k)$ $(k=0,1,\cdots,N-1)$.

步骤 3　计算 $\omega^m=\exp\left(-\mathrm{i}\dfrac{2\pi}{N}m\right)$或 $\omega^m=\exp\left(-\mathrm{i}\dfrac{2\pi}{N}m\right)$存放在单元 $\omega(m)$ $(m=0,1,\cdots,N/2-1)$中.

步骤 4　q 循环从 1 到 p,若 q 为奇数转步骤 5,否则转步骤 6.

步骤 5　k 循环从 0 到 $2^{p-q}-1$,j 循环从 0 到 $2^{q-1}-1$,计算

$$A_2(k2^q+j)=A_1(k2^{q-1}+j)+A_1(k2^{q-1}+j+2^{p-1}),$$

$$A_2(k2^q+j+2^{q-1})=[A_1(k2^{q-1}+j)-A_1(k2^{q-1}+j+2^{p-1})]\omega(k2^{q-1}).$$

转步骤 7.

步骤 6　k 循环从 0 到 $2^{p-q}-1$,j 循环从 0 到 $2^{q-1}-1$,计算

$$A_1(k2^q+j)=A_2(k2^{q-1}+j)+A_2(k2^{q-1}+j+2^{p-1}),$$

$$A_1(k2^q+j+2^{q-1})=[A_2(k2^{q-1}+j)-A_2(k2^{q-1}+j+2^{p-1})]\omega(k2^{q-1}).$$

k,j 循环结束,做下一步.

步骤 7　若 $q=p$ 转步骤 8,否则 $q+1\to q$ 转步骤 4.

步骤 8　q 循环结束,若 $p=$偶数,将 $A_1(j)\to A_2(j)$,则 $c_j=A_2(j)$ $(j=0,1,\cdots,N-1)$即为所求.

例 3.12　设 $f(x)=x^4-3x^3+2x^2-\tan x(x-2)$.给定数据$\{x_j,f(x_j)\}_{j=0}^{7}$,$x_j=\dfrac{j}{4}$,确定三角插值多项式.

解　先将区间$[0,2]$变换为$[-\pi,\pi]$,可令 $y_j=\pi(x_j-1)$,故输入数据为

$\{y_j,f_j\}_{j=0}^{7}, f_j = f\left(1+\frac{y_j}{\pi}\right)$. 由于给定 8 个点,可确定 8 个参数的 4 次三角插值多项式

$$S_4(y) = \frac{1}{2}a_0 + \sum_{k=1}^{3}(a_k\cos ky + b_k\sin ky) + a_4\cos 4y, \quad (3.6.17)$$

其中

$$\begin{cases} a_k = \frac{1}{4}f_j\cos\frac{\pi}{4}kj \quad (k = 0,1,\cdots,4), \\ b_k = \frac{1}{4}f_j\sin\frac{\pi}{4}kj \quad (k = 1,2,3), \end{cases} \quad (3.6.18)$$

与(3.6.10)式比较可先计算

$$c_k = \sum_{j=0}^{7} f_j\omega^{jk},$$

这里$\{f_j\}_0^7$代替(3.6.10)式中的$\{x_j\}_0^7$,

$$\omega = e^{i\frac{\pi}{4}} = \cos\frac{\pi}{4} + i\sin\frac{\pi}{4}.$$

对每个 $k=0,1,\cdots,4$ 有

$$\begin{aligned} \frac{1}{4}c_k(-1)^k &= \frac{1}{4}c_k e^{-i\pi k} = \frac{1}{4}\sum_{j=0}^{7}f_j e^{i\frac{\pi}{4}kj}e^{-i\pi k} = \frac{1}{4}\sum_{j=0}^{7}f_j e^{ik\left(-\pi+\frac{\pi}{4}j\right)} \\ &= \frac{1}{4}\sum_{j=0}^{7}f_j\left[\cos k\left(-\pi+\frac{\pi}{4}j\right) + i\sin k\left(-\pi+\frac{\pi}{4}j\right)\right] \\ &= \frac{1}{4}\sum_{j=0}^{7}f_j(\cos ky_j + i\sin ky_j), \end{aligned}$$

所以

$$a_k + ib_k = \frac{(-1)^k}{4}c_k = \frac{1}{4}c_k e^{-i\pi k},$$

即

$$a_k = \frac{1}{4}\mathrm{Re}(c_k e^{-i\pi k}), \quad b_k = \frac{1}{4}\mathrm{Im}(c_k e^{-i\pi k}).$$

显然 $b_0 = b_4 = 0$,用 FFT 算法求出 $c_k(k=0,1,2,3,4)$,也就得到(3.6.18)式的系数,从而得到(3.6.17)式的 4 次三角插值多项式

$$\begin{aligned} S_4(y) = {} & 0.761979 + 0.771841\cos y - 0.386374\sin y \\ & + 0.0173037\cos 2y + 0.046875\sin 2y \\ & + 0.00686304\cos 3y - 0.0113738\sin 3y \\ & - 0.000578545\cos 4y. \end{aligned}$$

在$[0,2]$上的三角多项式 $S_4(x)$ 可通过 $y=\pi(x-1)$ 代入到 $S_4(y)$ 获得. 图 3.13 给出了 $y=f(x)$ 及 $y=S_4(x)$ 的图形. 表 3.4 给出了点 $x_j=0.125+0.25j$ $(j=0,1,\cdots,7)$ 处 $f(x_j)$ 和 $S_4(x_j)$ 的值.

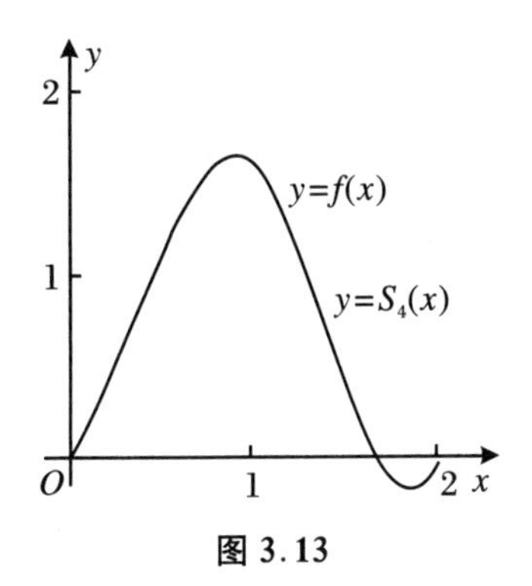

图 3.13

表 3.4 计算结果

j	x_j	$f(x_j)$	$S_4(x_j)$	$\|f(x_j)-S_4(x_j)\|$
0	0.125	0.26440	0.25001	1.44×10^{-2}
1	0.375	0.84081	0.84647	5.66×10^{-3}
2	0.625	1.36150	1.35824	3.27×10^{-3}
3	0.875	1.61282	1.61515	2.33×10^{-3}
4	1.125	1.36672	1.36471	2.02×10^{-3}
5	1.375	0.71697	0.71931	2.33×10^{-3}
6	1.625	0.07909	0.07496	4.14×10^{-3}
7	1.875	−0.14576	−0.13301	1.27×10^{-2}

复习与思考题

1. 设 $f\in C[a,b]$,写出三种常用范数 $\|f\|_1$, $\|f\|_2$ 及 $\|f\|_\infty$.

2. $f,g\in C[a,b]$,它们的内积是什么?如何判断函数族 $\{\varphi_0,\varphi_1,\cdots,\varphi_n\}\in C[a,b]$ 在 $[a,b]$ 上线性无关?

3. 什么是函数 $f\in C[a,b]$ 在区间 $[a,b]$ 上的 n 次最佳一致逼近多项式?

4. 什么是 f 在 $[a,b]$ 上的 n 次最佳平方逼近多项式?什么是数据 $\{f_i\}_0^m$ 的最小二乘曲线拟合?

5. 什么是 $[a,b]$ 上带权 $\rho(x)$ 的正交多项式?什么是 $[-1,1]$ 上的 Legendre 多项式?它有什么重要性质?

6. 什么是 Chebyshev 多项式?它有什么重要性质?

7. 用 Chebyshev 多项式零点做插值点得到的插值多项式与 Lagrange 插值有何不同?

8. 什么是最小二乘拟合的法方程?用多项式做拟合曲线时,当次数 n 较大时为什么不直接求解法方程？

9. 计算有理分式 $R_{mn}(x)$ 为什么要化为连分式？

10. 哪种类型函数用三角插值比用多项式插值或分段多项式插值更合适？

11. 对序列作 DFT 时，给定数据要有哪些性质？对 DFT 用 FFT 计算时数据长度有何要求？

12. 判断下列命题是否正确：

(1) 任何 $f(x)\in C[a,b]$ 都能找到 n 次多项式 $P_n(x)\in H_n$，使 $|f(x)-P_n(x)|\leqslant\varepsilon$（$\varepsilon$ 为任给的误差限）.

(2) $P_n^*(x)\in H_n$ 是连续函数 $f(x)$ 在 $[a,b]$ 上的最佳一致逼近多项式，则有 $\lim\limits_{n\to\infty}P_n^*(x)=f(x)$ 对 $\forall x\in[a,b]$ 成立.

(3) $f(x)\in C[a,b]$ 在 $[a,b]$ 上的最佳平方逼近多项式 $P_n(x)\in H_n$，则 $\lim\limits_{n\to\infty}P_n(x)=f(x)$.

(4) $\widetilde{\mathrm{P}}_n(x)$ 是首项系数为 1 的 Legendre 多项式，$Q_n(x)\in H_n$ 是首项系数为 1 的多项式，则 $\int_{-1}^{1}[\widetilde{\mathrm{P}}_n(x)]^2\mathrm{d}x\leqslant\int_{-1}^{1}Q_n^2(x)\mathrm{d}x$.

(5) $\widetilde{\mathrm{T}}_n(x)$ 是 $[-1,1]$ 上首项系数为 1 的 Chebyshev 多项式，$Q_n(x)\in H_n$ 是任一首项系数为 1 的多项式，则 $\max\limits_{-1\leqslant x\leqslant 1}|\widetilde{\mathrm{T}}_n(x)|\leqslant\max\limits_{-1\leqslant x\leqslant 1}|Q_n(x)|$.

(6) 函数的有理逼近（如 Pade 逼近）总比多项式逼近效果好.

(7) 当数据量很大时用最小二乘拟合比用插值好.

(8) 三角最小平方逼近与三角插值都要计算 N 点 DFT，所以它们没有任何区别.

(9) 只有点数 $N=2^p$ 的 DFT 才能用 FFT 算法，所以 FFT 算法意义不大.

(10) FFT 算法计算 DFT 的它的逆变换效率相同.

习　题

1. $f(x)=\sin\frac{\pi}{2}x$，给出 $[0,1]$ 上的 Bernstein 多项式 $B_1(f,x)$ 和 $B_3(f,x)$.

2. 当 $f(x)=x$ 时，求证 $B_n(f,x)=x$.

3. 证明：函数 $1,x,\cdots,x^n$ 线性无关.

4. 计算下列函数 $f(x)$ 关于 $C[0,1]$ 的 $\|f\|_\infty$，$\|f\|_1$ 和 $\|f\|_2$：

(1) $f(x)=(x-1)^3$；

(2) $f(x)=\left|x-\frac{1}{2}\right|$；

(3) $f(x)=x^m(1-x)^n$(m,n为正整数).

5. 证明:$\|f-g\| \geqslant \|f\|-\|g\|$.

6. 对$f(x),g(x)\in C^1[a,b]$,定义:

(1) $(f,g)=\int_a^b f'(x)g'(x)\mathrm{d}x$;

(2) $(f,g)=\int_a^b f'(x)g'(x)\mathrm{d}x+f(a)g(a)$.

问它们是否构成内积.

7. 令$T_n^*(x)=T_n(2x-1)$,$x\in[0,1]$,试证:$\{T_n^*(x)\}$是在$[0,1]$上带权$\rho(x)=\dfrac{1}{\sqrt{x-x^2}}$的正交多项式,并求$T_0^*(x)$,$T_1^*(x)$,$T_2^*(x)$,$T_3^*(x)$.

8. 对权函数$\rho(x)=1+x^2$,区间$[-1,1]$,试求:首项系数为1的正交多项式$\varphi_n(x)(n=0,1,2,3)$.

9. 证明:(2.16)式给出的第二类Chebyshev多项式族$\{u_n(x)\}$是$[-1,1]$上带权$\rho(x)=\sqrt{1-x^2}$的正交多项式.

10. 证明:对每一个Chebyshev多项式$T_n(x)$,有

$$\int_{-1}^1\frac{[T_n(x)]^2}{\sqrt{1-x^2}}\mathrm{d}x=\frac{\pi}{2}.$$

11. 用$T_3(x)$的零点作插值点,求$f(x)=\mathrm{e}^x$在区间$[-1,1]$上的二次插值多项式,并估计其最大误差界.

12. 设$f(x)=x^2+3x+2$,$x\in[0,1]$,试求$f(x)$在$[0,1]$上关于$\rho(x)=1$,$\Phi=\mathrm{span}\{1,x\}$的最佳平方逼近多项式.若取$\Phi=\mathrm{span}\{1,x,x^2\}$,那么最佳平方逼近多项式是什么?

13. 求$f(x)=x^3$在$[-1,1]$上关于$\rho(x)=1$的最佳平方逼近多项式.

14. 求函数$f(x)$在指定区间上对于$\Phi=\mathrm{span}\{1,x\}$的最佳平方逼近多项式:

(1) $f(x)=\dfrac{1}{x}$, $[1,3]$;

(2) $f(x)=\mathrm{e}^x$, $[0,1]$;

(3) $f(x)=\cos\pi x$, $[0,1]$;

(4) $f(x)=\ln x$, $[1,2]$.

15. $f(x)=\sin\dfrac{\pi}{2}x$,在$[-1,1]$上按Legendre多项式展开求三次最佳平方逼近多项式.

16. 观测物体的直线运动,得出以下数据:

时间 t(s)	0	0.9	1.9	3.0	5.0
距离 s(m)	0	10	30	50	110

求运动方程.

17. 已知实验数据如下：

时间 t(s)	19	25	31	38	44
距离 s(m)	19.0	32.3	49.0	73.3	97.8

用最小二乘法求形如 $y=a+bx^2$ 的经验公式,并计算均方误差.

18. 在某化学反应中,由实验得分解物浓度与时间关系如下：

x_i	0	5	10	15	20	25	30	35	40	45	50	55
y_i	0	1.27	2.16	2.86	3.44	3.87	4.15	4.37	4.51	4.58	4.62	4.64

用最小二乘法求 $y=f(t)$.

19. 用辗转相除法将 $R_{22}=\dfrac{3x^2+6x}{x^2+6x+6}$化为连分式.

20. 求 $f(x)=\sin x$ 在 $x=0$ 处的(3,3)阶 Pade 逼近 $R_{33}(x)$.

21. 求 $f(x)=e^x$ 在 $x=0$ 处的(2,1)阶 Pade 逼近 $R_{21}(x)$.

22. 求 $f(x)=\dfrac{1}{x}\ln(1+x)$在 $x=0$ 处的(1,1)阶 Pade 逼近 $R_{11}(x)$.

23. 给定 $f(x)=\cos 2x(m=4,n=2)$,求$[-\pi,\pi]$上的离散最小二乘三角多项式 $S_2(x)$.

24. 应用 FFT 算法,求函数 $f(x)=|x|$在$[-\pi,\pi]$上的 4 次三角插值多项式 $S_4(x)$.

第4章 数值积分与数值微分

4.1 数值积分概论

4.1.1 数值积分问题的提出

定积分广泛应用于自然科学研究和工程实践中.谈及定积分的计算,人们首先想到的自然是大名鼎鼎的 Newton-Leibniz 公式

$$\int_a^b f(x)\mathrm{d}x = F(b) - F(a).$$

毫无疑问,只要能找到 $f(x)$ 的原函数 $F(x)$,从理论上讲,定积分的计算问题就迎刃而解了.然而,在实际中,上述解析的计算方法常常遇到下列困难:

(1) $f(x)$ 的原函数不是初等函数,不能用 Newton-Leibniz 公式.

例如,求正弦曲线 $y=\sin x$ 从 $x=0$ 到 $x=\pi$ 的弧长.显然,所求弧长的计算公式为

$$s = \int_0^\pi \sqrt{1+\cos^2 x}\,\mathrm{d}x.$$

此定积分看似并不复杂,但其被积函数的原函数不是初等函数,不能用 Newton-Leibniz 公式计算.实际上,这是一个第二类椭圆积分,用数值积分方法易求得弧长 $s=3.82$.

原函数不是初等函数的常见函数如下:

$$\frac{\sin x}{x},\ \sin\frac{1}{x},\ \sin x^2,\ \mathrm{e}^{x^2},\ \mathrm{e}^{\frac{1}{x}}.$$

实际上,上述五个函数的原函数分别是下列非初等函数:

$$\mathrm{Si}(x),\ x\sin\left(\frac{1}{x}\right)-\mathrm{Ci}\left(\frac{1}{x}\right),\ \sqrt{\frac{\pi}{2}}\mathrm{FresnelS}\left(\sqrt{\frac{\pi}{2}}x\right),$$

$$-\frac{1}{2}\mathrm{i}\pi\mathrm{erf}(\mathrm{i}x),\ x\mathrm{e}^{\frac{1}{x}}+\mathrm{Ei}\left(1,\frac{1}{x}\right).$$

(2) $f(x)$ 的原函数过于复杂,不便于用 Newton-Leibniz 公式.

例如,对于定积分

$$\int_2^{\pi} \frac{1}{1+x^5} \mathrm{d}x,$$

虽然有理函数的原函数一定为初等函数,但求原函数的过程可能极为复杂.在本例中,可以先将 $1+x^5$ 分解为 $(1+x)(1-x+x^2-x^3+x^4)$,再将 $1-x+x^2-x^3+x^4$ 分解为两个二次多项式的乘积,然后用待定系数法得到被积函数的部分分式,最终逐项积分方可求出原函数,其具体结果如下:

$$\frac{1}{20}\ln\frac{x^4+4x^3+6x^2+4x+1}{x^4-x^3+x^2-x+1}+\frac{\sqrt{5}}{20}\ln\frac{2x^2-(1-\sqrt{5})x+2}{2x^2-(1+\sqrt{5})x+2}$$

$$+\left(1-\frac{1}{\sqrt{5}}\right)\frac{\arctan\left(\frac{4x-1-\sqrt{5}}{\sqrt{10-2\sqrt{5}}}\right)}{\sqrt{10-2\sqrt{5}}}+\left(1+\frac{1}{\sqrt{5}}\right)\frac{\arctan\left(\frac{4x-1+\sqrt{5}}{\sqrt{10+2\sqrt{5}}}\right)}{\sqrt{10+2\sqrt{5}}}.$$

即使有了上述原函数,由于其表达式过于复杂,计算函数值也较为繁琐.若采用数值积分方法,只需选用基本的数值积分公式,经过比较简单的数值计算,即可得出此积分精度较高的近似值 $I=0.01285$.

在有些定积分计算问题中,被积函数经复杂的推导和计算获得,本身已比较复杂,其原函数即使存在也势必更加复杂,此时自然也不适宜用 Newton-Leibniz 公式.

(3) $f(x)$为离散形式,无法直接用 Newton-Leibniz 公式.

例如,一河流宽 20 米,在某截面离岸 x 米远处测量水深$f(x)$,具体数据如下:

x_k	0	2	4	6	8	10	12	14	16	18	20
$f(x_k)$	1.0	1.5	1.85	3.0	2.8	2.5	3.0	2.8	2.0	1.8	1.4

求此河流的平均深度.

根据定积分知识,$f(x)$在$[a,b]$上的平均值为

$$\overline{f}=\frac{1}{b-a}\int_a^b f(x)\mathrm{d}x.$$

显然,本例无法直接应用 Newton-Leibniz 公式计算定积分.可以利用第 2 章的插值方法得出水深 $f(x)$的近似多项式表达式,从而得出定积分的近似值.其实,这正是数值积分的一种思路.利用第 4.3 节中介绍的复化 Simpson 公式可以求出河流的平均深度约为 2.29 米.

上述不同的例子表明,不能完全依赖 Newton-Leibniz 公式计算定积分.对于许多实际问题,数值积分方法不仅必要而且有效.

4.1.2 数值积分的基本思想

下面从微积分知识出发,介绍数值积分的基本思想.

根据积分中值定理，

$$\int_a^b f(x)\mathrm{d}x = (b-a)f(\xi) \quad (\xi \in (a,b)),$$

即定积分等于区间长度乘以被积函数在某一点处的函数值. 显然，$f(\xi)$为$f(x)$在$[a,b]$上的平均"高度". 示意图如图4.1所示.

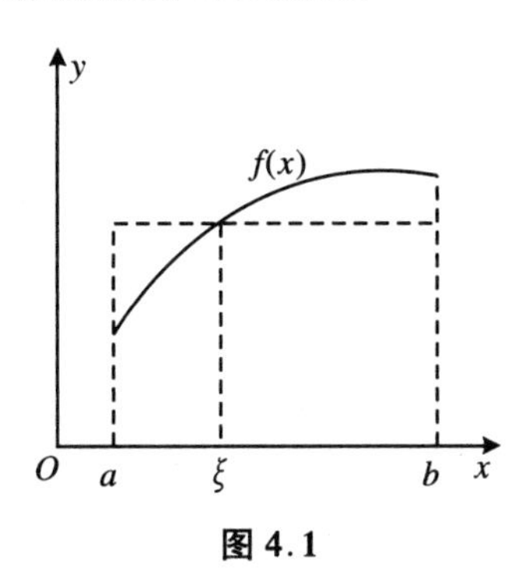

图 4.1

根据定积分的几何意义，

$$\int_a^b f(x)\mathrm{d}x \approx \frac{b-a}{2}[f(a)+f(b)],$$

即定积分可近似表示为被积函数在某两点处函数值的线性组合. $\frac{1}{2}[f(a)+f(b)]$可理解为$f(x)$在$[a,b]$上的近似平均"高度". 示意图如图4.2所示.

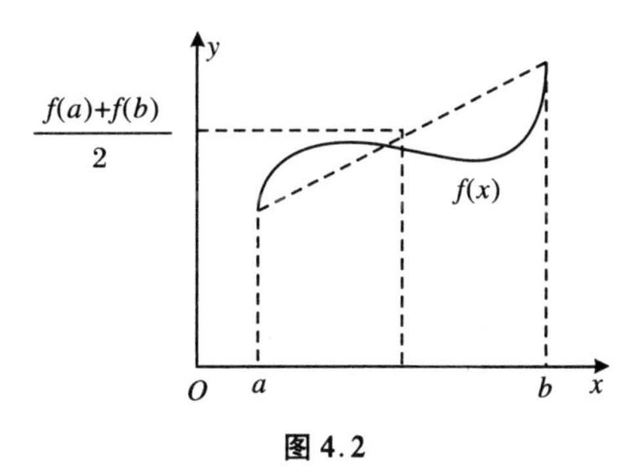

图 4.2

上述两式给我们以明确的启示：只要设法得出$f(x)$在$[a,b]$上的近似平均"高度"，即可计算出定积分的近似值，而$f(x)$在$[a,b]$上的平均"高度"可以用$f(x)$在若干点处值的加权平均来近似. 这就是数值积分的基本思想，可用数学语言描述如下：

将积分$\int_a^b f(x)\mathrm{d}x$近似表示为$f(x)$在若干点处值的线性组合，即

$$\int_a^b f(x)\mathrm{d}x \approx \sum_{k=0}^{n} A_k f(x_k), \tag{4.1.1}$$

称之为**求积公式**.其中 x_k 和 A_k 分别称为**求积节点**和**求积系数**.

$$R[f]=\int_a^b f(x)\mathrm{d}x-\sum_{k=0}^{n}A_kf(x_k) \tag{4.1.2}$$

称为求积公式的**截断误差**或**余项**.

因为上述数值积分方法只用到被积函数 $f(x)$的函数值,所以称之为**机械求积**公式.显然,构造求积公式需要解决两大问题:(1) 节点 x_k 的选取;(2) 系数 A_k 的计算.

4.1.3 代数精度

由于求积公式通常是近似的,所以首先需要考虑一个问题,那就是如何衡量求积公式的精度.因为求积公式基本上都是插值型,即用 $f(x)$在节点x_k 上插值多项式近似$f(x)$,所以自然想到用多项式来衡量求积公式的精度,这就是代数精度的概念.

定义 4.1 如果求积公式对任何次数不高于 m 次的多项式都精确成立,而对某个 $m+1$ 次多项式不精确成立,则称此求积公式具有 **m 次代数精度**.

代数精度其实就是使得求积公式精确成立的最高多项式的次数,与线性代数中矩阵"秩"的概念极其相似.

由于 m 次多项式都是 $1,x,x^2,\cdots,x^m$ 的线性组合,由积分的线性性质知,只要当 $f(x)$分别取 $1,x,x^2,\cdots,x^m$ 时,求积公式精确成立,则对于任何次数不高于 m 次的多项式,求积公式精确成立;如果 $f(x)$取x^{m+1}时,求积公式不精确成立,则可确定求积公式具有 m 次代数精度.

例 4.1 确定求积公式

$$\int_{-1}^{1}f(x)\mathrm{d}x\approx f\left(-\frac{1}{\sqrt{3}}\right)+f\left(\frac{1}{\sqrt{3}}\right)$$

的代数精度.

解 记求积公式左右两边分别为 $I(f),\tilde{I}(f)$.当 $f(x)$分别取 $1,x,x^2,x^3,x^4$ 时,计算如下:

$$I(1)=\int_{-1}^{1}\mathrm{d}x=2,\quad \tilde{I}(1)=1+1=2;$$

$$I(x)=\int_{-1}^{1}x\mathrm{d}x=0,\quad \tilde{I}(x)=-\frac{1}{\sqrt{3}}+\frac{1}{\sqrt{3}}=0;$$

$$I(x^2)=\int_{-1}^{1}x^2\mathrm{d}x=\frac{2}{3},\quad \tilde{I}(x^2)=\left(-\frac{1}{\sqrt{3}}\right)^2+\left(\frac{1}{\sqrt{3}}\right)^2=\frac{2}{3};$$

$$I(x^3)=\int_{-1}^{1}x^3\mathrm{d}x=0,\quad \tilde{I}(x^3)=\left(-\frac{1}{\sqrt{3}}\right)^3+\left(\frac{1}{\sqrt{3}}\right)^3=0;$$

$$I(x^4)=\int_{-1}^{1}x^4\mathrm{d}x=\frac{2}{5},\quad \widetilde{I}(x^4)=\left(-\frac{1}{\sqrt{3}}\right)^4+\left(\frac{1}{\sqrt{3}}\right)^4=\frac{2}{9}.$$

可见，当 $f(x)$ 分别取 $1,x,x^2,x^3$ 时，求积公式精确成立；当 $f(x)$ 取 x^4 时，求积公式左右两边不相等，所以该求积公式具有 3 次代数精度.

在上例求积公式中，只用了两点的函数值，就达到了 3 次代数精度. 这个近乎神奇的求积公式是如何构造出来的呢? 其实，这个求积公式是两点 Gauss-Legendre 型求积公式，其节点和系数是根据一定的原理选取和计算出来的，具体见第 4.6 节.

一般地，要使求积公式(4.1.1)具有 m 次代数精度，只要令它对于 $f(x)=1,x,\cdots,x^m$ 都能精确成立，这就要求

$$\begin{cases}\sum_{k=0}^{n}A_k=b-a,\\ \sum_{k=0}^{n}A_kx_k=\frac{1}{2}(b^2-a^2),\\ \cdots\cdots\\ \sum_{k=0}^{n}A_kx_k^m=\frac{1}{m+1}(b^m-a^m).\end{cases}\tag{4.1.3}$$

对于选定的节点 x_k，比如以区间 $[a,b]$ 的 n 等分点作为节点，且取 $n=m$，则求解(4.1.3)式即可确定系数 A_k，从而使求积公式(4.1.1)具有 m 次代数精度.

例 4.2　确定求积公式

$$\int_a^b f(x)\mathrm{d}x\approx A_0f(a)+A_1f\left(\frac{a+b}{2}\right)+A_2f(b)$$

中的待定参数，使其代数精度尽量高，并指明所构造出的求积公式所具有的代数精度.

解　令 $f(x)=1,x,x^2$，即

$$\begin{cases}A_0+A_1+A_2=b-a,\\ aA_0+\frac{a+b}{2}A_1+bA_2=\frac{1}{2}(b^2-a^2),\\ a^2A_0+\left(\frac{a+b}{2}\right)^2A_1+b^2A_2=\frac{1}{3}(b^3-a^3),\end{cases}$$

解得

$$A_0=\frac{1}{6}(b-a),\quad A_1=\frac{2}{3}(b-a),\quad A_2=\frac{1}{6}(b-a),$$

故求积公式至少有 2 次代数精度.

又由于

$$a^3A_0+\left(\frac{a+b}{2}\right)^3A_1+b^3A_2=\frac{1}{4}(b^4-a^4)=\int_a^b x^3\mathrm{d}x,$$

$$a^4A_0+\left(\frac{a+b}{2}\right)^4A_1+b^4A_2\neq\frac{1}{5}(b^5-a^5)=\int_a^b x^4\mathrm{d}x,$$

故求积公式具有 3 次代数精度.

4.1.4 插值型求积公式

根据第 2 章，虽然插值的主要目的不是获取被插值函数的近似表达式，但在一定的条件下，插值多项式 $L_n(x)$ 确实可以作为 $f(x)$ 的一种近似表达式，而且多项式特别容易积分，因此可利用插值多项式来构造求积公式.

设给定节点 $a\leqslant x_0<x_1<\cdots<x_n\leqslant b$ 及相应的函数值 $f(x_k)$，做 Lagrange 插值多项式

$$L_n(x)=\sum_{k=0}^{n}f(x_k)\,l_k(x),$$

则 $f(x)\approx L_n(x)$. 以 $L_n(x)$ 的积分

$$\int_a^b L_n(x)\mathrm{d}x=\sum_{k=0}^{n}\left[\int_a^b l_k(x)\mathrm{d}x\right]f(x_k)\overset{\text{记为}}{=\!=}\sum_{k=0}^{n}A_kf(x_k)$$

作为 $f(x)$ 积分的近似值，即

$$\int_a^b f(x)\mathrm{d}x\approx\sum_{k=0}^{n}A_kf(x_k),\tag{4.1.4}$$

称之为**插值型求积公式**，其中

$$A_k=\int_a^b l_k(x)\mathrm{d}x\quad(k=0,1,2,\cdots,n).\tag{4.1.5}$$

求积公式的余项

$$R[f]=\int_a^b[f(x)-L_n(x)]\mathrm{d}x=\int_a^b R_n(x)\mathrm{d}x,\tag{4.1.6}$$

其中 $R_n(x)$ 为插值余项，表达式为

$$R_n(x)=\frac{f^{(n+1)}(\xi)}{(n+1)!}\prod_{k=0}^{n}(x-x_k).$$

实际上，插值型求积公式就是根据“用插值多项式近似被积函数”的原理而构造出来的求积公式. 衡量一个求积公式是否为插值型的标志就是(4.1.5)式. 本章涉及的所有求积公式均为插值型.

根据插值型求积公式的构造原理，不难得出插值型求积公式的一个重要性质.

定理 4.1 求积公式(4.1.4)为插值型的充分必要条件是它的代数精度至少为 n.

证 先证充分性. 此时，要证明(4.1.5)式成立.

若求积公式(4.1.4)的代数精度至少为 n，即求积公式(4.1.4)对不高于 n 次的多项式精确成立，而 Lagrange 插值基函数 $l_k(x)$ 为 n 次多项式，所以由求积公式(4.1.4)，

$$\int_a^b l_k(x)\mathrm{d}x = \sum_{i=0}^{n} A_i l_k(x_i).$$

根据 $l_k(x)$ 的性质

$$l_k(x_i) = \begin{cases} 1 & (k = i), \\ 0 & (k \neq i), \end{cases}$$

得 $\int_a^b l_k(x)\mathrm{d}x = A_k$，即(4.1.5)式成立，求积公式(4.1.4)为插值型.

再证必要性.此时，要证明(4.1.4)式对不高于 n 次的多项式精确成立.

设 $f(x)$ 为任意 n 次多项式，$L_n(x)$ 为 $f(x)$ 的 n 次插值多项式，则因为 $f(x)$ 和 $L_n(x)$ 均为过 $n+1$ 个点 (x_i, y_i) $(i=0,1,2,\cdots,n)$ 的 n 次多项式，所以 $f(x) \equiv L_n(x)$.

从而，若求积公式(4.1.4)为插值型，则求积公式(4.1.4)对任意不高于 n 次的多项式精确成立，即它的代数精度至少为 n.

4.1.5　求积公式的余项

若求积公式(4.1.1)的代数精度为 m，将 $f(x)$ 展成 m 阶 Taylor 展式

$$f(x) = \sum_{i=0}^{m} \frac{f^{(i)}(x_0)}{i!}(x-x_0)^i + \frac{f^{(m+1)}(\xi)}{(m+1)!}(x-x_0)^{m+1} = P_m(x) + R_m(x),$$

则根据(4.1.6)式，余项

$$R[f] = \int_a^b R_m(x)\mathrm{d}x = \int_a^b \frac{f^{(m+1)}(\xi)}{(m+1)!}(x-x_0)^{m+1}\mathrm{d}x = Kf^{(m+1)}(\eta), \tag{4.1.7}$$

其中 K 为待定参数.这里假设了 $f^{(m+1)}(x)$ 在区间 $[a,b]$ 上连续，并应用了闭区间上连续函数的最值定理和介值定理.

当 $f(x)=x^{m+1}$ 时，$f^{(m+1)}(x)=(m+1)!$，由(4.1.7)式得

$$\begin{aligned} K &= \frac{1}{(m+1)!}\left(\int_a^b x^{m+1}\mathrm{d}x - \sum_{k=0}^{n} A_k x_k^{m+1}\right) \\ &= \frac{1}{(m+1)!}\left[\frac{1}{m+2}(b^{m+2}-a^{m+2}) - \sum_{k=0}^{n} A_k x_k^{m+1}\right], \end{aligned} \tag{4.1.8}$$

代入(4.1.7)式即可得到具体的余项表达式.

4.1.6　求积公式的收敛性与稳定性

一般而言，节点越多，数值积分的精度就越高.那么，当节点数趋于无穷时，数值积分值的极限是精确值吗？这就是求积公式的收敛性问题.另外，与所有数值算法一样，还要研究数值积分方法的稳定性.下面给出求积公式收敛性与稳定性的具

体定义.

定义 4.2 在求积公式(4.1.1)中,若

$$\lim_{\substack{n\to\infty\\h\to 0}}\sum_{k=0}^{n}A_kf(x_k)=\int_a^bf(x)\mathrm{d}x,$$

其中 $h=\max\limits_{1\leqslant i\leqslant n}\{x_i-x_{i-1}\}$,则称求积公式(4.1.1)**收敛**.

设函数值 $f(x_k)$ 由于误差 δ_k 而实际得到了 $\tilde{f}_k$,即 $f(x_k)=\tilde{f}_k+\delta_k$,记

$$I_n(f)=\sum_{k=0}^{n}A_kf(x_k),\quad I_n(\tilde{f})=\sum_{k=0}^{n}A_k\tilde{f}_k.$$

定义 4.3 若对任意 $\varepsilon>0$,存在 $\delta>0$,当 $|f(x_k)-\tilde{f}_k|<\delta\ (k=0,1,2,\cdots,n)$ 时,有

$$|I_n(f)-I_n(\tilde{f})|=\left|\sum_{k=0}^{n}A_k[f(x_k)-\tilde{f}_k]\right|<\varepsilon,$$

则称求积公式(4.1.1)**稳定**.

通常,判定求积公式的收敛性和稳定性是比较困难的.下面给出判定求积公式稳定性的一个充分条件.

定理 4.2 若求积公式(4.1.1)中的系数 $A_k>0(k=0,1,2,\cdots,n)$,则求积公式是稳定的.

证 因为 $A_k>0$,所以

$$\begin{aligned}|I_n(f)-I_n(\tilde{f})|&=\left|\sum_{k=0}^{n}A_k[f(x_k)-\tilde{f}_k]\right|\leqslant\sum_{k=0}^{n}|A_k||f(x_k)-\tilde{f}_k|\\&=\sum_{k=0}^{n}A_k|f(x_k)-\tilde{f}_k|.\end{aligned}$$

若对任意 $\varepsilon>0$,取 $\delta=\dfrac{\varepsilon}{b-a}$,则当 $|f(x_k)-\tilde{f}_k|<\delta$ 时,有

$$|I_n(f)-I_n(\tilde{f})|\leqslant\delta\sum_{k=0}^{n}A_k=\delta(b-a)=\varepsilon,$$

即求积公式(4.1.1)稳定.

本定理表明,只要求积系数大于零,就能保证求积公式的稳定性.

4.2 Newton-Cotes 公式

4.2.1 Newton-Cotes 公式

对于插值型求积公式,只要选定求积节点,即可根据(4.1.5)式计算出求积系

数.早在 1676 年,牛顿就提出了基于等距节点的插值求积公式,称之为 Newton-Cotes[①] 公式.下面予以详细介绍.

设将积分区间$[a,b]$划分为 n 等分,步长 $h=\frac{b-a}{n}$,选取等距节点 $x_k=a+kh(k=0,1,2,\cdots,n)$构造出的插值型求积公式

$$\int_a^b f(x)\mathrm{d}x \approx \sum_{k=0}^{n} A_k f(x_k) = (b-a)\sum_{k=0}^{n} C_k^{(n)} f(x_k) \tag{4.2.1}$$

称为 **Newton-Cotes 公式**,$C_k^{(n)}$ 称为 **Cotes 系数**.

根据(4.1.5)式,令 $x=a+th$,则

$$C_k^{(n)} = \frac{1}{b-a}\int_a^b l_k(x)\mathrm{d}x = \frac{h}{b-a}\int_0^n \prod_{\substack{i=0\\ i\neq k}}^{n} \frac{t-i}{k-i}\mathrm{d}t$$

$$= \frac{(-1)^{n-k}}{nk!(n-k)!}\int_0^n \prod_{\substack{i=0\\ i\neq k}}^{n}(t-i)\mathrm{d}t. \tag{4.2.2}$$

若 $n=1$,则 $C_0^{(1)}=C_1^{(1)}=\frac{1}{2}$,Newton-Cotes 公式为

$$\int_a^b f(x)\mathrm{d}x \approx \frac{b-a}{2}[f(a)+f(b)] = T, \tag{4.2.3}$$

称之为**梯形公式**.

若 $n=2$,则 $C_0^{(2)}=\frac{1}{6}$, $C_1^{(2)}=\frac{4}{6}$, $C_2^{(2)}=\frac{1}{6}$,Newton-Cotes 公式为

$$\int_a^b f(x)\mathrm{d}x \approx \frac{b-a}{6}\left[f(a)+4f\left(\frac{a+b}{2}\right)+f(b)\right] = S, \tag{4.2.4}$$

称之为 **Simpson[②] 公式**.

若 $n=3$,则 $C_0^{(3)}=\frac{1}{8}$, $C_1^{(3)}=\frac{3}{8}$, $C_2^{(3)}=\frac{3}{8}$, $C_3^{(3)}=\frac{1}{8}$,Newton-Cotes 公式为

$$\int_a^b f(x)\mathrm{d}x \approx \frac{b-a}{8}[f(a)+3f(a+h)+3f(a+2h)+f(b)] = S_1, \tag{4.2.5}$$

称之为 **Simpson 3/8 公式**,其中 $h=\frac{b-a}{3}$.

若 $n=4$,则 $C_0^{(4)}=\frac{7}{90}$, $C_1^{(4)}=\frac{32}{90}$, $C_2^{(4)}=\frac{12}{90}$, $C_3^{(4)}=\frac{32}{90}$, $C_4^{(4)}=\frac{7}{90}$,Newton-Cotes 公式为

$$\int_a^b f(x)\mathrm{d}x \approx \frac{b-a}{90}[7f(a)+32f(a+h)$$

---

① 柯特斯(Roger Cotes,1682～1716)是英国数学家.他以数值求积方法——Newton-Cotes 公式而著名,并首先介绍了后来广为人知的 Euler 方法.

② 辛普森(Thomas Simpson,1710～1761)是英国数学家,他是一位很有成就的数学教师.

$$+12f(a+2h)+32f(a+3h)+7f(b)]=C, \tag{4.2.6}$$

称之为**Cotes 公式**,其中 $h=\dfrac{b-a}{4}$.

其实,Newton-Cotes 公式还有个 $n=0$ 时的特例

$$\int_a^b f(x)dx \approx (b-a)f(a) \text{ 或 } (b-a)f(b),$$

称之为**矩形公式**.只不过其精度太差,在实际中较少使用.

表 4.1 列出了部分 Cotes 系数.

表 4.1　部分 Cotes 系数

n	$C_k^{(n)}$								
1	$\frac{1}{2}$	$\frac{1}{2}$							
2	$\frac{1}{6}$	$\frac{2}{3}$	$\frac{1}{6}$						
3	$\frac{1}{8}$	$\frac{3}{8}$	$\frac{3}{8}$	$\frac{1}{8}$					
4	$\frac{7}{90}$	$\frac{16}{45}$	$\frac{2}{15}$	$\frac{16}{45}$	$\frac{7}{90}$				
5	$\frac{19}{288}$	$\frac{25}{96}$	$\frac{25}{144}$	$\frac{25}{96}$	$\frac{19}{288}$				
6	$\frac{41}{840}$	$\frac{9}{35}$	$\frac{9}{280}$	$\frac{34}{105}$	$\frac{9}{280}$	$\frac{9}{35}$	$\frac{41}{840}$		
7	$\frac{751}{17280}$	$\frac{3577}{17280}$	$\frac{1323}{17280}$	$\frac{2989}{17280}$	$\frac{2989}{17280}$	$\frac{1323}{17280}$	$\frac{3577}{17280}$	$\frac{751}{17280}$	
8	$\frac{989}{28350}$	$\frac{5888}{28350}$	$\frac{-928}{28350}$	$\frac{10496}{28350}$	$\frac{-4540}{28350}$	$\frac{10496}{28350}$	$\frac{-928}{28350}$	$\frac{5888}{28350}$	$\frac{989}{28350}$

从表 4.1 中可以发现,当 $n \geqslant 8$ 时,Cotes 系数 $C_k^{(n)}$ 出现负值.于是有

$$\sum_{k=0}^{n} |C_k^{(n)}| > \sum_{k=0}^{n} C_k^{(n)} = 1.$$

假设 $C_k^{(n)}[f(x_k)-\tilde{f}_k]>0$, $|f(x_k)-\tilde{f}_k|=\delta$,则

$$\begin{aligned}
|I_n(f)-I_n(\tilde{f})| &= \left|(b-a)\sum_{k=0}^{n} C_k^{(n)}[f(x_k)-\tilde{f}_k]\right| \\
&= (b-a)\sum_{k=0}^{n} C_k^{(n)}[f(x_k)-\tilde{f}_k] \\
&= (b-a)\sum_{k=0}^{n} |C_k^{(n)}||f(x_k)-\tilde{f}_k| \\
&= (b-a)\delta\sum_{k=0}^{n} |C_k^{(n)}| > (b-a)\delta.
\end{aligned}$$

上述结果表明，初始数据误差会引起计算结果误差增大，即计算不稳定，故 $n\geqslant 8$ 时的 Newton-Cotes 公式是不适用的.

4.2.2　Newton-Cotes 公式的代数精度

因为 Newton-Cotes 公式为插值型，所以根据定理 4.1，其代数精度至少为 n. 那么，Newton-Cotes 公式的代数精度有没有可能超过 n 呢？下面通过一个实例说明.

例 4.3　研究 Simpson 公式

$$S=\frac{b-a}{6}\left[f(a)+4f\left(\frac{a+b}{2}\right)+f(b)\right]$$

的代数精度.

解　因为 Simpson 公式为二阶 Newton-Cotes 公式，所以其至少具有二次代数精度. 进一步用 $f(x)=x^3$ 进行检验，按 Simpson 公式计算得

$$S=\frac{b-a}{6}\left[a^3+4\left(\frac{a+b}{2}\right)^3+b^3\right]=\frac{b^4-a^4}{4}.$$

另一方面，直接积分得

$$I=\int_a^b x^3\mathrm{d}x=\frac{b^4-a^4}{4}.$$

显然，$S=I$，即 Simpson 公式对次数不超过三次的多项式均精确成立. 又容易验证 Simpson 公式对 $f(x)=x^4$ 不再精确成立，所以 Simpson 公式实际上具有三次代数精度.

其实，可以证明下述一般结论.

定理 4.3　偶数阶 Newton-Cotes 公式至少具有 $n+1$ 次代数精度.

证　令 $f(x)=x^{n+1}$，则 $f^{(n+1)}(x)=(n+1)!$. 根据余项公式(4.1.6)，

$$R[f]=\int_a^b\prod_{k=0}^{n}(x-x_k)\mathrm{d}x.$$

令 $x=a+th$，并注意到 $x_i=a+ih$，有

$$R[f]=h^{n+1}\int_0^n\prod_{i=0}^{n}(t-i)\mathrm{d}t.$$

若 n 为偶数，则$\frac{n}{2}$为整数，再令 $t=u+\frac{n}{2}$，进一步有

$$R[f]=h^{n+1}\int_{-\frac{n}{2}}^{\frac{n}{2}}\prod_{i=0}^{n}\left(u+\frac{n}{2}-i\right)\mathrm{d}u.$$

因为被积函数

$$H(u)=\prod_{i=0}^{n}\left(u+\frac{n}{2}-i\right)=\prod_{i=-n/2}^{n/2}(u-i)$$

为奇函数，所以 $R[f]=0$，从而偶数阶 Newton-Cotes 公式至少具有 $n+1$ 次代数精度.

4.2.3 Newton-Cotes 公式的余项

下面根据(4.1.7)式和(4.1.8)式计算常用 Newton-Cotes 公式的余项.

梯形公式的代数精度为 1,代入(4.1.8)式得

$$K=\frac{1}{2!}\left[\frac{1}{3}(b^3-a^3)-\frac{b-a}{2}(a^2+b^2)\right]=-\frac{1}{12}(b-a)^3,$$

从而梯形公式的余项

$$R[f]=-\frac{(b-a)^3}{12}f''(\eta)\quad(\eta\in(a,b)).\tag{4.2.7}$$

Simpson 公式的代数精度为 3,代入(4.1.8)式得

$$K=\frac{1}{4!}\left[\frac{1}{5}(b^5-a^5)-\frac{b-a}{6}\left(a^4+4\left(\frac{a+b}{2}\right)^4+b^4\right)\right]=-\frac{1}{2880}(b-a)^5,$$

从而 Simpson 公式的余项

$$R[f]=-\frac{b-a}{180}\left(\frac{b-a}{2}\right)^4 f^{(4)}(\eta)\quad(\eta\in(a,b)).\tag{4.2.8}$$

同理,Simpson 3/8 公式的余项

$$R[f]=-\frac{3(b-a)}{80}\left(\frac{b-a}{3}\right)^4 f^{(4)}(\eta)\quad(\eta\in(a,b)).\tag{4.2.9}$$

Cotes 公式的余项

$$R[f]=-\frac{2(b-a)}{945}\left(\frac{b-a}{4}\right)^6 f^{(6)}(\eta)\quad(\eta\in(a,b)).\tag{4.2.10}$$

例 4.4 分别用梯形公式、Simpson 公式、Cotes 公式计算积分

$$\int_{0.5}^{1}\sqrt{x}\,\mathrm{d}x,$$

并估计 Simpson 公式的截断误差(取 5 位有效数字).

解(1) 根据梯形公式,有

$$\int_{0.5}^{1}\sqrt{x}\,\mathrm{d}x\approx\frac{0.5}{2}(\sqrt{0.5}+\sqrt{1})=0.42678.$$

(2) 根据 Simpson 公式,将[0.5,1]二等分,有

$$\int_{0.5}^{1}\sqrt{x}\,\mathrm{d}x\approx\frac{0.5}{6}(\sqrt{0.5}+4\sqrt{0.75}+\sqrt{1})=0.43093.$$

(3) 根据 Cotes 公式,将[0.5,1]四等分,有

$$\int_{0.5}^{1}\sqrt{x}\,\mathrm{d}x\approx\frac{0.5}{90}(7\sqrt{0.5}+32\sqrt{0.625}+12\sqrt{0.75}+32\sqrt{0.875}+7\sqrt{1})$$
$$=0.43096.$$

(4) $f(x)=\sqrt{x}$, $f^{(4)}(x)=-\frac{15}{16}x^{-\frac{7}{2}}$,当 $x\in[0.5,1]$时,$|f^{(4)}(x)|\leqslant\frac{15}{16}\times 0.5^{-\frac{7}{2}}=10.60660$.

根据(4.2.8)式,Simpson 公式的截断误差为

$$\begin{aligned}|R[f]| &= \left|-\frac{b-a}{180}\left(\frac{b-a}{2}\right)^4 f^{(4)}(\eta)\right| \\ &\leqslant \left|\frac{0.5}{180}\left(\frac{1-0.5}{2}\right)^4 \times 10.60660\right| = 0.00011509.\end{aligned}$$

用 Newton-Leibniz 公式求出的定积分的精确值为 0.43096.可见,Cotes 公式的精度最高,Simpson 公式次之,梯形公式精度较差.

4.3　复化求积公式

显然,Simpson 公式的精度高于梯形公式.但不能一味通过提高阶的方法来提高求积精度,原因是 Newton-Cotes 公式当 $n\geqslant 8$ 时不具有稳定性.与解决高次插值 Runge 现象的方法类似,提高求积精度的一个常用方法是将积分区间分成若干等分小区间,在小区间上用低阶求积公式,然后利用定积分对积分区间的可加性即可求出积分的近似值.这种方法称为复化求积法.本节只介绍常用的复化梯形公式和复化 Simpson 公式.

4.3.1　复化梯形公式

如图 4.3 所示,将积分区间 $[a,b]$ 划分为 n 等份,分点 $x_k = a + kh$, $h = \frac{b-a}{n}(k=0,1,2,\cdots,n)$,在每个小区间 $[x_k, x_{k+1}](k=0,1,2,\cdots,n-1)$ 上采用梯形公式,则得

$$I = \int_a^b f(x)\mathrm{d}x = \sum_{k=0}^{n-1}\int_{x_k}^{x_{k+1}} f(x)\mathrm{d}x = \frac{h}{2}\sum_{k=0}^{n-1}[f(x_k)+f(x_{k+1})] + R[f].$$

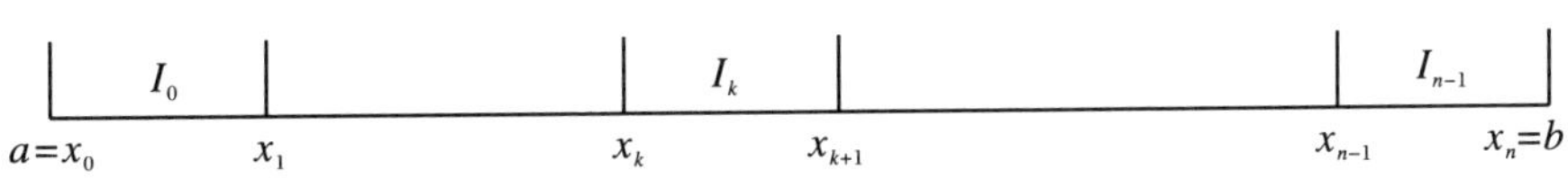

图 4.3　复化梯形公式划分图

记

$$T_n = \frac{h}{2}\sum_{k=0}^{n-1}[f(x_k)+f(x_{k+1})] = \frac{h}{2}\left[f(a)+2\sum_{k=1}^{n-1}f(a+kh)+f(b)\right], \tag{4.3.1}$$

称之为**复化梯形公式**,其余项可由(4.2.7)式得

$$R_n[f]=I-T_n=\sum_{k=0}^{n-1}\left[-\frac{h^3}{12}f''(\eta_k)\right]$$

$$=-\frac{b-a}{12}h^2\cdot\frac{1}{n}\sum_{k=0}^{n-1}f''(\eta_k)\quad(\eta_k\in(x_k,x_{k+1})).$$

由于 $f(x)\in C^2[a,b]$,且

$$\min_{0\leqslant k\leqslant n-1}f''(\eta_k)\leqslant\frac{1}{n}\sum_{k=0}^{n-1}f''(\eta_k)\leqslant\max_{0\leqslant k\leqslant n-1}f''(\eta_k),$$

所以根据闭区间上连续函数的性质,存在 $\eta\in(a,b)$,使得

$$f''(\xi)=\frac{1}{n}\sum_{k=0}^{n-1}f''(\eta_k).$$

因此,复化梯形公式的余项为

$$R_n[f]=-\frac{b-a}{12}h^2f''(\eta).\tag{4.3.2}$$

由(4.1.8)式可知,

$$\lim_{n\to\infty}R_n[f]=0,$$

即复化梯形公式收敛.

另外,T_n 的系数均为正,由定理 4.2 可知复化梯形公式稳定.

4.3.2 复化 Simpson 公式

一般而言,复化梯形公式的精度不是太高.1743 年,辛普森提出的复化 Simpson 公式较复化梯形公式在精度方面有了很大的提高,成为计算积分近似值的重要方法.

如图 4.4 所示,将积分区间$[a,b]$划分为 $2n$ 等份,分点 $x_k=a+kh\left(h=\frac{b-a}{2n};\ k=0,1,2,\cdots,2n\right)$,在每个小区间$[x_{2k},x_{2k+2}]$$(k=0,1,2,\cdots,n-1)$上采用 Simpson 公式,则得

$$I=\int_a^b f(x)\mathrm{d}x=\sum_{k=0}^{n-1}\int_{2x_k}^{2x_{k+2}}f(x)\mathrm{d}x$$

$$=\frac{h}{3}\sum_{k=0}^{n-1}[f(x_{2k})+4f(x_{2k+1})+f(x_{2k+2})]+R_n[f].$$

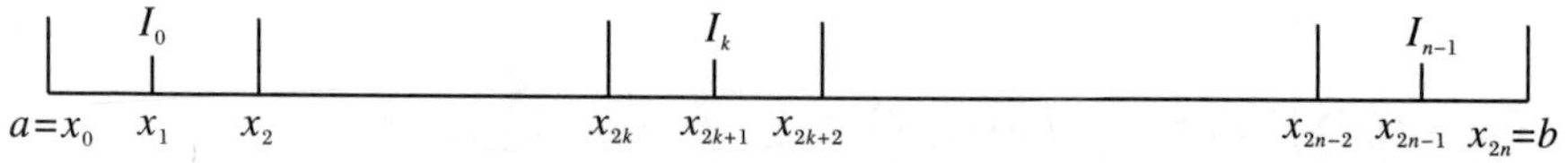

I_0　I_k　I_{n-1}

$a=x_0$　x_1　x_2　x_{2k}　x_{2k+1}　x_{2k+2}　x_{2n-2}　x_{2n-1}　$x_{2n}=b$

图 4.4　复化 Simpson 公式划分图

记

$$S_n = \frac{h}{3}\sum_{k=0}^{n-1}[f(x_{2k}) + 4f(x_{2k+1}) + f(x_{2k+2})]$$
$$= \frac{h}{3}\left[f(a) + 4\sum_{k=0}^{n-1}f(a+(2k+1)h) + 2\sum_{k=1}^{n-1}f(a+2kh) + f(b)\right], \tag{4.3.3}$$

称之为**复化 Simpson 公式**,其余项可由(4.2.8)式得

$$R_n[f] = I - S_n = \sum_{k=0}^{n-1}\left[-\frac{2h}{180}h^4 f^{(4)}(\eta_k)\right]$$
$$= -\frac{h^5}{90}\sum_{k=0}^{n-1}f^{(4)}(\eta_k) \quad (\eta_k \in (x_{2k}, x_{2k+2})).$$

因此当 $f(x) \in C^2[a,b]$时,类似地,有

$$R_n[f] = -\frac{b-a}{180}h^4 f^{(4)}(\eta) \quad (\eta \in (a,b)). \tag{4.3.4}$$

显然,复化 Simpson 公式不仅收敛,而且稳定.

例 4.5　根据 $n=8$ 时函数 $f(x)=\dfrac{\sin x}{x}$的数据表,分别用复化梯形公式和复化 Simpson 公式计算积分

$$I = \int_0^1 \frac{\sin x}{x}\mathrm{d}x,$$

并估计误差.

解　$f(x)=\dfrac{\sin x}{x}$称为 Sinc 函数,图形如图 4.5 所示,数据见表 4.2. 由于$f(x)$在 $x=0$ 处的极限为 1,即 $x=0$ 为 $f(x)$的可去间断点,所以此积分不是瑕积分.

表 4.2　函数数据表

x_k	0	1/8	1/4	3/8	1/2	5/8	3/4	7/8	1
$f(x_k)$	1	0.9974	0.9896	0.9767	0.9589	0.9362	0.9089	0.8772	0.8415

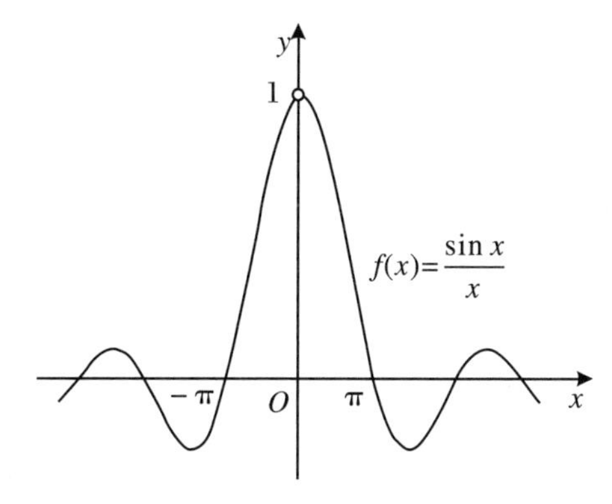

图 4.5　Sinc 函数图形

由复化梯形公式，

$$T_8 = \frac{h}{2}\left[f(a) + 2\sum_{k=1}^{n-1} f(a + kh) + f(b)\right]$$

$$= \frac{1}{2} \cdot \frac{1}{8}\left[f(0) + 2\sum_{k=1}^{7} f\left(\frac{k}{8}\right) + f(1)\right] \approx 0.9456909.$$

由复化 Simpson 公式，

$$S_4 = \frac{h}{3}\left[f(a) + 4\sum_{k=0}^{n-1} f(a + (2k+1)h) + 2\sum_{k=1}^{n-1} f(a + 2kh) + f(b)\right]$$

$$= \frac{1}{3} \cdot \frac{1}{2\times 4}\left[f(0) + 4\sum_{k=0}^{3} f\left(\frac{2k+1}{8}\right) + 2\sum_{k=1}^{3} f\left(\frac{2k}{8}\right) + f(1)\right] \approx 0.9460832.$$

积分的精确值为 $I = 0.9460831$. 可见，复化梯形公式有两位有效数字，而复化 Simpson 公式却有 6 位有效数字.

为了利用余项公式估计误差，需要计算 $f(x) = \dfrac{\sin x}{x}$ 的高阶导数. 由于

$$f(x) = \frac{\sin x}{x} = \int_0^1 \cos(xt)\,\mathrm{d}t,$$

所以有

$$f^{(k)}(x) = \int_0^1 \frac{\mathrm{d}^k}{\mathrm{d}x^k}\cos(xt)\,\mathrm{d}t = \int_0^1 t^k \cos\left(xt + \frac{k\pi}{2}\right)\mathrm{d}t,$$

于是

$$\max_{0\leqslant x\leqslant 1} |f^{(k)}(x)| \leqslant \int_0^1 t^k \left|\cos\left(xt + \frac{k\pi}{2}\right)\right| \mathrm{d}t \leqslant \int_0^1 t^k \mathrm{d}t = \frac{1}{k+1}.$$

由(4.3.2)式得复化梯形公式的误差

$$|R_8[f]| \leqslant \frac{h^2}{12}\max_{0\leqslant x\leqslant 1}|f''(x)| \leqslant \frac{1}{12}\left(\frac{1}{8}\right)^2 \frac{1}{3} = 0.000434.$$

由(4.3.4)式得复化 Simpson 公式的误差

$$|R_4[f]| \leqslant \frac{1}{180}\left(\frac{1}{8}\right)^4 \frac{1}{5} = 0.271 \times 10^{-6}.$$

例 4.6 计算积分 $I = \int_0^1 \mathrm{e}^x \mathrm{d}x$，若用复化梯形公式，问区间[0,1]应分多少等份才能使误差不超过 $\frac{1}{2}\times 10^{-5}$；若改用复化 Simpson 公式，要达到同样的精度，区间[0,1]应分多少等份?

解 $f^{(k)}(x) = \mathrm{e}^x$，$b - a = 1$.

若用复化梯形公式计算，根据(4.3.2)式，得误差上界为

$$|R_n[f]| = \left|-\frac{b-a}{12}h^2 f''(\eta)\right| \leqslant \frac{1}{12}\left(\frac{1}{n}\right)^2 \mathrm{e} \leqslant \frac{1}{2}\times 10^{-5},$$

由此得 $n^2 \geqslant \frac{\mathrm{e}}{6}\times 10^5$，$n \geqslant 12.85$，可取 $n = 213$，即将区间[0,1]至少分为 213 等

份，才能使误差不超过$\frac{1}{2}\times 10^{-5}$.

若改用复化 Simpson 公式计算，根据(4.3.4)式，得误差上界为

$$|R_n[f]| = \left|-\frac{b-a}{180}h^4 f^{(4)}(\eta)\right| \leqslant \frac{1}{180}\left(\frac{1}{2n}\right)^4 \mathrm{e} \leqslant \frac{1}{2}\times 10^{-5},$$

由此得 $n^4 \geqslant \frac{\mathrm{e}}{144}\times 10^4$，$n \geqslant 3.707$，可取 $n=4$，即只要将区间$[0,1]$分为 8 等份，即可使误差不超过$\frac{1}{2}\times 10^{-5}$.

对于同样的问题和精度要求，复化梯形公式要计算 214 个函数值，而复化 Simpson 公式只需计算 9 个函数值，计算量相差近 24 倍.

4.4 Romberg 求积法

复化求积公式精度较高，但需事先确定步长，缺乏灵活性.本节首先介绍 Richardson① 外推算法，然后介绍 Romberg 求积法.

4.4.1 Richardson 外推算法

在用序列 $F_1, F_2, \cdots$ 逼近 F^* 时，若能根据$\{F_k\}$产生出新序列$\{\hat{F}_k\}$，而$\{\hat{F}_k\}$比$\{F_k\}$更快地收敛于F^*，这就是加速收敛方法.

例如，在用序列 $f(h), f\left(\frac{h}{2}\right), \cdots, f\left(\frac{h}{2^k}\right), \cdots$逼近 $f(0)$时，根据 Taylor 展式，

$$f(h) = f(0) + hf'(0) + \frac{h^2}{2!}f''(0) + \cdots,$$

$$f\left(\frac{h}{2}\right) = f(0) + \frac{h}{2}f'(0) + \frac{1}{2!}\left(\frac{h}{2}\right)^2 f''(0) + \cdots.$$

显然，上述两式的误差为 $O(h)$.

为了消除 h 的一次项，用 2 乘第 2 式后减去第 1 式，得

$$f_1(h) = 2f\left(\frac{h}{2}\right) - f(h) = f(0) - \frac{h^2}{4}f''(0) + \cdots,$$

$f_1(h)$的误差为$O(h^2)$，即新序列 $f_1(h), f_1\left(\frac{h}{2}\right), \cdots, f_1\left(\frac{h}{2^k}\right)$的收敛速度与原序

---

① 理查逊(Lewis Fry Richardson，1881～1953)是英国数学家、物理学家、气象学家、心理学家，他是在天气预报中运用数学方法的先驱.

列相比提高了一阶.

类似地,根据 Taylor 展式,还可以构造

$$f_2(h)=\frac{4f_1\left(\frac{h}{2}\right)-f_1(h)}{3}=\frac{8f\left(\frac{h}{4}\right)-6f\left(\frac{h}{2}\right)+f(h)}{3},$$

$f_2(h)$的误差为$O(h^3)$.

一般地,可以根据序列 $T(h)$按照下列方式构造新序列$T_{m+1}(h)$:

$$\begin{cases}T_1(h)=T(h),\\ T_{m+1}(h)=\dfrac{4^mT_m\left(\frac{h}{2}\right)-T_m(h)}{4^m-1}\quad(m=1,2,\cdots),\end{cases}\tag{4.4.1}$$

$T_{m+1}(h)$的收敛速度较$T_m(h)$提高一阶.

上述这种加速收敛算法称为 **Richardson 外推算法**.

4.4.2 Romberg 求积法

1955 年,Romberg 将 Richardson 外推算法应用于复化求积公式,得到了 Romberg 求积法,使得等距节点求积公式的精度进一步提高.下面以复化梯形公式为例介绍 Romberg 求积法.

记

$$T(h)=\frac{h}{2}\left[f(a)+2\sum_{k=1}^{n-1}f(a+kh)+f(b)\right],$$

将步长 h 逐次减半,得序列 $T(h),T\left(\frac{h}{2}\right),T\left(\frac{h}{2^2}\right),\cdots$,根据(4.4.1)式可得新序列 $T_{m+1}(h)$:

$$\begin{cases}T_1(h)=T(h),\\ T_{m+1}(h)=\dfrac{4^mT_m\left(\frac{h}{2}\right)-T_m(h)}{4^m-1}\quad(m=1,2,\cdots),\end{cases}\tag{4.4.2}$$

则称用$\{T_{m+1}(h)\}$逼近积分的算法为 **Romberg 求积法**.

不难验证:

$m=1$ 时,$T_2(h)=\frac{4}{3}T\left(\frac{h}{2}\right)-\frac{1}{3}T(h)$即为复化 Simpson 公式;

$m=2$ 时,$T_3(h)=\frac{16}{15}T_2\left(\frac{h}{2}\right)-\frac{1}{15}T_2(h)$即为复化 Cotes 公式.

例 4.7　用 Romberg 算法计算 $\int_0^1\frac{\sin x}{x}\mathrm{d}x$.

解　本题的计算过程较为复杂,可借助计算机编程计算.下面给出 Maple 的计算程序及结果,有兴趣者可以一试.

Maple 计算程序：

```
restart:  #Romberg
Digits:=50:
f:=x->sin(x)/x:
I0:=evalf(int(f(x),x=0..1)):
T1:=n->(b-a)/2/n*(2*sum(f(a+i*(b-a)/n),i=1..n-1)+1+f(b)):
T2:=n->4/3*T1(2*n)-T1(n)/3:
T3:=n->16/15*T2(2*n)-T2(n)/15:
T4:=n->64/63*T3(2*n)-T3(n)/63:
T5:=n->256/255*T4(2*n)-T4(n)/255:
T6:=n->1024/1023*T5(2*n)-T5(n)/1023:
a:=0: b:=1: n:=8: h:=(b-a)/n:
I1:=evalf(T1(n));  e1:=I1-I0;
I2:=evalf(T2(n));  e2:=I2-I0;
I3:=evalf(T3(n));  e3:=I3-I0;
I4:=evalf(T4(n));  e4:=I4-I0;
I5:=evalf(T5(n));  e5:=I5-I0;
I6:=evalf(T6(n));  e6:=I6-I0;
```

计算结果：

复化梯形公式积分值 $I_1=0.9456908636$，误差 $e_1=0.392\times10^{-3}$；

第 1 次加速积分值 $I_2=0.9460830854$，误差 $e_2=0.150\times10^{-7}$；

第 2 次加速积分值 $I_3=0.9460830703$，误差 $e_3=0.247\times10^{-12}$；

第 3 次加速积分值 $I_4=0.9460830704$，误差 $e_4=0.116\times10^{-17}$；

第 4 次加速积分值 $I_5=0.9460830704$，误差 $e_5=0.146\times10^{-23}$；

第 5 次加速积分值 $I_6=0.9460830704$，误差 $e_6=0.475\times10^{-30}$.

上述计算结果显示，Romberg 算法的加速效果惊人.

4.5　自适应积分法

复化求积公式通常适用于被积函数变化不大的积分.当被积函数在求积区间中变化很大时，有的部分函数值变化剧烈，为了达到误差要求需要将区间细分；另一部分变化平缓，只需较大步长即可满足误差要求，这时如果用等步长的复化求积公式计算积分，则会使得工作量不必要地加大.为此，可以针对被积函数在积分区间上不同的变化情况采用不同的步长，使得在满足精度的前提下计算量尽可能地小,这种方法称为自适应积分方法. 例如,$f(x) = 1 + \sin(e^{3x})$,其在区间$[-1,1]$不同部分的变化情况及对应的区间划分示意图如图 4.6 所示. 下面仅以常用的复化 Simpson 公式为例说明自适应积分方法的基本思想.

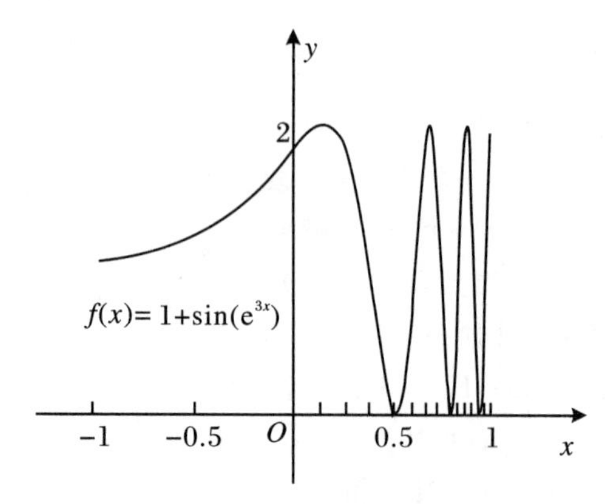

图 4.6　区间划分示意图

设给定精度要求 $\varepsilon>0$,计算积分

$$I(f) = \int_a^b f(x)\mathrm{d}x$$

的近似值. 先取步长 $h = b - a$,应用 Simpson 公式有

$$I(f) = \int_a^b f(x)dx = S[a,b] - \frac{b-a}{180}\left(\frac{h}{2}\right)^4 f^{(4)}(\eta) \quad (\eta \in (a,b)), \tag{4.5.1}$$

其中

$$S[a,b] = \frac{b-a}{6}\left[f(a) + 4f\left(\frac{a+b}{2}\right) + f(b)\right].$$

若把区间$[a,b]$二等分,步长 $h_2 = \frac{h}{2} = \frac{b-a}{2}$,在每个小区间上用 Simpson 公式,则有

$$I(f) = S_2[a,b] - \frac{b-a}{180}\left(\frac{h_2}{2}\right)^4 f^{(4)}(\xi) \quad (\xi \in (a,b)), \tag{4.5.2}$$

其中

$$S_2[a,b] = S\left[a,\frac{a+b}{2}\right] + S\left[\frac{a+b}{2},b\right],$$

$$S\left[a,\frac{a+b}{2}\right] = \frac{h_2}{6}\left[f(a) + 4f\left(a + \frac{h}{4}\right) + f\left(a + \frac{h}{2}\right)\right],$$

$$S\left[\frac{a+b}{2},b\right] = \frac{h_2}{6}\left[f\left(a + \frac{h}{2}\right) + 4f\left(a + \frac{3h}{4}\right) + f(b)\right].$$

(4.5.2)式可写为

$$I(f) = S_2[a,b] - \frac{b-a}{180}\left(\frac{h}{4}\right)^4 f^{(4)}(\xi) \quad (\xi \in (a,b)),$$

与(4.5.1)式相比,若 $f^{(4)}(x)$在(a,b)上变化不大,可假定 $f^{(4)}(\eta)\approx f^{(4)}(\xi)$,从而可得

$$\frac{16}{15}[S[a,b]-S_2[a,b]]\approx\frac{b-a}{180}\left(\frac{h}{2}\right)^4 f^{(4)}(\eta).$$

与(4.5.2)式相比,则得

$$|I(f)-S_2[a,b]|\approx\frac{1}{15}|S[a,b]-S_2[a,b]|=\frac{1}{15}|S_1-S_2|,$$

其中 $S_1=S(a,b)$,$S_2=S_2(a,b)$.如果有

$$|S_1-S_2|<15\varepsilon,\tag{4.5.3}$$

则得到

$$|I(f)-S_2[a,b]|<\varepsilon,$$

此时取 $S_2[a,b]$作为$I(f)=\int_a^b f(x)dx$ 的近似,则可达到给定的误差精度 ε.若(4.5.3)式不成立,则应分别对子区间$\left[a,\frac{a+b}{2}\right]$及$\left[\frac{a+b}{2},b\right]$再用 Simpson 公式,此时步长 $h_3=\frac{1}{2}h_2$,得到 $S_3\left[a,\frac{a+b}{2}\right]$及 $S_3\left[\frac{a+b}{2},b\right]$.只要分别考察$\left|I-S_3\left[a,\frac{a+b}{2}\right]\right|<\frac{\varepsilon}{2}$及$\left|I-S_3\left[\frac{a+b}{2},b\right]\right|<\frac{\varepsilon}{2}$是否成立.对满足要求的区间不再细分,对不满足要求的还要继续上述过程,直到满足要求为止.最后还要应用 Romberg 方法求出相应区间的积分近似值.

下面通过一个实例直观地说明自适应积分法的计算过程及方法为何能节省计算量.

例 4.8　对于积分$\int_{0.2}^{1}\frac{1}{x^2}dx$,复化 Simpson 方法的计算结果见表 4.3.

表 4.3　复化 Simpson 方法计算结果

n	h_n	S_n	$\vert S_n-S_{n-1}\vert$
1	0.8	4.948148	0.76111
2	0.4	4.187037	0.162819
3	0.2	4.024218	0.022054
4	0.1	4.002164	0.002010
5	0.05	4.000154	

计算到$|S_n-S_{n-1}|<0.02$ 为止,$I(f)=\int_{0.2}^{1}\frac{1}{x^2}dx$ 的近似值$S_5[0.2,1]=4.000154$.若再利用 Romberg 方法得到

$$RS[0.2,1]=\frac{16S_5-S_4}{15}=4.00002.$$

整个计算是将[0.2,1]做 32 等分,即需要计算 33 个函数值.现在若用自适应积分

法,当 $h_2=0.4$ 时,有 $S_2[0.2,0.6]=3.51851852$, $S_2[0.6,1]=0.66851852$,由于 $S_2[0.2,1]=S_2[0.2,0.6]+S_2[0.6,1]=4.187037$, $|S_1-S_2|=0.761111$ 大于允许误差 0.02,故要对[0.2,0.6]及[0.6,1]两区间再用 $h_3=h_2/2$ 作积分.先计算[0.6,1]上的积分 $S_3[0.6,0.8]=0.41678477$, $S_3[0.8,1]=0.25002572$.

由于

$$S_2[0.6,1]-(S_3[0.6,0.8]+S_3[0.8,1])$$
$$=0.66851852-0.66681049=0.001708$$

小于允许误差 0.01,故子区间[0.6,1]上的积分值为

$$RS[0.6,1]=\frac{16}{15}\times 0.66681049-\frac{1}{15}\times 0.66851852=0.66669662.$$

下面再计算子区间[0.2,0.6]上的积分,其中 $S_2[0.2,0.6]=3.51851852$,而对 $h_3=h_2/2$ 可求得

$$S_3[0.2,0.4]=2.52314815,\quad S_3[0.4,0.6]=0.83425926.$$

由于

$$S_2[0.2,0.6]-(S_3[0.2,0.4]+S_3[0.4,0.6])=0.161111$$

大于允许误差 0.01,因此还要分别计算[0.2,0.4]和[0.4,0.6]上的积分.当 $h_4=h_3/2$ 时可求得

$$S_4[0.4,0.5]=0.50005144,\quad S_4[0.5,0.6]=0.33334864,$$

而

$$S_3[0.4,0.6]-(S_4[0.4,0.5]+S_4[0.5,0.6])=0.000859$$

小于允许误差 0.01,故子区间[0.4,0.6]上的积分值为

$$RS[0.4,0.6]=0.8333428.$$

而对区间[0.2,0.4],其误差 $S_3[0.2,0.4]-S_4[0.2,0.4]$ 不小于 0.005,故还要分别计算[0.2,0.3]及[0.3,0.4]上的积分,其中 $S_4[0.3,0.4]=0.83356954$,当 $h_5=h_4/2$ 时可求得

$$S_5[0.3,0.35]=0.47620166,\quad S_5[0.35,0.4]=0.35714758,$$

且

$$S_4[0.3,0.4]-(S_5[0.3,0.35]+S_5[0.35,0.4])=0.000220$$

小于允许误差 0.01,故子区间[0.3,0.4]上的积分值为

$$RS[0.3,0.4]=0.83333492,$$

最后子空间[0.2,0.3]上的积分可检验出它的误差小于 0.0025,且可得

$$RS[0.2,0.3]=1.666686.$$

将以上各区间的积分近似值相加可得

$$I(f)\approx RS[0.2,0.3]+RS[0.3,0.4]+RS[0.4,0.6]+RS[0.6,1]$$
$$=4.00005957,$$

在上述过程中,一共只需计算 17 个 $f(x)$ 的值.

4.6 Gauss 求积公式

4.6.1 Gauss 型求积公式与 Gauss 点

Gauss① 型求积公式是 1814 年由高斯首先提出的具有最高代数精度的插值型求积公式,它不仅精度高,稳定性好,而且还可以计算某些奇异积分.

因为插值型求积公式

$$\int_a^b f(x)\mathrm{d}x \approx \sum_{k=0}^{n} A_k f(x_k)$$

中含有 $2n+2$ 个待定参数 $x_k, A_k\ (k=0,1,2,\cdots,n)$,当取定 x_k 为等距节点而只计算 $n+1$ 个系数时得到的求积公式的代数精度至少为 n 次,所以自然而然地产生一个问题:如果用适当的方法选取节点 $x_k\ (k=0,1,2,\cdots,n)$,能否使得求积公式具有 $2n+1$ 次代数精度? 下面首先通过一个例子研究此问题.

例 4.9　对于求积公式

$$\int_{-1}^{1} f(x)\mathrm{d}x \approx A_0 f(x_0) + A_1 f(x_1), \tag{4.6.1}$$

试确定节点 x_0, x_1 和系数 A_0, A_1,使其具有尽可能高的代数精度.

解　令求积公式(4.6.1)对于 $f(x)=1, x, x^2, x^3$ 精确成立,则

$$\begin{cases} A_0 + A_1 = 2, \\ A_0 x_0 + A_1 x_1 = 0, \\ A_0 x_0^2 + A_1 x_1^2 = \dfrac{2}{3}, \\ A_0 x_0^3 + A_1 x_1^3 = 0. \end{cases} \tag{4.6.2}$$

用(4.6.2)式中的第 4 式减去第 2 式乘 x_0^2 得

$$A_1 x_1 (x_1^2 - x_0^2) = 0,$$

由此得 $x_1 = \pm x_0$.

用 x_0 乘(4.6.2)式中的第 1 式减第 2 式有

$$A_1(x_0 - x_1) = 2x_0,$$

用(4.6.2)式中的第 3 式减去 x_0 乘(4.6.2)式中的第 2 式有

$$A_1 x_1 (x_1 - x_0) = \frac{2}{3}.$$

---

① 高斯(Carl Friedrich Gauss,1777～1855)是德国数学家、天文学家,他在许多领域都做出了杰出的贡献,他为现代数论、微分几何(曲面论)、误差理论等许多数学分支奠定了基础.

用前一式代入则得

$$x_0 x_1 = -\frac{1}{3},$$

由此得出 x_0 与 x_1 异号，即 $x_1 = -x_0$，从而有

$$A_1 = 1, \quad x_1^2 = \frac{1}{3}.$$

于是可取 $x_0 = -\frac{1}{\sqrt{3}}$，$x_1 = \frac{1}{\sqrt{3}}$，再由(4.6.2)式的第1式则得 $A_0 = A_1 = 1$，从而

$$\int_{-1}^{1} f(x)\mathrm{d}x \approx f\left(-\frac{1}{\sqrt{3}}\right) + f\left(\frac{1}{\sqrt{3}}\right). \tag{4.6.3}$$

当 $f(x) = x^4$ 时，(4.6.3)式两端分别为$\frac{2}{5}$和$\frac{2}{9}$，(4.6.3)式对 $f(x) = x^4$ 不精确成立，故求积公式(4.6.3)的代数精度为3.

一般地，对具有个待定参数 $x_k, A_k\ (k=0,1,2,\cdots,n)$ 的求积公式(4.1.4)，分别取 $f(x)=1, x, \cdots, x^{2n+1}$ 代入求积公式，即得到 $2n+2$ 个方程，解此方程组即可求得 x_k 和 A_k，也就构造出了至少具有 $2n+1$ 次代数精度的求积公式.

另一方面，求积公式(4.1.4)的代数精度不可能大于或等于 $2n+2$. 证明过程如下：

如果取

$$f(x) = (x-x_0)^2(x-x_1)^2\cdots(x-x_n)^2,$$

其中互异节点 $x_i \in [a,b]\ (i=0,1,2,\cdots,n)$，这样 $f(x)$ 为 $2n$ 次多项式，且 $f(x_i)=0\ (i=0,1,2,\cdots,n)$. 这时(4.1.4)式的左端

$$\int_a^b f(x)\mathrm{d}x = \int_a^b (x-x_0)^2(x-x_1)^2\cdots(x-x_n)^2\mathrm{d}x > 0,$$

而(4.1.4)式的右端 $\sum_{k=0}^{n} A_k f(x_k) = 0$，因此求积公式(4.1.4)不精确成立，从而其代数精度不可能为 $2n+2$.

综上，求积公式(4.1.4)的代数精度最高为 $2n+1$.

定义 4.4 若求积公式(4.1.4)的代数精度为 $2n+1$，则称之为 **Gauss 型求积公式**，节点 $x_0, x_1, \cdots, x_n$ 称为 **Gauss 点**.

显然，Gauss 型求积公式即为代数精度最高的插值型求积公式.

4.6.2 Gauss 型求积公式的构造

要构造 Gauss 型求积公式，一个最原始的方法就是：在求积公式(4.1.4)中，分别取 $f(x)=1, x, \cdots, x^{2n+1}$ 代入求积公式，即得到 $2n+2$ 个方程，求解出 $2n+2$ 个参数 $x_0, x_1, \cdots, x_n$ 和 $A_0, A_1, \cdots, A_n$，即得到 Gauss 型求积公式. 但这种方法计算量较大，求解方程组时较复杂.

由于 Gauss 型求积公式也是插值型求积公式，因而 Gauss 点 $x_0, x_1, \cdots, x_n$ 确定后，求积系数 $A_0, A_1, \cdots, A_n$ 就可由(4.1.5)式计算出来，所以建立 Gauss 型求积公式的关键是确定 Gauss 点. 通常，可以通过$[a,b]$上的正交多项式来确定 Gauss 点. 下面给出这种方法的理论依据.

定理 4.4　求积公式(4.1.4)的节点 $a \leqslant x_0 < x_1 < \cdots < x_n \leqslant b$ 是 Gauss 点的充分必要条件是以这些节点为零点的多项式

$$\omega_{n+1}(x) = (x - x_0)(x - x_1)\cdots(x - x_n)$$

与任何次数不超过 n 的多项式 $p(x)$ 均正交，即

$$\int_a^b p(x)\omega_{n+1}(x)\mathrm{d}x = 0. \tag{4.6.4}$$

证　先证必要性. 设 $p(x)$ 为次数不超过 n 的多项式，则 $p(x)\omega_{n+1}(x)$ 不超过 $2n+1$ 次. 因此，如果 $x_0, x_1, \cdots, x_n$ 是 Gauss 点，则求积公式(4.1.4)对 $f(x) = p(x)\omega_{n+1}(x)$ 精确成立，即有

$$\int_a^b p(x)\omega_{n+1}(x)\mathrm{d}x = \sum_{k=0}^{n} A_k p(x_k)\omega_{n+1}(x_k).$$

因为 $\omega_{n+1}(x_k) = 0$，所以式(4.6.4)式成立.

再证充分性. 对次数不超过 $2n+1$ 的多项式 $f(x)$，用 $\omega_{n+1}(x)$ 除 $f(x)$，商为 $p(x)$，余式为 $Q(x)$，则 $p(x)$，$Q(x)$ 次数均不超过 n，且 $f(x) = p(x)\omega_{n+1}(x) + Q(x)$.

由(4.6.4)式，

$$\int_a^b f(x)\mathrm{d}x = \int_a^b p(x)\omega_{n+1}(x)\mathrm{d}x + \int_a^b Q(x)\mathrm{d}x = \int_a^b Q(x)\mathrm{d}x.$$

因为求积公式(4.1.4)为插值型，其代数精度至少为 n 次，对 $Q(x)$ 精确成立，所以

$$\int_a^b Q(x)\mathrm{d}x = \sum_{k=0}^{n} A_k Q(x_k).$$

又 $f(x_k) = p(x_k)\omega_{n+1}(x_k) + Q(x_k) = Q(x_k)$，从而

$$\int_a^b f(x)\mathrm{d}x = \sum_{k=0}^{n} A_k f(x_k).$$

可见，求积公式(4.1.4)对任意次数不超过 $2n+1$ 的多项式 $f(x)$ 均精确成立，即求积公式(4.1.4)是 Gauss 型求积公式，$x_0, x_1, \cdots, x_n$ 是 Gauss 点.

推论　$[a,b]$上 $n+1$ 次正交多项式的零点 x_k $(k=0,1,\cdots,n)$ 即为 Gauss 点.

证　因为正交多项式与比它次数低的任意多项式都正交，且$[a,b]$上 $n+1$ 次正交多项式恰好有 $n+1$ 个不同的实零点，故得证.

4.6.3　Gauss 型求积公式的收敛性与稳定性

首先不加证明地给出 Gauss 型求积公式的收敛性定理.

定理 4.5 若 $f(x)\in C[a,b]$,则 Gauss 型求积公式(4.1.4)是收敛的,即

$$\lim_{n\to\infty}\sum_{k=0}^{n}A_kf(x_k)=\int_a^b f(x)\mathrm{d}x.$$

再讨论 Gauss 型求积公式的稳定性.

定理 4.6 Gauss 型求积公式(4.1.4)的求积系数 $A_k(k=0,1,2,\cdots,n)$均为正.

证 考察

$$l_k(x)=\prod_{n}\frac{x-x_i}{x_k-x_i},$$

它是 n 次多项式,因而 $l_k^2(x)$为 $2n$ 次多项式,故 Gauss 型求积公式(4.1.4)准确成立,即有

$$0<\int_a^b l_k^2(x)\mathrm{d}x=\sum_{i=0}^{n}A_il_k^2(x_i).$$

注意到 $l_k(x_i)=\begin{cases}1(k=i),\\0(k\neq i),\end{cases}$上式右端实际上即等于 A_k,从而

$$A_k=\int_a^b l_k^2(x)\mathrm{d}x>0.$$

由本定理及定理 4.2 可得以下推论:

推论 Gauss 型求积公式(4.1.4)是数值稳定的.

4.6.4 Gauss-Legendre 求积公式

因为 Legendre 多项式 $\mathrm{P}_{n+1}(x)$是区间$[-1,1]$上的正交多项式,所以根据定理 4.4 的推论,取 $\mathrm{P}_{n+1}(x)$的零点 $x_k(k=0,1,\cdots,n)$作为 Gauss 点,即可得下列 Gauss 型求积公式

$$\int_{-1}^{1}f(x)\mathrm{d}x\approx\sum_{k=0}^{n}A_kf(x_k),\tag{4.6.5}$$

称之为 **Gauss-Legendre 求积公式**.

下面计算 Gauss-Legendre 求积公式中的系数 A_k.

因为 $x_k(k=0,1,\cdots,n)$为 $\mathrm{P}_{n+1}(x)$的零点,所以有

$$\mathrm{P}_{n+1}(x)=C\prod_{i=0}^{n}(x-x_i),\quad \mathrm{P}'_{n+1}(x_k)=C\prod_{n}(x_k-x_i),$$

其中 C 为常数.从而,

$$l_k(x)=\prod_{n}\frac{x-x_i}{x_k-x_i}=\frac{\mathrm{P}_{n+1}(x)}{(x-x_k)\mathrm{P}'_{n+1}(x_k)}.$$

由根据计算插值型求积公式系数的公式(4.1.5)

$$A_k=\int_{-1}^{1}l_k(x)\mathrm{d}x=\int_{-1}^{1}\frac{\mathrm{P}_{n+1}(x)}{(x-x_k)\mathrm{P}'_{n+1}(x_k)}\mathrm{d}x.$$

令

$$S_k = \int_{-1}^{1} \frac{P_{n+1}(x)P'_{n+1}(x)}{x - x_k}dx = \int_{-1}^{1} l_k(x)P'_{n+1}(x_k)P'_{n+1}(x)dx,$$

因为上述积分的被积函数为 $2n$ 多项式，所以根据 Gauss 型求积公式，有

$$S_k = P'_{n+1}(x_k)\sum_{i=0}^{n} A_i l_k(x_i)P'_{n+1}(x_i).$$

又

$$l_k(x_i) = \begin{cases} 1 & (k = i), \\ 0 & (k \neq i), \end{cases}$$

得

$$S_k = P'_{n+1}(x_k)A_k P'_{n+1}(x_k) = A_k\left[P'_{n+1}(x_k)\right]^2. \tag{4.6.6}$$

另一方面，根据分部积分，

$$S_k = \int_{-1}^{1} \frac{P_{n+1}(x)}{x - x_k}dP_{n+1}(x) = \left.\frac{P^2_{n+1}(x)}{x - x_k}\right|_{-1}^{1} - \int_{-1}^{1} P_{n+1}(x)d\left[\frac{P_{n+1}(x)}{x - x_k}\right]$$

$$= \frac{P^2_{n+1}(1)}{1 - x_k} - \frac{P^2_{n+1}(-1)}{-1 - x_k} - \int_{-1}^{1} P_{n+1}(x)\left[\frac{P_{n+1}(x)}{x - x_k}\right]'dx.$$

将 $P^2_{n+1}(-1) = P^2_{n+1}(1) = 1$ 代入，并利用 Gauss 型求积公式，得

$$S_k = \frac{1}{1 - x_k} + \frac{1}{1 + x_k} - \sum_{i=0}^{n} A_i P_{n+1}(x_i)\left.\left[\frac{P_{n+1}(x)}{x - x_k}\right]'\right|_{x = x_i} = \frac{2}{1 - x_k^2}. \tag{4.6.7}$$

综合(4.6.6)式和(4.6.7)式即可得 Gauss-Legendre 求积公式的系数

$$A_k = \frac{2}{(1 - x_k^2)\left[P'_{n+1}(x_k)\right]^2}. \tag{4.6.8}$$

在实际中，可首先求出 Legendre 多项式 $P_{n+1}(x)$的零点，然后代入(4.6.8)式计算出系数 A_k，便可得出各阶 Gauss-Legendre 求积公式. 下面给出 Maple 计算程序及计算结果.

```
restart:
with(orthopoly):
L:=[]:
A:=[]:
for i from 2 to 5 do
    L:=[op(L),[solve(P(i,x))]]:
    temp:=diff(P(i,x),x):
    L1:=[]:
    for j from 1 to nops(L[i-1]) do
        P1:=subs(x=L[i-1][j],temp);
        L1:=[op(L1),rationalize(2/(1-L[i-1][j]^2)/P1^2)]:
```

```
    od:
        A: =[op(A),L1];
    od:
    L; A;
```

两点($n=1$)Gauss-Legendre 求积公式：

$$\int_{-1}^{1} f(x)\mathrm{d}x \approx f\left(-\frac{\sqrt{3}}{3}\right)+f\left(\frac{\sqrt{3}}{3}\right).$$

三点($n=2$)Gauss-Legendre 求积公式：

$$\int_{-1}^{1} f(x)\mathrm{d}x \approx \frac{5}{9}f\left(-\frac{\sqrt{15}}{5}\right)+\frac{8}{9}f(0)+\frac{5}{9}f\left(\frac{\sqrt{15}}{5}\right).$$

四点($n=3$)Gauss-Legendre 求积公式：

$$\begin{aligned}\int_{-1}^{1} f(x)\mathrm{d}x \approx & \left(\frac{1}{2}-\frac{\sqrt{30}}{36}\right)f\left[-\frac{\sqrt{525+70\sqrt{30}}}{35}\right] \\ & +\left(\frac{1}{2}+\frac{\sqrt{30}}{36}\right)f\left[-\frac{\sqrt{525-70\sqrt{30}}}{35}\right] \\ & +\left(\frac{1}{2}+\frac{\sqrt{30}}{36}\right)f\left[\frac{\sqrt{525-70\sqrt{30}}}{35}\right] \\ & +\left(\frac{1}{2}-\frac{\sqrt{30}}{36}\right)f\left[\frac{\sqrt{525+70\sqrt{30}}}{35}\right].\end{aligned}$$

上述三个 Gauss-Legendre 求积公式的余项分别为

$$\frac{1}{135}f^{(4)}(\eta),\quad \frac{1}{15750}f^{(6)}(\eta),\quad \frac{1}{34872875}f^{(8)}(\eta).$$

例 4.10 用 Gauss-Legendre 求积公式计算 $\int_{-1}^{1} \mathrm{e}^{-\frac{x^2}{2}}\mathrm{d}x$.

解 两点 Gauss-Legendre 公式：

$$I \approx \mathrm{e}^{-\frac{1}{2}\left(-\frac{\sqrt{3}}{3}\right)^2}+\mathrm{e}^{-\frac{1}{2}\left(\frac{\sqrt{3}}{3}\right)^2}=1.69296345.$$

三点 Gauss-Legendre 公式：

$$I \approx \frac{5}{9}\left[\mathrm{e}^{-\frac{1}{2}\left(-\frac{\sqrt{15}}{5}\right)^2}+\mathrm{e}^{-\frac{1}{2}\left(\frac{\sqrt{15}}{5}\right)^2}\right]+\frac{8}{9}\mathrm{e}^{-\frac{1}{2}\cdot 0^2}=1.71202025.$$

四点 Gauss-Legendre 公式：

$$\begin{aligned}I \approx & \left(\frac{1}{2}-\frac{\sqrt{30}}{36}\right)\left[\mathrm{e}^{-\frac{1}{2}\left(-\frac{\sqrt{525+70\sqrt{30}}}{35}\right)^2}+\mathrm{e}^{-\frac{1}{2}\left(\frac{\sqrt{525+70\sqrt{30}}}{35}\right)^2}\right] \\ & +\left(\frac{1}{2}+\frac{\sqrt{30}}{36}\right)\left[\mathrm{e}^{-\frac{1}{2}\cdot\left(-\frac{\sqrt{525-70\sqrt{30}}}{35}\right)^2}+\mathrm{e}^{-\frac{1}{2}\cdot\left(\frac{\sqrt{525-70\sqrt{30}}}{35}\right)^2}\right]=1.71122450.\end{aligned}$$

若用 Newton-Cotes 公式计算，则有下列结果：

两点梯形公式：

$$I \approx \frac{2}{2}\left[\mathrm{e}^{-\frac{1}{2}\cdot(-1)^2}+\mathrm{e}^{-\frac{1}{2}\cdot 1^2}\right]=1.21306132.$$

三点 Simpson 公式：

$$I \approx \frac{2}{6}\left[e^{-\frac{1}{2}\cdot(-1)^2}+4e^{-\frac{1}{2}\cdot 0^2}+e^{-\frac{1}{2}\cdot 1^2}\right]=1.73768711.$$

四点 Simpson 3/8 公式：

$$I \approx \frac{2}{8}\left[e^{-\frac{1}{2}\cdot(-1)^2}+3e^{-\frac{1}{2}\cdot\left(-\frac{1}{3}\right)^2}+3e^{-\frac{1}{2}\cdot\left(\frac{1}{3}\right)^2}+e^{-\frac{1}{2}\cdot 1^2}\right]=1.72220453.$$

原积分的精确值为 $I=1.71124878$. 上述各结果的相对误差见表 4.4.

表 4.4　各方法相对误差

方法	两点 *G-L*	三点 *G-L*	四点 *G-L*	两点 *N-C*	三点 *N-C*	四点 *N-C*
误差	1.06×10^{-2}	5.23×10^{-4}	5.82×10^{-5}	2.91×10^{-1}	1.55×10^{-2}	6.48×10^{-3}

表 4.4 显示，利用同等数量的函数值，Gauss-Legendre 求积公式的精度远高于 Newton-Cotes 公式.

若积分区间为 $[a,b]$，可先作代换 $x=\frac{b-a}{2}t+\frac{a+b}{2}$，则

$$\int_a^b f(x)\mathrm{d}x=\frac{b-a}{2}\int_{-1}^1 f\left(\frac{b-a}{2}t+\frac{a+b}{2}\right)\mathrm{d}t,$$

然后再利用(4.6.5)式进行计算.

例 4.11　用三点 Gauss-Legendre 求积公式计算 $I=\int_0^1 \frac{\sin x}{x}\mathrm{d}x$.

解　令 $x=\frac{t+1}{2}$，则

$$I=\int_0^1 \frac{\sin x}{x}\mathrm{d}x=\int_{-1}^1 \frac{\sin\frac{t+1}{2}}{t+1}\mathrm{d}t.$$

记 $f(t)=\frac{\sin\frac{t+1}{2}}{t+1}$，则由三点 Gauss-Legendre 求积公式得

$$I \approx \frac{5}{9}f\left(-\frac{\sqrt{15}}{5}\right)+\frac{8}{9}f(0)+\frac{5}{9}f\left(\frac{\sqrt{15}}{5}\right)=0.9460831.$$

积分的精确值为 $I=0.9460831$. 可见，只用了三个函数值，Gauss-Legendre 求积公式便获得了 7 位有效数字，而要达到相同的精度，复化梯形公式却需要 2049 个函数值.

Gauss 型求积公式的突出优点是精度高，但它也有一个较明显的缺点，就是求积节点及系数的计算较复杂，无规律. 在实际中，也可采用复化求积的思想，将 $[a,b]$ 分成若干小区间，在每个小区间上用低阶 Gauss 型公式求积，再将各小区间上的积分求和即得原积分的近似值.

4.7 二重数值积分

本节简要讨论用前面各节介绍的方法计算二重积分.对于矩形区域

$$D=\{(x,y)\,|\,a<x<b,c<y<d\},$$

二重积分$\iint_D f(x,y)\mathrm{d}\sigma$可化为二次积分

$$\iint_D f(x,y)\mathrm{d}\sigma=\int_a^b\left[\int_c^d f(x,y)\mathrm{d}y\right]\mathrm{d}x.$$

若用复化 Simpson 公式,可分别将$[a,b]$,$[c,d]$分为N,M等份,步长$h=\dfrac{b-a}{N}$,$k=\dfrac{d-c}{M}$,先对积分

$$\int_c^d f(x,y)\mathrm{d}y$$

应用复化 Simpson 公式,令$y_i=c+ik$,$y_{i+1/2}=c+\left(i+\dfrac{1}{2}\right)k$,则

$$\int_c^d f(x,y)dy=\frac{k}{6}\left[f(x,y_0)+4\sum_{i=0}^{M-1}f(x,y_{i+1/2})+2\sum_{i=1}^{M-1}f(x,y_i)+f(x,y_M)\right],$$

从而得

$$\begin{aligned}\iint_D f(x,y)\mathrm{d}\sigma=\frac{k}{6}\Big[&\int_a^b f(x,y_0)\mathrm{d}x+4\sum_{i=0}^{M-1}\int_a^b f(x,y_{i+1/2})\mathrm{d}x\\&+2\sum_{i=1}^{M-1}\int_a^b f(x,y_i)\mathrm{d}x+\int_a^b f(x,y_M)\mathrm{d}x\Big].\end{aligned}$$

对上述每个积分再分别用复化 Simpson 公式即可求得积分值.

例 4.12 用复化 Simpson 公式求二重积分$I=\int_{1.4}^{2.0}\int_1^{1.5}\ln(x+2y)\mathrm{d}y\mathrm{d}x$.

解 取$N=2$,$M=1$,即$h=0.3$, $k=0.5$,得

$$\begin{aligned}I&=\int_{1.4}^{2.0}\int_1^{1.5}\ln(x+2y)\mathrm{d}y\mathrm{d}x\\&=\frac{k}{6}\left[\int_{1.4}^2\ln(x+2)\mathrm{d}x+4\int_{1.4}^2\ln(x+2.5)\mathrm{d}x+\int_{1.4}^2\ln(x+3)\mathrm{d}x\right]\\&=\frac{0.5}{6}\times\frac{0.3}{6}[\ln3.4+4(\ln3.55+\ln3.85)+2\ln3.7+\ln4]\\&\quad+\frac{0.5}{6}\times\frac{1.2}{6}[\ln3.9+4(\ln4.05+\ln4.35)+2\ln4.2+\ln4.5]\\&\quad+\frac{0.5}{6}\times\frac{0.3}{6}[\ln4.4+4(\ln4.55+\ln4.85)+2\ln4.7+\ln5]\\&=0.42955244.\end{aligned}$$

此积分的真值为 0.42955453.

为了减少函数值的计算量,也可利用 Gauss 型求积公式计算二重积分.

例 4.13　用三点 Gauss 公式求二重积分 $I = \int_{1.4}^{2.0}\int_{1}^{1.5}\ln(x+2y)\mathrm{d}y\mathrm{d}x$.

解　先将区域 $D = \{(x,y)\mid 1.4<x<2, 1.0<y<1.5\}$ 变换为 $D_1 = \{(u,v)\mid -1<u<1, -1<v<1\}$,其中

$$u = \frac{1}{0.6}(2x-3.4),\quad v = \frac{1}{0.5}(2y-2.5),$$

即

$$x = 0.3u+1.7,\quad y = 0.25v+1.25,$$

从而

$$I = \int_{1.4}^{2.0}\int_{1}^{1.5}\ln(x+2y)\mathrm{d}y\mathrm{d}x = \int_{-1}^{1}\int_{-1}^{1}\ln(0.3u+0.5v+4.2)\mathrm{d}v\mathrm{d}u.$$

对于三点 Gauss 公式,有

$$u_0 = v_0 = -\frac{\sqrt{15}}{5},\quad u_1 = v_1 = 0,$$

$$u_2 = v_2 = \frac{\sqrt{15}}{5},\quad A_0 = A_2 = \frac{5}{9},\quad A_1 = \frac{8}{9},$$

$$\begin{aligned} I &= \int_{-1}^{1}\int_{-1}^{1}\ln(0.3u+0.5v+4.2)\mathrm{d}v\mathrm{d}u \\ &= \sum_{i=0}^{2}\sum_{j=0}^{2}A_iA_j\ln(0.3u_i+0.5v_j+4.2) \\ &= 0.42955453. \end{aligned}$$

例 4.12 用了 15 个函数值,计算结果有 5 位有效数字,而例 4.13 只用了 9 个函数值,计算结果达到了 8 位有效数字.

对于非矩形区域上的二重积分,只要化为二次积分,也可类似矩形区域求得其近似值,比如对二重积分

$$I = \int_{a}^{b}\int_{c(x)}^{d(x)}f(x,y)\mathrm{d}y\mathrm{d}x,$$

用 Simpson 公式可转化为

$$I = \int_{a}^{b}\frac{k(x)}{3}[f(x,c(x))+4f(x,c(x)+k(x))+f(x,d(x))]\mathrm{d}x,$$

其中 $k(x) = \dfrac{d(x)-c(x)}{2}$.然后再对每个积分用 Simpson 公式,即可求得积分的近似值.

4.8 数值微分

4.8.1 中点公式与误差分析

数值微分就是用函数值的线性组合近似函数在某点的导数值. 根据导数定义,可以用差商近似导数,从而可得下列几种数值微分公式

$$\begin{cases} f'(a) \approx \dfrac{f(a+h)-f(a)}{h}, \\ f'(a) \approx \dfrac{f(a)-f(a-h)}{h}, \\ f'(a) \approx \dfrac{f(a+h)-f(a-h)}{2h}, \end{cases} \tag{4.8.1}$$

其中 h 称为**步长**.

第 3 个公式实际上即为前两个公式的算术平均,称为**中点公式**. 前两个公式的误差阶显然为 $O(h)$,下面讨论中点公式的误差阶.

记

$$G(h)=\frac{f(a+h)-f(a-h)}{2h},$$

分别将 $f(a \pm h)$ 在 $x=a$ 处 Taylor 展开

$$f(a \pm h)=f(a) \pm hf'(a)+\frac{h^2}{2!}f''(a)+\frac{h^3}{3!}f'''(a)+\cdots,$$

代入得

$$G(h)=f'(a)+\frac{h^2}{3!}f'''(a)+\frac{h^4}{5!}f^{(5)}(a)+\cdots,$$

$$|f'(a)-G(h)| \leqslant \frac{h^2}{6}M,$$

其中 $M \geqslant \max\limits_{|x-a| \leqslant h}|f'''(x)|$.

再考察舍入误差. 因为当 h 很少时, $f(a+h)$ 与 $f(a-h)$ 很接近,直接相减会造成严重的有效数字损失. 因此,从舍入误差的角度考虑,步长不宜太小. 在实际中,应综合考虑截断误差和数值稳定性这两个因素.

例 4.14 用中点公式求 $f(x)=\sqrt{x}$ 在 $x=2$ 处的一阶导数,并讨论步长对计算精度的影响.

解 中点公式为

$$G(h)=\frac{f(a+h)-f(a-h)}{2h}.$$

精确值 $f'(2)=0.3536$，不同步长 h 对应的近似值见表 4.5.

表 4.5　步长与计算结果

h	$G(h)$	h	$G(h)$	h	$G(h)$
1	0.3660	0.05	0.3530	0.001	0.3500
0.5	0.3564	0.01	0.3500	0.0005	0.3000
0.1	0.3535	0.005	0.3500	0.0001	0.3000

从表 4.5 中可见，$h=0.1$ 时计算结果精度最高.若进一步缩小步长，计算精度反而变差，原因在于步长的缩小而导致舍入误差的增大.

设 $f(a+h)$ 和 $f(a-h)$ 的舍入误差分别为 ε_1 和 ε_2，$\varepsilon=\max\{|\varepsilon_1|,|\varepsilon_2|\}$，则计算 $f'(a)$ 的舍入误差限为

$$\delta(f'(a))=|f'(a)-G(h)|\leqslant\frac{|\varepsilon_1|+|\varepsilon_2|}{2h}\leqslant\frac{\varepsilon}{h}.$$

上式表明，步长 h 越小，舍入误差可能就越大.

显然，用中点公式计算 $f'(a)$ 的误差限为

$$E(h)=\frac{h^2}{6}M+\frac{\varepsilon}{h}.$$

要使 $E(h)$ 最小，步长 h 应满足

$$E'(h)=\frac{h}{3}M-\frac{\varepsilon}{h^2}=0,$$

即最优步长

$$h=\sqrt[3]{\frac{3\varepsilon}{M}}.$$

在本例中，$f'''(x)=\frac{3}{8}x^{-\frac{5}{2}}$，$M=\max\limits_{1.9\leqslant x\leqslant 2.1}\left|\frac{3}{8}x^{-\frac{5}{2}}\right|\leqslant 0.07536$，$\varepsilon=\frac{1}{2}\times10^{-4}$，此时 $h\approx0.125$，与表 4.5 中结果基本吻合.

4.8.2　插值型求导公式

对于列表函数 $y=f(x)$：

x	x_0	x_1	x_2	…	x_n
y	y_0	y_1	y_2	…	y_n

可以用插值多项式 $P_n(x)$ 作为它的近似，然后取 $P'_n(x)$ 作为 $f'(x)$ 的近似值，这样建立的数值公式

$$f'(x) \approx P_n'(x) \tag{4.8.2}$$

称为**插值型求导公式**.

需要指出的是,即便 $P_n(x)$ 与 $f(x)$ 的函数值相近,但导数值 $P'_n(x)$ 与 $f'(x)$ 仍然可能相差很大,所以使用求导公式(4.8.2)时应特别注意误差分析.

根据插值余项定理,求导公式(4.8.2)的余项为

$$f'(x) - P_n'(x) = \frac{f^{(n+1)}(\xi)}{(n+1)!}\omega'_{n+1}(x) + \frac{\omega_{n+1}(x)}{(n+1)!}\frac{\mathrm{d}}{\mathrm{d}x}f^{(n+1)}(\xi),$$

其中 $\omega_{n+1}(x) = \prod_{i=0}^{n}(x - x_i)$.

在余项公式中,由于 ξ 是 x 的未知函数,无法对其第二项进行估算,因此对于任意 x,误差不能预估.但对于某个特定节点 x_k 上的导数值,余项公式中第二项中的 $\omega_{n+1}(x_k) = 0$,此时余项公式

$$f'(x) - P_n'(x) = \frac{f^{(n+1)}(\xi)}{(n+1)!}\omega'_{n+1}(x_k).$$

下面考察等距节点情况下节点处的导数值.

(1) 两点公式

设已给出两个节点 x_0, x_1 上的函数值 $f(x_0), f(x_1)$,做线性插值

$$P_1(x) = \frac{x - x_1}{x_0 - x_1}f(x_0) + \frac{x - x_0}{x_1 - x_0}f(x_1).$$

对上式求导,记 $x_1 - x_0 = h$,得

$$P_1'(x) = \frac{1}{h}[f(x_1) - f(x_0)],$$

从而有下列求导公式:

$$P_1'(x_0) = P_1'(x_1) = \frac{1}{h}[f(x_1) - f(x_0)].$$

利用余项公式,带余项的两点公式为

$$f'(x_0) = \frac{1}{h}[f(x_1) - f(x_0)] - \frac{h}{2}f''(\xi);$$

$$f'(x_1) = \frac{1}{h}[f(x_1) - f(x_0)] + \frac{h}{2}f''(\xi).$$

(2) 三点公式

设已给出三个节点 $x_0, x_1 = x_0 + h, x_2 = x_0 + 2h$ 上的函数值,作二次插值

$$P_2(x) = \frac{(x - x_1)(x - x_2)}{(x_0 - x_1)(x_0 - x_2)}f(x_0) + \frac{(x - x_0)(x - x_2)}{(x_1 - x_0)(x_1 - x_2)}f(x_1) + \frac{(x - x_0)(x - x_1)}{(x_2 - x_0)(x_2 - x_1)}f(x_2).$$

令 $x = x_0 + th$,上式可表示为

$$P_2(x_0 + th) = \frac{1}{2}(t - 1)(t - 2)f(x_0) - \frac{1}{2}t(t - 2)f(x_1) + \frac{1}{2}t(t - 1)f(x_2).$$

两端对 t 求导,得

$$P_2'(x_0+th)=\frac{1}{2h}[(2t-3)f(x_0)-(4t-4)f(x_1)+(2t-1)f(x_2)]. \tag{4.8.3}$$

在上式中分别取 $t=0,1,2$,得到三种三点公式:

$$P_2'(x_0)=\frac{1}{2h}[-3f(x_0)+4f(x_1)-f(x_2)];$$

$$P_2'(x_1)=\frac{1}{2h}[-f(x_0)+f(x_2)];$$

$$P_2'(x_2)=\frac{1}{2h}[f(x_0)-4f(x_1)+3f(x_2)].$$

从而,带余项的三点求导公式如下:

$$\begin{cases} f'(x_0)=\dfrac{1}{2h}[-3f(x_0)+4f(x_1)-f(x_2)]+\dfrac{h^2}{3}f'''(\xi_0); \\ f'(x_1)=\dfrac{1}{2h}[-f(x_0)+f(x_2)]-\dfrac{h^2}{6}f'''(\xi_1); \\ f'(x_2)=\dfrac{1}{2h}[f(x_0)-4f(x_1)+3f(x_2)]+\dfrac{h^2}{3}f'''(\xi_2). \end{cases} \tag{4.8.4}$$

其中第二个公式即为中点公式.

用插值多项式 $P_n(x)$ 作为 $f(x)$ 的近似函数,还可以建立高阶数值微分公式:

$$f^{(k)}(x)\approx P_n^{(k)}(x)\quad (k=1,2,\cdots).$$

比如,将(4.8.3)式再对 t 求导一次,得

$$P_2''(x_0+th)=\frac{1}{h^2}[f(x_0)-2f(x_1)+f(x_2)],$$

于是有

$$P_2''(x_1)=\frac{1}{h^2}[f(x_1-h)-2f(x_1)+f(x_1+h)].$$

从而,可得带余项的二阶三点公式

$$f''(x_1)=\frac{1}{h^2}[f(x_1-h)-2f(x_1)+f(x_1+h)]-\frac{h^2}{12}f^{(4)}(\xi). \tag{4.8.5}$$

4.8.3　数值微分的外推算法

若记中点公式

$$f'(x)\approx G(h)=\frac{1}{2h}[f(x+h)-f(x-h)]$$

中的 $G(h)$ 为 $G_0(h)$,根据 Richardson 外推法,可得数值微分的外推公式

$$G_m(h)=\frac{4^m G_{m-1}\left(\dfrac{h}{2}\right)-G_{m-1}(h)}{4^m-1}\quad (m=1,2,\cdots). \tag{4.8.6}$$

可证,外推公式(4.8.6)的误差为

$$f'(x)-G_m(h)=O(h^{2(m+1)}).$$

由此可见,当 m 较大时,计算结果较精确.但考虑到舍入误差,m 也不宜太大.

例 4.15　用外推法求 $f(x)=x^2\mathrm{e}^{-x}$ 在 $x=0.5$ 处的一阶导数.

解　令

$$G(h)=\frac{1}{2h}\left[\left(\frac{1}{2}+h\right)^2\mathrm{e}^{-\left(\frac{1}{2}+h\right)}-\left(\frac{1}{2}-h\right)^2\mathrm{e}^{-\left(\frac{1}{2}-h\right)}\right],$$

当 $h=0.1,0.05,0.025$ 时,由外推法可计算得

$$G(0.1)=0.4516049081,$$

$$G(0.05)=0.4540761693\rightarrow G_1(h)=0.4548999231,$$

$$G(0.025)=0.4546926288\rightarrow G_1\left(\frac{h}{2}\right)=0.4548981152,$$

$$\downarrow\rightarrow G_2=0.454897994.$$

$f'(0.5)$ 的精确值为 0.454897994,可见当 $h=0.025$ 时,用中点公式只有 3 位有效数字,外推一次达到 5 位有效数字,而外推两次即可达到 9 位有效数字.

复习与思考题

1. 给出计算积分的梯形公式及中矩形公式,说明它们的几何意义.

2. 什么是求积公式的代数精度? 梯形公式及中矩形公式的代数精度是多少?

3. 对给定求积公式的节点,给出两种计算求积系数的方法.

4. 什么是 Newton-Cotes 公式? 它的求积节点如何分布? 它的代数精度是多少?

5. 什么是 Simpson 求积公式? 它的余项是什么? 它的代数精度是多少?

6. 什么是复合求积法? 给出复合梯形公式及其余项表达式.

7. 给出复合 Simpson 公式及其余项表达式,如何估计它的截断误差?

8. 什么是 Romberg 求积法? 它有什么优点?

9. 什么是 Gauss 型求积公式? 它的求积节点是如何确定的? 它的代数精度是多少?

10. Newton-Cotes 求积公式和 Gauss 求积公式的节点分布有什么不同? 对同样数目的节点,两种求积方法哪个更精确? 为什么?

11. 描述自适应求积的一般步骤.怎样得到所需的误差估计?

12. 怎样利用标准的一维求积公式计算矩形域上的二重积分?

13. 对给定函数,给出两种近似求导的方法.若给定函数值有扰动,在你的方法中怎样处理这个问题?

14. 判断下列命题是否正确:

(1) 如果被积函数在区间$[a,b]$上连续,则它的黎曼积分一定存在.

(2) 数值求积公式计算总是稳定的.

(3) 代数精度是衡量算法稳定性的一个重要指标.

(4) $n+1$个点的插值型求积公式的代数精度至少是n次,最多可达$2n+1$次.

(5) Gauss求积公式只能计算区间$[-1,1]$上的积分.

(6) 求积分公式的阶数与所依据的插值多项式的次数一样.

(7) 梯形公式与两点Gauss公式精度一样.

(8) Gauss求积公式系数都是正数,故计算总是稳定的.

(9) 由于Romberg求积节点与Newton-Cotes求积节点相同,因此它们的精度相同.

(10) 阶数不同的Gauss求积公式没有公共节点.

习　题

1. 确定下列求积公式中的待定参数,使其代数精度尽量高,并指明所构造出的求积公式所具有的代数精度:

(1) $\int_{-h}^{h} f(x)\mathrm{d}x \approx A_{-1}f(-h)+A_0f(0)+A_1f(h)$;

(2) $\int_{-2h}^{2h} f(x)\mathrm{d}x \approx A_{-1}f(-h)+A_0f(0)+A_1f(h)$;

(3) $\int_{-1}^{1} f(x)\mathrm{d}x \approx \dfrac{f(-1)+2f(x_1)+3f(x_2)}{3}$;

(4) $\int_{0}^{h} f(x)\mathrm{d}x \approx \dfrac{h[f(0)+f(h)]}{2}+ah^2[f'(0)-f'(h)]$.

2. 分别用梯形公式和Simpson公式计算下列积分:

(1) $\int_0^1 \dfrac{x}{4+x^2}\mathrm{d}x$, $n=8$;

(2) $\int_1^9 \sqrt{x}\mathrm{d}x$, $n=4$;

(3) $\int_0^{\frac{\pi}{6}} \sqrt{4-\sin^2\varphi}\,\mathrm{d}\varphi$, $n=6$.

3. 直接验证Cotes公式具有5次代数精度.

4. 用Simpson公式求积分$\int_0^1 \mathrm{e}^{-x}\mathrm{d}x$,并估计误差.

5. 推导下列三种矩形求积公式:

$$\int_a^b f(x)\mathrm{d}x = (b-a)f(a) + \frac{f'(\eta)}{2}(b-a)^2;$$

$$\int_a^b f(x)\mathrm{d}x = (b-a)f(a) - \frac{f'(\eta)}{2}(b-a)^2;$$

$$\int_a^b f(x)\mathrm{d}x = (b-a)f\left(\frac{a+b}{2}\right) + \frac{f''(\eta)}{24}(b-a)^3.$$

6. 若用复化梯形公式计算积分 $\int_0^1 \mathrm{e}^x \mathrm{d}x$，问区间[0,1]应分多少等份才能使截断误差不超过 $\frac{1}{2}\times 10^{-5}$？若改用复化 Simpson 公式，要达到同样精度，区间[0,1]应分多少等份？

7. 如果 $f''(x)>0$，证明用梯形公式计算积分 $I=\int_a^b f(x)\mathrm{d}x$ 所得结果比准确值 I 大，并说明其几何意义.

8. 用 Romberg 求积法计算下列积分，使误差不超过 10^{-5}：

(1) $\frac{2}{\sqrt{\pi}}\int_0^1 \mathrm{e}^{-x}\mathrm{d}x$；

(2) $\int_0^{2\pi} x\sin x\mathrm{d}x$；

(3) $\int_0^3 x\sqrt{1+x^2}\mathrm{d}x$.

9. 用 Simpson 自适应求积公式计算 $\int_1^{1.5} x^2\ln x\mathrm{d}x$，允许误差 10^{-3}.

10. 试构造 Gauss 型求积公式

$$\int_0^1 \frac{1}{\sqrt{x}}f(x)\mathrm{d}x \approx A_0 f(x_0) + A_1 f(x_1).$$

11. 用 $n=2,3$ 的 Gauss-Legendre 公式计算积分

$$\int_1^3 \mathrm{e}^x \sin x\mathrm{d}x.$$

12. 地球卫星轨道是一个椭圆，椭圆周长的计算公式是

$$S = 4a\int_0^{\frac{\pi}{2}} \sqrt{1-\left(\frac{c}{a}\right)^2 \sin^2\theta}\,\mathrm{d}\theta,$$

其中，a 是椭圆的半长轴，c 是地球中心与轨道中心(椭圆中心)的距离，记 h 为近地点距离，H 为远地点距离，$R=6371$(km)为地球半径，则

$$a = \frac{2R+H+h}{2},\quad c = \frac{H-h}{2}.$$

我国第一颗人造地球卫星近地点距离 $h=439$(km)，远地点距离 $H=2384$(km)，试求卫星轨道的周长.

13. 证明等式

$$\pi\sin\frac{\pi}{n}=\pi-\frac{\pi^3}{3!n^2}+\frac{\pi^5}{5!n^4}-\cdots.$$

试依据 $\pi\sin\frac{\pi}{n}(n=3,6,12)$的值,用外推算法求 π 的近似值.

14. 用下列方法计算积分 $\int_1^3\frac{\mathrm{d}y}{y}$,并比较结果:

(1) Romberg 方法;

(2) 三点及五点 Gauss 公式;

(3) 将积分区间分为四等份,用复化两点 Gauss 公式.

15. 用 Simpson 公式($N=M=2$)计算二重积分 $\int_0^{0.5}\int_0^{0.5}\mathrm{e}^{y-x}\mathrm{d}y\mathrm{d}x$.

16. 确定数值微分公式

$$f'(x_0)\approx\frac{1}{2h}[4f(x_0+h)-3f(x_0)-f(x_0+2h)]$$

的截断误差表达式.

17. 用三点公式求 $f(x)=\frac{1}{(1+x)^2}$在 $x=1.0,1.1$ 和 1.2 处的导数值,并估计误差.$f(x)$的值由下表给出:

x	1.0	1.1	1.2
$f(x)$	0.2500	0.2268	0.2066

第 5 章　常微分方程初值问题的数值解法

5.1 引　　言

5.1.1　常微分方程初值问题

在自然科学和工程实践中，许多问题都可以归结为常微分方程的定解问题，包括初值问题和边值问题. 本章仅考虑初值问题.

引例 5.1　（**充电模型**）设 q 是电容器上的带电量，C 为电容，R 为电阻，ε 为电源的电动势，则描述电容器充电过程的数学模型是

$$\begin{cases} \dfrac{\mathrm{d}q}{\mathrm{d}t} = \varepsilon - \dfrac{q(t)}{RC}, \\ q(t_0) = q_0. \end{cases}$$

引例 5.2　（**物种增长模型**）设 y 是物种数量，α 为物种的出生率与死亡率之差，β 为生物的食物供给及它们所占空间的限制，则描述物种增长率的数学模型是

$$\begin{cases} \dfrac{\mathrm{d}y}{\mathrm{d}t} = \alpha y(t) - \beta y^2(t), \\ y(t_0) = y_0. \end{cases}$$

上述两方程均为常微分方程**初值问题**，其一般形式为

$$\begin{cases} \dfrac{\mathrm{d}y}{\mathrm{d}x} = f(x,y), \\ y(x_0) = y_0. \end{cases} \tag{5.1.1}$$

5.1.2　初值问题的基本概念与理论

在讨论初值问题数值解法之前，先介绍与之相关的基本概念与理论，包括解的存在唯一性和适定性及其判定.

首先介绍常微分方程理论中常用的 Lipschitz 条件.

定义 5.1　若存在实数 $L>0$，使得

$$|f(x,y_1)-f(x,y_2)|\leqslant L|y_1-y_2|,$$

则称 f 关于 y 满足 **Lipschitz 条件**, L 称为 **Lipschitz 常数**.

显然,满足 Lipschitz 条件的函数 f 关于 y 连续,但未必可微. 若 f 关于 y 可微且 $\frac{\partial f}{\partial y}$ 有界时,根据 Lagrange 中值定理, f 关于 y 满足 Lipschitz 条件.

下面给出初值问题解的存在唯一性定理.

定理 5.1　若 $f(x,y)$ 满足:

(1) 关于 x,y 连续;

(2) 关于 y 满足 Lipschitz 条件;

则初值问题(5.1.1)存在唯一的连续可微解.

需要指出的是,定理 5.1 中的条件是充分的. 若满足,初值问题的解一定存在且唯一. 否则,不能断言初值问题的解是否存在唯一.

例如,方程

$$\frac{\mathrm{d}y}{\mathrm{d}x}=\sqrt{1-y^2}$$

的解显然为 $y=\sin(x+C)$.

易证,在 $|y|<1$ 中, f 关于 y 的微导数有界,满足 Lipschitz 条件,从而存在唯一解;在 $y=\pm1$ 时, f 关于 y 的微导数不存在,也不满足 Lipschitz 条件,所以方程的解可能不唯一. 事实上,此时方程有两个解. 一个是常数解 $y=\pm1$,另一个是正弦函数解.

在实际中,初值问题(5.1.1)中的初值 y_0 往往有误差,记为 $\tilde{y}_0$,称为摄动值. 因此, $f(x,y)$ 也会有误差,其摄动值记为 $f(x,\tilde{y})$,从而有摄动问题

$$\begin{cases}\dfrac{\mathrm{d}\tilde{y}}{\mathrm{d}x}=f(x,\tilde{y}),\\ \tilde{y}(x_0)=\tilde{y}_0.\end{cases}\tag{5.1.2}$$

下面讨论当初值问题中 y_0 和 $f(x,y)$ 有微小变化时其解 $y(x)$ 的变化情况,即解对初值的敏感性.

定义 5.2　设摄动前后的初值问题(5.1.1)和(5.1.2)均存在唯一解,分别为 $y(x)$ 和 $\tilde{y}(x)$. 若存在正常数 k,使得对任何 $\varepsilon>0$,当

$$|y_0-\tilde{y}_0|\leqslant\varepsilon,\quad |f(x,y)-f(x,\tilde{y})|\leqslant\varepsilon$$

时,有

$$|y(x)-\tilde{y}(x)|\leqslant k\varepsilon,$$

则称初值问题(5.1.1)是**适定**的.

显然,适定的本质是问题的解对初值的依赖是否连续.

定理 5.2　若 $f(x,y)$ 连续且对 y 满足 Lipschitz 条件,则初值问题(5.1.1)的

解存在唯一且连续依赖于初始数据，即初值问题是适定的.

例 5.1　考察初值问题

$$\begin{cases}\dfrac{dy}{dx} = e^{-x} - y \ (x \geqslant 0), \\ y(0) = y_0\end{cases}$$

的适定性.

解　此方程为线性方程，由通解公式及初始条件易得特解为

$$y(x) = (x + y_0)e^{-x}.$$

若初始摄动 $\tilde{y}(0) = y_0 + \varepsilon$，摄动解为 $\tilde{y}(x) = (x + y_0 + \varepsilon)e^{-x}$，则

$$|y(x) - \tilde{y}(x)| = |\varepsilon| e^{-x} \leqslant \varepsilon \quad (x \geqslant 0).$$

这说明初值微小的摄动对解引起的变化是微小的，且解的摄动随 x 的增加而消失. 因此，该初值问题是适定的.

需要指出的是，即使问题适定，也不能断定问题不是病态的，还要进一步问题的条件. 描述初值问题的条件，关键在于$\dfrac{\partial f}{\partial y}$. 若$\dfrac{\partial f}{\partial y} < \alpha$（正的小量），则初始条件的微小摄动随 x 的增加而消失或不会有很大幅度的增长，这种问题称为**好条件**的. 否则，这种问题是**坏条件**的.

例 5.2　考察下列初值问题的条件

$$\begin{cases}\dfrac{dy}{dx} = y - 100e^{-100x} \quad (x \geqslant 0), \\ y(0) = y_0.\end{cases}$$

解　易求得方程的解为 $y(x) = \left(y_0 - \dfrac{100}{101}\right)e^{x} + \dfrac{100}{101}e^{-100x}$. 初值摄动 ε 后，对应的摄动解为 $\tilde{y}(x) = \left(y_0 + \varepsilon - \dfrac{100}{101}\right)e^{x} + \dfrac{100}{101}e^{-100x}$，则

$$|y(x) - \tilde{y}(x)| = |\varepsilon| e^{x} \leqslant \varepsilon \quad (x \geqslant 0).$$

可见，解的摄动量随 x 的增加而迅速增加，即问题是坏条件的.

在例 5.1 中，$\dfrac{\partial f}{\partial y} = -1$；在例 5.2 中，$\dfrac{\partial f}{\partial y} = 1$，这也表明例 5.1 中的问题是好条件的，而例 5.2 中的问题是坏条件的.

5.1.3　数值解法的基本思想

除了少数几种特殊类型外，大部分常微分方程都没有解析解，需要研究其数值解法. 常微分方程初值问题数值解法的基本思想是：计算解析解 $y(x)$ 在离散点 $x_0, x_1, \cdots, x_n, \cdots$ 上值 $y(x_i)$ 的近似值 y_i. 其中，$x_i = x_0 + ih$，h 称为**步长**.

若计算 y_{i+1} 时只用到 y_i，则称这种方法为**单步法**，如 $y_{i+1} = y_i + hf(x_i, y_i)$；

若计算 y_{i+1} 时需用到 $y_i, y_{i-1}, \cdots, y_{i-k}$ $(k\geqslant 1)$，则称这种方法为**多步法**.

若 y_{i+1} 可以直接用 $y_i, y_{i-1}, \cdots, y_{i-k}$ $(k\geqslant 1)$ 表示，则称此计算公式为**显式**，否则称为**隐式**.

5.2　Euler 方法

5.2.1　Euler 公式

对方程 $y'=f(x,y)$ 在区间 $[x_n, x_{n+1}]$ 上积分，得

$$y(x_{n+1}) - y(x_n) = \int_{x_n}^{x_{n+1}} f(x, y(x))\mathrm{d}x,$$

用近似值 y_i 代替 $y(x_i)$，从而有

$$y_{n+1} - y_n \approx \int_{x_n}^{x_{n+1}} f(x, y(x))\mathrm{d}x = I.$$

如图 5.1 所示，可以用数值积分法计算 I.

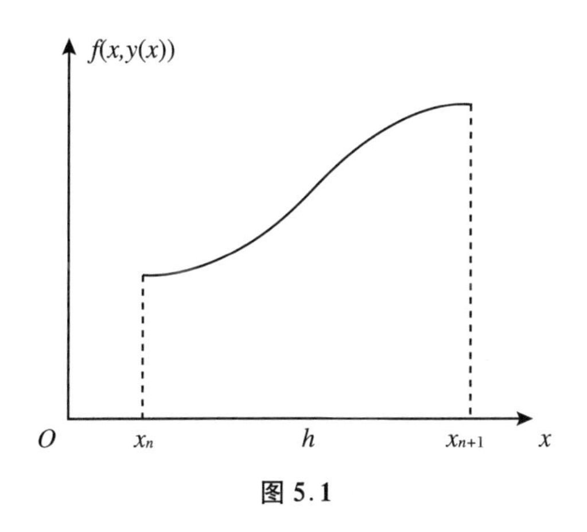

图 5.1

(1) 用矩形公式 $I\approx hf(x_n, y_n)$，得

$$y_{n+1} = y_n + hf(x_n, y_n), \tag{5.2.1}$$

称为 **Euler**[①] **公式**.

(2) 用矩形公式 $I\approx hf(x_{n+1}, y_{n+1})$，得

$$y_{n+1} = y_n + hf(x_{n+1}, y_{n+1}), \tag{5.2.2}$$

称为**后退的 Euler 公式**.

---

① 欧拉(Leonhard Euler，1707～1783)是瑞士数学家和物理学家，近代数学先驱之一.

显然,Euler 公式是显式单步法,而后退的 Euer 公式为隐式单步法.下面讨论 Euler 公式的截断误差.

根据 Taylor 公式,将 $y(x_{n+1})$在 x_n 处展开,有

$$y(x_{n+1}) = y(x_n + h) = y(x_n) + y'(x_n)h + \frac{h^2}{2}y''(\xi_n) \quad (\xi_n \in (x_n, x_{n+1})).$$

在 $y_n = y(x_n)$的前提下,$f(x_n, y_n) = y'(x_n)$,从而可得 Eulere 公式的截断误差

$$y(x_{n+1}) - y_{n+1} = \frac{h^2}{2}y''(\xi_n) \approx \frac{h^2}{2}y''(x_n). \tag{5.2.3}$$

类似可得后退的 Euer 公式的截断误差.

5.2.2 梯形公式

显然,用矩形公式计算积分的精度较低.若用梯形公式 $I \approx \frac{h}{2}[f(x_n, y_n) + f(x_{n+1}, y_{n+1})]$,则可得

$$y_{n+1} = y_n + \frac{h}{2}[f(x_n, y_n) + f(x_{n+1}, y_{n+1})], \tag{5.2.4}$$

称为**梯形公式**.

梯形公式也是隐式单步法,可用迭代法求解.若用 Euler 提供迭代初值,则梯形法的迭代公式为

$$\begin{cases} y_{n+1}^{(0)} = y_n + hf(x_n, y_n), \\ y_{n+1}^{(k+1)} = y_n + \frac{h}{2}[f(x_n, y_n) + f(x_{n+1}, y_{n+1}^{(k)})] \quad (k = 0,1,2,\cdots). \end{cases} \tag{5.2.5}$$

为了分析迭代过程的收敛性,将(5.2.4)式与(5.2.5)式相减,得

$$y_{n+1} - y_{n+1}^{(k+1)} = \frac{h}{2}[f(x_n, y_n) - f(x_{n+1}, y_{n+1}^{(k)})],$$

从而

$$|y_{n+1} - y_{n+1}^{(k+1)}| \leqslant \frac{hL}{2}|y_{n+1} - y_{n+1}^{(k)}|.$$

其中 L 为$f(x,y)$关于y 的 Lipschitz 常数.如果选取充分小的 h,使得

$$\frac{hL}{2} < 1,$$

则当 $k \to \infty$时有 $y_{n+1}^{(k+1)} \to y_{n+1}$,即迭代公式(5.2.5)收敛.

5.2.3 改进的 Euler 公式

Euler 公式计算简便,但精度差;梯形公式为隐式,计算较复杂,但精度较高.因此,可将两者结合,取长补短.其基本思想是:首先用 Euler 公式求得一个初步的近似值$\overline{y}_{n+1}$,称之为**预测值**,然后再用梯形公式对预测值进行一次校正,即按(5.2.5)

式迭代一次得 y_{n+1}，称之为**校正值**. 根据这种预测-校正思想可得到下列**改进的 Euler 公式**：

$$\begin{cases} \text{预测}\ \bar{y}_{n+1} = y_n + hf(x_n, y_n), \\ \text{校正}\ y_{n+1} = y_n + \dfrac{h}{2}[f(x_n, y_n) + f(x_{n+1}, \bar{y}_{n+1})]. \end{cases} \tag{5.2.6}$$

上式也可写为更易计算的形式

$$\begin{cases} y_p = y_n + hf(x_n, y_n), \\ y_c = y_n + hf(x_{n+1}, y_p), \\ y_{n+1} = \dfrac{1}{2}(y_p + y_c). \end{cases} \tag{5.2.7}$$

例 5.3　用 Euler 公式和改进的 Euler 公式取步长 $h=0.1$ 求解初值问题

$$\begin{cases} y' = y - \dfrac{2x}{y} \quad (0 < x < 1), \\ y(0) = 1. \end{cases}$$

解　方程 $y' - y = -2xy^{-1}$ 为 $n=-1$ 的伯努利方程，其通解公式为

$$y^{1-n} = \mathrm{e}^{-\int (1-n)P(x)\mathrm{d}x}\left(\int Q(x)\mathrm{e}^{\int (1-n)P(x)\mathrm{d}x}\mathrm{d}x + C\right).$$

代入得

$$\begin{aligned} y^2 &= \mathrm{e}^{-\int 2\cdot(-1)\mathrm{d}x}\left(\int 2\cdot(-2x)\mathrm{e}^{\int 2\cdot(-1)\mathrm{d}x}\mathrm{d}x + C\right) \\ &= \mathrm{e}^{2x}\left(-4\int x\mathrm{e}^{-2x}\mathrm{d}x + C\right) = \mathrm{e}^{2x}((2x+1)\mathrm{e}^{-2x} + C). \end{aligned}$$

由 $y(0)=1$，得 $C=0$，从而初值问题的解为 $y=\sqrt{2x+1}$.

Euler 公式：$y_{n+1} = y_n + hf(x_n, y_n) = y_n + h\left(y_n - \dfrac{2x_n}{y_n}\right)$.

$$\text{改进的 Euler 公式：}\begin{cases} y_p = y_n + h\left(y_n - \dfrac{2x_n}{y_n}\right), \\ y_c = y_n + h\left(y_p - \dfrac{2x_{n+1}}{y_p}\right), \\ y_{n+1} = \dfrac{1}{2}(y_p + y_c). \end{cases}$$

Euler 公式、改进的 Euler 公式的计算结果及精确值见表 5.1.

表 5.1　Euler 公式、改进 Euler 公式的计算结果及精确值

x	0.1	0.2	0.3	0.4	0.5	0.6	0.7	0.8	0.9	1.0
Euler	1.100	1.192	1.277	1.358	1.435	1.509	1.580	1.650	1.717	1.785
Euler 改	1.096	1.184	1.266	1.343	1.416	1.486	1.553	1.616	1.678	1.738
精确值	1.095	1.183	1.265	1.342	1.414	1.483	1.549	1.612	1.673	1.732

图 5.2 给出了 Euler 公式、改进的 Euler 公式的计算结果与精确值的对照图.

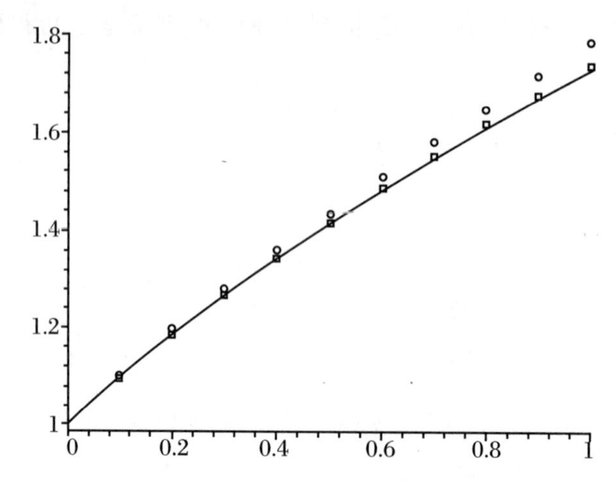

图 5.2　Euler 公式、改进 Euler 公式的计算结果与精确值的对照图

其中“∘”为 Euler 公式计算结果，“▫”为改进的 Euler 公式计算结果，实线为精确值.

5.2.4　单步法的局部截断误差与阶

初值问题(5.1.1)的单步法可用一般形式表示为

$$y_{n+1} = y_n + h\varphi(x_n, y_n, y_{n+1}, h), \tag{5.2.8}$$

其中多元函数 φ 与 $f(x,y)$ 有关. 当 φ 含有 y_{n+1} 时，方法是隐式的，否则为显式的. 因此，显式单步法可表示为

$$y_{n+1} = y_n + h\varphi(x_n, y_n, h), \tag{5.2.9}$$

$\varphi(x_n, y_n, h)$ 称为增量函数.

定义 5.3　设 $y(x)$ 为初值问题(5.1.1)的精确解，称

$$T_{n+1} = y(x_{n+1}) - y(x_n) - h\varphi(x_n, y(x_n), h), \tag{5.2.10}$$

为显式单步法(5.2.9)的**局部截断误差**.

T_{n+1} 之所以称为局部的，是因为假设了在 x_n 之前各步没有误差. 当 $y_n = y(x_n)$ 时，计算一步，得

$$\begin{aligned} y(x_{n+1}) - y_{n+1} &= y(x_{n+1}) - [y_n + h\varphi(x_n, y_n, h)] \\ &= y(x_{n+1}) - y(x_n) - h\varphi(x_n, y(x_n), h) = T_{n+1}. \end{aligned}$$

因此，局部截断误差可理解为用(5.2.9)式计算一步的误差，也即公式(5.2.9)中用精确解 $y(x)$ 代替数值解产生的公式误差. 根据定义，Euler 法的局部截断误差

$$\begin{aligned} T_{n+1} &= y(x_{n+1}) - y(x_n) - hf(x_n, y(x_n)) \\ &= y(x_n + h) - y(x_n) - hy'(x_n) = \frac{h^2}{2}y''(x_n) + O(h^3), \end{aligned}$$

即为(5.2.3)式的结果.

显然，$T_{n+1} = O(h^2)$，称对应的公式具有一阶精度. 一般情形的定义如下：

定义 5.4　设 $y(x)$是初值问题(5.1.1)的精确解,若存在最大整数 p,使显式单步法(5.2.9)的局部截断误差满足

$$T_{n+1} = y(x+h) - y(x) - h\varphi(x,y,h) = O(h^{p+1}), \qquad (5.2.11)$$

则称方法(5.2.9)具有 **p 阶精度**.

若将式(5.2.11)展开成

$$T_{n+1} = \psi(x_n, y(x_n))h^{p+1} + O(h^{p+2}),$$

则称 $\psi(x_n, y(x_n))h^{p+1}$为**局部截断误差主项**.

此定义对隐式单步法(5.2.8)也适用.例如,对后退 Euler 公式(5.2.2),其局部截断误差为

$$\begin{aligned} T_{n+1} &= y(x_{n+1}) - y(x_n) - hf(x_{n+1}, y(x_{n+1})) \\ &= hy'(x_n) + \frac{h^2}{2}y''(x_n) + O(h^3) - h[y'(x_n) + hy''(x_n) + O(h^2)] \\ &= -\frac{h^2}{2}y''(x_n) + O(h^3). \end{aligned}$$

这里,$p=1$,为一阶方法,局部截断误差主项为$-\frac{h^2}{2}y''(x_n)$.

对梯形公式(5.2.4),有

$$\begin{aligned} T_{n+1} &= y(x_{n+1}) - y(x_n) - \frac{h}{2}[y'(x_n) + y'(x_{n+1})] \\ &= hy'(x_n) + \frac{h^2}{2}y''(x_n) + \frac{h^2}{3!}y''(x_n) - \frac{h}{2}\Big[y'(x_n) + y'(x_n) \\ &\quad + hy''(x_n) + \frac{h^2}{2}y'''(x_n)\Big] + O(h^4) \\ &= -\frac{h^3}{12}y'''(x_n) + O(h^4). \end{aligned}$$

因此,梯形公式(5.2.4)是二阶方法,其局部截断误差主项为$-\frac{h^3}{12}y'''(x_n)$.

5.3　Runge-Kutta 方法

5.3.1　Runge-Kutta 方法的基本思想

如图 5.3 所示,

$$\frac{y(x_{n+1}) - y(x_n)}{h} = y'(\xi),$$

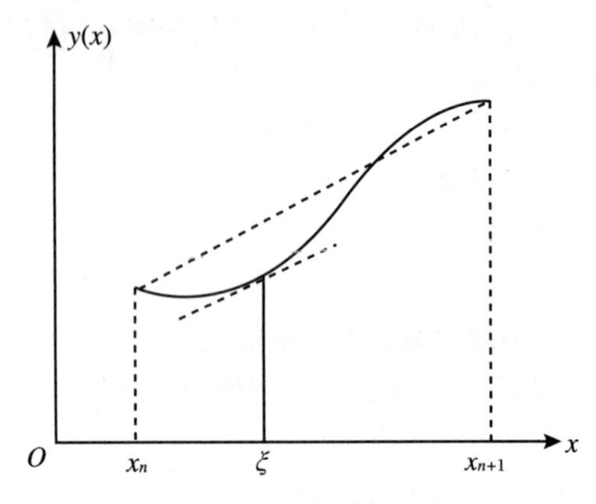

图 5.3　平均斜率示意图

从而

$$y(x_{n+1})=y(x_n)+hy'(\xi)=y(x_n)+hf(\xi,y(\xi)).$$

记 $K^*=y'(\xi)=f(\xi,y(\xi))$,称为平均斜率.

(1) 若取 $K^*=y'(x_n)=f(x_n,y_n)$,得

$$y_{n+1}=y_n+hf(x_n,y_n),$$

即为 Euler 公式.

(2) 若取 $K^*=y'(x_{n+1})=f(x_{n+1},y_{n+1})$,得

$$y_{n+1}=y_n+hf(x_{n+1},y_{n+1}),$$

即为后退的 Euler 公式.

(3) 若取 $K^*=\dfrac{y'(x_n)+y'(x_{n+1})}{2}=\dfrac{f(x_n,y_n)+f(x_{n+1},y_{n+1})}{2}$,得

$$y_{n+1}=y_n+\frac{h}{2}[f(x_n,y_n)+f(x_{n+1},y_{n+1})],$$

即为梯形公式.

在 Euler 公式和后退的 Euler 公式中,用右端函数 f 在一点 x_n 和 x_{n+1} 的值近似表示平均斜率 K^*,公式均为一阶;在梯形公式中,K^* 近似为 f 在 x_n 和 x_{n+1} 两处值的平均值,公式为二阶.参照上述作法,可得 Runge-Kutta① 方法的基本思想:将 $y(x_{n+1})=y(x_n)+hy'(\xi)$ 中的 $y'(\xi)$ 即平均斜率 K^* 表示为右端函数 f 在若干点处值的线性组合,通过选择组合系数使公式达到一定的阶.

根据上述基本思想,将公式表示为

$$y_{n+1}=y_n+h\varphi(x_n,y_n,h),\tag{5.3.1}$$

其中

① 库塔(Martin Wilhelm Kutta,1867～1944)是德国数学家.

$$\begin{cases}\varphi(x_n, y_n, h) = \sum\limits_{k=1}^{r} c_i K_i, \\ K_1 = f(x_n, y_n), \\ K_i = f\left(x_n + \lambda_i h, y_n + h\sum\limits_{j=1}^{r-1}\mu_{ij}K_j\right) \quad (i = 2,3,\cdots,r),\end{cases} \tag{5.3.2}$$

其中 c_i,λ_i,μ_{ij} 为常数.(5.3.1)式和(5.3.2)式称为 r 级 **Runge-Kutta(R-K)公式**.

5.3.2　二阶 Runge-Kutta 公式

下面推导 $r=2$ 时的 R-K 公式,并证明其为二阶.

根据式(5.3.1)和(5.3.2),取 K^* 为 $f(x,y)$ 在某两点处值的线性组合,即 $K^* = \lambda_1 K_1 + \lambda_2 K_2$,其中 $K_1 = f(x_n, y_n) = y'_n$, $K_2 = f(x_{n+p}, y_{n+p}) = y'_{n+p} = y'_n + phy''_n + \cdots(\lambda_1,\lambda_2,p$ 待定).

将 K_1,K_2 代入 $y_{n+1} = y_n + hK^* = y_n + h(\lambda_1 K_1 + \lambda_2 K_2)$,得

$$\begin{aligned} y_{n+1} &= y_n + h[\lambda_1 y'_n + \lambda_2(y'_n + phy''_n + \cdots)] \\ &= y_n + (\lambda_1 + \lambda_2)hy'_n + \lambda_2 ph^2 y''_n + \cdots. \end{aligned}$$

将上式与二阶公式

$$y_{n+1} = y_n + hy'_n + \frac{h^2}{2!}y''_n$$

对比,得

$$\lambda_1 + \lambda_2 = 1, \quad \lambda_2 p = \frac{1}{2}. \tag{5.3.3}$$

根据 Euler 公式,$y_{n+p} = y_n + phf(x_n, y_n)$,代入 $y_{n+1} = y_n + h(\lambda_1 K_1 + \lambda_2 K_2)$得,

$$y_{n+1} = y_n + h[\lambda_1 f(x_n, y_n) + \lambda_2 f(x_{n+p}, y_n + phf(x_n, y_n))], \tag{5.3.4}$$

其中 λ_1,λ_2,p 满足(5.3.3)式,称之为**二阶 R-K 公式**.

特别地,当 $\lambda_1 = \lambda_2 = \frac{1}{2}, p = 1$ 时,

$$y_{n+1} = y_n + \frac{h}{2}[f(x_n, y_n) + f(x_{n+1}, y_n + hf(x_n, y_n))], \tag{5.3.5}$$

即为改进的 Euler 公式,即改进的 Euler 公式为二阶.

若取 $\lambda_1 = 0, \lambda_2 = 1, p = \frac{1}{2}$,得

$$\begin{cases} y_{n+1} = y_n + hK_2, \\ K_1 = f(x_n, y_n), \\ K_2 = f\left(x_n + \frac{h}{2}, y_n + \frac{h}{2}K_1\right), \end{cases} \tag{5.3.6}$$

即

$$y_{n+1} = y_n + hf\left(x_n + \frac{h}{2}, y_n + \frac{h}{2}f(x_n, y_n)\right), \tag{5.3.7}$$

称为**中点公式**.

5.3.3　三阶和四阶 R-K 公式

取 $r=3$,此时(5.3.1)式和(5.3.2)式为

$$\begin{cases} y_{n+1} = y_n + h(c_1K_1 + c_2K_2 + c_3K_3), \\ K_1 = f(x_n, y_n), \\ K_2 = f(x_n + \lambda_2 h, y_n + \mu_{21}hK_1), \\ K_3 = f(x_n + \lambda_3 h, y_n + \mu_{31}hK_1 + \mu_{32}hK_2), \end{cases} \tag{5.3.8}$$

其中 c_i,λ_i,μ_{ij} 为待定系数.公式(5.3.8)的截断误差为

$$T_{n+1} = y(x_{n+1}) - y(x_{n+1}) - h(c_1K_1 + c_2K_2 + c_3K_3).$$

将 K_2,K_3 按二元 Taylor 展开,使 $T_{n+1}=O(h^4)$,得待定系数满足的方程组

$$\begin{cases} c_1 + c_2 + c_3 = 1, \\ \lambda_2 = \mu_{21}, \\ \lambda_3 = \mu_{31} + \mu_{32}, \\ c_2\lambda_2 + c_3\lambda_3 = \dfrac{1}{2}, \\ c_2\lambda_2^2 + c_3\lambda_3^2 = \dfrac{1}{3}, \\ c_3\lambda_2\mu_{32} = \dfrac{1}{6}. \end{cases} \tag{5.3.9}$$

这是 8 个未知数 6 个方程的非线性方程组,解不唯一.满足条件(5.3.9)的公式(5.3.8)统称为**三阶 R-K 公式**.下面给出其中一个常见的公式.

$$\begin{cases} y_{n+1} = y_n + \dfrac{h}{6}(K_1 + 4K_2 + K_3), \\ K_1 = f(x_n, y_n), \\ K_2 = f\left(x_n + \dfrac{h}{2}, y_n + \dfrac{h}{2}K_1\right), \\ K_3 = f(x_n + h, y_n - hK_1 + 2K_2). \end{cases} \tag{5.3.10}$$

此公式称为 **Kutta 三阶公式**.

类似于二阶和三阶 R-K 公式,可得各种四阶 R-K 公式.其中,经典的四阶 R-K 公式为

$$\begin{cases} y_{n+1} = y_n + \dfrac{h}{6}(K_1 + 2K_2 + 2K_3 + K_4), \\ K_1 = f(x_n, y_n), \\ K_2 = f\left(x_n + \dfrac{h}{2}, y_n + \dfrac{h}{2}K_1\right), \\ K_3 = f\left(x_n + \dfrac{h}{2}, y_n + \dfrac{h}{2}K_2\right), \\ K_4 = f(x_n + h, y_n + hK_3). \end{cases} \tag{5.3.11}$$

上述公式的优点是:单步、自开始;精度高,误差为 $O(h^5)$;数值稳定.但此公式有一个隐含的缺陷,就是其对解的光滑性要求高.当解的光滑性较低时,此公式的精度并不高,甚至不及改进的 Euler 公式.

例 5.4　用经典的四阶 R-K 公式($h=0.1$)求解初值问题 $\begin{cases} y' = y - \dfrac{2x}{y} & (0<x<4), \\ y(0)=1. \end{cases}$

解　经典的四阶 R-K 公式为

$$
\begin{cases}
y_{n+1} = y_n + \dfrac{h}{6}(K_1 + 2K_2 + 2K_3 + K_4), \\
K_1 = y_n - \dfrac{2x_n}{y_n}, \\
K_2 = y_n + \dfrac{h}{2}K_1 - \dfrac{2x_n + h}{y_n + \dfrac{h}{2}K_1}, \\
K_3 = y_n + \dfrac{h}{2}K_2 - \dfrac{2x_n + h}{y_n + \dfrac{h}{2}K_2}, \\
K_4 = y_n + hK_3 - \dfrac{2(x_n + h)}{y_n + hK_3}.
\end{cases}
$$

图 5.4～图 5.6 显示了 Euler 公式、改进的 Euler 公式和四阶 R-K 公式的计算结果与精确解的对比图.显然,四阶 R-K 公式的计算精度明显高于改进的 Euler 公式.

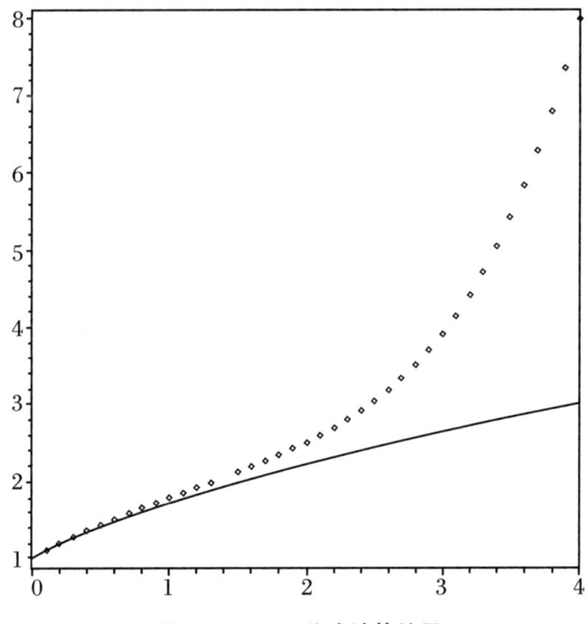

图 5.4　Euler 公式计算结果

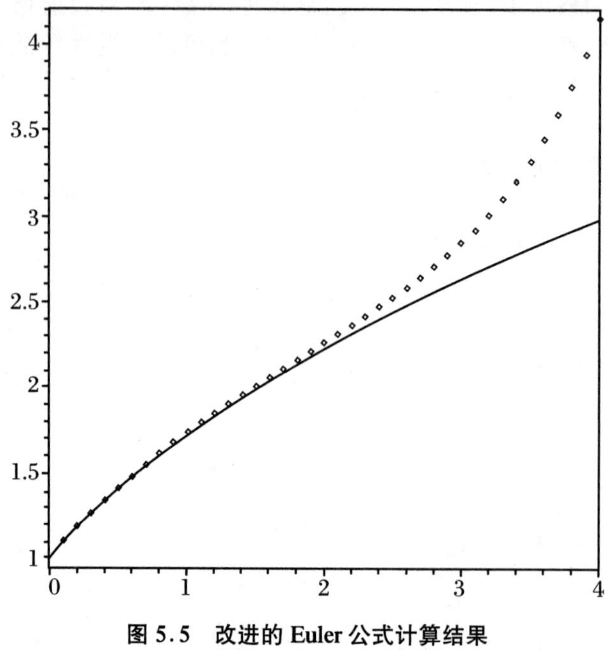

图 5.5　改进的 Euler 公式计算结果

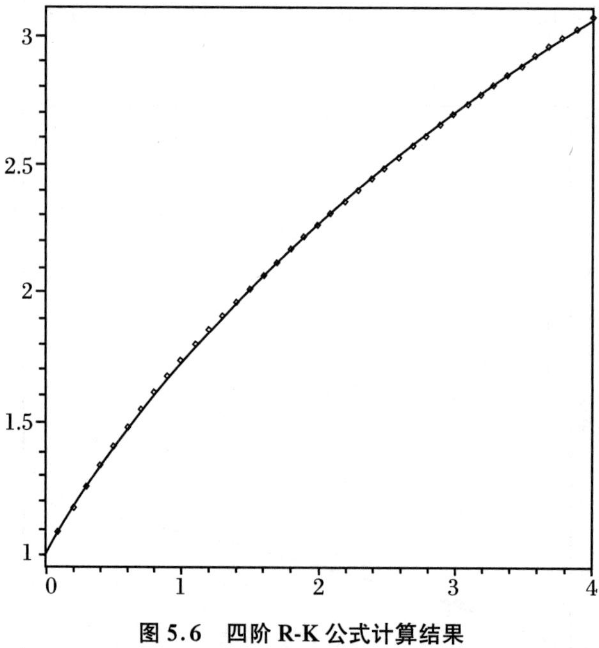

图 5.6　四阶 R-K 公式计算结果

5.3.4　变步长 R-K 方法

单从每一步看，步长越小，截断误差越小. 但随着步长的缩小，在一定求解范围内所要完成的步数就增加了. 步数的增加不但会导致计算量的增大，而且还可能引起舍入误差的严重积累. 因此，同积分的数值计算类似，微分方程的数值解法也存在选择步长的问题.

在选择步长时，需要考虑两个问题：

(1) 怎样衡量和检验计算结果的精度?

(2) 如何依据所获得的精度处理步长?

下面考察经典的四阶 R-K 公式(5.3.11). 从节点 x_n 出发，先以 h 为步长求出一个近似值，记为 $y_{n+1}^{(h)}$，由于公式的局部截断误差为 $O(h^5)$，故有

$$y(x_{n+1}) - y_{n+1}^{(h)} \approx ch^5, \tag{5.3.12}$$

然后将步长折半，即取 $\frac{h}{2}$ 为步长从 x_n 跨两步到 x_{n+1}，再求得一个近似值 $y_{n+1}^{(h/2)}$，每跨一步的截断误差为 $c\left(\frac{h}{2}\right)^5$，因此有

$$y(x_{n+1}) - y_{n+1}^{(h/2)} \approx 2c\left(\frac{h}{2}\right)^5. \tag{5.3.13}$$

比较(5.3.12)式和(5.3.13)式可见，步长折半后，误差大约减小到$\frac{1}{16}$，即有

$$\frac{y(x_{n+1}) - y_{n+1}^{(h/2)}}{y(x_{n+1}) - y_{n+1}^{(h)}} \approx \frac{1}{16}.$$

由此易得下列事后估计式

$$y(x_{n+1}) - y_{n+1}^{(h/2)} \approx \frac{1}{15}\left[y_{n+1}^{(h/2)} - y_{n+1}^{(h)}\right].$$

这样，可以通过检查步长，折半前后两次计算结果的偏差

$$\Delta = \left| y_{n+1}^{(h/2)} - y_{n+1}^{(h)} \right|$$

来判定所选的步长是否合适，具体而言，将区分以下两种情况处理：

(1) 对于给定的精度 ε，如果 $\Delta > \varepsilon$，可反复将步长折半进行计算，直至 $\Delta < \varepsilon$ 为止，这时取最终得到的 $y_{n+1}^{(h/2)}$ 作为结果；

(2) 如果 $\Delta < \varepsilon$，可反复将步长加倍，直到 $\Delta > \varepsilon$ 为止，这时再将步长折半一次，就得到所要的结果.

这种通过加倍或折半处理步长的方法称为**变步长方法**. 虽然选择步长增加了计算量，但综合考虑计算量和计算精度还是合算的.

5.4 单步法的收敛性与稳定性

5.4.1 收敛性与相容性

数值解法的基本思想是，通过某种离散化手段将微分方程(5.1.1)转化为差分方程，如单步法(5.2.9)，即

$$y_{n+1} = y_n + h\varphi(x_n, y_n, h). \tag{5.4.1}$$

它在 x_n 处的解为 y_n，而初值问题(5.1.1)在 x_n 处的精确解为 $y(x_n)$，记 $e_n = y(x_n) - y_n$，称为整体截断误差.收敛性就是讨论当 $x = x_n$ 固定且 $h = \frac{x_n - x_0}{n} \to 0$ 时 $e_n \to 0$ 的问题.

定义 5.5 若一种数值方法(如单步法(5.4.1))对于固定的 $x_n = x_0 + nh$，当 $h \to 0$ 时有 $y_n \to y(x_n)$，其中 $y(x)$ 是初值问题(5.1.1)的准确解，则称该方法是收敛的.

显然，数值方法收敛是指 $e_n = y(x_n) - y_n \to 0$ 对单步法(5.4.1)有下述收敛性定理：

定理 5.3 假设单步法(5.4.1)具有 p 阶精度，且增量函数 $\varphi(x, y, h)$ 关于 y 满足 Lipschitz 条件

$$|\varphi(x, y, h) - \varphi(x, \bar{y}, h)| \leqslant L_\varphi |y - \bar{y}|. \tag{5.4.2}$$

又设初值 y_0 是准确的，即 $y_0 = y(x_0)$，则其整体截断误差

$$y(x_n) - y_n = O(h^p). \tag{5.4.3}$$

证 设以 $\bar{y}_{n+1}$ 表示取 $y_n = y(x_n)$ 用公式(5.4.1)求得的结果，即

$$\bar{y}_{n+1} = y(x_n) + h\varphi(x_n, y(x_n), h), \tag{5.4.4}$$

则 $y(x_{n+1}) - \bar{y}_{n+1}$ 为局部截断误差，由于所给方法具有 p 阶精度，按定义 5.2，存在定数 C，使

$$|y(x_{n+1}) - \bar{y}_{n+1}| \leqslant Ch^{p+1}.$$

又由(5.4.1)式和(5.4.4)式，得

$$|\bar{y}(x_{n+1}) - y_{n+1}| \leqslant |y(x_n) - \bar{y}_{n+1}| + h|\varphi(x_n, y(x_n), h) - \varphi(x_n, y_n, h)|.$$

利用假设条件(5.4.2)，有

$$|\bar{y}_{n+1} - y(x_{n+1})| \leqslant (1 + hL_\varphi)|y(x_n) - y_n|,$$

从而

$$|y(x_{n+1}) - y_{n+1}| \leqslant |\bar{y}_{n+1} - y_{n+1}| + |y(x_{n+1}) - \bar{y}_{n+1}|$$

$$\leqslant (1 + hL_\varphi)\,|\,y(x_n) - y_n\,| + Ch^{p+1},$$

即对整体截断误差 $e_n = y(x_n) - y_n$ 成立下列递推关系式

$$|\,e_{n+1}\,| \leqslant (1 + hL_\varphi)\,|\,e_n\,| + Ch^{p+1}. \tag{5.4.5}$$

据此不等式反复递推,可得

$$|\,\mathrm{e}^n\,| \leqslant (1 + hL_\varphi)^n\,|\,e_0\,| + \frac{Ch^p}{L_\varphi}[(1 + hL_\varphi)^n - 1]. \tag{5.4.6}$$

再注意到当 $x_n - x_0 = nh \leqslant T$ 时

$$(1 + hL_\varphi)^n \leqslant (\mathrm{e}^{hL_\varphi})^n \leqslant \mathrm{e}^{TL_\varphi},$$

最终得下列估计式

$$|\,\mathrm{e}^n\,| \leqslant |\,e_0\,|\,\mathrm{e}^{TL_\varphi} + \frac{Ch^p}{L_\varphi}(\mathrm{e}^{TL_\varphi} - 1). \tag{5.4.7}$$

由此可以断定,如果初值是准确的,即 $e_0 = 0$,则(5.4.3)式成立.

依据这一定理,判断单步法(5.4.1)的收敛性,归结为验证增量函数 φ 能否满足 Lipschitz 条件(5.4.2).

对于 Euler 方法,由于其增量函数 φ 就是 $f(x,y)$,故当 $f(x,y)$ 关于 y 满足 Lipschitz 条件时它是收敛的.

再考察改进的 Euler 方法,其增量函数为

$$\varphi(x_n, y_n, h) = \frac{1}{2}[f(x_n, y_n) + f(x_n + h, y_n + hf(x_n, y_n))],$$

这时有

$$|\,\varphi(x,y,h) - \varphi(x_n,\bar{y},h)\,| \leqslant \frac{1}{2}[\,|\,f(x,y) - f(x,\bar{y})\,| + |\,f(x+h),y + hf(x,y)$$
$$- f(x+h,\bar{y} + hf(x,\bar{y}))].$$

假设 $f(x,y)$ 关于 y 满足 Lipschitz 条件,记 Lipschitz 常数为 L,则由上式推得

$$|\,\varphi(x,y,h) - \varphi(x,\bar{y},h)\,| \leqslant L\left(1 + \frac{h}{2}L\right)|\,y - \bar{y}\,|.$$

设限定 $h \leqslant h_0$(h_0 为定数),上式表明,φ 关于 y 满足 Lipschitz 常数

$$L_\varphi = L\left(1 + \frac{h_0}{2}L\right),$$

因此改进的 Euler 方法也是收敛的.

类似地,不难验证其他 R-K 方法的收敛性.

定理5.3表明 $p \geqslant 1$ 时单步法收敛,并且当 $y(x)$ 是初值(5.1.1)的解,(5.4.1)式具有 p 阶精度时,则有展开式

$$\begin{aligned} T_{n+1} &= y(x+h) - y(x) - h\varphi(x,y(x),h) = y'(x)h + \frac{y''(x)}{2}h^2 + \cdots \\ &\quad - h[\varphi(x,y(x),0) + \varphi'_x(x,y(x),0)h + \cdots] \\ &= h[y'(x) - \varphi(x,y(x),0)] + O(h^2), \end{aligned}$$

所以 $p\geqslant 1$ 的充分必要条件是 $y'(x)-\varphi(x,y(x),0)=0$，而 $y'(x)=f(x,y(x))$，于是可给出如下定义：

定义 5.6 若单步法(5.4.1)的增量函数 φ 满足

$$\varphi(x,y,0)=f(x,y),$$

则称单步法(5.4.1)式与初值问题(5.1.1)**相容**.

相容性是指数值方法逼近微分方程(5.1.1)，即微分方程(5.1.1)离散化得到的数值方法，当 $h\to 0$ 时可得到 $y'(x)=f(x,y)$.

从而可得下面定理：

定理 5.4 p 阶方法(5.4.1)与初值问题(5.1.1)相容的充分必要条件是 $p\geqslant 1$.

由定理 5.3 可知单步法(5.4.1)收敛的充分必要条件是方法(5.4.1)是相容的.

以上讨论表明，p 阶方法(5.4.1)当 $p\geqslant 1$ 时与式(5.1.1)相容，反之相容方法至少是一阶的.

从而，由定理 5.3 可知方法(5.4.1)式收敛的充分必要条件是此方法是相容的.

例 5.5 对典型方程 $\begin{cases} y'=\lambda y \\ y(0)=y_0 \end{cases}$ $(\lambda<0)$，考察 Euler 方法的收敛性.

解 Euler 公式为

$$y_{n+1}=y_n+hf(x_n,y_n)=y_n+h\lambda y_n=(1+\lambda h)y_n.$$

$$y_n=(1+\lambda h)^n y_0=y_0\left[(1+\lambda h)^{\frac{1}{\lambda h}}\right]^{\lambda hn}\to y_0\mathrm{e}^{\lambda x_n},$$

而 $y=y_0\mathrm{e}^{\lambda x}$，$y(x_n)=y_0 v^{\lambda x_n}$，即 $y_n\to y(x_n)$，故收敛.

例 5.6 用梯形方法解初值问题 $\begin{cases} y'+y=0 \\ y(0)=1 \end{cases}$，证明其近似解为 $y_n=\left(\dfrac{2-h}{2+h}\right)^n$，并考察它的收敛性.

解 显然，初值问题的解为 $y=\mathrm{e}^{-x}$.

$$y_n=y_{n-1}+\frac{h}{2}[f(x_{n-1},y_{n-1})+f(x_n,y_n)]=y_{n-1}+\frac{h}{2}(-y_{n-1}-y_n),$$

$$\left(1+\frac{h}{2}\right)y_n=\left(1-\frac{h}{2}\right)y_{n-1},\ y_n=\frac{2-h}{2+h}y_{n-1}=\cdots=\left(\frac{2-h}{2+h}\right)^n y_0=\left(\frac{2-h}{2+h}\right)^n,$$

$$y_n=\left(\frac{2-h}{2+h}\right)^n=\left[\left(1+\frac{-2h}{2+h}\right)^{\frac{2+h}{-2h}}\right]^{\frac{-2h}{2+h}\cdot n}\to \mathrm{e}^{-2\lim\limits_{h\to 0}\frac{nh}{2+h}}=\mathrm{e}^{-x_n},$$

故方法收敛.

5.4.2 绝对稳定性与绝对稳定域

前面关于收敛性有一个前提，必须假定数值方法本身的计算是正确的.实际情况并不是这样，差分方程的求解还会有计算误差，譬如由于数字舍入而引起的小扰动.这类小扰动在传播过程中会不会恶性增长，以至于“淹没”了差分方程的“真解”呢？这就是差分方程的稳定性问题.在实际计算时，我们希望某一步产生的扰动值，在后面的计算中都能够被控制，甚至是逐步衰减的.

定义 5.7　若一种数值方法在节点值 y_n 上大小为 δ 的扰动，于以后各节点值 $y_m(m>n)$ 上产生的偏差不超过 δ，则称该方法是**稳定**的.

下面先以 Euler 法为例考察计算稳定性.

例 5.7　考察初值问题

$$\begin{cases} y' = -100y, \\ y(0) = 1. \end{cases}$$

其精确解 $y(x) = e^{-100x}$ 是一个按指数曲线衰减得很快的函数，如图 5.7 所示.

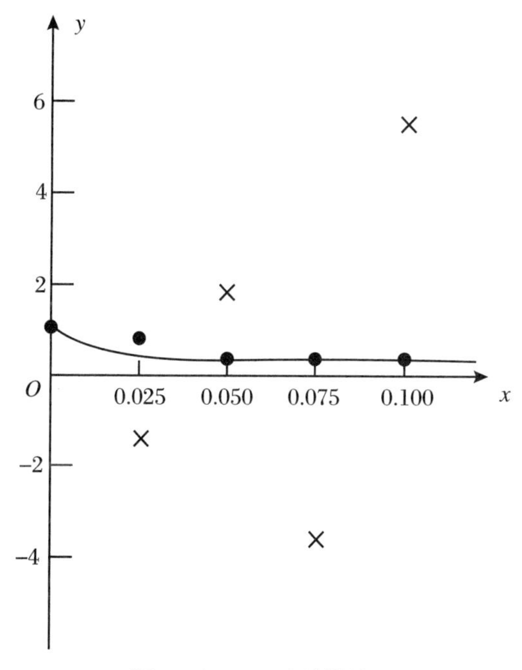

图 5.7　Euler 法计算结果

用 Euler 法解方程 $y' = -100y$ 得

$$y_{n+1} = (1-100h)y_n.$$

若取 $h = 0.025$，则 Euler 公式的具体形式为

$$y_{n+1} = 1.5y_n,$$

计算结果列于表 5.2 的第二列.我们看到，Euler 方法的解 y_n（图 5.7 中用“×”号标出）在精确值 $y(x_n)$ 的上下波动，计算过程明显地不稳定.但若取 $h = 0.005$，$y_{n+1} = 0.5y_n$，则计算过程稳定.

表 5.2　Euler 法计算结果对比

节点	Euler 方法	后退 Euler 方法	节点	Euler 方法	后退 Euler 方法
0.025	−1.5	0.2857	0.075	−3.375	0.0233
0.050	2.25	0.0816	0.100	5.0625	0.0067

再考察后退的 Euler 方法，取 $h=0.005$ 时的计算公式为

$$y_{n+1}=\frac{1}{3.5}y_n.$$

计算结果列于表 5.2 的第 3 列(图 5.7 中用"·"号标出)，这时计算过程是稳定的.

本例表明稳定性不但与方法有关，也与步长 h 的大小有关，当然也与方程中的 $f(x,y)$ 有关.为了只考察数值方法本身，通常只检验将数值方法用于了解模型方程的稳定性，模型方程为

$$y'=\lambda y,\tag{5.4.8}$$

其中 λ 为复数，这个方程分析较简单.对一般方程可以通过局部线性化化为这种形式，例如在$(\bar{x},\bar{y})$的邻域，可展开为

$$y'=f(x,y)=f(\bar{x},\bar{y})+f'_x(\bar{x},\bar{y})(x-\bar{x})+f'_y(\bar{x},\bar{y})(y-\bar{y})+\cdots,$$

略去高阶项，再做变换即可得到 $u'=\lambda u$ 的形式，对于 m 个方程的常微分方程组，可线性化为 $\boldsymbol{y}'=\boldsymbol{A}\boldsymbol{y}$，这里 $\boldsymbol{A}$ 为$m\times n$ 阶 Jacobi① 矩阵$\left(\dfrac{\partial f_i}{\partial y_i}\right)$.若 $\boldsymbol{A}$ 有m 个特征值 $\lambda_1,\lambda_2,\cdots,\lambda_m$，其中 λ_i 可能是复数，为了使模型方程结果能推广到常微分方程组，方程(5.4.8)中 λ 为复数，为保证微分方程本身的稳定性，还应假定 $\mathrm{Re}(\lambda)<0$.

下面先研究 Euler 方法的稳定性.模型方程 $y'=\lambda y$ 的 Euler 公式为

$$y_{n+1}=(1+h\lambda)y_n.\tag{5.4.9}$$

设在节点值 y_n 上有一扰动值ε_n，它的传播使节点值 y_{n+1}产生大小为 ε_{n+1}的扰动值，假设用 $y_n^*=y_n+\varepsilon_n$ 按 Euler 公式得出 $y_{n+1}^*=y_{n+1}+\varepsilon_{n+1}$的计算过程不再有新的误差，则扰动值满足

$$\varepsilon_{n+1}=(1+h\lambda)\varepsilon_n.$$

可见扰动值满足原来的差分方程(5.4.9).这样差分方程的解是不增长的，即有

$$|y_{n+1}|\leqslant|y_n|,$$

则它就是稳定的.这一论断对于下面将要研究的其他方法同样适用.

显然，为要保证差分方程(5.4.9)的解是不增长的，只要选取 h 充分小，使

$$(1+h\lambda)\leqslant 1.\tag{5.4.10}$$

在 $u=h\lambda$ 的复平面上，这是以$(-1,0)$为圆心，1 为半径的单位圆内部(如图 5.8 所示)，称为 Euler 法的绝对稳定域，相应的绝对稳定区间为$(-2,0)$.一般情

① 雅可比(Carl Gustav Jacob Jacobi，1804～1851)是普鲁士数学家，他被认为是最鼓舞人心的教育家和最伟大的数学家之一.

况下可定义如下：

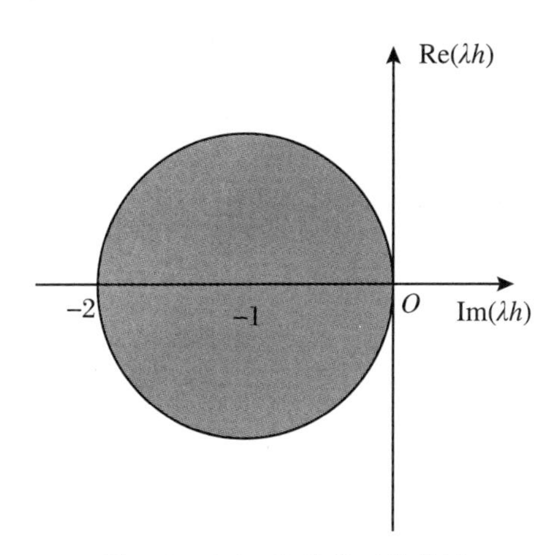

图 5.8　Euler 法的绝对收敛域

定义 5.8　单步法(5.4.1)用于解模型方程(5.4.8)，若得到的解 $y_{n+1}=E(h\lambda)\varepsilon_n$，满足$|E(h\lambda)|<1$，则称方法(5.4.1)是绝对稳定的. 在 $u=h\lambda$ 的复平面上，使$|E(h\lambda)|<1$ 变量围成的区域，称为**绝对稳定域**，它与实轴的交称为**绝对稳定区间**.

对于欧拉法 $E(h\lambda)=1+h\lambda$，其稳定域已有(5.4.10)式给出，绝对稳定区间为 $-2<h\lambda<0$，在例 5.7 中 $\lambda=-100$，$-2<-100h<0$，即 $0<h<2/100=0.02$ 为绝对稳定区间. 例 5.7 中取 $h=0.025$，故它是不稳定的；当取 $h=0.005$ 时，它是稳定的.

对二阶 R-K 方法，解模型方程(5.4.8)可得到

$$y_{n+1}=\left[1+h\lambda+\frac{(h\lambda)^2}{2}\right]y_n,$$

故

$$E(h\lambda)=1+h\lambda+\frac{(h\lambda)^2}{2}.$$

由绝对稳定域 $1+h\lambda+\frac{(h\lambda)^2}{2}<1$ 可得到绝对稳定区间为 $-2<h\lambda<0$，即 $0<h<-\frac{2}{\lambda}$. 类似可得三阶及四阶的 R-K 方法的 $E(h\lambda)$分别为

$$E(h\lambda)=1+h\lambda+\frac{(h\lambda)^2}{2!}+\frac{(h\lambda)^3}{3!},$$

$$E(h\lambda)=1+h\lambda+\frac{(h\lambda)^2}{2!}+\frac{(h\lambda)^3}{3!}+\frac{(h\lambda)^4}{4!}.$$

由 $E(h\lambda)<1$ 可得到相应的绝对稳定域，当 λ 为实数时则可得绝对稳定区间. 它们分别为三阶显式 R-K 方法：$-2.51<h\lambda<0$，即 $0<h<-2.51/\lambda$.

四阶显式 R-K 方法：$-2.78<h\lambda<0$，即 $0<h<-2.78/\lambda$.

从以上讨论可知，显式 R-K 方法的绝对稳定域均为有限域，都对步长 h 有限制.如果 h 不在所给的绝对稳定区间内，方法就不稳定.

例 5.8 $y'=-20y(0\leqslant x\leqslant 1)$，$y(0)=1$，分别取 $h=0.1$ 及 $h=0.2$，用经典的四阶 R-K 方法计算.

解 本例中，$\lambda=-20$，$h\lambda$ 分别为 -2 及 -4，前者在绝对稳定区域内，后者不在，用四阶 R-K 方法计算其误差见表 5.3.

表 5.3 计算结果

x_n	0.2	0.4	0.6	0.8	1.0
$h=0.1$	0.93×10^{-1}	0.12×10^{-1}	0.14×10^{-2}	0.15×10^{-3}	0.17×10^{-4}
$h=0.2$	4.98	25.0	125.0	625.0	3125.0

从以上结果看到，如果步长 h 不满足绝对稳定条件，误差增长很快.

对于隐式单步法，可以同样讨论方法的绝对稳定性.例如对后退欧拉法，用它解模型方程可得

$$y_{n+1}=\frac{1}{1-h\lambda}y_n,$$

故

$$E(h\lambda)=\frac{1}{1-h\lambda}.$$

由于 $|E(h\lambda)|=\left|\dfrac{1}{1-h\lambda}\right|<1$，可得绝对稳定域为 $|1-h\lambda|>1$，它是以 $(1,0)$ 为圆心，1 为半径的单位圆外部，故绝对稳定区间为 $-\infty<h\lambda<0$. 当 $\lambda<0$ 时，则 $0<h<\infty$，即对任何步长均为稳定的.

对于梯形法，用它解模型方程(5.4.8)可得

$$y_{n+1}=\frac{1+\dfrac{h\lambda}{2}}{1-\dfrac{h\lambda}{2}}y_n,$$

故

$$E(h\lambda)=\frac{1+\dfrac{h\lambda}{2}}{1-\dfrac{h\lambda}{2}}.$$

对 $\mathrm{Re}(\lambda)<0$ 有 $|E(h\lambda)|=\left|\dfrac{1+h\lambda/2}{1-h\lambda/2}\right|<1$，故绝对稳定域为 $\mu=h\lambda$ 的左半平面，绝对稳定区间为 $-\infty<h\lambda<0$，即 $0<h<\infty$ 时梯形法均是稳定的.

隐式欧拉法与梯形法的绝对稳定域均为 $\{h\lambda\mathrm{Re}(\lambda)<0\}$，在具体计算中步长 h 的选取只需考虑计算精度及迭代收敛性要求而不必考虑稳定性，具有这种特点

的方法需特别重视,由此给出下面的定义.

定义 5.9　如果数值方法的绝对稳定域包含了$\{h\lambda \mathrm{Re}(\lambda)<0\}$,那么称此方法是 A-稳定的.

由定义知,A-稳定法对步长 h 没有限制.

5.5　线性多步法

在逐步推进的求解过程中,计算 y_{n+1}之前已经求出了一系列的近似值 $y_0,y_1,\cdots,y_n$,如果充分利用前面多步的信息来预测 y_{n+1},则可以期望会获得较高的精度.这就是构造所谓线性多步法的基本思想.

构造多步法的主要途径是基于数值积分方法和基于 Taylor 展开方法,前者可直接由微分方程(5.1.1)两端积分后利用插值求积公式得到.本节主要介绍基于 Taylor 展开的构造方法.

5.5.1　线性多步法的一般公式

如果计算 y_{n+k}时,除用 y_{n+k-1}的值,还用到 $y_{n+i}(i=0,1,\cdots,k-2)$的值,则称此方法为线性多步法.一般的线性多步法公式可表示为

$$y_{n+k}=\sum_{i=0}^{k-1}\alpha_i y_{n+i}+h\sum_{i=0}^{k}\beta_i y_{n+i},\tag{5.5.1}$$

其中 y_{n+i}为$y(x_{n+i})$的近似,$f_{n+i}=f(x_{n+i},y_{n+i}),x_{n+i}=x_n+ih,\alpha_i,\beta_i$ 为常数,α_0 与 β_0 不全为零,则称(5.5.1)式为线性 k 步法,计算时需先给出前面 k 个近似值$y_0,y_1,\cdots,y_{k-1}$,再由(5.5.1)式逐次求出 $y_k,y_{k+1},\cdots$.如果$\beta_k=0$,则称(5.5.1)式为显式 k 步法,这时 y_{n+k}可直接由(5.5.1)式算出;如果 $\beta_k\neq0$,则称(5.5.1)式为隐式 k 步法,求解时与梯形法(5.2.4)相同,要用迭代法方可算出 y_{n+k}.(5.5.1)式中系数 α_i,β_i 可根据方法的局部截断误差及阶确定,定义如下:

定义 5.10　设 $y(x)$是初值问题(5.1.1)的精确解,线性多步法(5.5.1)在x_{n+k}上的局部截断误差为

$$T_{n+k}=L[y(x_n);h]=y(x_{n+k})-\sum_{i=0}^{k-1}\alpha_i y_{n+i}-h\sum_{i=0}^{k}\beta_i y'(x_{n+i}).\tag{5.5.2}$$

若 $T_{n+k}=O(h^{p+1})$,则称方法(5.5.1)是 p 阶的,如果 $p\geqslant1$,则称方法(5.5.2)与微分方程(5.1.1)是相容的.

由定义 5.10,对 T_{n+k}在x_0 处做 Taylor 展开.由于

$$y(x_n+ih)=y(x_n)+ihy'(x_n)+\frac{(ih)^2}{2!}y''(x_n)+\frac{(ih)^3}{3!}y'''(x_n)+\cdots,$$

$$y'(x_n+ih)=y'(x_n)+ihy''(x_n)+\frac{(ih)^2}{2!}y'''(x_n)+\cdots.$$

代入(5.5.2)式得

$$T_{n+k}=c_0y(x_n)+c_1hy'(x_n)+c_2hy''(x_n)+\cdots+c_phy^{(p)}(x_n)+\cdots, \tag{5.5.3}$$

其中

$$\left.\begin{aligned}c_0&=1-(\alpha_0+\cdots+\alpha_{k-1}),\\c_1&=k-[\alpha_1+2\alpha_2+\cdots+\alpha_{k-1}]-(\beta_0+\beta_1+\cdots+\beta_k),\\c_q&=\frac{1}{q!}[k^q-(\alpha_1+2^q\alpha_2+\cdots+(k-1)^q\alpha_{k-1})]\\&\quad-\frac{1}{(q-1)!}[\beta_1+2^{q-1}\beta_2+\cdots+k^{q-1}\beta_k],\\&\qquad(q=2,3,\cdots).\end{aligned}\right\} \tag{5.5.4}$$

若在公式(5.5.1)中选择系数 α_i 与β_i,使它满足

$$c_0=c_1=\cdots=c_p=0,\quad c_{p+1}\neq 0.$$

由定义可知此时所构造的多步法是 p 的,且

$$T_{n+k}=c_{p+1}h^{p+1}y^{(p+1)}(x_n)+O(h^{p+2}) \tag{5.5.5}$$

称右端第一项为局部截断误差主项,c_{p+1}称为误差常数.

根据相容性定义,$p\geqslant 1$,即 $c_0=c_1=0$,由(5.5.4)式得

$$\begin{cases}\alpha_0+\alpha_1+\cdots+\alpha_{k-1}=1,\\\sum\limits_{i=1}^{k-1}i\alpha_i+\sum\limits_{i=0}^{k}\beta_i=k,\end{cases} \tag{5.5.6}$$

故方法(5.5.1)式与微分方程(5.1.1)相容的充分必要条件是(5.5.6)式成立.

显然,当 $k=1$ 时,若 $\beta_1=0$,则由(5.5.6)式可求得

$$\alpha_0=1,\quad \beta_0=1.$$

此时公式(5.5.1)为

$$y_{n+1}=y_n+hf_n,$$

即为 Euler 法.从(5.5.4)式可求得 $c_2\neq 1/2\neq 0$,故方法为一阶精度,且局部截断误差为

$$T_{n+1}=\frac{1}{2}h^2y''(x_n)+O(h^2),$$

这和第 5.2 节给出的定义及结果是一致的.

对 $k=1$ 时,若 $\beta_1\neq 0$,此时方法为隐式公式,为了确定 α_0,β_0,β_1,可由 $c_0=c_1=c_2=0$ 解得 $\alpha_0=1,\beta_0=\beta_1=1/2$,于是得到公式

$$y_{n+1}=y_n+\frac{h}{2}(f_n+f_{n+1}),$$

即为梯形法.从(5.5.4)式可求得 $c_3=-\frac{1}{12}$,故 $p=2$,所以梯形法是二阶方法,其局

部截断误差的主项是 $-\dfrac{h^3 y'''(x_n)}{12}$，这和第 5.2 节中的讨论也是一致的.

对 $k\geqslant 2$ 的多步法公式都可利用(5.5.4)式确定系数 α_i, β_i，并由(5.5.5)式给出局部截断误差，下面只就若干常用的多步法导出具体公式.

5.5.2　Adams 显式与隐式公式

考虑形如

$$y_{n+k} = y_{n+k-1} + h\sum_{i=0}^{k}\beta_i f_{n+1} \tag{5.5.7}$$

的 k 步法，称为 **Adams**① **方法**. $\beta_k=0$ 为显式方法，$\beta_k\neq 0$ 为隐式方法，通常 Adams 显式与隐式公式，也称为 Adams-Bashforth 公式或 Adams-Monlton 公式. 这类公式可直接由微分方程(5.1.1)两端积分(从 x_{n+k-1} 到 x_{n+k} 积分)求得.

下面可利用(5.5.4)式以及 $c_1=\cdots=c_p=0$，并对比(5.5.7)式与(5.5.1)式推出，系数 $\alpha_0=\alpha_1=\cdots=\alpha_{k-2}=0, \alpha_{k-1}=1$. 显然 $c_0=0$ 成立，下面只需确定系数 $\beta_0, \beta_1, \cdots, \beta_k$，故可令 $c_1=\cdots=c_{k+1}=0$，则可求得 $\beta_0, \beta_1, \cdots, \beta_k$(若 $\beta_k=0$，则令 $c_0=\cdots=c_k=0$ 来求得 $\beta_0, \beta_1, \cdots, \beta_{k-1}$). 下面以 $k=3$ 为例，由 $c_1=c_2=c_3=c_4=0$，根据(5.5.4)式可得

$$\begin{cases}\beta_0+\beta_1+\beta_2+\beta_3=1,\\ 2(\beta_1+2\beta_2+3\beta_3)=5,\\ 3(\beta_1+4\beta_2+9\beta_3)=19,\\ 4(\beta_1+8\beta_2+27\beta_3)=65.\end{cases}$$

若 $\beta_3=0$，则由前三个方程解得

$$\beta_0=\frac{5}{12},\quad \beta_1=-\frac{16}{12},\quad \beta_2=\frac{23}{12},$$

得到 $k=3$ 的 Adams 显式公式是

$$y_{n+3}=y_{n+2}+\frac{h}{12}(23f_{n+2}-16f_{n+1}+5f_n), \tag{5.5.8}$$

由(5.5.4)式求得 $c_4=3/8$，所以(5.5.8)式是三阶方法，局部截断误差是

$$T_{n+3}=\frac{3}{8}h^4y^{(4)}(x_n)+O(h^5).$$

若 $\beta_3\neq 0$，则可解得

$$\beta_0=\frac{1}{24},\quad \beta_1=-\frac{5}{24},\quad \beta_2=\frac{19}{24},\quad \beta_3=\frac{3}{8}.$$

得到 $k=3$ 的 Adams 隐式公式是

---

① 亚当斯(John Couch Adams，1819～1892)是英国数学家的天文学家.

$$y_{n+3} = y_{n+2} + \frac{h}{24}(9f_{n+3} + 19f_{n+2} - 5f_{n+1} + f_n), \tag{5.5.9}$$

它是四阶方法,局部截断误差是

$$T_{n+3} = -\frac{19}{720}h^5 y^{(5)}(x_n) + O(h^6). \tag{5.5.10}$$

用类似的方法可求得 Adams 显式方法和隐式方法的公式,表 5.4 及表 5.5 分别列出了 $k=3$ 时的 Adams 显式公式与 Adams 隐式公式,其中 k 为步数,p 为方法的阶,c_{p+1} 为误差常数.

表 5.4　Adams 显式公式

k	p	公式	c_{p+1}
1	1	$y_{n+1} = y_n + hf_n$	$\frac{1}{2}$
2	2	$y_{n+2} = y_{n+1} + \frac{h}{2}(3f_{n+1} - f_n)$	$\frac{5}{12}$
3	3	$y_{n+3} = y_{n+2} + \frac{h}{12}(23f_{n+2} - 16f_{n+1} + 5f_n)$	$\frac{3}{8}$
4	4	$y_{n+4} = y_{n+3} + \frac{h}{24}(55f_{n+3} - 59f_{n+2} + 37f_{n+1} - 9f_n)$	$\frac{251}{720}$

表 5.5　Adams 隐式公式

k	p	公式	c_{p+1}
1	1	$y_{n+1} = y_n + \frac{h}{2}(f_{n+1} + f_n)$	$-\frac{1}{12}$
2	2	$y_{n+2} = y_{n+1} + \frac{h}{12}(5f_{n+2} + 8f_{n+1} - f_n)$	$-\frac{1}{24}$
3	3	$y_{n+3} = y_{n+2} + \frac{h}{24}(9f_{n+3} + 19f_{n+2} - 5f_{n+1} + f_n)$	$-\frac{19}{720}$
4	4	$y_{n+4} = y_{n+3} + \frac{h}{720}(251f_{n+4} + 646f_{n+3} - 264f_{n+2} + 106f_{n+1} - 19f_n)$	$-\frac{3}{160}$

例 5.9　用四阶 Adams 显式和隐式方法解初值问题

$$y' = -y + x + 1, \quad y(0) = 1.$$

取步长 $h=0.1$.

解　本题 $f_n = -y_n + x_n + 1, x_n = nh = 0.1n$. 从四阶 Adams 显式公式得到

$$\begin{aligned} y_{n+4} &= y_{n+3} + \frac{h}{24}(55f_{n+3} - 59f_{n+2} + 37f_{n+1} - 9f_n) \\ &= \frac{1}{24}(18.5y_{n+3} + 5.9y_{n+2} - 3.7y_{n+1} + 0.9y_n + 0.24n + 3.24). \end{aligned}$$

对于四阶 Adams 隐式公式得到

$$
\begin{aligned}
y_{n+3} &= y_{n+2} + \frac{h}{24}(9f_{n+3} + 19f_{n+2} - 5f_{n+1} + f_n) \\
&= \frac{1}{24}(-0.9y_{n+3} + 22.1y_{n+2} + 0.5y_{n+1} - 0.1y_n + 0.24n + 3).
\end{aligned}
$$

由此看直接解出 y_{n+3} 而不用迭代，得到

$$
y_{n+3} = \frac{1}{24.9}(22.1y_{n+2} + 0.5y_{n+1} - 0.1y_n + 0.24n + 3).
$$

计算结果见表 5.6，其中显式方法中的 y_0, y_1, y_2, y_3 及隐式方法中的 y_0, y_1, y_2 均用精确解 $y(x) = e^{-x} + x$ 计算得到. 对一般方程，可用四阶 R-K 方法计算初始近似.

表 5.6　计算结果

x_n	精确解 $y(x_n) = e^{-x_n} + x_n$	Adams 显式方法 y_n	Adams 显式方法 $\lvert y(x_n) - y_n \rvert$	Adams 隐式方法 y_n	Adams 隐式方法 $\lvert y(x_n) - y_n \rvert$
0.3	1.04081822			1.40481801	2.1×10^{-7}
0.4	1.07032005	1.07032292	2.87×10^{-6}	1.07031966	3.9×10^{-7}
0.5	1.10653066	1.10653548	4.82×10^{-6}	1.10653014	5.2×10^{-7}
0.6	1.14881164	1.14881841	6.77×10^{-6}	1.14881101	6.3×10^{-7}
0.7	1.19658530	1.19659340	8.10×10^{-6}	1.19658459	7.1×10^{-7}
0.8	1.24932896	1.24933816	9.20×10^{-6}	1.24932819	7.7×10^{-7}
0.9	1.30656966	1.30657962	9.96×10^{-6}	1.30656884	8.2×10^{-7}
1.0	1.36787944	1.36788996	1.05×10^{-5}	1.36787859	8.5×10^{-7}

从以上例子看到同阶的 Adams 方法，隐式方法要比显式方法误差小，这可以从以上两种方法的局部截断误差主项 $c_{p+1}h^{(p+1)}(x_n)$ 的系数大小得到解释，这里 c_{p+1} 分别为 $\frac{251}{720}$ 及 $-\frac{19}{720}$.

5.5.3　Milne 方法和 Simpson 方法

考虑与(5.5.7)式不同的另一个 $k = 4$ 的显式公式

$$
y_{n+4} = y_n + h(\beta_3 f_{n+3} + \beta_2 f_{n+2} + \beta_3 f_{n+1} + \beta_0 f_n),
$$

其中 $\beta_0, \beta_1, \beta_2, \beta_3$ 为待定常数，可根据使公式的阶尽可能高这一条件来确定其数值. 由(5.5.4)式可知 $c_0 = 0$，再令 $c_1 = c_2 = c_3 = c_4 = 0$ 得到

$$
\begin{cases}
\beta_0 + \beta_1 + \beta_2 + \beta_3 = 4, \\
2(\beta_1 + 2\beta_2 + 3\beta_3) = 16, \\
3(\beta_1 + 4\beta_2 + 9\beta_3) = 64, \\
4(\beta_1 + 8\beta_2 + 27\beta_3) = 256.
\end{cases}
$$

解此线性方程组得

$$\beta_1 = \frac{8}{3}, \quad \beta_2 = -\frac{4}{3}, \quad \beta_3 = \frac{8}{3}, \quad \beta_0 = 0.$$

于是得到四阶显式公式

$$y_{n+4} = y_n + \frac{4h}{3}(2f_{n+3} - f_{n+2} + 2f_{n+1}), \tag{5.5.11}$$

称为 **Milne 方法**. 由于 $c_5 = \frac{14}{45}$,故方法称为四阶的,其局部截断误差为

$$T_{n+4} = \frac{14}{45}h^5 y^{(5)}(x_n) + O(h^6). \tag{5.5.12}$$

Milne 方法也可以通过微分方程(5.1.1)两端积分

$$y(x_{n+4}) - y(x_n) = \int_{x_n}^{x_{n+4}} f(x, y(x))\mathrm{d}x$$

得到. 若将微分方程(5.1.1)从 x_n 到 x_{n+2} 积分,可得

$$y(x_{n+2}) - y(x_n) = \int_{x_n}^{x_{n+2}} f(x, y(x))\mathrm{d}x.$$

右端积分利用 Simpson 求积公式就有

$$y_{n+2} = y_n + \frac{h}{3}(f_n + 4f_{n+1} + f_{n+2}), \tag{5.5.13}$$

此方法称为 Simpson 方法. 它是隐式二步四阶方法,其局部截断误差为

$$T_{n+2} = -\frac{h^5}{90}y^{(5)}(x_n) + O(h^6). \tag{5.5.14}$$

5.5.4 Hamming 方法

Simpson 公式是二步阶数最高的,但它的稳定性较差. 为了改善稳定性,我们考察另一类三步法公式

$$y_{n+3} = \alpha_0 y_n + \alpha_1 y_{n+1} + \alpha_2 y_{n+2} + h(\beta_1 f_{n+1} + \beta_2 f_{n+2} + \beta_3 f_{n+3}),$$

其中系数 $\alpha_0, \alpha_1, \alpha_2$ 及 $\beta_1, \beta_2, \beta_3$ 为常数. 如果希望导出的公式是四阶的,则系数中至少有一个自由参数. 若取 $\alpha_1 = 1$,则可得到 Simpson 公式. 若取 $\alpha_1 = 0$,仍利用 Taylor 展开,由(5.5.4)式,令 $c_1 = c_2 = c_3 = c_4 = 0$,则可得到

$$\begin{cases} \alpha_0 + \alpha_2 = 1, \\ 2\alpha_2 + \beta_1 + \beta_2 + \beta_3 = 3, \\ 4\alpha_2 + 2(\beta_1 + 2\beta_2 + 3\beta_3) = 9, \\ 8\alpha_2 + 3(\beta_1 + 4\beta_2 + 9\beta_3) = 27, \\ 16\alpha_2 + 4(\beta_1 + 8\beta_2 + 27\beta_3) = 81. \end{cases}$$

解此线性方程组得

$$\alpha_0 = -\frac{1}{8}, \quad \alpha_2 = \frac{9}{8}, \quad \beta_1 = -\frac{3}{8}, \quad \beta_2 = \frac{6}{8}, \quad \beta_3 = \frac{3}{8}.$$

于是有

$$y_{n+3} = \frac{1}{8}(9y_{n+2} - y_n) + \frac{3h}{8}(f_{n+3} + 2f_{n+2} - f_{n+1}), \qquad (5.5.15)$$

称为 **Hamming 方法**. 由于 $c_5 = -\frac{1}{40}$,故方法是四阶的,且局部截断误差为

$$T_{n+2} = -\frac{h^5}{40}y^{(5)}(x_n) + O(h^6). \qquad (5.5.16)$$

5.5.5　预测-校正方法

对于隐式的线性多步法,计算时要进行迭代,计算量较大. 为了避免进行迭代,通常采用显式公式给出 y_{n+k}的一个初始近似,记为 $y_{n+k}^{(0)}$,称为**预测**(predictor),接着计算 f_{n+k}的值(evaluation),再用隐式公式计算 y_{n+k},称为**校正**(corrector). 例如在(5.2.6)式中用 Euler 法做预测,再用梯形法校正,得到改进 Euler 法,它就是一个二阶预测-校正方法. 一般情况下,预测公式与校正公式都取同阶的显式方法与隐式方法相匹配. 例如用四阶的 Adams 显式方法做预测,再用四阶 Adams 隐式公式做校正,得到以下格式:

$$\begin{aligned}
&\text{预测 P:}\ y_{n+4}^P = y_{n+3} + \frac{h}{24}(55f_{n+3} - 59f_{n+2} + 37f_{n+1} - 9f_n),\\
&\text{求值 E:}\ f_{n+4}^P = f(x_{n+4}, y_{n+4}^P),\\
&\text{校正 C:}\ y_{n+4} = y_{n+3} + \frac{h}{24}(9f_{n+4}^P + 19f_{n+3} - 5f_{n+2} + f_{n+1}),\\
&\text{求值 E:}\ f_{n+4} = f(x_{n+4}, y_{n+4}).
\end{aligned}$$

此公式称为 **Adams 四阶预测-校正格式(PECE)**.

根据四阶 Adams 公式的截断误差,对于 PECE 的预测步 P 有

$$y(x_{n+4}) - y_{n+4}^P \approx \frac{251}{720}h^5 y^{(5)}(x_n),$$

对于校正步 C 有

$$y(x_{n+4}) - y_{n+4} \approx -\frac{19}{720}h^5 y^{(5)}(x_n),$$

两式相减得

$$h^5 y^{(5)}(x_n) \approx -\frac{720}{270}(y_{n+4}^P - y_{n+4}),$$

于是有下列事后误差估计

$$y(x_{n+4}) - y_{n+4}^P \approx -\frac{251}{720}(y_{n+4}^P - y_{n+4}),$$

$$y(x_{n+4}) - y_{n+4} \approx \frac{19}{720}(y_{n+4}^P - y_{n+4}).$$

容易看出

$$\begin{cases} y_{n+4}^{pm} = y_{n+4}^{P} + \dfrac{251}{270}(y_{n+4} - y_{n+4}^{P}), \\ \overline{y}_{n+4} = y_{n+4} - \dfrac{19}{270}(y_{n+4} - y_{n+4}^{P}), \end{cases} \tag{5.5.17}$$

比 y_{n+4}^{P}，y_{n+4}更好.但在 y_{n+4}^{pm}的表达式中 y_{n+4}是未知的，因此计算时用上一步代替，从而构造一种**修正预测-校正格式**(**PMECME**)：

$$\begin{aligned} &\mathrm{P}: y_{n+4}^{p} = y_{n+3} + \frac{h}{24}(55f_{n+3} - 59f_{n+2} + 37f_{n+1} - 9f_{n}), \\ &\mathrm{M}: y_{n+4}^{pm} = y_{n+4}^{p} + \frac{251}{270}(y_{n+3}^{c} - y_{n+3}^{p}), \\ &\mathrm{E}: f_{n+4}^{pm} = f(x_{n+4}, y_{n+4}^{pm}), \\ &\mathrm{C}: y_{n+4}^{c} = y_{n+3} + \frac{h}{24}(9y_{n+4}^{pm} + 19f_{n+3} - 5f_{n+2} + f_{n+1}), \\ &\mathrm{M}: y_{n+4} = y_{n+4}^{c} - \frac{19}{270}(y_{n+4}^{c} - y_{n+4}^{p}), \\ &\mathrm{E}: f_{n+4} = f(x_{n+4}, y_{n+4}). \end{aligned}$$

注意，在 PMECME 格式中已将(5.5.17)式中的 y_{n+4}及 $\overline{y}_{n+4}$分别改为 y_{n+4}^{c}及 y_{n+4}.

利用 Milne 公式(5.5.11)和汉明公式(5.5.15)相匹配，并利用截断误差(5.5.12)式，(5.5.16)式改进计算结果，可类似地建立四阶**修正 Milne-Hamming 预测-校正格式**(**PMECME**)：

$$\begin{aligned} &\mathrm{P}: y_{n+4}^{p} = y_{n} + \frac{4}{3}h(2f_{n+3} - f_{n+2} + 2f_{n+1}), \\ &\mathrm{M}: y_{n+4}^{pm} = y_{n+4}^{p} + \frac{112}{121}(y_{n+3}^{c} - y_{n+3}^{p}), \\ &\mathrm{E}: f_{n+4}^{pm} = f(x_{n+4}, y_{n+4}^{pm}), \\ &\mathrm{C}: y_{n+4}^{c} = \frac{1}{8}(9y_{n+3} - y_{n+1}) + \frac{3}{8}h(y_{n+4}^{pm} + 2f_{n+3} - f_{n+2}), \\ &\mathrm{M}: y_{n+4} = y_{n+4}^{c} - \frac{9}{121}(y_{n+4}^{c} - y_{n+4}^{p}), \\ &\mathrm{E}: f_{n+4} = f(x_{n+4}, y_{n+4}). \end{aligned}$$

5.5.6　构造多步法公式的标记和例

前面已指出，构造多步法公式有基于数值积分和 Taylor 展开两种途径，只对能将微分方程(5.1.1)转化为等价的积分方程的情形方可利用数值积分方法建立多步法公式，它是有局限性的，即前种途径只对部分方法适用.而用 Taylor 展开则可构造任意多步法公式，其做法是根据的多步法公式的形式，直接在 x_n 处做 Taylor 展开即可，不必套用系数公式(5.5.4)确定多步法(5.5.1)的系数 α_i 及 β_i $(i=0,1,\cdots,k)$，因为多步法公式不一定如(5.5.1)式的形式.另外,套用公式容易记错.具体做法见下面例子.

例 5.10 用显式二步法

$$y_{n+2}=\alpha_0 y_n+\alpha_1 y_{n-1}+h(\beta_0 f_n+\beta_1 f_{n-1})$$

解初值问题 $y'=f(x,y)$, $y(x_0)=y_0$, 其中 $f_n=f(x_n,y_n)$, $f_{n-1}=f(x_{n-1},y_{n-1})$.试确定参数 $\alpha_0,\alpha_1,\beta_0,\beta_1$ 使方法阶数尽可能高,并求截断误差.

解 本题仍根据局部截断误差定义,用 Taylor 展开确定参数满足的方程.由于

$$\begin{aligned}
T_{n+1}=&\ y(x_n+h)-\alpha_0 y_n-\alpha_1 y(x_n-h)-h[\beta_0 y'(x_n)+\beta_1 y'(x_n-h)]\\
=&\ y(x_n)+hy'(x_n)+\frac{h^2}{2}y''(x_n)+\frac{h^3}{3!}y'''+\frac{h^4}{4!}y^{(4)}(x_n)+O(h^{(5)})\\
&-\alpha_0 y(x_n)-\alpha_1[y(x_n)-hy'(x_n)+\frac{h^2}{2}y''(x_n)\\
&-\frac{h^3}{3!}y'''+\frac{h^4}{4!}y^{(4)}(x_n)+O(h^{(5)})]\\
&-\beta_0 hy'(x_n)-\beta_1 h\Big[y'(x_n)-hy''(x_n)\\
&+\frac{h^2}{2}y'''(x_n)-\frac{h^3}{3!}y^{(4)}(x_n)+O(h^{(5)})\Big]\\
=&\ (1-\alpha_0-\alpha_1)y(x_n)+(1+\alpha_1-\beta_0-\beta_1)hy'(x_n)\\
&+\left(\frac{1}{2}-\frac{1}{2}\alpha_1+\beta_1\right)h^2y''(x_n)+\left(\frac{1}{6}+\frac{1}{6}\alpha_1-\frac{1}{2}\beta_1\right)h^3y'''(x_n)\\
&+\left(\frac{1}{24}-\frac{1}{24}\alpha_1+\frac{1}{6}\beta_1\right)yh^{4(4)}(x_n)+O(h^{(5)}),
\end{aligned}$$

为求参数 $\alpha_0,\alpha_1,\beta_0,\beta_1$ 使方法阶数尽可能高,可令

$$1-\alpha_0-\alpha_1=0,\quad 1+\alpha_1-\beta_0-\beta_1=0,$$

$$\frac{1}{2}-\frac{1}{2}\alpha_1+\beta_1=0,\quad \frac{1}{6}+\frac{1}{6}\alpha_1-\frac{1}{2}\beta_1=0,$$

即得线性方程组

$$\begin{cases}\alpha_0+\alpha_1=1,\\ -\alpha_1+\beta_0+\beta_1=1,\\ \alpha_1-2\beta_1=1,\\ -\alpha_1+3\beta_1=1,\end{cases}$$

解得 $\alpha_0=-4,\alpha_1=5,\beta_0=4,\beta_1=2$,此时公式为三阶,而且

$$T_{n+1}=\frac{1}{6}h^4y^{(4)}(x_n)+O(h^5)$$

即为所求局部截断误差.从而,所得二步法为

$$y_{n+1}=-4y_n+5y_{n-1}+2h(2f_n+f_{n-1}).$$

例 5.11 证明存在 α 的一个值,使线性多步法为

$$y_{n+1}+\alpha(y_n-y_{n-1})-y_{n-2}=\frac{1}{2}(3+\alpha)h(f_n+f_{n-1})$$

是四阶的.

证 只有证明局部截断误差 $T_{n+1}=O(h^5)$,则方法为四阶的. 根据 Taylor 公式,

$$\begin{aligned}
T_{n+1}=&\ y(x_n+h)+\alpha[y(x_n)-y(x_n-h)]-y(x_n-2h)\\
&-\frac{1}{2}(3+\alpha)h[[y'(x_n)-y'(x_n-h)]]\\
=&\ y(x_n)+hy'(x_n)+\frac{h^2}{2}y''(x_n)+\frac{h^3}{3!}y'''(x_n)+\frac{h^4}{4!}y^{(4)}(x_n)+O(h^5)\\
&-\alpha\left[(-h)y'(x_n)+\frac{h^2}{2}y''(x_n)-\frac{h^3}{3!}y'''(x_n)+\frac{h^4}{4!}y^{(4)}(x_n)+O(h^5)\right]\\
&-\left[y(x_n)-2h^2y'(x_n)+\frac{(2h)^2}{2}y''(x_n)\right.\\
&\left.-\frac{(3h)^3}{3!}y'''(x_n)+\frac{(4h)^4}{4!}y^{(4)}(x_n)+O(h^5)\right]\\
&-\frac{h}{2}(3+\alpha)\left[y'(x_n)+y'(x_n)-hy''(x_n)\right.\\
&\left.-\frac{h^2}{2}y'''(x_n)+\frac{h^3}{3!}y^{(4)}(x_n)+O(h^5)\right]\\
=&\ [1+\alpha+2-(3+\alpha)]hy'(x_n)+\left[\frac{1}{2}-\frac{1}{2}\alpha-2+\frac{1}{2}(3+\alpha)\right]h^2y''(x_n)\\
&+\left[\frac{1}{6}+\frac{1}{6}\alpha+\frac{4}{3}-\frac{1}{4}(3+\alpha)\right]h^3y'''(x_n)\\
&+\left[\frac{1}{24}-\frac{1}{24}\alpha-\frac{2}{3}+\frac{1}{12}(3+\alpha)\right]h^4y^{(4)}(x_n)+O(h^{(5)})\\
=&\left(\frac{3}{4}-\frac{1}{12}\alpha\right)h^3y'''(x_n)+\frac{1}{24}(-9+\alpha)h^4y^{(4)}(x_n)+O(h^{(5)}).
\end{aligned}$$

当 $\alpha=9$ 时,$T_{n+1}=O(h^{(5)})$,故方法是四阶的.

5.6 线性多步法的收敛性与稳定性

线性多步法的基本性质与单步法相似,但它涉及线性差分方程理论,因此不做详细讨论,只给出基本概念及结论.

5.6.1　相容性及收敛性

线性多步法(5.5.1)式在定义5.10中给出的局部截断误差(5.5.2)式中 $T_{n+1}=O(h^{p+1})$,若 $p\geqslant 1$ 称 k 步法(5.5.1)与微分方程(5.1.1)式相容,它等价于

$$\lim_{k\to 0}\frac{1}{h}T_{n+k}=0. \tag{5.6.1}$$

对多步法(5.5.1)可引入多项式

$$\rho(\xi)=\xi^k-\sum_{j=0}^{k-1}\alpha_j\xi^j, \tag{5.6.2}$$

和

$$\sigma(\xi)=\sum_{j=0}^{k-1}\beta_j\xi^j, \tag{5.6.3}$$

分别称为线性多步法(5.5.1)的第一特征多项式和第二特征多项式.可以看出,如果(5.5.1)式给定,则 $\rho(\xi)$ 和 $\sigma(\xi)$ 也完全确定,反之也成立.根据(5.5.4)式的结论,有下面定理.

定理5.5　线性多步法(5.5.1)与微分方程(5.1.1)相容的充分必要条件是

$$\rho(1)=0,\quad \rho'(1)=\sigma(1). \tag{5.6.4}$$

关于多步法(5.5.1)的收敛性.由于用多步法(5.5.1)求数值解需要 k 个初值,而微分方程(5.1.1)只能给出一个初值 $y(x_0)=y_0$,因此还要给出 $k-1$ 个初值才能用多步法(5.5.1)进行求解,即

$$\begin{cases} y_{n+k}=\sum_{j=0}^{k-1}\alpha_j y_{n+j}+h\sum_{j=0}^{k}\beta_j y_{n+j}, \\ y_i=\eta_i(h)\quad (i=0,1,\cdots,k-1), \end{cases} \tag{5.6.5}$$

其中 y_0 由微分方程的初值给定,$y_1,y_2,\cdots,y_{k-1}$ 可由相应单步法给出.设由(5.6.5)式在 $x=x_n$ 处得到的数值解为 y_n,这里 $x_n=x_0+nh\in[a,b]$ 为固定点,$h=\dfrac{b-a}{n}$,于是有下面定义.

定义5.11　设初值问题(5.1.1)有精确解 $y(x)$.如果初始条件 $y_i=\eta_i(h)$ 满足条件

$$\lim_{h\to 0}\eta_i(h)=y_0\quad (i=0,1,\cdots,k-1)$$

的线性 k 步法(5.6.5)在 $x=x_n$ 处的解 y_n 有

$$\lim_{\substack{h\to 0\\ x=x_0+nh}} y_n=y(x),$$

则称线性 k 步法(5.6.5)是收敛的.

定理5.6　设线性 k 步法(5.6.5)是收敛的,则它是相容的.

此定理的逆定理是不成立的.见下例.

例 5.12　用线性二步法

$$\begin{cases} y_{n+2}=3y_{n+1}-2y_n+h(f_{n+1}-2f_n), \\ y_0=\eta_0(h), y_1=\eta_1(h) \end{cases} \tag{5.6.6}$$

解初值问题 $y'(x)=2x, y(0)=0$.

解　此初值问题精确解 $y(x)=x^2$，而由(5.6.6)式知

$$\rho(\xi)=\xi^2-3\xi+2, \quad \sigma(\xi)=\xi-2,$$

故有 $\rho(1)=0, \sigma(1)=\rho'(1)=-1$，故方法(5.6.6)是相容的，但方法(5.6.6)的解并不收敛，在方法(5.6.6)中取初值

$$y_0=0, \quad y_1=h, \tag{5.6.7}$$

此时方法为二阶差分方程

$$y_{n+2}=3y_{n+1}-2y_n+h(2x_{n+1}-4x_n), \quad y_0=0, \quad y_1=h, \tag{5.6.8}$$

其特征方程为

$$\rho(\xi)=\xi^2-3\xi+2=0,$$

解得其根为 $\xi_1=1$ 及 $\xi_2=2$. 于是可求得(5.6.8)式的解为

$$y_n=(2^n-1)h+n(n-1)h^2, \quad x=nh,$$

$$\lim_{\substack{h\to 0\\ n\to\infty}} y_n=\lim_{n\to\infty}\left(\frac{2^n-1}{n}x+\frac{n-1}{n}x^2\right)=\infty,$$

故方法不收敛.

从上例看出多步法(5.5.1)是否收敛于 $\rho(\xi)$ 的根有关，为此可给出以下概念.

定义 5.12　如果线性多步法(5.5.1)式的第一特征根多项式 $\rho(\xi)$ 的根都在单位圆内或单位圆上，且在单位圆上的根为单根，则称线性多步法(5.1.1)满足根条件.

定理 5.7　线性多步法(5.5.1)是相容的，则线性多步法(5.6.5)收敛的充分必要条件是线性多步法(5.5.1)满足根条件.

在例 5.12 中 $\rho(\xi)=\xi^2-3\xi+2$ 的根 $\xi_1=1, \xi_2=2$ 不满足根条件. 因此二步法(5.6.6)不收敛.

5.6.2　稳定性与绝对稳定性

稳定性主要研究初始条件扰动与差分方程右端项扰动对数值解的影响，假设多步法(5.6.5)有扰动 $\{\delta_n \mid n=0,1,\cdots,N\}$，则经过扰动后的解为 $\{z_n \mid n=0,1,\cdots,N\}$，$N=\dfrac{b-a}{h}$，它满足方程

$$\begin{cases} z_{n+k}=\displaystyle\sum_{j=0}^{k-1}\alpha_j z_{n+j}+h\left(\sum_{j=0}^{k}\beta_j f(x_{n+j}, z_{n+j})+\delta_{n+k}\right), \\ z_i=\eta_i(h)+\delta_i (i=0,1,\cdots,k-1). \end{cases} \tag{5.6.9}$$

定义 5.13　对初值问题(5.1.1),由方法(5.6.5)得到的差分方解$\{y_n\}_0^N$,由于有扰动$\{\delta_n\}_0^N$,使得方程(5.6.9)的解为$\{z_n\}_0^N$.若存在常数C及h_0,使对所有$h\in(0,h_0)$,当$|\delta_n|\leqslant\varepsilon,0\leqslant n\leqslant N$时,有

$$|z_n-y_n|\leqslant C\varepsilon,$$

则称多步法(5.5.1)是稳定的或称为零稳定的.

从定义看到研究零稳定性就是研究$h\to0$时差分方程(5.6.5)解$\{y_n\}$的稳定性.它表明当初始扰动或右端扰动不大时,解的误差也不大.对多步法(5.1.1),当$h\to0$时对应的差分方程的特征方程为$\rho(\xi)=0$,故有以下结论:

定理 5.8　线性多步法(5.5.1)是稳定的充分必要条件是它满足根条件.

关于绝对稳定性只要将多步法(5.5.1)用于解模型方程(5.4.8),得到线性差分方程

$$y_{n+k}=\sum_{j=0}^{k-1}\alpha_jy_{n+j}+h\lambda\sum_{j=0}^{k}\beta_jy_{n+j}\tag{5.6.10}$$

利用线性多步法的第一、第二特征多项式$\rho(\xi),\sigma(\xi)$,令

$$\pi(\xi,\mu)=\rho(\xi)-\mu\sigma(\xi),\quad\mu=h\lambda.\tag{5.6.11}$$

此式称为线性多步法的稳定性多项式,它是关于ξ的k次多项式.如果它的所有零点$\xi_r=\xi_r(\mu)(r=1,2,\cdots,k)$满足$|\xi_r|<1$,则(5.6.10)式的解$\{y_n\}$当$n\to\infty$时,有$|y_n|\to0$.由此可给出下面定义.

定义 5.14　对于给定的$\mu=h\lambda$,如果稳定多项式(5.6.11)的零点满足$|\xi_r|<1(r=1,2,\cdots,k)$,则称线性多步法(5.5.1)关于此$\mu$值是绝对稳定的.若在$\mu=h\lambda$的复平面的某个区域$R$中所有$\mu$值线性多步法(5.5.1)都是绝对稳定的,而在区域R外,方法是不稳定的,则称R为多步法(5.5.1)的**绝对稳定域**.R与实轴的交集称为线性多步法(5.5.1)的**绝对稳定区间**.

当λ为实数时,可以只讨论绝对稳定区间.由于线性多步法的绝对稳定域较为复杂,通常采用根轨迹法,这里不具体讨论,其绝对稳定区间见表5.7.

表 5.7　Adams 公式绝对稳定区间

显式方法	隐式方法
$k=p=1,-2<h\lambda<0$	$k=1,p=2,-\infty<h\lambda<0$
$k=p=2,-1<h\lambda<0$	$k=2,p=3,-6.0<h\lambda<0$
$k=p=3,-0.55<h\lambda<0$	$k=3,p=4,-3.0<h\lambda<0$
$k=p=4,-0.30<h\lambda<0$	$k=4,p=5,-1.8<h\lambda<0$

例 5.13　讨论 Simpson 方法

$$y_{n+2}=y_n+\frac{h}{3}(f_n+4f_{n+1}+f_{n+2})$$

的稳定性.

解 Simpson 方法的第一、第二特征多项式为

$$\rho(\xi)=\xi^2-1,\quad \sigma(\xi)=\frac{1}{3}(\xi^2+4\xi+1).$$

$\rho(\xi)=0$ 的根分别为 -1 及 1,它满足根条件,故方法是零稳定的,但它的稳定性多项式为

$$\pi(\xi,\mu)=\xi^2-1-\frac{1}{3}\mu(\xi^2+4\xi+1).$$

求绝对稳定域 R 的边界轨迹 ∂R.若 $\xi\in\partial R$,则可令 $\xi=\mathrm{e}^{\mathrm{i}\theta}$,在 μ 平面域 R 的边界轨迹 ∂R 为

$$\mu=\mu(\theta)=\frac{\rho(\mathrm{e}^{\mathrm{i}\theta})}{\sigma(\mathrm{e}^{\mathrm{i}\theta})}=\frac{\mathrm{e}^{2\mathrm{i}\theta}-1}{\frac{1}{3}(\mathrm{e}^{2\mathrm{i}\theta}+4\mathrm{e}^{\mathrm{i}\theta}+1)}=\frac{3(\mathrm{e}^{\mathrm{i}\theta}-\mathrm{e}^{-\mathrm{i}\theta})}{\mathrm{e}^{\mathrm{i}\theta}+4+\mathrm{e}^{-\mathrm{i}\theta}}=\frac{3\mathrm{i}\sin\theta}{2+\cos\theta}.$$

可看出 $\mu(\theta)$ 在虚轴上,且对 $\theta\in[0,2\pi]$,$\frac{3\sin\theta}{2+\cos\theta}\in[-\sqrt{3},\sqrt{3}]$,从而可知 ∂R 为虚轴上从 $-\sqrt{3}\mathrm{i}$ 到 $\sqrt{3}\mathrm{i}$ 的线段,故 Simpson 公式的绝对稳定域为空集,即此方法不是绝对稳定的,故它不能用于求解.

5.7 一阶方程组与刚性方程组

5.7.1 一阶方程组

前面我们研究了单个方程 $y'=f(x,y)$ 的数值解法,只要把 y 和 f 理解为向量,则所提供的各种计算公式同样适用于一阶方程组情形.

考察一阶方程组

$$y'=f_i(x,y_1,y_2,\cdots,y_n)\quad(i=1,2,\cdots,n)$$

的初值问题,初始条件为

$$y_i(x_0)=y_i^0\quad(i=1,2,\cdots,n).$$

若采用向量的记号,记

$$\boldsymbol{y}=(y_1,y_2,\cdots,y_n)^{\mathrm{T}},\quad \boldsymbol{y}_0=(y_1^0,y_2^0,\cdots,y_n^0)^{\mathrm{T}},\quad \boldsymbol{f}=(f_1,f_2,\cdots,f_n)^{\mathrm{T}},$$

则上述方程组的初值问题可表示为

$$\begin{cases}\boldsymbol{y}'=\boldsymbol{f}(\boldsymbol{x},\boldsymbol{y}),\\ \boldsymbol{y}(\boldsymbol{x}_0)=\boldsymbol{y}_0.\end{cases}\tag{5.7.1}$$

求解这一初值问题的四阶 R-K 公式为

$$y_{n+1}=y_n+\frac{h}{6}(k_1+2k_2+2k_3+k_4),$$

式中

$$
\begin{aligned}
k_1 &= f(x_n, y_n),\\
k_2 &= f\left(x_n + \frac{h}{2}, y_n + \frac{h}{2}k_1\right),\\
k_3 &= f\left(x_n + \frac{h}{2}, y_n + \frac{h}{2}k_2\right),\\
k_4 &= f(x_n + h, y_n + hk_3).
\end{aligned}
$$

为了帮助理解这一公式的计算过程,我们考察两个方程的特殊情形:

$$
\begin{cases}
y' = f(x, y, z),\\
z' = g(x, y, z),\\
y(x_0) = y_0,\\
z(x_0) = z_0.
\end{cases}
$$

这时四阶 R-K 公式为

$$
\begin{cases}
y_{n+1} = y_n + \dfrac{h}{6}(K_1 + 2K_2 + 2K_3 + K_4),\\
z_{n+1} = z_n + \dfrac{h}{6}(L_1 + 2L_2 + 2L_3 + L_4),
\end{cases}
\tag{5.7.2}
$$

其中

$$
\begin{cases}
K_1 = f(x_n, y_n, z_n),\\
K_2 = f\left(x_n + \dfrac{h}{2}, y_n + \dfrac{h}{2}K_1, z_n + \dfrac{h}{2}L_1\right),\\
K_3 = f\left(x_n + \dfrac{h}{2}, y_n + \dfrac{h}{2}K_2, z_n + \dfrac{h}{2}L_2\right),\\
K_4 = f(x_n + h, y_n + hK_3, z_n + hL_3),\\
L_1 = g(x_n, y_n, z_n),\\
L_2 = g\left(x_n + \dfrac{h}{2}, y_n + \dfrac{h}{2}K_1, z_n + \dfrac{h}{2}L_1\right),\\
L_3 = g\left(x_n + \dfrac{h}{2}, y_n + \dfrac{h}{2}K_2, z_n + \dfrac{h}{2}L_2\right),\\
L_4 = g(x_n + h, y_n + hK_3, z_n + hL_3).
\end{cases}
\tag{5.7.3}
$$

这是一步法,利用节点 x_n 上的值 y_n, z_n,由式(5.7.3)依次计算 $K_1, L_1, K_2, L_2, K_3, L_3, K_4, L_4$,然后代入式(5.7.2),即可求得节点 x_{n+1}上的值 y_{n+1}, z_{n+1}.

5.7.2　化高阶方程为一阶方程组

关于高阶微分方程(方程组)的初值问题,原则上可以归结为一阶方程组来求解.例如,考察下列 m 阶微分方程

$$
y^{(m)} = f(x, y, y', \cdots, y^{(m-1)}),
\tag{5.7.4}
$$

初始条件为

$$y(x_0)=y_0,\ y'(x_0)=y'_0,\ \cdots,\ y^{(m-1)}(x_0)=y_0^{(m-1)}. \tag{5.7.5}$$

只要引进新的变量

$$y_1=y,\ y_2=y',\ \cdots,\ y_m=y^{(m-1)},$$

即可将 m 阶微分方程(5.7.4)化为如下的一阶微分方程组：

$$\begin{cases} y'_1=y_2, \\ y'_2=y_3, \\ \cdots\cdots \\ y'_{m-1}=y_m, \\ y'_m=f(x,y_1,y_2,\cdots,y_m). \end{cases} \tag{5.7.6}$$

初始条件(5.7.5)则相应地化为

$$y_1(x_0)=y_0,\ y_2(x_0)=y'_0,\ \cdots,\ y_m(x_0)=y_0^{(m-1)}. \tag{5.7.7}$$

不难证明，初值问题(5.7.4)，(5.7.5)和(5.7.6)，(5.7.7)是等价的.

特别地，对于下列二阶微分方程的初值问题：

$$\begin{cases} y''=f(x,y,y'), \\ y(x_0)=y_0, \\ y'(x_0)=y'_0. \end{cases}$$

引进新的变量 $z=y'$，即可化为下列一阶微分方程组的初值问题：

$$\begin{cases} y'=z, \\ z'=f(x,y,z), \\ y(x_0)=y_0, \\ z(x_0)=y'_0. \end{cases}$$

针对这个问题应用四阶 R-K 公式(5.7.2)，有

$$\begin{cases} y_{n+1}=y_n+\dfrac{h}{6}(K_1+2K_2+2K_3+K_4), \\ z_{n+1}=z_n+\dfrac{h}{6}(L_1+2L_2+2L_3+L_4). \end{cases}$$

由(5.7.3)式可得

$$K_1=z_n,\quad L_1=f(x_n,y_n,z_n),$$

$$K_2=z_n+\frac{h}{2}L_1,\quad L_2=f\left(x_n+\frac{h}{2},y_n+\frac{h}{2}K_1,z_n+\frac{h}{2}L_1\right),$$

$$K_3=z_n+\frac{h}{2}L_2,\quad L_3=f\left(x_n+\frac{h}{2},y_n+\frac{h}{2}K_2,z_n+\frac{h}{2}L_2\right),$$

$$K_4=z_n+hL_3,\quad L_4=f(x_n+h,y_n+hK_3,z_n+hL_3).$$

如果消去 K_1,K_2,K_3,K_4，则上述格式可表示为

$$\begin{cases} y_{n+1}=y_n+hz_n+\dfrac{h^2}{6}(L_1+L_2+L_3), \\ z_{n+1}=z_n+\dfrac{h}{6}(L_1+2L_2+2L_3+L_4). \end{cases}$$

这里

$$
\begin{aligned}
L_1 &= f(x_n, y_n, z_n), \\
L_2 &= f\left(x_n + \frac{h}{2}, y_n + \frac{h}{2}z_n, z_n + \frac{h}{2}L_1\right), \\
L_3 &= f\left(x_n + \frac{h}{2}, y_n + \frac{h}{2}z_n + \frac{h^2}{4}L_1, z_n + \frac{h}{2}L_2\right), \\
L_4 &= f\left(x_n + h, y_n + hz_n + \frac{h^2}{2}L_2, z_n + hL_3\right).
\end{aligned}
$$

5.7.3　刚性方程组

在求解微分方程组(5.7.1)时，经常出现解的分量数量级差别很大的情形，这给数值求解带来很大困难，这种问题称为**刚性**(stiff)**问题**，刚性问题在化学反应、电子网络和自动控制等领域中都是常见的.先考察以下例子.

给定系统

$$
\begin{cases}
u' = -1000.25u + 999.75v + 0.5, \\
v' = 999.75u - 1000.25v + 0.5, \\
u(0) = 1, \\
v(0) = -1.
\end{cases}
\tag{5.7.8}
$$

它可用解析方法求出精确解，方程右端的系数矩阵

$$
\boldsymbol{A} = \begin{pmatrix} -1000.25 & 999.75 \\ 999.75 & -1000.25 \end{pmatrix}
$$

的特征值为 $\lambda_1 = -0.5, \lambda_2 = -2000$，方程的精确解为

$$
\begin{cases}
u(t) = -e^{-0.5t} + e^{-2000t} + 1, \\
v(t) = -e^{-0.5t} - e^{-2000t} + 1.
\end{cases}
$$

当 $t \to \infty$ 时，$u(t) \to 1, v(t) \to 1$ 称为稳态解，u, v 均含有快变分量 e^{-2000t} 和慢变分量 $e^{-0.5t}$.对于 λ_2 的快速衰减分量在 $t = 0.005$ 秒时已衰减到 $e^{-10} \approx 0$，称 $\tau_2 = -\dfrac{1}{\lambda_2} = \dfrac{1}{2000} = 0.0005$ 为**时间常数**.当 $t = 10\tau_2$ 时快变分量即可被忽略，而对应于 λ_1 的慢变分量，它的时间常数 $\tau_1 = -\dfrac{1}{\lambda_1} = \dfrac{1}{0.5} = 2$，它要计算到 $t = 10\tau_1 = 20$ 时，才能衰减到 $e^{-10} \approx 0$，也就是说，解 u, v 必须计算到 $t = 20$ 时才能达到稳态解.它表明微分方程(5.7.8)的解分量变化速度相差很大，是一个刚性方程组.如果用四阶 R-K 法求解，步长选取要满足 $h < -\dfrac{2.78}{\lambda}$，即 $h < -\dfrac{2.78}{\lambda_2} = 0.00139$，才能使计算稳定，而要计算到稳态解至少需要算到 $t = 20$，则需计算 14388 步.这种用小步长计算长区间的现象是刚性方程数值求解出现的困难，它是由系统本身病态性质引起的.

对一般的线性系统

$$\frac{\mathrm{d}\boldsymbol{y}}{\mathrm{d}t}=\boldsymbol{A}\boldsymbol{y}(t)+\boldsymbol{g}(t),\tag{5.7.9}$$

其中 $\boldsymbol{y}=(y_1,y_2,\cdots,y_N)^{\mathrm{T}}\in\mathbf{R}^N$，$\boldsymbol{g}=(g_1,g_2,\cdots,g_N)^{\mathrm{T}}\in\mathbf{R}^N$，$\boldsymbol{A}\in\mathbf{R}^{N\times N}$. 若 $\boldsymbol{A}$ 的特征值 $\lambda_j=\alpha_j+\mathrm{i}\beta_j\ (j=1,2,\cdots,N)$ 相应的特征向量为 $\boldsymbol{\varphi}_j\ (j=1,2,\cdots,N)$，则微分方程组(5.7.9)的通解为

$$\boldsymbol{y}(t)=\sum_{j=1}^{N}c_j\mathrm{e}^{\lambda_j t}\boldsymbol{\varphi}_j+\boldsymbol{\psi}(t),\tag{5.7.10}$$

其中 c_j 为任意常数，可由初始条件 $\boldsymbol{y}(a)=\boldsymbol{y}^0$ 确定，$\boldsymbol{\psi}(t)$ 为特解.

假定 λ_j 的实部 $\alpha_j=\mathrm{Re}(\lambda_j)<0$，则当 $t\to\infty$ 时，$\boldsymbol{y}(t)\to\boldsymbol{\psi}(t)$，$\boldsymbol{\psi}(t)$ 为稳态解.

定义 5.15　若线性系统(5.7.9)中 $\boldsymbol{A}$ 的特征值 λ_j 满足条件 $\mathrm{Re}(\lambda_j)<0$ $(j=1,2,\cdots,N)$，且

$$s=\frac{\max\limits_{1\leqslant j\leqslant N}|\mathrm{Re}(\lambda_j)|}{\min\limits_{1\leqslant j\leqslant N}|\mathrm{Re}(\lambda_j)|}\gg 1,$$

则称系统(5.7.9)为**刚性方程**，称 s 为**刚性比**.

刚性比 $s\gg1$ 时，$\boldsymbol{A}$ 为病态矩阵，故刚性方程也称病态方程. 通常 $s\geqslant10$ 就认为是刚性的，s 越大病态越严重，方程组(5.7.8)的刚性比 $s=4000$，故它是刚性的.

对一般非线性方程组(5.7.1)，可类似定义 13，将 f 在点 $(t,y(t))$ 处线性展开，记 $\boldsymbol{J}(t)=\dfrac{\partial f}{\partial y}\in\mathbf{R}^{N\times N}$，假定 $\boldsymbol{J}(t)$ 的特征值为 $\lambda_j(t)\ (j=1,2,\cdots,N)$，于是由定义 5.15 可知，当 $\lambda_j(t)$ 满足条件 $\mathrm{Re}(\lambda_j)<0\ (j=1,2,\cdots,N)$，且

$$s(t)=\frac{\max\limits_{1\leqslant j\leqslant N}|\mathrm{Re}(\lambda_j(t))|}{\min\limits_{1\leqslant j\leqslant N}|\mathrm{Re}(\lambda_j(t))|}\gg 1,$$

则称系统(5.7.1)是刚性的，$s(t)$ 称为方程(5.7.1)的局部刚性比.

求刚性方程数值解时，若用步长受限制的方法就将出现小步长计算大区间的问题，因此最好使用对步长 h 不加限制的方法，如前面已介绍的后退的 Euler 法及梯形法，即 A-稳定的方法. 这种方法当然对步长 h 没有限制，但 A-稳定方法要求太苛刻，现已证明所有显式方法都不是 A-稳定的，而隐式的 A-稳定多步法阶数最高为 2，且以梯形法误差常数为最小. 这就表明本章所介绍的方法中能用于解刚性方程的方法很少. 通常求解刚性方程的高阶线性多步法是 **Gear 方法**，还有隐式 R-K 方法，这些方法都有现成的数学软件可供使用.

复习与思考题

1. 常微分方程初值问题右端函数 f 满足什么条件时解存在唯一？什么是好

条件的方程?

2. 什么是 Euler 法和后退的 Euler 法? 它们是怎样导出的? 并给出局部截断误差.

3. 何谓单步法的局部截断误差? 何谓数值方法是 p 阶精度?

4. 给出梯形法和改进 Euler 法的计算公式. 它们是几阶精度的?

5. 显式方法和隐式方法的根本区别是什么? 如何求解隐式方程? 应如何给出迭代初始值?

6. 什么是 s 级的 Runge-Kutta 法? 它是 s 阶方法吗? 写出经典的四阶 Runge-Kutta 法.

7. 什么是单步法的绝对稳定域和绝对稳定区间? 四阶 Runge-Kutta 法的绝对稳定区间是什么?

8. 什么是 A-稳定的方法? 举出一个具体例子.

9. 如何导出线性多步法的公式? 它与单步法有何区别?

10. 什么是 Adams 显式与隐式公式? 它们为什么能利用等价的积分方程导出?

11. 用多步法示数值解为什么要用预测-校正法?

12. 什么是多步法的相容性和收敛性? 试给出多步法相容的条件.

13. 什么是多步法的特征多项式? 什么是根条件? 根条件在线性多步法收敛性与稳定性中有何作用?

14. 什么是刚性方程组? 为什么刚性微分方程数值求解非常困难? 什么数值方法适合刚性方程.

15. 判断下列命题是否正确:

(1) 一阶常微分方程右端函数 $f(x,y)$ 连续就一定存在唯一解.

(2) 数值求解常微分方程初值问题截断误差与舍入误差互不相关.

(3) 一个数值方法局部截断误差的阶等于整体误差的阶(方法的阶).

(4) 算法的阶越高计算结果就越精确.

(5) 显式方法的优点是计算简单且稳定性好.

(6) 隐式方法的优点是稳定性好且收敛阶高.

(7) 单步法比多步法优越的原因是计算简单且可以自启动.

(8) 改进 Euler 法是二级二阶的 Runge-Kutta 方法.

(9) 满足根条件的多步法都是绝对稳定的.

(10) 解刚性方程组如果使用 A-稳定方法, 则不管步长 h 取多大都可达到任意给出的精度.

习 题

1. 用 Euler 法解初值问题

$$y' = x^2 + 100y^2, \quad y(0) = 0.$$

取步长 $h=0.1$,计算 $x=0.3$(保留到小数点后 4 位).

2. 用改进 Euler 法和梯形法解初值问题

$$y' = x^2 + x - y, \quad y(0) = 0.$$

取步长 $h=0.1$,计算 $x=0.5$,并与精确解 $y=-e^{-x}+x^2-x+1$ 相比较.

3. 用梯形方法解初值问题

$$\begin{cases} y' + y = 0, \\ y(0) = 1. \end{cases}$$

证明其近似解为

$$y_n = \left(\frac{2-h}{2+h}\right)^n,$$

并证明当 $h\to 0$ 时,它收敛于原初值问题的精确解 $y=\mathrm{e}^{-x}$.

4. 利用 Euler 方法计算积分

$$\int_0^x \mathrm{e}^{t^2}\,\mathrm{d}t$$

在点 $x=0.5,1,1.5,2$ 的近似值.

5. 取 $h=0.2$,用四阶经典 Runge-Kutta 公式求解下列初值问题:

(1) $\begin{cases} y' = x + y \\ y(0) = 1 \end{cases}(0<x<1)$;

(2) $\begin{cases} y' = \dfrac{3y}{1+x} \\ y(0) = 1 \end{cases}(0<x<1)$.

6. 证明:对任意参数 t,下列 Runge-Kutta 公式是二阶的:

$$\begin{cases} y_{n+1} = y_n + \dfrac{h}{2}(K_2 + K_3), \\ K_1 = f(x_n, y_n), \\ K_2 = f(x_n + th, y_n + thK_1), \\ K_3 = f(x_n + (1-t)h, y_n + (1-t)hK_1). \end{cases}$$

7. 证明:中点公式

$$y_{n+1} = y_n + hf\left(x_n + \frac{h}{2}, y_n + \frac{h}{2}f(x_n, y_n)\right)$$

是二阶的.

8. 求隐式中点公式

$$y_{n+1} = y_n + hf\left(x_n + \frac{h}{2}, \frac{1}{2}(y_n + y_{n+1})\right)$$

的绝对稳定区间.

9. 对于初值问题

$$y' = -100(y - x^2) + 2x, \quad y(0) = 1.$$

(1) 用 Euler 法求解,步长 h 取什么范围的值,才能使计算稳定;

(2) 若用四阶 Runge-Kutta 法计算,步长 h 如何选取?

(3) 若用梯形公式计算,步长 h 有无限制.

10. 分别用二阶显式 Adams 方法和二阶隐式 Adams 方法解下列初值问题:

$$y' = 1 - y, \quad y(0) = 0.$$

取 $h=0.2, y_0=0, y_1=0.181$,计算 $y(1.0)$ 并与精确解 $y=1-e^{-x}$ 相比较.

11. 证明解 $y'=f(x,y)$ 的下列差分公式

$$y_{n+1} = \frac{1}{2}(y_n + y_{n-1}) + \frac{h}{4}(4y'_{n+1} - y'_n + 3y'_{n-1})$$

是二阶的,并求出截断误差的主项.

12. 证明:线性二步法

$$y_{n+2} + (b-1)y_{n+1} - by_n = \frac{h}{4}[(b+3)f_{n+2} + (3b+1)f_n]$$

当 $b \neq -1$ 时,方法为二阶;当 $b=-1$ 时,方法为三阶.

13. 讨论二步法

$$y_{n+2} = y_{n+1} + \frac{h}{12}(5f_{n+2} + 8f_{n+1} - f_n)$$

的收敛性.

14. 写出下列常微分方程等价的一阶方程组:

(1) $y'' = y'(1-y^2) - y$;

(2) $y''' = y'' - 2y' + y - x + 1$.

15. 求方程

$$\begin{cases} u' = -10u + 9v, \\ v' = 10u - 11v. \end{cases}$$

的刚性比,用四阶 Runge-Kutta 方法求解时,最大步长能取多少?

第 6 章　非线性方程和方程组的数值解法

6.1 引　　言

在实际问题中,数量之间的关系通常是非线性的,而非线性问题较线性问题复杂得多.在精度要求不高的情形下,可用线性模型代替非线性模型.对于精度要求较高的问题,线性模型已不能满足实际需要,必须直接求解原来的非线性问题.非线性方程的求解是科学和工程领域中最常见的问题,下面给出两个例子.

例 6.1　一个半径为 r,密度为 ρ 的木质球体投入水中,考虑浸入水中部分的深度问题.

解　显然,球的质量为$\frac{4}{3}\pi r^3\rho$.设球浸入水中部分的深度为 d,如图 6.1 所示,由定积分的元素法,球浸入水中排出的水的质量为

$$\int_0^d \pi[r^2 - (x - r)^2]\mathrm{d}x = \frac{1}{3}\pi d^2(3r - d).$$

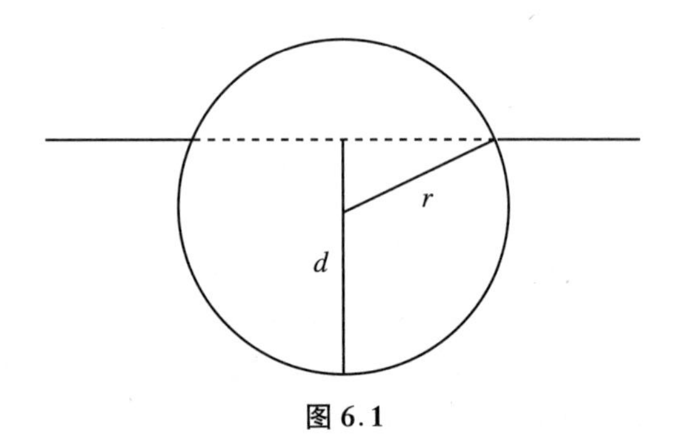

图 6.1

根据阿基米德定理,有

$$\frac{1}{3}\pi d^2(3r - d) = \frac{4}{3}\pi r^3\rho,$$

即得 d 满足的方程

$$d^3 - 3rd^2 + 4r^3\rho = 0.$$

若取 $\rho = 0.638(\mathrm{kg/cm^3})$, $r = 5(\mathrm{cm})$,则上述方程为

$$f(d)=d^3-15d^2+319=0.$$

由于 $f(0)=319, f(5)=69, f(10)=-181$，故方程在区间 $(-\infty,0)$，$(5,10)$，$(10,+\infty)$ 内各有一个实根，而 $d\in(5,10)$ 是具有物理意义的根.在这种情况下，球超过一半的部分浸入水中.

例 6.2　若假定人口的增长与人口数量成比例，则可以据此建立短期的人口增长模型.设 $N(t)$ 为时刻 t 的人口，λ 为人口增长率常数，试建立人口增长模型.

解　由题设，人口增长模型为

$$\frac{\mathrm{d}N(t)}{\mathrm{d}t}=\lambda N(t).$$

该微分方程的解是 $N(t)=N_0\mathrm{e}^{\lambda t}$，其中 N_0 为初期的人口数.这个指数增长模型要求人口是隔离的.如果人口的迁入按常数率影响人口增长，那么微分方程为

$$\frac{\mathrm{d}N(t)}{\mathrm{d}t}=\lambda N(t)+\nu,$$

它的解为

$$N(t)=N_0\mathrm{e}^{\lambda t}+\frac{\nu}{\lambda}(\mathrm{e}^{\lambda t}-1).$$

假设某地区初期人口数为 1000000，年初有 435000 人迁入了该地区，一年后人口增长为 1564000.如果需要确定人口的增长率 λ，则需要解方程

$$1564000=1000000\mathrm{e}^{\lambda}+\frac{435000}{\lambda}(\mathrm{e}^{\lambda}-1).$$

本章主要讨论形如例 6.1 和例 6.2 中的单变量方程.一般地，设方程为 $f(x)=0(x\in\mathbf{R})$.如果实数 x^* 满足方程，即 $f(x^*)=0$，则称 x^* 为**方程的根**，或称 x^* 为函数 $f(x)$ 的**零点**.

如果 $f(x)$ 是多项式函数，即

$$f(x)=a_nx^n+a_{n-1}x^{n-1}+\cdots+a_1x+a_0=0,$$

其中 $a_n\neq0$，则称方程为 ***n* 次代数方程**.例 6.1 中的方程是三次代数方程.

早在公元前 19 世纪～前 17 世纪，古巴比伦就解决了一元二次方程的求根问题.1535 年意大利数学家 Tartaglia 给出了一元三次方程求根公式，但被意大利数学物理学家 Cardano 剽窃，故此公式称为 Cardano 公式；1540 年，卡丹的学生 Ferrari 给出了一元四次方程的代数解法；1746 年，法国数学家达朗贝尔 D'Alembert 提出了代数学基本定理：实系数或复系数 n 次代数方程有 n 个实根或复根，并由 Gauss22 岁时在其博士论文中严格证明；1824 年，挪威数学家 Abel 证明了高于 4 次的代数方程没有代数解法；1829 年，18 岁的法国天才数学家 Galios 开创性地提出了“群”的概念，从理论上彻底地解决了代数方程的可解条件问题.

除了代数方程之外，另一类非线性方程是**超越方程**，即含有超越函数的方程.所谓超越函数是指变量间的关系不能用有限次的加、减、乘、除、乘方和开方表示的函数，如指数函数、对数函数、三角函数和反三角函数.显然，例 6.2 中的方程是超

越方程.

求解非线性方程的一般方法是数值方法,往往是某种迭代法.迭代法的基本问题是迭代格式、收敛性、收敛速度和计算效率.

用数值解法不难求得例 6.1 中方程的根 $d=-4.0880, 5.9308, 13.1573$,例 6.2 中方程的根 $\lambda=0.1010$.

非线性方程数值解法的收敛性通常与根的重数有关.对于一般的函数 $f(x)$,若有

$$f(x)=(x-x^*)^m g(x), \quad g(x)\neq 0,$$

其中 m 为正整数,则称 x^* 是 $f(x)$ 的 **m 重零点**,或称 x^* 是方程 $f(x)=0$ 的 **m 重根**.显然,若 x^* 是 $f(x)$ 的 m 重零点,且 $g(x)$ 充分光滑,则有

$$f(x^*)=f'(x^*)=\cdots=f^{(m-1)}(x^*)=0, \quad f^{(m)}(x^*)\neq 0.$$

当 m 为奇数时,$f(x)$ 在 x^* 点处变号;当 m 为偶数时,$f(x)$ 在 x^* 点处不变号.

6.2 方程求根的二分法

设 $f(x)\in C[a,b]$,若 $f(a)f(b)<0$,根据零点定理,方程 $f(x)=0$ 在 (a,b) 内至少有一个根,称 (a,b) 为**方程的有根区间**.通过缩小有根区间,可以得到方程求根的数值解法.下面给出方程求根的二分法.

设 $(a_0,b_0)=(a,b)$ 为有根区间,(a_0,b_0) 的中点为 x_0.若 $f(a_0)f(x_0)<0$,则令新的有根区间为 $(a_1,b_1)=(a_0,x_0)$,否则令 $(a_1,b_1)=(x_0,b_0)$.一般地,设有根区间为 (a_n,b_n),其中点为 x_n.若 $f(a_n)f(x_n)<0$,则令新的有根区间为 $(a_{n+1},b_{n+1})=(a_n,x_n)$,否则令 $(a_{n+1},b_{n+1})=(x_n,b_n)$.这样,若反复二分下去,即可得一系列有根区间

$$(a,b)\supset(a_1,b_1)\supset(a_2,b_2)\supset\cdots\supset(a_n,b_n)\supset\cdots,$$

其中每个区间均为前一个区间的一半.因此,(a_n,b_n) 的长度

$$b_n-a_n=\frac{b-a}{2^n}\to 0 \quad (n\to\infty).$$

由此可见,如果二分法能无限地继续下去,这些区间最终必收敛于一点 x^*,该点显然就是方程 $f(x)=0$ 的根.

每次二分法后,设取有根区间 (a_n,b_n) 的中点 $x_n=\dfrac{a_n+b_n}{2}$ 为根的近似值,则在二分过程中可以获得一个近似根的序列 $\{x_n\}$,该序列的极限为 x^*.

在实际计算时,不可能也没必要完成这个无限过程,因为数值计算的结果允许带有一定的误差.由于

$$|x^* - x_n| \leqslant \frac{b_n - a_n}{2} = \frac{b - a}{2^{n+1}},$$

只要二分足够多次即 n 充分大，则有 $|x^* - x_n| < \varepsilon$（$\varepsilon$ 为预设的精度）.

例 6.3　用二分法求方程 $f(x) = x^3 - x - 1 = 0$ 在区间 $(1,1.5)$ 内的一个实根，要求精度到小数点后第2位.

解　这里 $a = 1$，$b = 1.5$，$f(a) < 0$，$f(b) > 0$，$(1,1.5)$ 为有根区间.

为了预估达到精度要求的二分次数，令

$$\frac{b - a}{2^{n+1}} \leqslant 0.005,$$

得 $n \geqslant 6$，即二分6次就能达到预定精度 $|x^* - x_n| \leqslant 0.005$.

二分法的每步结果见表6.1.

表 6.1　二分法计算结果

n	0	1	2	3	4	5	6
a_n	1	1.25	1.25	1.3125	1.3125	1.3125	1.3203
b_n	1.5	1.5	1.375	1.375	1.3438	1.3281	1.3281
x_n	1.25	1.375	1.3125	1.3438	1.3281	1.3203	1.3242
$f(x_n)$	−	+	−	+	+	−	−

根据表6.1，可取 $x_6 = 1.3242$ 为根的近似值. 方程的精确根为 $x^* = 1.3247\cdots$，显然，x_6 满足精度要求.

二分法的优点是算法简单且收敛，但存在着两大弊端：一是为了保证求出足够精确的近似解，往往需要计算很多次函数值，收敛速度较慢，通常用来求根的粗略近似值，以作为迭代法的初始值；二是二分法只适用于求一元非线性方程的奇数重实根.

在二分法中，是逐次将有根区间折半. 更一般的是，从有根区间的左端点出发，按预定的步长 h 一步一步地向右跨，每跨一步进行根的搜索，即检查所在节点上函数值的符号. 一旦发现其与左端的函数值异号，则可确定一个缩小了的有根区间，其宽度等于预定的步长 h. 然后，再对新的有根区间，取新的更小的预定步长，继续搜索，直到有根区间的宽度足够小. 这种方法称为**逐步搜索法**.

6.3 一元方程的不动点迭代法

6.3.1 不动点与不动点迭代法

设一元函数 $f(x)$ 连续,将一元非线性方程

$$f(x)=0 \tag{6.3.1}$$

转换成等价形式

$$x=\varphi(x), \tag{6.3.2}$$

其中 $\varphi(x)$ 是一个连续函数.若 x^* 是 $f(x)$ 的零点,即 $f(x^*)=0$,则有

$$x^*=\varphi(x^*),$$

x^* 称为函数 φ 的一个**不动点**.由(6.3.2)式可以构造迭代公式

$$x_{k+1}=\varphi(x_k)\quad(k=0,1,\cdots), \tag{6.3.3}$$

称为**不动点迭代法**,φ 称为**迭代函数**.如果由(6.3.3)式产生的序列 $\{x_k\}$ 满足

$$\lim_{k\to\infty}x_k=x^*,$$

则 x^* 是 φ 的一个不动点,即方程(6.3.1)的一个根.

上述迭代法是一种逐步逼近法,基本思想是将隐式方程(6.3.1)归结为一组显式的计算公式(6.3.2),即迭代过程实质上是一个逐步显式化的过程.

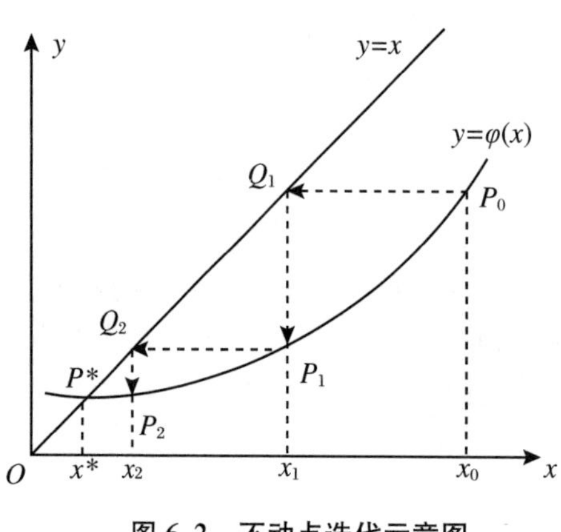

图 6.2 不动点迭代示意图

可以用几何图像来显示迭代过程.如图 6.2 所示,方程 $x=\varphi(x)$ 的求根问题在 xOy 平面上就是要确定曲线 $y=\varphi(x)$ 与直线 $y=x$ 的交点 P^*.对于 x^* 的某个近似值 x_0,在曲线 $y=\varphi(x)$ 上可确定一点 P_0,它以 x_0 为横坐标,而纵坐标则等于 $\varphi(x_0)=x_1$.过 P_0 引平行于 x 轴的直线,设此直线与直线 $y=x$ 相交于点 Q_1,然后过 Q_1 再作平行于 y 轴的直线,它与曲线 $y=\varphi(x)$ 的交点记为 P_1,则点 P_1 的横坐标为 x_1,纵坐标等于 $\varphi(x_1)=x_2$.按图 6.2 中箭头所示的路径继续做下去,在曲线 $y=\varphi(x)$ 上得到点列 $P_1,P_2,\cdots$,其横坐标分别为依公式 $x_{k+1}=\varphi(x_k)$ 求得的迭代值 $x_1,x_2,\cdots$.如果点列 $\{P_k\}$ 趋向于点 P^*,则相应的迭代值 x_k 收敛到所求的根 x^*.

将(6.3.1)式转换成等价形式(6.3.2)的方法很多,迭代函数的不同对应不同的迭代法,它们的收敛性可能有很大的差异.当方程有多个解时,同一迭代法的不同初值,也可能收敛到不同的根.

例 6.4　用不同的迭代法求解方程 $x^3+4x^2-10=0$ 在区间(1,2)内的一个根.

方法 1　将原方程改写为 $x=x-x^3-4x^2+10$,得迭代函数

$$\varphi_1(x)=x-x^3-4x^2+10.$$

方法 2　将原方程改写为 $4x^2=10-x^3$,得迭代函数

$$\varphi_2(x)=\frac{1}{2}\sqrt{10-x^3}.$$

方法 3　将原方程改写为 $x^2=\dfrac{10}{x}-4x$,得迭代函数

$$\varphi_3(x)=\sqrt{\frac{10}{x}-4x}.$$

方法 4　将原方程改写为 $x^2=\dfrac{10}{4+x}$,得迭代函数

$$\varphi_4(x)=\sqrt{\frac{10}{4+x}}.$$

以上四种方法分别对应四种不动点迭代法 $x_{k+1}=\varphi_i(x_k)(i=1,2,3,4)$.取 $x_0=1.5$,分别用这四种方法进行迭代计算,结果见表 6.2.

表 6.2　四种迭代法计算结果

k	方法 1	方法 2	方法 3	方法 4
0	1.5	1.5	1.5	1.5
1	−0.875	1.2869538	0.8165	1.3483997
2	6.732	1.4025408	2.9969	1.3673764
3	−469.7	1.3454584	$\sqrt{-8.65}$	1.3649570
4	1.03×10^8	1.3751703		1.3652647
5		1.3600942		1.3652256
⋮		⋮		⋮
8		1.3659167		1.3652300
⋮		⋮		
15		1.3652237		
⋮		⋮		
20		1.3652302		
⋮		⋮		
23		1.3652300		

从表 6.2 中可见,方法 1 不收敛;方法 3 计算过程中出现复数而不能继续作实数运算;方法 2 和方法 4 都得出近似根 1.3652300,但方法 4 的收敛速度明显快于

方法 2.

例 6.5　求方程 $f(x)=x^2-2=0$ 的根.

解　将 $f(x)=x^2-2=0$ 转换成等价形式

$$x=\varphi(x)=\frac{1}{2}\left(x+\frac{2}{x}\right),$$

对应的迭代法为

$$x_{k+1}=\frac{1}{2}\left(x_k+\frac{2}{x_k}\right)\quad(k=0,1,\cdots).$$

取初值 $x_0=\pm1$,迭代分别收敛到 $x^*=\pm\sqrt{2}$,计算结果见表 6.3.

表 6.3　迭代法计算结果

k	0	1	2	3	4	5
x_k	1	1.5	1.41666667	1.41421569	1.41421356	1.41421356
x_k	−1	−1.5	−1.41666667	−1.41421569	−1.41421356	−1.41421356

6.3.2　不动点的存在性与迭代法的收敛性

首先考察 $\varphi(x)$ 在 $[a,b]$ 上不动点的存在唯一性.

定理 6.1　设 $\varphi(x)\in C[a,b]$,且满足下列两个条件:

(1) 对任意 $x\in[a,b]$,有

$$a\leqslant\varphi(x)\leqslant b;\tag{6.3.4}$$

(2) 存在正常数 $L<1$,使对任意 $x,y\in[a,b]$ 均有

$$|\varphi(x)-\varphi(y)|\leqslant L|x-y|,\tag{6.3.5}$$

则 $\varphi(x)$ 在 $[a,b]$ 上存在唯一不动点 x^*.

证　先证不动点的存在性.因为 $a\leqslant\varphi(x)\leqslant b$,若 $\varphi(x)=a$ 或 b,则 $x^*=a$ 或 b 即为 $\varphi(x)$ 在 $[a,b]$ 上不动点,故下面可设 $a<\varphi(x)<b$.定义

$$f(x)=\varphi(x)-x,$$

则 $f(x)\in C[a,b]$,且 $f(a)=\varphi(a)-a>0$,$f(b)=\varphi(b)-b<0$,根据零点定理,存在 $x^*\in(a,b)$,使 $f(x^*)=0$,即 $x^*=\varphi(x^*)$,亦即 x^* 为 $\varphi(x)$ 的不动点.从而,$\varphi(x)$ 在 $[a,b]$ 上有不动点.

再证唯一性.设 x_1^*,x_2^* 均为 $\varphi(x)$ 的不动点,则由(6.3.5)式得

$$|x_1^*-x_2^*|=|\varphi(x_1^*)-\varphi(x_2^*)|\leqslant L|x_1^*-x_2^*|<|x_1^*-x_2^*|,$$

矛盾,故 $\varphi(x)$ 的不动点唯一.

因为 $0<L<1$,所以满足(6.3.4)式的函数 $\varphi(x)$ 为**压缩映射**,(6.3.5)式称为 **Lipschitz 条件**,L 称为 **Lipschitz 常数**.条件(6.3.5)式有时用 φ' 的性质更容易检验.

推论　设 $\varphi(x)\in C^1[a,b]$,且满足下列两个条件:

(1) 对任意 $x\in[a,b]$,有 $a\leqslant\varphi(x)\leqslant b$;

(2) 存在常数 $L\in(0,1)$,使对任意 $x\in(a,b)$,有

$$|\varphi'(x)|\leqslant L, \tag{6.3.6}$$

则 $\varphi(x)$在$[a,b]$上存在唯一不动点x^*.

证 对任意 $x,y\in[a,b]$,根据 Lagrange 中值定理,存在 $\xi\in(a,b)$,使

$$|\varphi(x)-\varphi(y)|=|\varphi'(\xi)||x-y|\leqslant L|x-y|,$$

即(6.3.5)式成立,所以根据定理 6.1,$\varphi(x)$在$[a,b]$上存在唯一不动点x^*.

在 $\varphi(x)$的不动点存在唯一的情况下,可得到迭代法(6.3.3)收敛的一个充分条件.

定理 6.2 设 $\varphi(x)\in C[a,b]$,且满足定理 6.1 中的两个条件(6.3.4)和(6.3.5),则对任意 $x_0\in[a,b]$,由迭代法(6.3.3)产生的迭代序列$\{x_k\}$收敛到$\varphi(x)$的不动点x^*,并有误差估计

$$|x_k-x^*|\leqslant\frac{L^k}{1-L}|x_1-x_0|. \tag{6.3.7}$$

证 因为 $\varphi(x)$满足条件(6.3.4)和(6.3.5),所以由定理 6.1,$\varphi(x)$存在唯一不动点x^*.

由(6.3.4)式知,$\{x_k\}\in[a,b]$,再根据(6.3.5)式得

$$|x_k-x^*|=|\varphi(x_{k-1})-\varphi(x^*)|\leqslant L|x_{k-1}-x^*|\leqslant\cdots\leqslant L^k|x_0-x^*|.$$

因 $0<L<1$,故当 $k\to\infty$时,$L^k\to0$,从而$\{x_k\}$收敛于x^*.

下面再证明(6.3.7)式.

由(6.3.5)式得

$$|x_{k+1}-x_k|=|\varphi(x_k)-\varphi(x_{k-1})|\leqslant L|x_k-x_{k-1}|\leqslant\cdots\leqslant L^k|x_1-x_0|,$$

于是对任意正整数 p 有

$$\begin{aligned}|x_{k+p}-x_k|&\leqslant|x_{k+p}-x_{k+p-1}|+|x_{k+p-1}-x_{k+p-2}|+\cdots+|x_{k+1}-x_k|\\&\leqslant(L^{k+p-1}+L^{k+p-2}+\cdots+L^k)|x_1-x_0|\\&=\frac{L^k(1-L^p)}{1-L}|x_1-x_0|.\end{aligned}$$

令 $p\to\infty$,由于 $x_{k+p}\to x^*$,$L^p\to0$,所以有

$$|x^*-x_k|\leqslant\frac{L^k}{1-L}|x_1-x_0|.$$

迭代过程是个极限过程.在用迭代法进行实际计算时,必须按精度要求控制迭代次数.误差估计式(6.3.7)原则上可用于确定迭代次数,但它由于含有参数 L 而不便于实际应用.根据定理 6.2 的证明过程,有

$$|x_{k+p}-x_k|\leqslant(L^{p-1}+L^{p-2}+\cdots+1)|x_{k+1}-x_k|\leqslant\frac{1}{1-L}|x_{k+1}-x_k|.$$

令 $p\to\infty$,得

$$|x^*-x_k|\leqslant\frac{1}{1-L}|x_{k+1}-x_k|.$$

由此可见,只要相邻两次计算结果的偏差$|x_{k+1}-x_k|$足够小且L不很接近于1,即可保证近似值x_k具有足够精度.

如果$\varphi(x)\in C^1[a,b]$,且对任意$x\in(a,b)$,有

$$|\varphi'(x)|\leqslant L<1,\tag{6.3.8}$$

则由中值定理,对任意$x,y\in[a,b]$,有

$$|\varphi(x)-\varphi(y)|=|\varphi'(\xi)||x-y|\leqslant L|x-y|\quad(\xi\in(a,b)).$$

这表明,与定理6.1类似,定理6.2中的条件(6.3.5)也可以用(6.3.8)代替.

例6.6 讨论例6.4中方法1和方法4的收敛性.

解 对于迭代函数$\varphi_1(x)=x-x^3-4x^2+10$,其导数$\varphi_1'(x)=1-3x^2-8x$.显然,对任意$x\in(1,2)$,有$-27<\varphi_1'(x)<-10$,$|\varphi_1'(x)|>1$,不满足定理6.2的条件.可以从几何上说明,只要初值$x_0\neq x^*$,该迭代法均发散.

对于迭代函数$\varphi_4(x)=\sqrt{\dfrac{10}{4+x}}$,其导数$\varphi_4'(x)=-\dfrac{\sqrt{10}}{2(4+x)^{\frac{3}{2}}}$.容易验证,对任意$x\in(1,2)$,有$-0.1414<\varphi_4'(x)<-0.1076$,$|\varphi_4'(x)|<1$.因此,对于任何初值$x_0\in(1,2)$,该迭代法均收敛.

例6.7 已知$x=\varphi(x)$中的$\varphi(x)$满足$|\varphi'(x)-3|<1$,试问如何利用$\varphi(x)$构造一个收敛的简单迭代函数.

解 将$x=\varphi(x)$等价地变为

$$x-3x=\varphi(x)-3x,$$

即可得

$$x=\frac{1}{2}[3x-\varphi(x)].$$

因此,令

$$\psi(x)=\frac{1}{2}[3x-\varphi(x)],$$

则有

$$|\psi'(x)|=\frac{1}{2}|3-\varphi'(x)|<\frac{1}{2}.$$

从而,迭代法$x_{k+1}=\psi(x_k)(k=0,1,\cdots)$收敛.

6.3.3 局部收敛性与收敛阶

定理6.2讨论的是迭代法在区间$[a,b]$上的收敛性,这种收敛性称之为**全局收敛性**.全局收敛性也包括在无穷区间上收敛的情形.一般而言,具有全局收敛性的迭代法较少,全局收敛的条件也不易验证,所以通常讨论在根x^*附近的收敛性问题.为此,给出如下定义:

定义6.1 设x^*为$\varphi(x)$的不动点,若存在x^*的某个邻域R:$|x-x^*|<\delta$,

对任意 $x_0 \in R$,迭代法(6.3.4)产生的序列$\{x_k\} \in R$,且收敛于 x^*,则称迭代法(6.3.4)**局部收敛**.

定理 6.3　设 x^* 为 $\varphi(x)$的不动点,$\varphi'(x)$在 x^* 的某个邻域内连续,且$|\varphi'(x^*)|<1$,则迭代法(6.3.4)局部收敛.

证　因为 $\varphi'(x)$在x^*处连续,且$|\varphi'(x^*)|<1$,所以根据连续函数的性质,存在 x^* 的某个邻域 R:$|x-x^*|<\delta$,在其上$|\varphi'(x)| \leqslant L<1$,且

$$|\varphi(x)-x^*| = |\varphi(x)-\varphi(x^*)| \leqslant L|x-x^*| < \delta,$$

即迭代法(6.3.4)产生的序列$\{x_k\} \in R$.

根据对定理 6.2 的说明,迭代法(6.3.4)对任意 $x_0 \in R$ 均收敛,即局部收敛.

上述定理称为局部收敛定理,它给出了局部收敛的一个充分条件.当不同的迭代法均收敛时,还要进一步考察它们的收敛速度.

例 6.8　用不同的迭代法求方程 $x^2-3=0$ 的根 $x^*=\sqrt{3}$,并说明收敛性和收敛速度.

解　方法 1　将原方程改写为 $x=x+x^2-3$,得迭代函数及其导数

$$\varphi_1(x) = x+x^2-3,\quad \varphi_1'(x)=2x+1,\quad \varphi_1'(x^*)=2\sqrt{3}+1>1.$$

方法 2　将原方程改写为 $x=\dfrac{3}{x}$,得迭代函数及其导数

$$\varphi_2(x)=\frac{3}{x},\quad \varphi_2'(x)=-\frac{3}{x^2},\quad \varphi_2'(x^*)=-1.$$

方法 3　将原方程改写为 $x=x-\dfrac{1}{4}(x^2-3)$,得迭代函数及其导数

$$\varphi_3(x)=x-\frac{1}{4}(x^2-3),\quad \varphi_3'(x)=1-\frac{1}{2}x,$$

$$\varphi_3'(x^*)=1-\frac{\sqrt{3}}{2}\approx 0.134<1.$$

方法 4　将原方程改写为 $x=\dfrac{1}{2}\left(x+\dfrac{3}{x}\right)$,得迭代函数及其导数

$$\varphi_4(x)=\frac{1}{2}\left(x+\frac{3}{x}\right),\quad \varphi_4'(x)=\frac{1}{2}\left(1-\frac{3}{x^2}\right),\quad \varphi_4'(x^*)=0<1.$$

以上四种方法分别对应四种不动点迭代法 $x_{k+1}=\varphi_i(x_k)(i=1,2,3,4)$.取 $x_0=2$,分别用这四种方法进行迭代计算,结果见表 6.4.

表 6.4　四种迭代法计算结果

k	方法 1	方法 2	方法 3	方法 4
0	2	2	2	2
1	3	1.5	1.75	1.75
2	9	2	1.73475	1.732143
3	87	1.5	1.732361	1.732051
⋮	⋮	⋮	⋮	⋮

从表 6.4 可见，方法 1 和方法 2 发散，且它们均不满足定理 6.3 中的局部收敛条件；方法 3 和方法 4 均满足局部收敛条件，且方法 4 比方法 3 收敛速度快，因为方法 4 中的 $\varphi'(x^*)=0$ 比方法 3 中的 $\varphi'(x^*)\approx 0.134$ 小.

为了衡量迭代法(6.3.4)收敛速度的快慢，可给出如下定义.

定义 6.2 设迭代 $x_{k+1}=\varphi_i(x_k)$ 收敛于方程 $x=\varphi(x)$ 的根 x^*，记误差 $e_k=x_k-x^*$. 若存在实数 $p\geqslant 1$ 和 $c\neq 0$，使得

$$\lim_{k\to\infty}\frac{e_{k+1}}{e_k^p}=c, \tag{6.3.9}$$

则称迭代序列 $\{x_k\}$ **p 阶收敛**. $p=1$ 时称为**线性收敛**；$p>1$ 时称为**超线性收敛**；$p=2$ 时称为**平方收敛**.

(6.3.9)式表明，当 $k\to\infty$ 时，e_{k+1} 是 e_k 的 p 阶无穷小量. 因此，阶数 p 越大，收敛速度越快. 在线性收敛时，常数 c 满足 $0<|c|\leqslant 1$.

如果在定理 6.3 中，$\varphi'(x^*)\neq 0$，即 $0<|\varphi'(x^*)|<1$，若取 $x_0\neq x^*$，x_0 充分接近 x^*，则必有 $x_k\neq x^*(k=1,2,\cdots)$，而且

$$e_{k+1}=x_{k+1}-x^*=\varphi(x_k)-\varphi(x^*)=\varphi'(\xi_k)e_k,$$

其中，ξ_k 在 x_k 和 x^* 之间. 从而

$$\lim_{k\to\infty}\frac{e_{k+1}}{e_k^p}=\lim_{k\to\infty}\varphi'(\xi_k)=\varphi'(x^*)\neq 0.$$

因此，在这种情况下，$\{x_k\}$ 线性收敛. 可见，提高收敛阶的一个途径是选择迭代函数 $\varphi(x)$，使其满足 $\varphi'(x^*)=0$. 下面给出整数阶超线性收敛的一个充分条件.

定理 6.4 设 x^* 为 $\varphi(x)$ 的不动点. 若有正整数 $p\geqslant 2$，使得 $\varphi^{(p)}(x)$ 在 x^* 的某邻域内连续，且

$$\varphi'(x^*)=\varphi''(x^*)=\cdots=\varphi^{(p-1)}(x^*)=0,\quad \varphi^{(p)}(x^*)\neq 0, \tag{6.3.10}$$

则迭代 $x_{k+1}=\varphi_i(x_k)$ 生成的序列 $\{x_k\}$ 在 x^* 的此邻域内 p 阶收敛，且有

$$\lim_{k\to\infty}\frac{e_{k+1}}{e_k^p}=\frac{\varphi^{(p)}(x^*)}{p!}.$$

证 因为 $\varphi'(x^*)=0$，所以由定理 6.3 知，迭代法局部收敛. 取 x^* 邻域内一点 $x_0\neq x^*$，则 $x_k\neq x^*(k=1,2,\cdots)$. 根据 Taylor 展式有

$$\begin{aligned}x_{k+1}&=\varphi_i(x_k)\\&=\varphi(x^*)+\varphi'(x^*)(x_k-x^*)+\cdots\\&\quad+\frac{\varphi^{(p-1)}(x^*)}{(p-1)!}(x_k-x^*)^{p-1}+\frac{\varphi^{(p)}(\xi_k)}{p!}(x_k-x^*)^p,\end{aligned}$$

其中，ξ_k 在 x_k 和 x^* 之间. 由(6.3.10)式有

$$x_{k+1}-x^*=\frac{\varphi^{(p)}(\xi_k)}{p!}(x_k-x^*)^p,$$

从而由 $\varphi^{(p)}(x)$ 的连续性得

$$\lim_{k\to\infty}\frac{e_{k+1}}{e_k^p}=\lim_{k\to\infty}\frac{\varphi^{(p)}(\xi_k)}{p!}=\frac{\varphi^{(p)}(x^*)}{p!},$$

即迭代 $x_{k+1}=\varphi_i(x_k)$生成的序列$\{x_k\}p$ 阶收敛.

根据上述定理,迭代过程的收敛速度取决于迭代函数 $\varphi(x)$的选取.如果当 $x\in[a,b]$时,$\varphi'(x)\neq 0$,则该迭代过程只可能是线性收敛.

在例6.8中,方法3中的 $\varphi'(x^*)\neq 0$,故它只是线性收敛,而方法4中的 $\varphi'(x^*)=0,\varphi''(x^*)=\frac{2}{\sqrt{3}}\neq 0$,即该迭代过程为二阶收敛.

6.4　迭代收敛的加速方法

6.4.1　Aitken 加速方法

对于收敛的迭代过程,只要迭代足够多次,就可以使结果达到任意的精度.但有时迭代过程收敛缓慢,从而使计算量变得很大.因此,迭代过程的加速是一个重要的问题.

设$\{x_k\}$线性收敛到x^*,$e_k=x_k-x^*$,且有

$$\lim_{k\to\infty}\frac{|e_{k+1}|}{|e_k|}=C\quad(0<C<1).$$

当 k 充分大时,

$$x_{k+1}-x^*\approx c(x_k-x^*),\quad x_{k+2}-x^*\approx c(x_{k+1}-x^*),$$

其中,$|c|=C$.由

$$\frac{x_{k+2}-x^*}{x_{k+1}-x^*}\approx\frac{x_{k+1}-x^*}{x_k-x^*}$$

可解出

$$x^*\approx\frac{x_k x_{k+2}-x_{k+1}^2}{x_{k+2}-2x_{k+1}+x_k}.$$

在计算了 x_k,x_{k+1}和 x_{k+2}之后,上式的右端可以作为 x_{k+2}的一个修正值.利用差分符号 $\Delta x_k=x_{k+1}-x_k$,$\Delta^2 x_k=x_{k+2}-2x_{k+1}+x_k$,并记

$$\tilde{x}_k=\frac{x_k x_{k+2}-x_{k+1}^2}{x_{k+2}-2x_{k+1}+x_k}=x_k-\frac{(\Delta x_k)^2}{\Delta^2 x_k},\tag{6.4.1}$$

则$\tilde{x}_k$ 是x^*的一个新的近似值.从序列$\{x_k\}$用(6.4.1)式得到序列$\{\tilde{x}_k\}$的方法称为 **Aitken**① **加速方法**.

定理 6.5　设序列$\{x_k\}$满足$x_k\neq 0(k=1,2,\cdots)$,且存在非零常数为 λ,满足$|\lambda|<1$,使得

① 埃特金(Howard Hathaway Aitken,1900～1973)是美国数学家.

$$x_{k+1}-x^*=(\lambda+\delta_k)(x_k-x^*),\tag{6.4.2}$$

其中，$\lim\limits_{k\to\infty}\delta_k=0$，则对充分大的 k，由(6.4.1)式定义的 $\tilde{x}_k$ 均存在，且

$$\lim_{k\to\infty}\frac{\tilde{x}_k-x^*}{x_k-x^*}=0,$$

即$\{\tilde{x}_k\}$的收敛速度比$\{x_k\}$得快.

证 记 $e_k=x_k-x^*$，由定理条件知，$\lim\limits_{k\to\infty}\frac{e_{k+1}}{e_k}=\lambda$，且$|\lambda|<1$，所以$\{x_k\}$线性收敛. 根据(6.4.2)式，$e_{k+1}=(\lambda+\delta_k)e_k$，故

$$\begin{aligned}\Delta^2x_k&=x_{k+2}-2x_{k+1}+x_k=e_{k+2}-2e_{k+1}+e_k\\&=e_k[(\lambda+\delta_{k+1})(\lambda+\delta_k)-2(\lambda+\delta_k)+1]\\&=e_k[(\lambda-1)^2+\mu_k].\end{aligned}$$

其中，$\lim\limits_{k\to\infty}\mu_k=0$. 同理，

$$\Delta x_k=x_{k+1}-x_k=e_k[(\lambda-1)+\delta_k].$$

对于充分大的 k，因 $e_k\neq0$，$\mu_k\to0$，所以 $\Delta^2x_k\neq0$，从而 $\tilde{x}_k$ 存在. 由(6.4.2)式及 Δx_k，Δ^2x_k 的表达式有

$$\tilde{x}_k-x^*=e_k-e_k\frac{[(\lambda-1)+\delta_k]^2}{(\lambda-1)^2+\mu_k},$$

$$\lim_{k\to\infty}\frac{\tilde{x}_k-x^*}{x_k-x^*}=\lim_{k\to\infty}\left\{1-\frac{[(\lambda-1)+\delta_k]^2}{(\lambda-1)^2+\mu_k}\right\}=0.$$

6.4.2 Steffensen 迭代法

Aitken 方法不管原序列$\{x_k\}$是如何产生的，对$\{x_k\}$进行加速计算，得到序列$\{\tilde{x}_k\}$. 如果将 Aitken 加速技巧与不动点迭代结合，则可得到下列的迭代法：

$$\begin{cases}y_k=\varphi(x_k),z_k=\varphi(y_k)\\x_{k+1}=x_k-\dfrac{(y_k-x_k)^2}{z_k-2y_k+x_k}\end{cases}(k=0,1,\cdots),\tag{6.4.3}$$

称为 **Steffensen 迭代法**. (6.4.3)式可以这样理解：设 $\varepsilon(x)=\varphi(x)-x$，现要计算 $\varphi(x)$的不动点 x^*，满足 $\varepsilon(x^*)=0$. 已知 x^* 的近似值 x_k 和 y_k，其误差分别为

$$\varepsilon(x_k)=\varphi(x_k)-x_k=y_k-x_k,$$

$$\varepsilon(y_k)=\varphi(y_k)-y_k=z_k-y_k.$$

将误差 $\varepsilon(x)$"外推到零"，即过$(x_k,\varepsilon(x_k))$和$(y_k,\varepsilon(y_k))$两点作线性插值，它与 x 轴的交点就是(6.4.3)式中的 x_{k+1}，即方程

$$\varepsilon(x_k)+\frac{\varepsilon(y_k)-\varepsilon(x_k)}{y_k-x_k}(x-x_k)=0$$

的解

$$x=x_k-\frac{\varepsilon(x_k)}{\varepsilon(y_k)-\varepsilon(x_k)}(y_k-x_k)=x_k-\frac{(y_k-x_k)^2}{z_k-2y_k+x_k}=x_{k+1}.$$

实际上,(6.4.3)式是将不动点迭代法(6.3.3)计算两步合并成一步得到的,可将它写成另一种不动点迭代

$$x_{k+1} = \psi(x_k) \quad (k = 0,1,\cdots), \tag{6.4.4}$$

其中

$$\psi(x) = x - \frac{[\varphi(x) - x]^2}{\varphi(\varphi(x)) - 2\varphi(x) + x} = \frac{x\varphi(\varphi(x)) - [\varphi(x)]^2}{\varphi(\varphi(x)) - 2\varphi(x) + x}. \tag{6.4.5}$$

对不动点迭代法(6.4.4),有以下收敛性定理:

定理 6.6　若 x^* 是(6.4.5)式定义的函数 ψ 的不动点,则 x^* 是函数 φ 的不动点.反之,若 x^* 是函数 φ 的不动点,φ'存在且连续,$\varphi'(x^*)\neq 1$,则 x^* 是函数 ψ 的不动点.

证　设 x^* 是 ψ 的不动点,即 $x^* = \psi(x^*)$.以 x^* 代入(6.4.5)式,分两种情况分析:一是(6.4.5)式的分母不为零,这时显然 $x^* = \varphi(x^*)$;二是分母为零,即

$$\varphi(\varphi(x^*)) = 2\varphi(x^*) - x^*,$$

代入(6.4.5)式的分子,因为 $x^* = \psi(x^*)$为是确定的有限实数,所以分子也为零,即

$$x^*(2\varphi(x^*) - x^*) - (\varphi(x^*))^2 = -(\varphi(x^*) - x^*)^2 = 0.$$

综上,x^* 是 φ 的不动点.

反之,设 x^* 是 φ 的不动点,代入(6.4.5)中第1式,右端第2项的分式应为不定式,利用 L'Hopital 法则及条件 $\varphi'(x^*)\neq 1$,在(6.4.5)式两边取极限,得

$$\psi(x^*) = x^* - \frac{2(\varphi(x^*) - x^*)(\varphi'(x^*) - 1)}{(\varphi'(x^*))^2 - 2\varphi'(x^*) + 1} = x^*,$$

即 x^* 是 ψ 的不动点.

在定理6.6中,若条件 $\varphi'(x^*)\neq 1$ 不满足,即 x^* 是方程 $x = \varphi(x)$的重根,则有下列定理:

定理 6.7　设函数 φ 是迭代法(6.3.3)的迭代函数,x^* 是 φ 的不动点,在 x^* 的邻域内,φ 有 $p+1$ 阶连续导数.若 $p=1$,$\varphi'(x^*)\neq 1$,则 Steffensen 方法二阶收敛;若迭代法(6.3.3)$p(>1)$阶收敛,则 Steffensen 方法 $2p-1$ 阶收敛.

对于定理6.7中 $p=1$ 的情形,有条件 $\varphi'(x^*)\neq 1$,如果$|\varphi'(x^*)|>1$,则迭代(6.3.3)发散.如果 $0<|\varphi'(x^*)|<1$,则迭代(6.3.3)线性收敛.在这两种情况下,如果 φ 在 x^* 的邻域内二阶导数连续,则将迭代函数由 φ 改为 ψ,Steffensen 方法都是二阶收敛的,它不但可以提高收敛速度,有时还可以将不收敛的方法改进为二阶收敛的方法.但对 $p>1$ 的情形,Steffensen 方法一般好处不大,所以它多被推荐用于改进 $p=1$ 的情形.

例 6.9　用一般迭代法和 Steffensen 迭代法求方程 $f(x) = xe^x - 1 = 0$ 的根.

解　此方程等价于 $x = \varphi(x) = e^{-x}$.由 $y = x$ 和 $y = e^{-x}$ 的图形易知,$\varphi(x)$只有一个不动点 $x^*>0$.因为对任何 $x>0$ 都有 $0<|\varphi(x)| = e^{-x}<1$,所以迭代法 $x_{k+1} = e^{-x_k}$ 线性收敛.取初始值 $x_0 = 0.5$,迭代结果见表6.5.精确解为 $x^* = 0.567143290\cdots$,可见收敛的速度较慢.

表 6.5 一般迭代法计算结果

k	0	1	…	28	29
x_k	0.5	0.606530660	…	0.567143282	0.567143295

如果使用 Steffensen 迭代法,则

$$y_k = e^{-x_k},\quad z_k = e^{-y_k},$$

$$x_{k+1} = z_k - \frac{(z_k - y_k)^2}{z_k - 2y_k + x_k}\quad (k = 0,1,\cdots).$$

计算见表 6.6 与表 6.5 比较,Steffensen 迭代法比原迭代法收敛快得多,仅迭代 3 次就达到了原方法 29 次的效果.

表 6.6 Steffensen 迭代法计算结果

k	0	1	2	3	4
x_k	0.5	0.567623876	0.567143314	0.567143290	0.567143290

例 6.10 用 Steffensen 迭代法求方程 $f(x)=x^3-x-1=0$ 的实根.

解 此方程等价于 $x=\varphi(x)=x^3-1$. 显然,迭代法 $x_{k+1}=x_k^3-1$ 发散. 现用 $\varphi(x)=x^3-1$ 构造 Steffensen 迭代.

$$y_k = x_k^3 - 1,\quad z_k = y_k^3 - 1,$$

$$x_{k+1} = z_k - \frac{(z_k - y_k)^2}{z_k - 2y_k + x_k}\quad (k = 0,1,\cdots).$$

取初值 $x_0=1.5$,迭代结果见表 6.7. 可见,Steffensen 迭代法对这种不收敛的情形同样有效.

表 6.7 Steffensen 迭代法计算结果

k	0	1	…	5	6
x_k	1.5	1.41629297	…	1.32471799	1.32471796

6.5 Newton 法

6.5.1 Newton 迭代公式

线性方程很容易求解. Newton 法实质上就是一种逐步线性化方法,其基本思想是将非线性方程 $f(x)=0$ 逐步归结为某种线性方程来求解.

设 x_k 为方程 $f(x)=0$ 的根 x^* 的近似值,$f'(x_k)\neq 0$,且 $f''(x)$ 连续,则由

Taylor 展式

$$f(x^*)=f(x_k)+f'(x_k)(x^*-x_k)+\frac{f''(\xi)}{2!}(x^*-x_k)^2,$$

其中 ξ 在 x_k 和 x^* 之间.因为 $f(x^*)=0$,所以有

$$x^*=x_k-\frac{f(x_k)}{f'(x_k)}-\frac{f''(\xi)}{2f'(x_k)}(x^*-x_k)^2. \tag{6.5.1}$$

如果将上式右端的最后一项略去,剩下的两项作为 x^* 新的一个近似值,记为 x_{k+1},即

$$x_{k+1}=x_k-\frac{f(x_k)}{f'(x_k)}, \tag{6.5.2}$$

称之为 **Newton 迭代法**,又称 Newton-Raphson 迭代.

Newton 法有明显的几何解释.如图6.3所示,x^* 是曲线 $y=f(x)$ 与 x 轴交点的横坐标,x_k 是 x^* 的某个近似值.过曲线 $y=f(x)$ 上横坐标为 x_k 的点 P_k 作切线,并将该切线与 x 轴交点的横坐标 x_{k+1} 作为 x^* 新的近似值.由于切线方程为

$$y=f(x_k)+f'(x_k)(x^*-x_k),$$

所以其与 x 轴交点的横坐标显然满足(6.5.2)式.

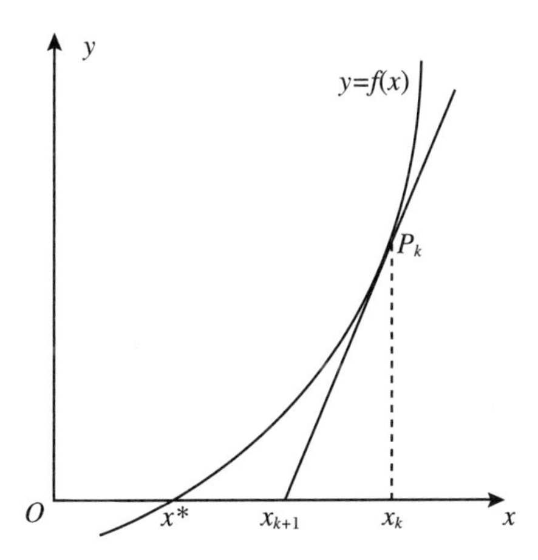

图6.3　Newton 法的几何解释

鉴于上述几何背景,Newton 法也称**切线法**.

例6.11　用 Newton 迭代法求方程 $f(x)=xe^x-1=0$ 的根.

解　Newton 迭代公式为

$$x_{k+1}=x_k-\frac{x_k e^{x_k}-1}{(x_k+1)e^{x_k}}\quad(k=0,1,\cdots).$$

取初值 $x_0=1.5$,迭代结果见表6.7.与例6.9比较可知,Newton 迭代法仅用4次迭代即可得到比例6.9中迭代29次更精确的结果.

表 6.8　Newton 迭代法计算结果

k	0	1	2	3	4
x_k	1.5	0.9892520641	0.5766131461	0.5671432906	0.5671432901

6.5.2　Newton 法的收敛性

Newton 迭代法的迭代函数为

$$\varphi(x) = x - \frac{f(x)}{f'(x)},$$

若 f''存在,则

$$\varphi'(x) = \frac{f(x)f''(x)}{[f'(x)]^2}.$$

因此,$\varphi'(x^*)=0$,即 Newton 法超线性收敛. Newton 迭代法的收敛性如下:

定理 6.8　设 $f(x^*)=0, f'(x^*)\neq 0$,且 f 在包含 x^* 的一个区间上有二阶连续导数,则 Newton 迭代法局部收敛到 x^*,且至少二阶收敛,并有

$$\lim_{k\to\infty}\frac{x_{k+1}-x^*}{(x_{k+1}-x^*)^2} = \frac{f''(x^*)}{2f'(x^*)}.$$

证　因为 f 有二阶连续导数,所以 φ' 存在且连续,并有 $\varphi(x^*)=x^*$, $\varphi'(x^*)=0$. 由定理 6.3,Newton 迭代法局部收敛. 由(6.5.1)和(6.5.2)式

$$\frac{x_{k+1}-x^*}{(x_{k+1}-x^*)^2} = \frac{f''(\xi)}{2f'(x_k)},$$

其中 ξ 在 x_k 和 x^* 之间. 因为 $k\to\infty$时,x_k 和 ξ 都以 x^* 为极限,所以

$$\lim_{k\to\infty}\frac{x_{k+1}-x^*}{(x_{k+1}-x^*)^2} = \frac{f''(x^*)}{2f'(x^*)}.$$

可见,Newton 迭代法至少是二阶收敛的. 当 $f''(x^*)\neq 0$ 时,Newton 迭代法二阶收敛.

以上讨论的是 Newton 法的局部收敛性. 对于某些非线性方程,Newton 法具有全局收敛性.

例 6.12　设 $a>0$,对方程 $f(x)=x^2-a=0$,试证:对任意初值 $x_0>0$, Newton 法均收敛到$\sqrt{a}$.

解　Newton 迭代公式为

$$x_{k+1} = x_k - \frac{x_k^2-a}{2x_k} = \frac{1}{2}\left(x_k+\frac{a}{x_k}\right)\quad (k=0,1,\cdots).$$

由此可知,

$$x_{k+1}\geqslant \frac{1}{2}\cdot 2\sqrt{x_k\cdot\frac{a}{x_k}} = \sqrt{a},\quad x_{k+1}-x_k = -\frac{x_k^2-a}{2x_k},$$

即序列$\{x_k\}$单调下降有下界,从而有极限x^*. 在迭代公式两边取极限易得$x^*=\sqrt{a}$.

6.5.3 重根情形

定理6.8的条件$f'(x^*)\neq 0$说明x^*是f的单重零点. 现设x^*是方程$f(x)=0$的m重根,$m>1$,即

$$f(x)=(x-x^*)^m g(x),$$

其中g有二阶导数,$g(x^*)\neq 0$. 此情形下$f'(x^*)=0$,不能用定理6.8分析方法的阶. 此时有

$$\varphi(x)=x-\frac{f(x)}{f'(x)}=x-\frac{(x-x^*)g(x)}{mg(x)+(x-x^*)g'(x)}.$$

不难验证$\varphi'(x^*)=1-\dfrac{1}{m}$. 因为$m>1$,所以$\varphi'(x^*)\neq 0$且$|\varphi'(x^*)|<1$,Newton法局部收敛,但只是线性收敛.

如果将迭代函数改为

$$\varphi(x)=x-\frac{mf(x)}{f'(x)},$$

容易验证$\varphi(x^*)=x^*$, $\varphi'(x^*)=0$,即迭代法

$$x_{k+1}=x_k-\frac{mf(x_k)}{f'(x_k)}\quad (k=0,1,\cdots) \tag{6.5.3}$$

至少二阶收敛.

讨论重根情形收敛阶的另一种方法是令$\mu(x)=\dfrac{f(x)}{f'(x)}$,如果$x^*$是方程$f(x)=0$的$m$重根,则

$$\mu(x)=\frac{(x-x^*)g(x)}{mg(x)+(x-x^*)g'(x)}.$$

显然,$\mu'(x^*)=\dfrac{1}{m}>0$,即x^*是方程$\mu(x)=0$的单根. 对方程$\mu(x)=0$用Newton法,迭代函数为

$$\varphi(x)=x-\frac{\mu(x)}{\mu'(x)}=x-\frac{f(x)f'(x)}{[f'(x)]^2-f(x)f''(x)}.$$

从而得到二阶收敛的迭代法

$$x_{k+1}=x_k-\frac{\mu(x_k)}{\mu'(x)}\quad (k=0,1,\cdots). \tag{6.5.4}$$

例6.13 方程$f(x)=x^4-4x^2+4=0$的根$x^*=\sqrt{2}$是二重根,用三种Newton法求根.

解 三种Newton迭代公式分别为

(1) 用(6.5.2)式

$$x_{k+1} = x_k - \frac{x_k^2 - 2}{4x_k}.$$

(2) 用(6.5.3)式

$$x_{k+1} = x_k - \frac{x_k^2 - 2}{2x_k}.$$

(3) 用(6.5.4)式

$$x_{k+1} = x_k - \frac{x_k(x_k^2 - 2)}{x_k^2 + 2}.$$

取初值 $x_0 = 1.5$,迭代三次的结果见表 6.9.

表 6.9 三种 Newton 迭代法计算结果

x_k	方法 1	方法 2	方法 3
x_1	1.5	1.5	1.5
x_2	1.458333333	1.416666667	1.411764706
x_3	1.436607143	1.414215686	1.414211438
x_4	1.425497619	1.414213562	1.414213562

方法 2 和方法 3 都是二阶收敛方法,x_3 都达到了10^{-9}的精确度;方法 1 是线性收敛方法,要近 30 次迭代才能达到同样的精确度.

6.5.4 简化 Newton 法与 Newton 下山法

Newton 法的优点是收敛速度快,缺点一是每步迭代都要计算 $f(x_k)$ 及 $f'(x_k)$,计算量较大且有时 $f'(x_k)$计算较困难;二是初始值 x_0 只在根 x^* 附近时才能保证收敛.为了克服这两个缺点,通常可用下述方法.

(1) 简化 Newton 法,也称平行弦法,其迭代公式为

$$x_{k+1} = x_k - Cf(x_k) \quad (k = 0,1,\cdots), \tag{6.5.5}$$

迭代函数 $\varphi(x) = x - Cf(x)$.

若$|\varphi'(x)| = |1 - Cf'(x)| < 1$,即取$0 < |Cf'(x)| < 2$ 在 x^* 附近成立,则迭代法(6.5.5)局部收敛.

若在(6.5.5)式中取 $C = \dfrac{1}{f'(x_0)}$,则称之为**简化 Newton 法**,此方法计算量小,但只有线性收敛.简化 Newton 法的几何意义是用斜率为 $f'(x_0)$的平行弦与 x 轴的交点作为x^* 的近似 x_{k+1}.

(2) Newton 下山法.Newton 法的收敛性依赖于初值 x_0 的选取,如果 x_0 偏离

所求根 x^* 较远，则 Newton 法可能发散.

例如，用 Newton 法求解方程

$$x^3 - x - 1 = 0,$$

此方程在 $x = 1.5$ 附近有一个根 x^*. 设取迭代初值 $x_0 = 1.5$，用 Newton 法公式

$$x_{k+1} = x_k - \frac{x_k^3 - x_k - 1}{3x_k^2 - 1} \tag{6.5.6}$$

计算得

$$x_1 = 1.34783, \quad x_2 = 1.32520, \quad x_3 = 1.32472,$$

迭代 3 次得到的结果 x_3 有 6 位有效数字.

但是，如果改用 $x_0 = 0.6$ 作为迭代初值，则由(6.5.6)式迭代一次得 $x_1 = 17.9$，这个结果反而比 $x_0 = 0.6$ 更偏离所求根 $x^* = 1.32472$.

为了防止迭代发散，对迭代过程再附加一项要求，即具有单调性：

$$|f(x_{k+1})| < |f(x_k)|. \tag{6.5.7}$$

满足这项要求的算法称为**下山法**.

可以将 Newton 法与下山法相结合，即在下山法保证函数值稳定下降的前提下，用 Newton 法加快收敛速度. 为此，将 Newton 法的计算结果

$$\bar{x}_{k+1} = x_k - \frac{f(x_k)}{f'(x_k)}$$

与前一步的近似值 x_k 适当加权平均作为新的改进值

$$x_{k+1} = \lambda \bar{x}_{k+1} + (1 - \lambda)x_k, \tag{6.5.8}$$

其中 $\lambda(0 < \lambda \leqslant 1)$ 称为下山因子，(6.5.8)式即为

$$x_{k+1} = x_k - \lambda \frac{f(x_k)}{f'(x_k)} \quad (k = 0, 1, \cdots), \tag{6.5.9}$$

称为 **Newton 下山法**. 选择下山因子时从 $\lambda = 1$ 开始，逐次将 λ 减半试算，直到能使下降条件(6.5.7)成立为止.

例 6.14　用 Newton 下山法求方程 $f(x) = x^3 - x - 1 = 0$ 的根，初值 $x_0 = 0.6$.

解　Newton 下山迭代公式为

$$x_{k+1} = x_k - \lambda \frac{f(x_k)}{f'(x_k)}.$$

$x_0 = 0.6$ 时，通过将 λ 逐次减半试算，当 $\lambda = \frac{1}{32}$ 时，$x_1 = 1.140625$，$f(x_1) = -0.656643$，而 $f(x_0) = -1.384$，有 $|f(x_1)| < |f(x_0)|$. 由 x_1 计算 $x_2, x_3, \cdots$ 时 $\lambda = 1$，均能使条件(6.5.7)成立.

迭代 4 次的结果见表 6.10.

表 6.10 Newton 下山迭代法计算结果

k	x_k	$f(x_k)$
1	1.14063	−0.656643
2	1.36181	0.1866
3	1.32628	0.00667
4	1.32472	8.6×10^{-6}

一般情况下,只要条件(6.5.7)成立,则可得到$\lim\limits_{k\to\infty}f(x_k)=0$,从而使$\{x_k\}$收敛.

6.6 割线法与抛物线法

6.6.1 割线法

为了回避导数值 $f'(x_k)$的计算,除了前面介绍的简化 Newton 法之外,也可用 x_{k-1},x_k 处的差商近似代替$f'(x_k)$,即

$$f'(x_k)\approx\frac{f(x_k)-f(x_{k-1})}{x_k-x_{k-1}}.$$

此时,Newton 迭代公式变为

$$x_{k+1}=x_k-\frac{f(x_k)(x_k-x_{k-1})}{f(x_k)-f(x_{k-1})}\quad(k=0,1\cdots),\tag{6.6.1}$$

称为**割线法**.割线法的几何意义是,通过曲线 $y=f(x)$上的两点$(x_{k-1},f(x_{k-1}))$,$(x_k,f(x_k))$作曲线的割线,取割线与 x 轴交点的横坐标作为 x_{k+1},如图 6.4 所示.

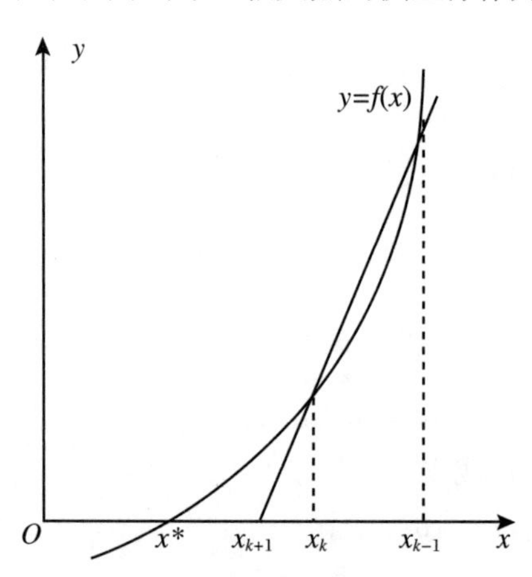

图 6.4 割线法的几何解释

割线法计算 x_{k+1} 时要用到前两步的近似值 x_{k-1} 和 x_k 以及函数值 $f(x_{k-1})$ 和 $f(x_k)$，即它是一种两步迭代法，需要两个初值 x_0 和 x_1. 割线法不能直接单步迭代法收敛性分析的结果，割线法的收敛性定理如下.

定理 6.9　设 $f(x^*)=0$，在区间 $[x^*-\delta, x^*+\delta]$ 上 $f'(x)\neq 0$ 且 $f\in C^2(\Delta)$. 又设 $M\delta<1$，其中

$$M=\frac{\max\limits_{x\in\Delta}|f''(x)|}{2\max\limits_{x\in\Delta}|f'(x)|},\tag{6.6.2}$$

则当 $x_0, x_1\in\Delta$ 时，由(6.6.1)式产生的序列 $\{x_k\}\subset\Delta$，并且按 $p=\frac{1}{2}(1+\sqrt{5})\approx 1.618$ 收敛到 x^*.

证　由(6.6.1)式两边减去 x^*，并利用差商记号有

$$\begin{aligned}x_{k+1}-x^* &= x_k-x^*-\frac{f(x_k)(x_k-x_{k-1})}{f(x_k)-f(x_{k-1})}\\ &=(x_k-x^*)\left(1-\frac{f[x_k,x^*]}{f[x_{k-1},x_k]}\right)\\ &=(x_k-x^*)(x_{k-1}-x^*)\frac{f[x_{k-1},x_k,x^*]}{f[x_{k-1},x_k]}.\end{aligned}\tag{6.6.3}$$

因为 $f(x)$ 二阶导数连续，所以有

$$f[x_{k-1},x_k]=f'(\eta_k),\quad f[x_{k-1},x_k,x^*]=\frac{1}{2}f''(\xi_k),$$

其中 η_k 在 x_{k-1}, x_k 之间，ξ_k 在包含 x_{k-1}, x_k, x^* 的最小区间上. 记 $e_k=x_k-x^*$，由(6.6.3)式有

$$e_{k+1}=\frac{f''(\xi_k)}{2f'(\eta_k)}e_ke_{k-1}.\tag{6.6.4}$$

若 $|e_{k-1}|<\delta$，$|e_k|<\delta$，则利用(6.6.4)式和 $M\delta<1$ 得

$$|e_{k+1}|\leqslant M|e_k||e_{k-1}|\leqslant M\delta^2<\delta.$$

这说明 $x_0, x_1\in\Delta$ 时，序列 $\{x_k\}\subset\Delta$. 又由于

$$|e_k|\leqslant M|e_{k-1}||e_{k-2}|\leqslant M\delta|e_{k-1}|\leqslant\cdots\leqslant(M\delta)^k|e_0|,$$

所以，当 $k\to\infty$ 时，$e_k\to 0$，即 $\{x_k\}$ 收敛到 x^*.

为了进一步确定收敛的阶，下面给出一个不严格的证明. 由(6.6.4)式有

$$|e_{k+1}|\approx M^*|e_k||e_{k-1}|,\tag{6.6.5}$$

这里 $M^*=\frac{|f''(x^*)|}{2|f'(x^*)|}$. 令 $d^{m_k}=M^*|e_k|$，代入(6.6.5)式得

$$m_{k+1}\approx m_k+m_{k-1}\quad(k=1,2,\cdots),$$

初始条件 m_0 和 m_1 由迭代初值确定.

我们知道，$z_{k+1}=z_k+z_{k-1}$ 的通解为 $z_k=c_1\lambda_1^k+c_2\lambda_2^k$，其中 c_1, c_2 为任意常数，λ_1 和 λ_2 为方程 $\lambda^2-\lambda-1=0$ 的两个根，

$$\lambda_1 = \frac{1+\sqrt{5}}{2}, \quad \lambda_2 = \frac{1-\sqrt{5}}{2}.$$

当 k 充分大时,设 $m_k \approx c\lambda_1^k$,c 为常数,则有

$$\frac{|e_{k+1}|}{|e_k^{\lambda_1}|} = (M^*)^{\lambda_1 - 1} d^{m_{k+1} - \lambda_1 m_k} \approx (M^*)^{\lambda_1 - 1},$$

即割线法的收敛阶为 $\lambda_1 \approx 1.618$.

类似于简单 Newton 法,有如下的单点割线法

$$x_{k+1} = x_k - \frac{x_k - x_0}{f(x_k) - f(x_0)} f(x_k) \quad (k = 0,1\cdots),$$

其迭代函数为

$$\varphi(x) = x - \frac{f(x)(x - x_0)}{f(x) - f(x_0)},$$

从而

$$\varphi'(x^*) = 1 - \frac{f'(x^*)}{f'(\xi)},$$

其中 ξ 在 x_0 和 x^* 之间. 由此可见,单点割线法一般为线性收敛. 但当 $f'(x)$ 变化不大时,$\varphi'(x^*) \approx 0$,收敛仍可能较快.

例 6.15 分别用 Newton 法、割线法和单点割线法求解 Leonardo 方程

$$f(x) = x^3 + 2x^2 + 10x - 20 = 0.$$

解 $f'(x) = 3x^2 + 4x + 10$, $f''(x) = 6x + 4$. 由于 $f'(x) > 0$, $f(1) = -7 < 0$, $f(2) = 12 > 0$,故 $f(x) = 0$ 在 $(1,2)$ 内仅有一根. 对于 Newton 法,由于在 $(1,2)$ 内 $f''(x) > 0$, $f(2) > 0$,故取 $x_0 = 2$. 对于割线法和单点割线法,取 $x_0 = 1$, $x_1 = 2$. 计算结果见表 6.11.

表 6.11 三种迭代法计算结果

x_k	Newton 法	割线法	单点割线法
x_2	1.383388704	1.368421054	1.368421053
x_3	1.368869419	1.368850469	1.368851263
x_4	1.368808109	1.368808104	1.368803298
x_5	1.368808108	1.368808108	1.368808644

由计算结果可知,对 Newton 法有 $|x_5 - x_4| \approx 0.1 \times 10^{-8}$,对割线法有 $|x_5 - x_4| \approx 0.4 \times 10^{-8}$,对单点割线法有 $|x_5 - x_4| \approx 0.5 \times 10^{-5}$,故取 $x^* \approx 1.368808108$.

割线法的收敛阶虽然低于 Newton 法,但迭代一次只需计算一次 $f(x_k)$ 函数值,不需计算导数值 $f'(x_k)$,因此效率较高.

6.6.2　抛物线法

设已知方程 $f(x)=0$ 的三个近似根 x_k,x_{k-1},x_{k-2}，以这三点为节点构造二次插值多项式 $p_2(x)$，并适当选取 $p_2(x)$ 的一个零点 x_{k+1} 作为新的近似根，这种迭代过程称为**抛物线法**.抛物线法的几何意义是用抛物线 $y=p_2(x)$ 与 x 轴的交点 x_{k+1} 作为所求根的近似位置，如图 6.5 所示.

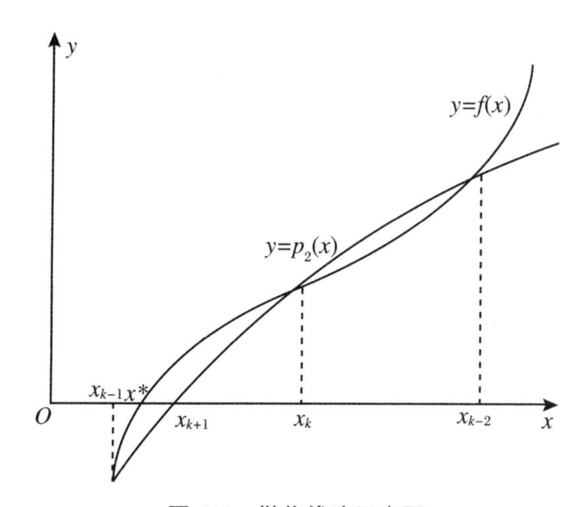

图 6.5　抛物线法示意图

插值多项式

$$p_2(x)=f(x_k)+f[x_k,x_{k-1}](x-x_k)+f[x_k,x_{k-1},x_{k-2}](x-x_k)(x-x_{k-1})$$

有两个零点

$$x_{k+1}=x_k-\frac{2f(x_k)}{\omega\pm\sqrt{\omega^2-4f(x_k)f[x_k,x_{k-1},x_{k-2}]}},\qquad(6.6.6)$$

式中

$$\omega=f[x_k,x_{k-1}]+f[x_k,x_{k-1},x_{k-2}](x_k-x_{k-1}).$$

为了从(6.6.6)式定出 x_{k+1}，需要讨论根式前正负号的取舍问题.

在 x_k,x_{k-1},x_{k-2} 三个近似根中，自然假定 x_k 更接近所求的根 x^*.这时，为了保证精度，选取(6.6.6)式中较接近 x_k 一个值作为新的近似根 x_{k+1}.为此，只要取根式前的符号与 ω 的符号相同.

可以证明，当 $f(x)$ 在其零点 x^* 的邻域内三阶导数连续且 $f''(x^*)\neq 0$ 时，(6.6.6)式产生的序列局部收敛于 x^*，且收敛阶 p 为方程 $\lambda^3-\lambda^2-\lambda-1=0$ 的根，$p\approx 1.839$.可见，抛物线法的收敛速度比割线法更接近于 Newton 法.

6.7 求根问题的敏感性与多项式的零点

6.7.1 求根问题的敏感性与病态代数方程

方程求根的敏感性与函数求值是相反的.若 $f(x)=y$,则由 y 求 x 的病态性与由 x 求 y 的病态性相反.光滑函数 f 在根 x^* 附近函数绝对误差与自变量误差之比 $\left|\frac{\Delta y}{\Delta x}\right| \approx |f'(x^*)|$,如果 $f'(x^*)\neq 0$,则求根为反问题,即若有 $\bar{x}$ 使 $|f(\bar{x})|\leqslant \varepsilon$,则解的误差 $|\Delta x| = |\bar{x}-x^*|$ 与 $|\Delta y| = |f(\bar{x})-f(x^*)|$ 之比为 $\left|\frac{\Delta x}{\Delta y}\right| \approx \frac{1}{|f'(x^*)|}$,即 $|\Delta x|$ 误差将达到 $\frac{\varepsilon}{|f'(x^*)|}$.如果 $|f'(x^*)|$ 非常小,这个值将非常大,直观意义如图 6.6 所示.

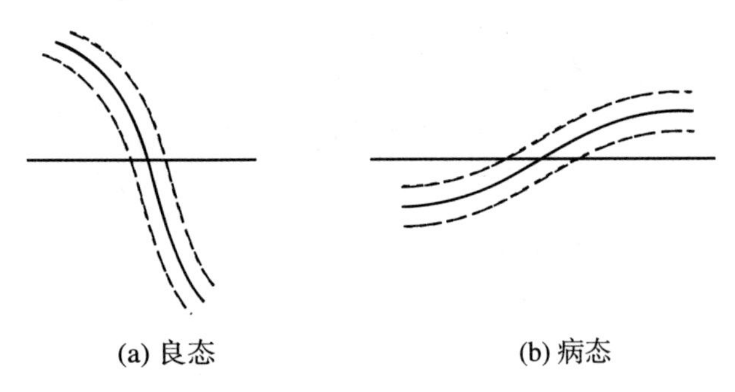

图 6.6 良态与病态示意图

对多项式方程

$$p(x) = a_0x^n + a_1x^{n-1} + \cdots + a_{n-1}x + a_n = 0, \quad a_0 \neq 0, \tag{6.7.1}$$

若系数有微小扰动时,其根变化很大,即根对系数变化具有高敏感性,称这种方程为病态的代数方程.

设多项式 $p(x)$ 的系数有微小变化,可表示为

$$p_\varepsilon(x) = p(x) + \varepsilon q(x) = 0, \tag{6.7.2}$$

其中 $q(x)$ 为不恒为零的多项式,次数不大于 n. $p_\varepsilon(x)$ 的零点表示为 $x_1(\varepsilon)$, $x_2(\varepsilon),\cdots,x_n(\varepsilon)$,令 $x_1(0)$, $x_2(0)$, $\cdots$, $x_n(0)$ 为 $p(x)$ 的零点,即 $x_i = x_i(0)\ (i=1,2,\cdots)$,将(6.7.2)式对 ε 求导,得

$$p'(x)\frac{\mathrm{d}x}{\mathrm{d}\varepsilon} + q(x) + \varepsilon q'(x)\frac{\mathrm{d}x}{\mathrm{d}\varepsilon} = 0,$$

$$\frac{\mathrm{d}x}{\mathrm{d}\varepsilon}=\frac{-q(x)}{p'(x)+\varepsilon q'(x)}.$$

从而当 $\varepsilon=0$ 时有

$$\frac{\mathrm{d}x(0)}{\mathrm{d}\varepsilon}=\frac{-q(x(0))}{p'(x(0))}.$$

当 $|\varepsilon|$ 充分小时,利用 $x_k(\varepsilon)$ 在 $\varepsilon=0$ 处的 Taylor 展式得

$$x_k(\varepsilon)\approx x_k-\frac{q(x_k)}{p'(x_k)}\varepsilon\quad(k=1,2,\cdots,n),\tag{6.7.3}$$

它表明了系数有微小变化 ε 时引起根变化的情况.当 $|x_k(\varepsilon)-x_k|$ 很大时,(6.7.1)式就是病态的.

例 6.16　讨论方程 $p(x)=(x-1)(x-2)\cdots(x-7)=x^7-28x^6+322x^5-1960x^4+6769x^3-13132x^2+13068x-5040=0$ 的病态性,取 $q(x)=x^6$,$\varepsilon=-0.002$.

解　$q(x)=x^6$,$\varepsilon=-0.002$,$x_k=k(k=1,2,\cdots,7)$,$p'(x_k)=\prod\limits_{i\neq k}(k-i)$,$q(x_k)=k^6$,由(6.7.3)式得

$$x_k(\varepsilon)\approx k+\frac{(-1)^{k-1}0.002k^6}{(k-1)!(7-k)!}.$$

实际上,方程 $p(x)+\varepsilon x^6=0$ 的根 $x_k(\varepsilon)$ 分别为

$$1.0000028,\ 1.9989382,\ 3.0331253,\ 3.8195692,$$
$$5.4586758\pm0.54012578i,\ 7.2330128.$$

这表明方程是严重病态的.

6.7.2　多项式的零点

很多问题要求多项式的全部零点,即方程(6.7.1)的全部根,它等价于求

$$p(x)=x^n+p_1x^{n-1}+\cdots+p_{n-1}x+p_n=0\tag{6.7.4}$$

的全部根.

通常可用 Newton 法求出一个根 x_1,则 $p(x)=(x-x_1)q_1(x)$,即 $q_1(x)=\frac{p(x)}{x-x_1}$.再求 $q_1(x)=0$ 的一个根 x_2,则 $q_1(x)=(x-x_2)q_2(x)$,如此反复直到求出全部 n 个根.一般地,$q_{i-1}(x)=(x-x_i)q_i(x)(i=1,2,\cdots,n-2)$,这里 $q_0(x)=p(x)$,$q_{n-2}(x)$ 为二次多项式.在此过程中,当 i 增加时误差可能增大,此时可通过原方程 $p(x)=0$ 的 Newton 法改进 $x_2,\cdots,x_{n-2}$.

另一种求多项式零点的方法是将其转化为求矩阵的特征值问题.由于方程(6.7.4)是矩阵

$$\boldsymbol{P}=\begin{pmatrix}-p_1&-p_2&\cdots&-p_n\\1&0&\cdots&0\\\vdots&\ddots&\ddots&\vdots\\0&\cdots&1&0\end{pmatrix}$$

的特征多项式，利用计算矩阵特征值的方法（见第 9 章）求矩阵 $\boldsymbol{P}$ 的全部特征值，则可得到方程(6.7.4)的全部根，MATLAB 中的 roots 函数使用的就是这种方法.

实际上有一些专门用于求多项式零点的方法，如 Ruth 方法、Bernooulli 方法、劈因子法、Laguerre 法和圆盘算法等.

6.8 非线性方程组的数值解法

6.8.1 非线性方程组

非线性方程组是非线性科学的重要组成部分.

考虑方程组

$$\begin{cases} f_1(x_1,x_2,\cdots,x_n)=0, \\ f_2(x_1,x_2,\cdots,x_n)=0, \\ \cdots\cdots \\ f_n(x_1,x_2,\cdots,x_n)=0, \end{cases} \tag{6.8.1}$$

其中 $f_1, f_2, \cdots, f_n$ 均为 $(x_1,x_2,\cdots,x_n)$ 的多元函数. 若记向量 $\boldsymbol{x}=(x_1,x_2,\cdots,x_n)^{\mathrm{T}}\in\mathbf{R}^n$，$\boldsymbol{F}=(f_1,f_2,\cdots,f_n)^{\mathrm{T}}$，则方程组(6.8.1)可写成

$$\boldsymbol{F}(\boldsymbol{x})=\boldsymbol{0}. \tag{6.8.2}$$

当 $n\geqslant 2$ 且 $f_i\,(i=1,2,\cdots,n)$ 中至少有一个是 $x_i\,(i=1,2,\cdots,n)$ 的非线性函数时，称(6.8.1)为**非线性方程组**.非线性方程组的求解问题无论在理论还是实际解法上均比线性方程组和单个非线性方程复杂得多，它可能无解，也可能有一个或多个解.

例 6.17 求 xOy 平面上两条抛物线 $y=x^2+a$ 和 $x=y^2+a$ 的交点.

解 本题显然为非线性方程组 $\begin{cases} y=x^2+a, \\ x=y^2+a \end{cases}$ 的求解问题.

当 $a=1$ 时，方程组无解. 当 $a=\dfrac{1}{4}$ 时，方程组有唯一解 $x=y=\dfrac{1}{2}$. 当 $a=0$ 时，方程组有两个解 $x=y=0$ 及 $x=y=1$. 当 $a=-1$ 时，方程组有四个解 $x=-1, y=0$；$x=0, y=-1$；及 $x=y=\dfrac{1}{2}(1\pm\sqrt{5})$.

求方程组(6.8.1)的根时，可直接将单个方程的求根方法加以推广. 实际上，只要将单变量函数 $f(x)$ 看成向量函数 $\boldsymbol{F}(\boldsymbol{x})$，将方程组(6.8.1)改写成方程组(6.8.2)，就可将前面讨论的求根方法用于求方程组(6.8.2)的根. 为此，设向量函数 $\boldsymbol{F}(\boldsymbol{x})$ 定

义在区间 $D\subset\mathbf{R}^n$，$\boldsymbol{x}_0\in D$，若 $\lim\limits_{\boldsymbol{x}\to\boldsymbol{x}_0}\boldsymbol{F}(\boldsymbol{x})=\boldsymbol{F}(\boldsymbol{x}_0)$，则称 $\boldsymbol{F}(\boldsymbol{x})$ 在 $\boldsymbol{x}_0$ 处**连续**，这意味着对任意实数 $\varepsilon>0$，存在实数 $\delta>0$，使得对满足 $0<\|\boldsymbol{x}-\boldsymbol{x}_0\|<\delta$ 的 $\boldsymbol{x}\in D$，有 $\|\boldsymbol{F}(\boldsymbol{x})-\boldsymbol{F}(\boldsymbol{x}_0)\|<\varepsilon$.

向量函数 $\boldsymbol{F}(\boldsymbol{x})$ 的导数 $\boldsymbol{F}'(\boldsymbol{x})$ 称为 $\boldsymbol{F}$ 的**雅可比**(Jacobi)**矩阵**，记为

$$\boldsymbol{F}'(\boldsymbol{x})=\begin{pmatrix}\dfrac{\partial f_1(\boldsymbol{x})}{\partial x_1} & \dfrac{\partial f_1(\boldsymbol{x})}{\partial x_2} & \cdots & \dfrac{\partial f_1(\boldsymbol{x})}{\partial x_n}\\ \dfrac{\partial f_2(\boldsymbol{x})}{\partial x_1} & \dfrac{\partial f_2(\boldsymbol{x})}{\partial x_2} & \cdots & \dfrac{\partial f_2(\boldsymbol{x})}{\partial x_n}\\ \vdots & \vdots & & \vdots\\ \dfrac{\partial f_n(\boldsymbol{x})}{\partial x_1} & \dfrac{\partial f_n(\boldsymbol{x})}{\partial x_2} & \cdots & \dfrac{\partial f_n(\boldsymbol{x})}{\partial x_n}\end{pmatrix}. \tag{6.8.3}$$

6.8.2 多变量方程的不动点迭代法

为了求解方程组(6.8.2)，可将它改写为等价形式

$$\boldsymbol{x}=\boldsymbol{\Phi}(\boldsymbol{x}), \tag{6.8.4}$$

其中向量函数 $\boldsymbol{\Phi}\in D\subset\mathbf{R}^n$，且在定义域 D 上连续. 如果 $\boldsymbol{x}^*\in D$，且 $\boldsymbol{x}^*=\boldsymbol{\Phi}(\boldsymbol{x}^*)$，则称 $\boldsymbol{x}^*$ 为函数 $\boldsymbol{\Phi}$ 的**不动点**，$\boldsymbol{x}^*$ 也是方程组(6.8.2)的一个解.

根据(6.8.4)式构造的迭代法

$$\boldsymbol{x}^{(k+1)}=\boldsymbol{\Phi}(\boldsymbol{x}^{(k)})\quad(k=0,1,\cdots) \tag{6.8.5}$$

称为不动点迭代法，$\boldsymbol{\Phi}$ 称为**迭代函数**. 如果由它产生的向量序列 $\{\boldsymbol{x}^{(k)}\}$ 满足 $\lim\limits_{k\to\infty}\boldsymbol{x}^{(k)}=\boldsymbol{x}^*$，则有 $\boldsymbol{x}^*=\boldsymbol{\Phi}(\boldsymbol{x}^*)$，故 $\boldsymbol{x}^*$ 为 $\boldsymbol{\Phi}$ 的不动点，也就是方程组(6.8.2)的一个解. 类似于 $n=1$ 时的单个方程有下面的定理:

定理 6.10 设定义在区域 $D\subset\mathbf{R}^n$ 上的函数 $\boldsymbol{\Phi}$ 满足:

(1) 存在闭集 $D_0\subset D$ 及实数 $L\in(0,1)$，使对任意 $\boldsymbol{x},\boldsymbol{y}\in D_0$，有

$$\|\boldsymbol{\Phi}(\boldsymbol{x})-\boldsymbol{\Phi}(\boldsymbol{y})\|\leqslant L\|\boldsymbol{x}-\boldsymbol{y}\|; \tag{6.8.6}$$

(2) 对任意 $\boldsymbol{x}\in D_0$，有 $\boldsymbol{\Phi}(\boldsymbol{x})\in D_0$.

则 $\boldsymbol{\Phi}$ 在 D_0 上有唯一不动点 $\boldsymbol{x}^*$，且对任意 $\boldsymbol{x}^{(0)}\in D_0$，由迭代法(6.8.5)生成的序列 $\{\boldsymbol{x}^{(k)}\}$ 收敛到 $\boldsymbol{x}^*$，并有误差估计

$$\|\boldsymbol{x}^*-\boldsymbol{x}^{(k)}\|\leqslant\frac{L^k}{1-L}\|\boldsymbol{x}^{(1)}-\boldsymbol{x}^{(0)}\|. \tag{6.8.7}$$

类似于单个方程，还有以下局部收敛定理:

定理 6.11 设 $\boldsymbol{\Phi}$ 在定义域内有不动点 $\boldsymbol{x}^*$，$\boldsymbol{\Phi}$ 的分量函数偏导数连续且

$$\rho(\boldsymbol{\Phi}'(\boldsymbol{x}^*))<1, \tag{6.8.8}$$

则存在 $\boldsymbol{x}^*$ 的一个邻域 S，对任意 $\boldsymbol{x}^{(0)}\in S$，迭代法(6.8.5)产生的序列 $\{\boldsymbol{x}^{(k)}\}$ 收敛于 $\boldsymbol{x}^*$.

定理中的 $\rho(\boldsymbol{\Phi}'(\boldsymbol{x}^*))$ 是指函数 $\boldsymbol{\Phi}$ 的雅可比矩阵的谱半径. 类似于一元方程

迭代法,向量序列$\{\boldsymbol{x}^{(k)}\}$也有收敛阶的定义.设$\{\boldsymbol{x}^{(k)}\}$收敛于$\boldsymbol{x}^*$,若存在常数$p\geqslant 0,c>0$,使

$$\lim_{k\to\infty}\frac{\|\boldsymbol{x}^{(k+1)}-\boldsymbol{x}^*\|}{\|\boldsymbol{x}^{(k)}-\boldsymbol{x}^*\|^p}=c, \tag{6.8.9}$$

则称$\{\boldsymbol{x}^{(k)}\}$为p阶收敛.

例 6.18 用不动点迭代法求解方程组

$$\begin{cases}x_1^2-10x_1+x_2^2+8=0,\\ x_1x_2^2+x_1-10x_2+8=0.\end{cases}$$

解 将方程组化为(6.8.5)式的形式,其中

$$\boldsymbol{x}=\begin{pmatrix}x_1\\x_2\end{pmatrix},\quad \boldsymbol{\Phi}(\boldsymbol{x})=\begin{pmatrix}\varphi_1(\boldsymbol{x})\\ \varphi_2(\boldsymbol{x})\end{pmatrix}=\begin{pmatrix}\frac{1}{10}(x_1^2+x_2^2+8)\\ \frac{1}{10}(x_1x_2^2+x_1+8)\end{pmatrix}.$$

设$D=\{(x_1,x_2)\mid 0\leqslant x_1,x_2\leqslant 1.5\}$,不难验证$0.8\leqslant\varphi_1(x)\leqslant 1.25$,$0.8\leqslant\varphi_2(x)\leqslant 1.2875$,故有$\boldsymbol{x}\in D$时$\boldsymbol{\Phi}(\boldsymbol{x})\in D$.又对一切$\boldsymbol{x},\boldsymbol{y}\in D$,

$$|\varphi_1(\boldsymbol{y})-\varphi_1(\boldsymbol{x})|=\frac{1}{10}|y_1^2-x_1^2+y_2^2-x_2^2|\leqslant\frac{3}{10}(|y_1-x_1|+|y_1-x_1|),$$

$$|\varphi_2(\boldsymbol{y})-\varphi_2(\boldsymbol{x})|=\frac{1}{10}|y_1y_2^2-x_1x_2^2+y_1-x_1|\leqslant\frac{4.5}{10}(|y_1-x_1|+|y_1-x_1|).$$

从而有$\|\boldsymbol{\Phi}(y)-\boldsymbol{\Phi}(\boldsymbol{x})\|_1\leqslant 0.75\|\boldsymbol{y}-\boldsymbol{x}\|_1$,即$\boldsymbol{\Phi}$满足条件(6.8.6).根据定理6.10,$\boldsymbol{\Phi}$在域$D$中存在不动点$\boldsymbol{x}^*$,从$D$内任一点出发的迭代法收敛于$\boldsymbol{x}^*$.现取$\boldsymbol{x}^{(0)}=(0,0)^{\mathrm{T}}$,用迭代法(6.8.5)可求得$\boldsymbol{x}^{(1)}=(0.8,0.8)^{\mathrm{T}}$,$\boldsymbol{x}^{(2)}=(0.928,0.9312)^{\mathrm{T}},\cdots,\boldsymbol{x}^{(6)}=(0.999326,0.999329)^{\mathrm{T}},\cdots,\boldsymbol{x}^*=(1,1)^{\mathrm{T}}$.

由于

$$\boldsymbol{\Phi}'(\boldsymbol{x})=\begin{pmatrix}\frac{1}{5}x_1 & \frac{1}{5}x_2\\ \frac{1}{10}(x_2^2+1) & \frac{1}{5}x_1x_2\end{pmatrix}$$

对一切$\boldsymbol{x}\in D$都有$\left|\frac{\partial\varphi_i(\boldsymbol{x})}{\partial x_j}\right|\leqslant\frac{0.9}{2}$,故$\|\boldsymbol{\Phi}'(\boldsymbol{x})\|_1\leqslant 0.9$,从而有$\rho(\boldsymbol{\Phi}'(\boldsymbol{x}))<1$,满足定理6.11条件.此外还有

$$\boldsymbol{\Phi}'(\boldsymbol{x}^*)=\begin{pmatrix}0.2 & 0.2\\0.2 & 0.2\end{pmatrix},\qquad\|\boldsymbol{\Phi}'(\boldsymbol{x}^*)\|_1=0.4<1,$$

故$\rho(\boldsymbol{\Phi}'(\boldsymbol{x}^*))\leqslant 0.4$,即满足定理6.11条件.

6.8.3 非线性方程组的 Newton 迭代法

将单个方程的 Newton 法直接用于方程组(6.8.2),则可得到解非线性方程组

的 Newton 迭代法

$$x^{(k+1)} = x^{(k)} - F'(x^{(k)})^{-1}F(x^{(k)}) \quad (k = 0,1,\cdots),$$

这里 $F'(x)^{-1}$是(6.8.3)式给出的 Jacobi 矩阵的逆矩阵,具体计算时记 $x^{(k+1)} - x^{(k)} = \Delta x^{(k)}$,先解线性方程组

$$F'(x^{(k)})\Delta x^{(k)} = -F(x^{(k)}),$$

求出向量 $\Delta x^{(k)}$,再令 $x^{(k+1)} = x^{(k)} + \Delta x^{(k)}$,每步包括了计算向量函数 $F(x^{(k)})$及矩阵 $F'(x^{(k)})$. Newton 法有下列收敛定理.

定理 6.12　设 $F(x)$的定义域为$D\subset \mathbf{R}^n$,$x^*\in D$ 满足$F(x^*)=0$,在 x^* 的开邻域 $S_0\subset D$ 上 $F'(x)$存在且连续,$F'(x^*)$非奇异,则 Newton 法生成的序列$\{x^{(k)}\}$在闭域 $S\subset S_0$ 上超线性收敛于 x^*.若还存在常数 $L>0$,使对任意 $x\in S$ 有

$$\| F'(x) - F'(x^*) \| \leqslant L \| x - x^* \|,$$

则$\{x^{(k)}\}$至少平方收敛.

例 6.19　用 Newton 法求解方程组

$$\begin{cases} x_1^2 - 10x_1 + x_2^2 + 8 = 0, \\ x_1x_2^2 + x_1 - 10x_2 + 8 = 0. \end{cases}$$

解

$$F(x) = \begin{pmatrix} x_1^2 - 10x_1 + x_2^2 + 8 \\ x_1x_2^2 + x_1 - 10x_2 + 8 \end{pmatrix}, \quad F'(x) = \begin{pmatrix} 2x_1 - 10 & 2x_2 \\ x_2^2 + 1 & 2x_1x_2 - 10 \end{pmatrix}.$$

取 $x^{(0)} = (0,0)^{\mathrm{T}}$,解线性方程组 $F'(x^{(0)})\Delta x^{(0)} = -F(x^{(0)})$,即

$$\begin{pmatrix} -10 & 0 \\ 1 & -10 \end{pmatrix}\begin{pmatrix} \Delta x_1^{(0)} \\ \Delta x_2^{(0)} \end{pmatrix} = \begin{pmatrix} -8 \\ -8 \end{pmatrix},$$

得 $\Delta x^{(0)} = (0.8,0.88)^{\mathrm{T}}$,$x^{(1)} = x^{(0)} + \Delta x^{(0)} = (0.8,0.88)^{\mathrm{T}}$. Newton 法迭代计算的结果见表 6.12.

表 6.12　Newton 迭代法计算结果

x_k	$\Delta x^{(1)}$	$\Delta x^{(2)}$	$\Delta x^{(3)}$	$\Delta x^{(4)}$
$x_1^{(k)}$	0.80	0.9917872	0.9999752	1.0000000
$x_2^{(k)}$	0.88	0.9917117	0.9999685	1.0000000

复习与思考题

1. 什么是方程的有根区间? 它与求根有何关系?
2. 什么是二分法? 用二分法求 $f(x)=0$ 的根,f 要满足什么条件?
3. 什么是函数 $\varphi(x)$的不动点? 如何确定 $\varphi(x)$使它的不动点等价于$f(x)$的

零点？

4. 什么是不动点迭代法？$\varphi(x)$满足什么条件才能保证不动点存在和不动点迭代序列收敛于$\varphi(x)$的不动点？

5. 什么是迭代法的收敛阶？如何衡量迭代法收敛的快慢？如何确定 $x_{k+1}=\varphi(x_k)(k=0,1,\cdots)$的收敛阶？

6. 什么是求解 $f(x)=0$ 的 Newton 法？它是否总是收敛的？若 $f(x^*)=0$，x^* 是单根，f 光滑，证明 Newton 法是局部二阶收敛的.

7. 什么是弦截法？试从收敛阶及每步迭代计算量与 Newton 法比较其差别.

8. 什么是解方程的抛物线法？在求多项式全部零点中是否优于 Newton 法.

9. 什么是方程的重根？重根对 Newton 法收敛阶有何影响？试给出具有二阶收敛的计算重根方法.

10. 什么是求解 n 维非线性方程组的 Newton 法？它每步迭代要调用多少次标量函数？

11. 判断下列命题是否正确：

(1) 非线性方程(方程组)的解通常不唯一.

(2) Newton 法是不动点迭代的一个特例.

(3) 不动点迭代总是线性收敛的.

(4) 任何迭代法的收敛阶都不可能高于 Newton 法.

(5) Newton 法总比弦截法及抛物线法更节省计算时间.

(6) 求多项式 $p(x)$的零点问题一定是病态的问题.

(7) 二分法与 Newton 法一样都可推广到多维方程组求解.

(8) Newton 法有可能不收敛.

(9) 不动点迭代法 $x_{k+1}=\varphi(x_k)$，其中 $x^*=\varphi(x^*)$，若$|\varphi'(x^*)|<1$，则对任意初值 x_0 迭代都收敛.

(10) 弦截法也是不动点迭代的特例.

习　　题

1. 用二分法解求方程 $x^2-x-1=0$ 的正根，要求误差小于 0.05.

2. 为求方程 $x^3-x^2-1=0$ 在 $x_0=1.5$ 附近的一个根，设将方程改写成下列等价形式，并建立相应的迭代公式.

(1) $x=1+\frac{1}{x^2}$，迭代公式 $x_{k+1}=1+\frac{1}{x_k^2}$；

(2) $x^3=1+x^2$，迭代公式 $x_{k+1}=\sqrt[3]{1+x_k^2}$；

(3) $x^2=\dfrac{1}{x-1}$，迭代公式 $x_{k+1}=\dfrac{1}{\sqrt{x_k-1}}$.

试分析每种迭代公式的收敛性，并选取一种公式求出具有四位有效数字的近似根.

3. 比较求 $e^x+10x-2=0$ 的根到三位小数所需的计算量.

(1) 在区间[0,1]内用二分法；

(2) 用迭代法 $x_{k+1}=\dfrac{2-e^{x_k}}{10}$，取初值 $x_0=0$.

4. 给定函数 $f(x)$，设对一切 x，$f'(x)$存在且 $0<m\leqslant f'(x)\leqslant M$，证明对于范围 $0<\lambda<2/M$ 内的任意定数 λ，迭代过程 $x_{k+1}=x_k-\lambda f(x_k)$ 均收敛于 $f(x)=0$ 的根.

5. 用 Steffensen 迭代法计算第 2 题中(2)，(3)的近似根，精确到 10^{-5}.

6. 设 $\varphi(x)=x-p(x)f(x)-q(x)f^2(x)$，试确定函数 $p(x)$ 和 $q(x)$，使求解 $f(x)=0$ 且以 $\varphi(x)$ 为迭代函数的迭代法至少三阶收敛.

7. 用下列方法求 $f(x)=x^3-3x-1=0$ 在 $x_0=2$ 附近的根. 根的准确值 $x^*=1.879385\cdots$，要求计算结果准确到四位有效数字.

(1) 用 Newton 法；

(2) 用弦截法，取 $x_0=2,x_1=1.9$；

(3) 用抛物线法，取 $x_0=1,x_1=3,x_2=2$.

8. 分别用二分法和 Newton 法求 $x-\tan x=0$ 最小正根.

9. 研究求 $\sqrt{a}$ 的 Newton 公式

$$x_{k+1}=\frac{1}{2}\left(x_k+\frac{a}{x_k}\right),\quad x_0>0.$$

证明：对一切 $k=1,2,\cdots$，$x_k\geqslant\sqrt{a}$ 且序列 $x_1,x_2,\cdots$ 是递减的.

10. 对于 $f(x)=0$ 的 Newton 公式 $x_{k+1}=x_k-\dfrac{f(x_k)}{f'(x_k)}$，证明

$$R_k=\frac{x_k-x_{k-1}}{(x_{k-1}-x_{k-2})^2}$$

收敛到 $\dfrac{-f''(x^*)}{2f'(x^*)}$，这里 x^* 为 $f(x)=0$ 的根.

11. 用 Newton 法和求重根迭代法(6.5.3)式和(6.5.4)式计算方程 $f(x)=\left(\sin x-\dfrac{x}{2}\right)^2=0$ 的一个近似根，准确到 10^{-5}，初始值 $x_0=\dfrac{\pi}{2}$.

12. 应用 Newton 法于方程 $x^3-a=0$，导出求立方根 $\sqrt[3]{a}$ 的迭代公式，并讨论其收敛性.

13. 应用 Newton 法于方程 $f(x)=1-\dfrac{a}{x^2}=0$，导出求 $\sqrt{a}$ 的迭代公式，并用此

公式求$\sqrt{115}$的近似值.

14. 应用 Newton 法于方程 $f(x)=x^n-a=0$ 和 $f(x)=1-\dfrac{a}{x^n}=0$,分别导出求$\sqrt[n]{a}$的迭代公式,并求

$$\lim_{k\to\infty}\frac{\sqrt[n]{a}-x_{k+1}}{(\sqrt[n]{a}-x_k)^2}.$$

15. 证明迭代公式

$$x_{k+1}=\frac{x_k(x_k^2+3a)}{3x_k^2+a}$$

是计算$\sqrt{a}$的三阶方法.假定初值 x_0 充分靠近根 x^*,求

$$\lim_{k\to\infty}\frac{\sqrt{a}-x_{k+1}}{(\sqrt{a}-x_k)^3}.$$

16. 用抛物线法求多项式 $p(x)=4x^4-10x^3+1.25x^2+5x+1.5$ 的两个零点,再利用降阶求出全部零点.

17. 非线性方程组$\begin{cases}3x_1^2-x_2^2=0,\\3x_1x_2^2-x_1^3-1=0\end{cases}$在$(0.4,0.7)^{\mathrm{T}}$附近有一个解.构造一个不动点迭代法,使它能收敛到这个解,并计算精确到10^{-5}(按$\|\cdot\|_\infty$).

18. 用 Newton 法解方程组$\begin{cases}x^2+y^2=4,\\x^2-y^2=1,\end{cases}$取 $\boldsymbol{x}^{(0)}=(1.6,1.2)^{\mathrm{T}}$.

第 7 章　线性方程组的直接解法

很多科学技术和工程学科的领域中会遇到线性代数方程组的问题，例如电路分析、分子结构、大地测量等方面.一些经济学科和其他社会科学学科中的数量研究也会常常遇到这类方程组.在很多有广泛应用背景的数学问题中也需要求解线性代数方程组.例如样条插值、最小二乘拟合、微分方程边值问题的数值解等问题.求解非线性问题的一些方法也把解线性代数方程组作为某些重要的步骤.

Cramer 法则给出了线性方程组有唯一解的充分必要条件，并提供了一种基于行列式的解法，在线性方程组的理论研究中起着非常重要的作用.但是用 Cramer 法则求解线性方程组时，计算量是非常大的.

用 Cramer 法则解一个 n 阶线性方程组需计算 $n+1$ 个 n 阶行列式，而用定义计算 n 阶行列式需 $n!\,(n-1)$ 次乘法，故乘法总数为 $(n+1)n!\,(n-1)=(n+1)!\,(n-1)$.此外，还需 n 次除法.

当 $n=20$ 时，计算量约为 $(n+1)!\,(n-1)=9.7\times10^{20}$ 次乘法.即使用目前世界上的超级计算机，也需计算很长时间才能完成.可见，Cramer 法则仅仅是理论上的，不是面向计算机的.为了有效地求解线性方程组，需要研究线性方程组的数值解法.线性方程组的数值解法一般有两类：直接法和迭代法.

直接法就是经过有限步算术运算，可求得线性方程组精确解的方法.但在实际中，由于舍入误差的存在和影响，这种方法也只能求得线性方程组的近似解.本章主要介绍这类算法中最基本的 Gauss 消去法及其某些变形.这类方法适合求解低阶稠密矩阵方程组及某些大型稀疏矩阵方程组.

迭代法就是用某种极限过程去逐步逼近线性方程组精确解的方法.迭代法具有存储量小，程序简单等优点，但存在收敛性及收敛速度问题.迭代法适合求解大型稀疏矩阵方程组.

7.1　Gauss 消去法

7.1.1　Gauss 消去法

对线性方程组

$$\begin{cases} a_{11}x_1 + a_{12}x_2 + \cdots + a_{1n}x_n = b_1, \\ a_{21}x_1 + a_{22}x_2 + \cdots + a_{2n}x_n = b_2, \\ \cdots\cdots \\ a_{n1}x_1 + a_{n2}x_2 + \cdots + a_{nn}x_n = b_n, \end{cases} \tag{7.1.1}$$

令矩阵 $\boldsymbol{A} = (a_{ij})_{n\times n}$，向量 $\boldsymbol{x} = (x_1, x_2, \cdots, x_n)^{\mathrm{T}}$，$\boldsymbol{b} = (b_1, b_2, \cdots, b_n)^{\mathrm{T}}$，则方程组(7.1.1)可写成矩阵形式

$$\boldsymbol{Ax} = \boldsymbol{b}. \tag{7.1.2}$$

求解方程组(7.1.1)最基本的直接方法是 Gauss 消去法. 消去法虽然是一个古老的求解线性方程组的方法，但消去法及其变形仍是目前计算机上常用的方法. 下面首先用一个例子说明消去法的基本思想.

例 7.1　用消去法解线性方程组

$$\begin{cases} x_1 + x_2 + x_3 = 6, & (7.1.3) \\ 4x_2 - x_3 = 5, & (7.1.4) \\ 2x_1 - 2x_2 + x_3 = 1. & (7.1.5) \end{cases}$$

解　首先将方程(7.1.3)乘上 -2 加到方程(7.1.5)上，消去(7.1.5)式中的 x_1，得到

$$-4x_2 - x_3 = -11. \tag{7.1.6}$$

其次将方程(7.1.4)加到方程(7.1.6)上，消去方程(7.1.6)中的 x_2，得到与原方程等价的三角形线性方程组

$$\begin{cases} x_1 + x_2 + x_3 = 6, \\ 4x_2 - x_3 = 5, \\ -2x_3 = -6. \end{cases} \tag{7.1.7}$$

显然，根据方程组(7.1.7)易求得解为

$$\boldsymbol{x}^* = (1,2,3)^{\mathrm{T}}.$$

上述过程相当于

$$(\boldsymbol{A}|\boldsymbol{b}) = \left(\begin{array}{ccc|c} 1 & 1 & 1 & 6 \\ 0 & 4 & -1 & 5 \\ 2 & -2 & 1 & 1 \end{array}\right) \to \left(\begin{array}{ccc|c} 1 & 1 & 1 & 6 \\ 0 & 4 & -1 & 5 \\ 0 & -4 & -1 & -11 \end{array}\right) \to \left(\begin{array}{ccc|c} 1 & 1 & 1 & 6 \\ 0 & 4 & -1 & 5 \\ 0 & 0 & -2 & -6 \end{array}\right).$$

由此可见，用消去法解线性方程组的基本思想是用逐次消去未知量的方法将原线性方程组 $\boldsymbol{Ax}=\boldsymbol{b}$ 化为与其等价的三角形线性方程组，而求解三角形线性方程组可用回代的方法，即消去法包括用行变换将 $\boldsymbol{A}$ 化为上三角矩阵和回代解方程两个过程.

下面讨论求解一般线性方程组的 Gauss 消去法.

将方程组(7.1.2)记为 $\boldsymbol{A}^{(1)}\boldsymbol{x}=\boldsymbol{b}^{(1)}$，其中

$$\boldsymbol{A}^{(1)} = (a_{ij}^{(1)}) = (a_{ij}), \quad \boldsymbol{b}^{(1)} = \boldsymbol{b}.$$

(1) 第 1 步($k=1$).

设 $a_{11}^{(1)}\neq 0$，首先计算乘数

$$m_{i1} = a_{i1}^{(1)}/a_{11}^{(1)} \quad (i = 2,3,\cdots,n).$$

用 $-m_{i1}$ 乘方程组(7.1.1)的第 1 个方程，加到第 i 个($i=2,3,\cdots,n$)方程上，消去方程组(7.1.1)中从第 2 个方程到第 n 个方程中的未知量 x_1，得到与方程组(7.1.1)等价的线性方程组

$$\begin{pmatrix} a_{11}^{(1)} & a_{12}^{(1)} & \cdots & a_{1n}^{(1)} \\ 0 & a_{22}^{(1)} & \cdots & a_{2n}^{(1)} \\ \vdots & \vdots & & \vdots \\ 0 & a_{n2}^{(1)} & \cdots & a_{nn}^{(1)} \end{pmatrix} \begin{pmatrix} x_1 \\ x_2 \\ \vdots \\ x_n \end{pmatrix} = \begin{pmatrix} b_1^{(1)} \\ b_2^{(1)} \\ \vdots \\ b_n^{(1)} \end{pmatrix}. \tag{7.1.8}$$

上式简记为

$$\boldsymbol{A}^{(2)}\boldsymbol{x} = \boldsymbol{b}^{(2)},$$

其中 $\boldsymbol{A}^{(2)}$，$\boldsymbol{b}^{(2)}$ 中元素计算公式为

$$\begin{cases} a_{ij}^{(2)} = a_{ij}^{(1)} - m_{i1}a_{1j}^{(1)} & (i,j = 2,3,\cdots,n), \\ b_i^{(2)} = b_i^{(1)} - m_{i1}b_1^{(1)} & (i = 2,3,\cdots,n). \end{cases}$$

(2) 第 k 次消元($k=1,2,\cdots,n-1$).

设上述第 1 步，…，第 $k-1$ 步消元过程计算已经完成，即已计算好与方程组(7.1.1)等价的线性方程组

$$\begin{pmatrix} a_{11}^{(1)} & a_{12}^{(1)} & \cdots & a_{1k}^{(1)} & \cdots & a_{1n}^{(1)} \\ & a_{22}^{(2)} & \cdots & a_{2k}^{(2)} & \cdots & a_{2n}^{(2)} \\ & & \ddots & \vdots & & \vdots \\ & & & a_{kk}^{(k)} & \cdots & a_{kn}^{(k)} \\ & & & \vdots & & \vdots \\ & & & a_{nk}^{(k)} & \cdots & a_{nn}^{(k)} \end{pmatrix} \begin{pmatrix} x_1 \\ x_2 \\ \vdots \\ x_k \\ \vdots \\ x_n \end{pmatrix} = \begin{pmatrix} b_1^{(1)} \\ b_2^{(2)} \\ \vdots \\ b_k^{(k)} \\ \vdots \\ b_n^{(k)} \end{pmatrix}, \tag{7.1.9}$$

简记为 $\boldsymbol{A}^{(k)}\boldsymbol{x}=\boldsymbol{b}^{(k)}$.

设 $a_{kk}^{(k)}\neq 0$，计算乘数

$$m_{ik} = a_{ik}^{(k)}/a_{kk}^{(k)} \quad (i = k+1,k+2,\cdots,n).$$

用 $-m_{ik}$ 乘方程组(7.1.9)的第 k 个方程，加到第 i 个($i=k+1,k+2,\cdots,n$)方程上，消去从第 $k+1$ 个方程到第 n 个方程中的未知量 x_k，得到与方程组(7.1.1)等

价的线性方程组 $\boldsymbol{A}^{(k+1)}\boldsymbol{x}=\boldsymbol{b}^{(k+1)}$. $\boldsymbol{A}^{(k+1)}$, $\boldsymbol{b}^{(k+1)}$元素的计算公式为

$$\begin{cases} a_{ij}^{(k+1)} = a_{ij}^{(k)} - m_{ik}a_{kj}^{(k)} & (i,j = k+1,\cdots,n), \\ b_i^{(k+1)} = b_i^{(k)} - m_{ik}b_k^{(k)} & (i = k+1,\cdots,n). \end{cases} \tag{7.1.10}$$

显然,$\boldsymbol{A}^{(k+1)}$中从第1行到第 k 行与$\boldsymbol{A}^{(k)}$相同.

(3) 继续上述过程,且设 $a_{kk}^{(k)}\neq 0(k=1,2,\cdots,n-1)$,直到完成第 $n-1$ 步消元计算,最后得到与原方程组等价的三角形方程组 $\boldsymbol{A}^{(n)}\boldsymbol{x}=\boldsymbol{b}^{(n)}$,即

$$\begin{pmatrix} a_{11}^{(1)} & a_{12}^{(1)} & \cdots & a_{1n}^{(1)} \\ & a_{22}^{(2)} & \cdots & a_{2n}^{(2)} \\ & & \ddots & \vdots \\ & & & a_{nn}^{(n)} \end{pmatrix} \begin{pmatrix} x_1 \\ x_2 \\ \vdots \\ x_n \end{pmatrix} = \begin{pmatrix} b_1^{(1)} \\ b_2^{(2)} \\ \vdots \\ b_n^{(n)} \end{pmatrix}. \tag{7.1.11}$$

将方程组(7.1.1)化为方程组(7.1.11)的过程称为**消元过程**.

如果 $\boldsymbol{A}\in\mathbf{R}^{n\times n}$是非奇异矩阵,且 $a_{kk}^{(k)}\neq 0(k=1,2,\cdots,n-1)$,求解三角形线性方程组(7.1.11),得到求解公式

$$\begin{cases} x_n = b^{(n)}/a_{nn}^{(n)}, \\ x_k = \left(b_k^{(k)} - \sum\limits_{j=k+1}^{n} a_{kj}^{(k)}x_j\right)/a_{kk}^{(k)} & (k = n-1,n-2,\cdots,1). \end{cases} \tag{7.1.12}$$

上述求解方程组(7.1.11)的过程(7.1.12)称为**回代过程**.

若 $a_{11}=0$,由于 $\boldsymbol{A}$ 是非奇异矩阵,所以 $\boldsymbol{A}$ 的第1列一定有非零元素,此时只要通过交换即可将非零元素调到(1,1)位置,然后进行消元计算.

综上有如下定理:

定理 7.1 设 $\boldsymbol{Ax}=\boldsymbol{b}$,其中 $\boldsymbol{A}\in\mathbf{R}^{n\times n}$为非奇异矩阵,则可通过 Gauss 消去法将 $\boldsymbol{Ax}=\boldsymbol{b}$ 化为等价的三角形线性方程组(7.1.11),且计算公式为

(1) 消元计算($k=1,2,\cdots,n-1$)

$$\begin{cases} m_{ik} = a_{ik}^{(k)}/a_{kk}^{(k)} & (i = k+1,\cdots,n), \\ a_{ij}^{(k+1)} = a_{ij}^{(k)} - m_{ik}a_{kj}^{(k)} & (i,j = k+1,\cdots,n), \\ b_i^{(k+1)} = b_i^{(k)} - m_{ik}b_k^{(k)} & (i = k+1,\cdots,n). \end{cases}$$

(2) 回代计算

$$\begin{cases} x_n = b_n^{(n)}/a_{nn}^{(n)}, \\ x_i = \left(b_i^{(i)} - \sum\limits_{j=i+1}^{n} a_{ij}^{(i)}x_j\right)/a_{ii}^{(i)} & (i = n-1,n-2,\cdots,1). \end{cases}$$

在上述过程中要求 $a_{kk}^{(k)}\neq 0(k=1,2,\cdots,n-1)$,如果某 $a_{kk}^{(k)}=0$,则可首先交换两行的变换,使得新的 $a_{kk}^{(k)}\neq 0$,然后再用高斯消去法.

下面的定理给出了保证 $a_{kk}^{(k)}\neq 0(k=1,2,\cdots,n)$时矩阵$\boldsymbol{A}$ 所要满足的条件.

定理 7.2 主元素 $a_{ii}^{(i)}\neq 0(i=1,2,\cdots,k)$的充分必要条件是矩阵$\boldsymbol{A}$ 的顺序主子式$D_i\neq 0(i=1,2,\ \cdots,k)$,即

$$D_1 = a_{11} \neq 0, \quad D_i = \begin{vmatrix} a_{11} & \cdots & a_{1i} \\ \vdots & & \vdots \\ a_{i1} & \cdots & a_{ii} \end{vmatrix} \neq 0 \quad (i = 1,2,\cdots,k). \tag{7.1.13}$$

证　首先用归纳法证明充分性.显然,当 $k=1$ 时定理成立,现设定理充分性对 $k-1$ 时成立,下面讨论 k 时的充分性.

设 $D_i \neq 0(i=1,2,\cdots,k)$,由假设有 $a_{ii}^{(i)} \neq 0(i=1,2,\cdots,k-1)$,用高斯消去法将 $\boldsymbol{A}^{(1)}$ 化为 $\boldsymbol{A}^{(k)}$,即

$$\boldsymbol{A}^{(1)} \to \boldsymbol{A}^{(k)} = \begin{pmatrix} a_{11}^{(1)} & a_{12}^{(1)} & \cdots & a_{1k}^{(1)} & \cdots & a_{1n}^{(1)} \\ & a_{22}^{(2)} & \cdots & a_{2k}^{(2)} & \cdots & a_{2n}^{(2)} \\ & & \ddots & \vdots & & \vdots \\ & & & a_{kk}^{(k)} & \cdots & a_{kn}^{(k)} \\ & & & \vdots & & \vdots \\ & & & a_{nk}^{(k)} & \cdots & a_{nn}^{(k)} \end{pmatrix},$$

且有

$$\begin{cases} D_2 = \begin{vmatrix} a_{11}^{(1)} & a_{12}^{(1)} \\ 0 & a_{22}^{(2)} \end{vmatrix} = a_{11}^{(1)} a_{22}^{(2)}, \\ \qquad \vdots \\ D_k = \begin{vmatrix} a_{11}^{(1)} & \cdots & a_{1k}^{(1)} \\ & \ddots & \vdots \\ & & a_{kk}^{(k)} \end{vmatrix} = a_{11}^{(1)} a_{22}^{(2)} \cdots a_{kk}^{(k)}. \end{cases} \tag{7.1.14}$$

由设 $D_i \neq 0(i=1,2,\cdots,k)$,利用(7.1.14)式,则有 $a_{kk}^{(k)} \neq 0$,即充分性对 k 也成立.

显然,由假设 $a_{ii}^{(i)} \neq 0(i=1,2,\cdots,k)$,利用(7.1.14)式也可推出 $D_i \neq 0(i=1,2,\cdots,k)$,即必要性也成立.

推论　若 A 的顺序主子式 $D_i \neq 0(i=1,2,\cdots,n-1)$,则

$$\begin{cases} a_{11}^{(1)} = D_1, \\ a_{kk}^{(k)} = D_k / D_{k-1} \quad (k = 2,3,\cdots,n). \end{cases}$$

7.1.2　矩阵的三角分解

下面根据矩阵理论建立 Gauss 消去法与矩阵分解的关系.

设方程组(7.1.1)的系数矩阵 $\boldsymbol{A} \in \mathbf{R}^{n \times n}$ 的各阶顺序主子式均不零.由于对 $\boldsymbol{A}$ 施行初等行变换相当于用对应的初等矩阵左乘 $\boldsymbol{A}$,所以对方程组(7.1.1)施行第一步消元后化为方程(7.1.8),此时 $\boldsymbol{A}^{(1)}$ 化为 $\boldsymbol{A}^{(2)}$,$\boldsymbol{b}^{(1)}$ 化为 $\boldsymbol{b}^{(2)}$,即

$$\boldsymbol{L}_1 \boldsymbol{A}^{(1)} = \boldsymbol{A}^{(2)}, \quad \boldsymbol{L}_1 \boldsymbol{b}^{(1)} = \boldsymbol{b}^{(2)},$$

其中

$$L_1 = \begin{pmatrix} 1 & & & & \\ -m_{21} & 1 & & & \\ -m_{31} & & 1 & & \\ \vdots & & & \ddots & \\ -m_{n1} & & & & 1 \end{pmatrix}.$$

重复以上过程,最后得到

$$\begin{cases} L_{n-1}\cdots L_2 L_1 A^{(1)} = A^{(n)}, \\ L_{n-1}\cdots L_2 L_1 b^{(1)} = b^{(n)}. \end{cases} \tag{7.1.15}$$

将上面的三角矩阵 $A^{(n)}$ 记为 U,由(7.1.15)式得到

$$A = L_1^{-1} L_2^{-1} \cdots L_{n-1}^{-1} = LU,$$

其中

$$L = L_1^{-1} L_2^{-1} \cdots L_{n-1}^{-1} = \begin{pmatrix} 1 & & & & \\ m_{21} & 1 & & & \\ m_{31} & m_{32} & 1 & & \\ \vdots & \vdots & \vdots & \ddots & \\ m_{n1} & m_{n2} & m_{n3} & \cdots & 1 \end{pmatrix}$$

为单位上三角矩阵.

上述过程表明,高斯消去法本质上相当于将 A 分解为两个三角形矩阵之积,从而可得如下定理.

定理 7.3 (**矩阵的 LU 分解**)设 $A \in \mathbf{R}^{n\times n}$ 的各阶顺序主子式 $D_i \neq 0 (i = 1, 2, \cdots, n-1)$,则 A 可唯一分解为一个单位下三角矩阵 L 和一个上三角矩阵 U 的乘积.

证 根据 Gauss 消去法的矩阵分析,L 和 U 的存在性显然.下面证明 A 非奇异时分解的唯一性.设

$$A = LU = L_1 U_1,$$

其中 L, L_1 为单位下三角矩阵,U, U_1 为上三角矩阵.

由于 U_1^{-1} 存在,故

$$L^{-1} L_1 = U U_1^{-1}.$$

上式右边为上三角矩阵,左边为单位下三角矩阵,从而上式两边都必须等于单位矩阵,故 $L = L_1, U = U_1$,唯一性得证.

例 7.2 例 7.1 中系数矩阵

$$A = \begin{pmatrix} 1 & 1 & 1 \\ 0 & 4 & -1 \\ 2 & -2 & 1 \end{pmatrix},$$

由 Gauss 消去法,$m_{21} = 0, m_{31} = 2, m_{32} = -1$,故

$$A=\begin{pmatrix}1&0&0\\0&1&0\\2&-1&1\end{pmatrix}\begin{pmatrix}1&1&1\\0&4&-1\\0&0&-2\end{pmatrix}=LU.$$

7.1.3　列主元消去法

从理论上讲,只要主元 $a_{kk}^{(k)}\neq 0$ Gauss 消去法即可进行.但从数值计算角度考虑,当主元 $a_{kk}^{(k)}$ 的绝对值很小时,用其作除数会导致较大的舍入误差,降低消去法的数值稳定性.

例 7.3　求解线性方程组

$$\begin{pmatrix}0.001&2.000&3.000\\-1.000&3.712&4.623\\-2.000&1.072&5.643\end{pmatrix}\begin{pmatrix}x_1\\x_2\\x_3\end{pmatrix}=\begin{pmatrix}1.000\\2.000\\3.000\end{pmatrix}.$$

用 4 位浮点数进行计算,精确解为

$$\boldsymbol{x}^*=(-0.4904,-0.05104,0.3675)^{\mathrm{T}}.$$

解　方法 1　用 Gauss 消去法求解.

$$(\boldsymbol{A}\mid\boldsymbol{b})=\left(\begin{array}{ccc|c}0.001&2.000&3.000&1.000\\-1.000&3.712&4.623&2.000\\-2.000&1.072&5.643&3.000\end{array}\right)$$

$$\to\left(\begin{array}{ccc|c}0.001&2.000&3.000&1.000\\0&2004&3005&1002\\0&4001&6006&2003\end{array}\right)$$

$$\to\left(\begin{array}{ccc|c}0.001&2.000&3.000&1.000\\0&2004&3005&1002\\0&0&5.000&2.000\end{array}\right),$$

$$m_{21}=-1.000/0.001=-1000,\quad m_{31}=-2.000/0.001=-2000,$$

$$m_{32}=4001/2004=1.997$$

计算解为

$$\bar{\boldsymbol{x}}=(-0.400,-0.09980,0.400)^{\mathrm{T}}.$$

显然,$\bar{\boldsymbol{x}}$ 是一个很坏的结果,不能作为方程组的近似解.出现这个结果的原因是在消元计算时用了小主元 0.001,使得约化后的方程组元素数量级大大增长,经再舍入使得在计算(3.3)元素时发生了严重的相消情况,从而经消元后得到的三角形方程组就不准确了.

方法 2　交换行,避免绝对值小的主元作除数.

$$(\boldsymbol{A}\mid\boldsymbol{b})=\left(\begin{array}{ccc|c}-2.000&1.072&5.643&3.000\\-1.000&3.712&4.623&2.000\\0.001&2.000&3.000&1.000\end{array}\right)$$

$$\rightarrow \left(\begin{array}{ccc|c} -2.000 & 1.072 & 5.643 & 3.000 \\ 0 & 3.176 & 1.801 & 0.5000 \\ 0 & 2.001 & 3.003 & 1.002 \end{array}\right)$$

$$\rightarrow \left(\begin{array}{ccc|c} -2.000 & 1.072 & 5.643 & 3.000 \\ 0 & 3.176 & 1.801 & 0.5000 \\ 0 & 0 & 1.868 & 0.6870 \end{array}\right),$$

$$m_{21} = 0.5000, \quad m_{31} = -0.0005, \quad m_{32} = 0.6300.$$

得解为

$$\boldsymbol{x} = (-0.4900, -0.05113, 0.3678)^{\mathrm{T}} \approx \boldsymbol{x}^*.$$

此例表明，在采用 Gauss 消去法解方程组时，小主元可能产生较大的舍入误差，故应避免采用绝对值太小的主元 $a_{kk}^{(k)}$. 对一般矩阵而言，最好每一步都选取系数矩阵或消元后的低阶矩阵中绝对值最大的元素作为主元，以使 Gauss 消去法具有较好的数值稳定性，这就是全主元消去法. 全主元消去法算法复杂，计算量较大，实际中常用的是列主元消去法. 下面介绍列主元消去法，假定线性方程组(7.1.1)的系数矩阵 $\boldsymbol{A} \in \mathbf{R}^{n \times n}$ 非奇异.

设线性方程组(7.1.1)的增广矩阵为

$$\boldsymbol{B} = \left(\begin{array}{cccc|c} a_{11} & a_{12} & \cdots & a_{1n} & b_1 \\ a_{21} & a_{22} & \cdots & a_{2n} & b_2 \\ \vdots & \vdots & & \vdots & \vdots \\ a_{n1} & a_{n2} & \cdots & a_{nn} & b_n \end{array}\right).$$

首先在 $\boldsymbol{A}$ 的第 1 列中选取绝对值最大的元素作为主元，例如

$$|a_{i_1,1}| = \max_{1 \leqslant i \leqslant n} |a_{i1}| \neq 0,$$

然后交换 $\boldsymbol{B}$ 的第 1 行与第 i_1 行，经第 1 次消元计算得

$$(\boldsymbol{A} | \boldsymbol{b}) \rightarrow (\boldsymbol{A}^{(2)} | \boldsymbol{b}^{(2)}).$$

重复上述过程，设已完成第 $k-1$ 步的选主元，交换两行及消元计算，$(\boldsymbol{A} | \boldsymbol{b})$约化为

$$(\boldsymbol{A}^{(k)} | \boldsymbol{b}^{(k)}) = \left(\begin{array}{cccccc|c} a_{11} & a_{12} & \cdots & a_{1k} & \cdots & a_{1n} & b_1 \\ & a_{22} & \cdots & a_{2k} & \cdots & a_{2n} & b_2 \\ & & \ddots & \vdots & & \vdots & \vdots \\ & & & a_{kk} & \cdots & a_{kn} & b_k \\ & & & \vdots & & \vdots & \vdots \\ & & & a_{nk} & \cdots & a_{nn} & b_n \end{array}\right),$$

其中 $\boldsymbol{A}^{(k)}$的元素仍记为 a_{ij}，$\boldsymbol{b}^{(k)}$的元素仍记为 b_i.

第 k 步选主元，即确定 i_k，使

$$|a_{i_k,k}| = \max_{k \leqslant i \leqslant n} |a_{ik}| \neq 0.$$

交换$(\boldsymbol{A}^{(k)} | \boldsymbol{b}^{(k)})$第 k 行与 i_k $(k=1,2,\cdots,n-1)$行的元素，再进行消元计算，最后将原线性方程组化为

$$\begin{pmatrix} a_{11} & a_{12} & \cdots & a_{1n} \\ & a_{22} & \cdots & a_{2n} \\ & & \ddots & \vdots \\ & & & a_{nn} \end{pmatrix} \begin{pmatrix} x_1 \\ x_2 \\ \vdots \\ x_n \end{pmatrix} = \begin{pmatrix} b_1 \\ b_2 \\ \vdots \\ b_n \end{pmatrix}.$$

回代求解得

$$\begin{cases} x_n = b_n / a_{nn}, \\ x_i = \left(b_i - \sum\limits_{j=i+1}^{n} a_{ij}x_j\right)/a_{ii} \quad (i = n-1, n-2, \cdots, 1). \end{cases}$$

算法 1 （**列主元消去法**）本算法为方程组 $\boldsymbol{Ax} = \boldsymbol{b}$ 的列主元消去法，消元结果冲掉 $\boldsymbol{A}$，乘数 m_{ij} 冲掉 a_{ij}，解 $\boldsymbol{x}$ 冲掉 $\boldsymbol{b}$，行列式存放于 det 中.

1. det←1.

2. 对于 $k = 1, 2, \cdots, n-1$

(1) 按列选主元

$$|a_{i_k,k}| = \max_{k \leqslant i \leqslant n} |a_{ik}| \neq 0.$$

(2) 如果 $a_{i_k,k} = 0$，则计算停止.

(3) 如果 $i_k = k$，则转(4).

换行：$a_{kj} \leftrightarrow a_{i_k,j}\ (j = k, k+1, \cdots, n)$

$b_k \leftrightarrow b_{i_k}$

det↔ − det

(4) 消元计算

对于 $i = k+1, \cdots, n$

① $a_{ik} \leftarrow m_{ik} = a_{ik}/a_{kk}$

② 对于 $j = k+1, \cdots, n$

$$a_{ij} \leftarrow a_{ij} - m_{ik} * a_{ij}$$

③ $b_i \leftarrow a_{kk} * \det$

(5) det↔a_{kk} ∗ det

3. 如果 $a_{nn} = 0$，则停止计算

4. 回代求解

(1) $b_n \leftarrow b_n / a_{nn}$

(2) 对于 $i = n-1, \cdots, 2, 1$

$$b_i \leftarrow \left(b_i - \sum_{j=i+1}^{n} a_{ij} * b_j\right)/a_{ii}$$

5. det↔a_{nn} ∗ det

例 7.3 中的方法 2 用的就是列主元消去法.

下面用矩阵运算来描述解线性方程组(7.1.1)的列主元消去法.

$$\begin{cases} \boldsymbol{L}_1 \boldsymbol{L}_{1,i_1} \boldsymbol{A}^{(1)} = \boldsymbol{A}^{(2)}, \boldsymbol{L}_1 \boldsymbol{L}_{1,i_1} \boldsymbol{b}^{(1)} = \boldsymbol{b}^{(2)}, \\ \boldsymbol{L}_k \boldsymbol{L}_{k,i_k} \boldsymbol{A}^{(k)} = \boldsymbol{A}^{(k+1)}, \boldsymbol{L}_k \boldsymbol{L}_{k,i_k} \boldsymbol{b}^{(k)} = \boldsymbol{b}^{(k+1)}, \end{cases} \tag{7.1.16}$$

其中 L_k 的元素满足 $|m_{ik}| \leqslant 1$ $(k=1,2,\cdots,n-1)$，L_{k,i_k} 是初等置换阵.

利用(7.1.16)式得到

$$L_{n-1}L_{n-1,i_{n-1}}\cdots L_2L_{2,i_2}L_1L_{1,i_1}A = A^{(n)} = U,$$

简记为

$$\widetilde{P}A = U,\quad \widetilde{P}b = b^{(n)},$$

其中

$$\widetilde{P} = L_{n-1}L_{n-1,i_{n-1}}\cdots L_2L_{2,i_2}L_1L_{1,i_1}.$$

综上有下列定理：

定理 7.4 **(列主元三角分解定理)**如果 A 为非奇异矩阵，则存在排列矩阵 P 使

$$PA = LU,$$

其中 L 为单位下三角矩阵，U 为上三角矩阵.

7.2 矩阵的三角分解法

本节讨论 Gauss 消去法的改进与变形，这些方法可用于求解某些特殊类型的线性方程组.

7.2.1 直接三角分解法

由于 Gauss 消去法等价于矩阵的 LU 分解，所以可以直接从矩阵 A 的元素得到 L，U 元素的计算公式，而不需要任何中间步骤，这就是直接三角分解法. 将矩阵 A 进行 LU 分解后，则求解 $Ax=b$ 的问题就等价于求解两个三角形方程组：

(1) $Ly=b$，求 y；

(2) $Ux=y$，求 x.

1. 不选主元的三角分解法

设 A 为非奇异矩阵，且有分解式

$$A = LU,$$

其中 L 为单位下三角矩阵，U 为上三角矩阵，即

$$A = \begin{pmatrix} 1 & & & \\ l_{21} & 1 & & \\ \vdots & \vdots & \ddots & \\ l_{n1} & l_{n2} & \cdots & 1 \end{pmatrix} \begin{pmatrix} u_{11} & u_{12} & \cdots & u_{1n} \\ & u_{22} & \cdots & u_{2n} \\ & & \ddots & \vdots \\ & & & u_{nn} \end{pmatrix}. \tag{7.2.1}$$

下面讨论 L，U 的元素的计算公式，其中第 r 步定出 U 的第 r 行和 L 的第 r 列

元素.由分解式(7.2.1)有

$$a_{1i}=u_{1i},\quad (i=1,2,\cdots,n),$$

得 $\boldsymbol{U}$ 的第1行元素;

$$a_{i1}=l_{i1}u_{11},\quad l_{i1}=a_{i1}/u_{11}\quad (i=2,3,\cdots,n),$$

得 $\boldsymbol{L}$ 的第1列元素.

设已写出 $\boldsymbol{U}$ 的第1行到第 $r-1$ 行元素与 $\boldsymbol{L}$ 的第1列到第 $r-1$ 列元素.由分解式(7.2.1),利用矩阵乘法,并考虑到当 $r<k$ 时 $l_{rk}=0$,有

$$a_{ri}=\sum_{k=1}^{n}l_{rk}u_{ki}=\sum_{k=1}^{r-1}l_{rk}u_{ki}+u_{ri},$$

故

$$u_{ri}=a_{ri}-\sum_{k=1}^{r-1}l_{rk}u_{ki}\quad (i=r,r+1,\cdots,n).$$

又由分解式(7.2.1)有

$$a_{ir}=\sum_{k=1}^{n}l_{ik}u_{kr}=\sum_{k=1}^{r-1}l_{ik}u_{kr}+l_{ir}u_{rr}.$$

综上可得直接三角分解法解 $\boldsymbol{Ax}=\boldsymbol{b}$ 的计算公式.

(1) $u_{1i}=a_{1i}(i=1,2,\cdots,n)$, $l_{i1}=a_{i1}/u_{11}(i=2,3,\cdots,n)$.

计算 $\boldsymbol{U}$ 的第 r 行,$\boldsymbol{L}$ 的第 r 列元素($i=r,r+1,\cdots,n$):

$$(2)\ u_{ri}=a_{ri}-\sum_{k=1}^{r-1}l_{rk}u_{ki}(i=r,r+1,\cdots,n).\tag{7.2.2}$$

$$(3)\ l_{ir}=\left(a_{ir}-\sum_{k=1}^{r-1}l_{ik}u_{kr}\right)/u_{rr}(i=r+1,\cdots,n),\text{且 } r\neq n.\tag{7.2.3}$$

求解 $\boldsymbol{Ly}=\boldsymbol{b}$, $\boldsymbol{Ux}=\boldsymbol{y}$ 的计算公式:

$$(4)\ \begin{cases} y_1=b_1,\\ y_i=b_i-\sum\limits_{k=1}^{i-1}l_{ik}y_k(i=2,3,\cdots,n).\end{cases}\tag{7.2.4}$$

$$(5)\ \begin{cases} x_n=y_n/u_{nn},\\ x_i=\left(y_i-\sum\limits_{k=i+1}^{n}u_{ik}x_k\right)/u_{ii}(i=n-1,n-2,\cdots,1).\end{cases}\tag{7.2.5}$$

矩阵 $\boldsymbol{A}$ 的分解公式(7.2.2)和(7.2.3)称为 **Doolittle 分解**.

例 7.4 用 Doolittle 分解求解线性方程组 $\boldsymbol{Ax}=\boldsymbol{b}$,其中

$$\boldsymbol{A}=\begin{pmatrix}2&1&1&0\\4&3&3&1\\8&7&9&5\\6&7&9&8\end{pmatrix},\quad \boldsymbol{b}=\begin{pmatrix}1\\2\\2\\-1\end{pmatrix}.$$

解 第一步,交替使用(7.2.2)式和(7.2.3)式计算 $\boldsymbol{L}$ 和 $\boldsymbol{U}$ 的元素.

由 $k=1$ 的(7.2.2)式得 $u_{11}=2,u_{12}=1,u_{13}=1,u_{14}=0$;由 $k=1$ 的(7.2.3)

式得 $l_{21}=\dfrac{a_{21}}{u_{11}}=2$,同理 $l_{31}=4,l_{41}=3$.

由 $k=2$ 的(7.2.2)式,$u_{22}=a_{22}-l_{21}u_{12}=1$,同理 $u_{23}=1,u_{24}=1$;由 $k=2$ 的(7.2.3)式,$l_{32}=\dfrac{1}{u_{22}}(a_{32}-l_{31}u_{33})=3$,同理 $l_{42}=4$.

由 $k=3$ 的(7.2.2)式,$u_{33}=2,u_{34}=2$;由 $k=3$ 的(7.2.3)式,$l_{43}=1$.

从而可得

$$\boldsymbol{L}=\begin{pmatrix}1 & & & \\ 2 & 1 & & \\ 4 & 3 & 1 & \\ 3 & 4 & 1 & 1\end{pmatrix},\quad \boldsymbol{U}=\begin{pmatrix}2 & 1 & 1 & 0\\ & 1 & 1 & 1\\ & & 2 & 2\\ & & & 2\end{pmatrix}.$$

第二步,解方程组 $\boldsymbol{Ly}=\boldsymbol{b}$,得 $\boldsymbol{y}=(1,0,-2,-2)^{\mathrm{T}}$.

第三步,解方程组 $\boldsymbol{Ux}=\boldsymbol{y}$,得 $\boldsymbol{x}=(0,1,0,-1)^{\mathrm{T}}$.

2. 选主元的三角分解法

从直接三角分解公式可看出,当 $u_{rr}=0$ 时计算无法进行,或者当 u_{rr} 绝对值很小时,根据分解公式计算可能引起舍入误差的积累.但如果 $\boldsymbol{A}$ 非奇异,则可通过交换 $\boldsymbol{A}$ 的行实现矩阵 $\boldsymbol{PA}$ 的 LU 分解.因此可采用与列主元消去法类似的方法,将直接三角分解法修改为选主元的三角分解法.

设第 $r-1$ 上分解已完成,则有

$$\boldsymbol{A}\rightarrow\begin{pmatrix}u_{11} & u_{12} & \cdots & u_{1,r-1} & u_{1r} & \cdots & u_{1n}\\ l_{21} & u_{22} & \cdots & u_{2,r-1} & u_{2r} & \cdots & u_{2n}\\ \vdots & \vdots & & \vdots & \vdots & & \vdots\\ l_{r-1,1} & l_{r-1,2} & \cdots & u_{r-1,r-1} & u_{r-1,r} & \cdots & u_{r-1,n}\\ l_{r1} & l_{r2} & \cdots & l_{r,r-1} & a_{rr} & \cdots & a_{rn}\\ \vdots & \vdots & & \vdots & \vdots & & \vdots\\ l_{n1} & l_{n2} & \cdots & l_{n,r-1} & a_{nr} & \cdots & a_{nn}\end{pmatrix}.$$

第 r 步分解需用到(7.2.2)式及(7.2.3)式,为了避免用过小的数 u_{rr} 作除数,引进量

$$s_i=a_{ir}-\sum_{k=1}^{r-1}l_{ik}u_{kr}\quad(i=r,r+1,\cdots,n),$$

从而有

$$u_{rr}=s_r,\quad l_{ir}=s_i/s_r\quad(i=r+1,\cdots,n).$$

取 $\max\limits_{r\leqslant i\leqslant n}|s_i|=|s_{i_r}|$,交换 $\boldsymbol{A}$ 的 r 行与 i_r 行元素,将 s_{i_r} 调到 (r,r) 位置,将 (i,j) 位置的新元素仍记为 l_{ij} 及 a_{ij},从而有 $|l_{ir}|\leqslant 1(i=r+1,\cdots,n)$.由此再进行第 r 步分解计算.

算法 2 (**列主元三角分解法**)设 $\boldsymbol{Ax}=\boldsymbol{b}$,其中 $\boldsymbol{A}$ 为非奇异矩阵.本算法采用

选主元的三角分解法,用 $\boldsymbol{PA}=\boldsymbol{I}_{n-1,i_{n-1}}\cdots\boldsymbol{I}_{1,i_1}\boldsymbol{A}$ 的三角分解冲掉$\boldsymbol{A}$,用整数型数组 Ip(n)记录主行,解 $\boldsymbol{x}$ 存放于$\boldsymbol{b}$.

1. 对于 $r=1,2,\cdots,n$,有:

(1) 计算 s_i

$$a_{ir}\leftarrow s_i=a_{ir}-\sum_{k=1}^{r-1}l_{ik}u_{kr}\quad(i=r,r+1,\cdots,n).$$

(2) 选主元

$$|s_{i_r}|=\max_{r\leqslant i\leqslant n}|s_i|,\quad \mathrm{Ip}(r)\leftarrow i.$$

(3) 交换 $\boldsymbol{A}$ 的第r 行与第i_r 行元素

$$a_{ri}\leftrightarrow a_{i_r,i}\quad(i=1,2,\cdots,n).$$

(4) 计算 $\boldsymbol{U}$ 的第$\boldsymbol{r}$ 行元素,$\boldsymbol{L}$ 的第$\boldsymbol{r}$ 列元素

$$a_{rr}=u_{rr}=s_r,$$

$$a_{ir}\leftarrow l_{ir}=s_i/u_{rr}=a_{ir}/a_{rr}(i=r+1,\cdots,n),\text{且 } r\neq n,$$

$$a_{ri}\leftarrow u_{ri}=a_{ri}-\sum_{k=1}^{r-1}l_{rk}u_{ki}(i=r+1,\cdots,n),\text{且 } r\neq n.$$

上述计算过程完成后即实现了 $\boldsymbol{PA}$ 的 LU 分解,且 $\boldsymbol{U}$ 保存在$\boldsymbol{A}$ 的上三角部分,$\boldsymbol{L}$ 保存在$\boldsymbol{A}$ 的下三角部分,排列阵 $\boldsymbol{P}$ 由 Ip(n)记录.

求解 $\boldsymbol{Ly}=\boldsymbol{Pb}$, $\boldsymbol{Ux}=\boldsymbol{y}$.

2. 对于 $i=1,2,\cdots,n-1$,有:

(1) $t\leftarrow\mathrm{Ip}(i)$

(2) 如果 $i=t$,则转(3)

$$b_i\leftrightarrow b_t$$

(3) 继续上述循环

3. $b_i\leftarrow b_i-\sum_{k=1}^{i-1}l_{ik}b_k(i=2,3,\cdots,n).$

4. $b_n\leftarrow b_n/u_{nn},\ b_i\leftarrow\left(b_i-\sum_{k=i+1}^{n}u_{ik}b_k\right)/u_{ii}(i=n-1,\cdots,1).$

7.2.2 对称矩阵的平方根法与 Cholesky 分解

在应用有限元法解结构力学问题时,得到的线性方程组的系数矩阵往往是对称正定矩阵.可以利用对称正定系数矩阵的分解求解此类方程组,这是求解对称正定方程组的一种有效方法,称为平方根法.

设 $\boldsymbol{A}$ 为对称矩阵,且 $\boldsymbol{A}$ 的所有顺序主子式均不为零,由定理 7.3 知,$\boldsymbol{A}$ 可唯一分解为(7.2.1)式形式.

为了利用 $\boldsymbol{A}$ 的对称性,将 $\boldsymbol{U}$ 再分解为

$$U = \begin{pmatrix} u_{11} & & & \\ & u_{22} & & \\ & & \ddots & \\ & & & u_{nn} \end{pmatrix} \begin{pmatrix} 1 & \dfrac{u_{12}}{u_{11}} & \cdots & \dfrac{u_{1n}}{u_{11}} \\ & 1 & \cdots & \dfrac{u_{2n}}{u_{22}} \\ & & \ddots & \vdots \\ & & & 1 \end{pmatrix} = DU_0,$$

其中 D 为对角矩阵,U_0 为单位上三角矩阵,从而

$$A = LU = LDU_0. \tag{7.2.6}$$

又

$$A = A^{\mathrm{T}} = LU = U_0^{\mathrm{T}}(DL^{\mathrm{T}}),$$

由分解的唯一性得

$$U_0^{\mathrm{T}} = L.$$

代入(7.2.6)式得到对称矩阵 A 的分解式 $A = LDL^{\mathrm{T}}$. 由此可得下列定理:

定理 7.5 (对称矩阵的三角分解定理)设 A 为 n 阶对称矩阵,且 A 的所有顺序主子式均不为零,则 A 可唯一分解为

$$A = LDL^{\mathrm{T}},$$

其中 L 为单位下三角矩阵,D 为对角矩阵.

若 A 为对称正定矩阵,下面首先说明 $A = LDL^{\mathrm{T}}$ 中 D 的对角元素 $d_i > 0$.

实际上,由 A 的对称正定性,定理 7.2 的推论成立,即

$$d_1 = D_1 > 0, \quad d_i = D_i / D_{i-1} > 0 \quad (i = 2,3,\cdots,n).$$

从而

$$D = \begin{pmatrix} d_1 & & \\ & \ddots & \\ & & d_n \end{pmatrix} = \begin{pmatrix} \sqrt{d_1} & & \\ & \ddots & \\ & & \sqrt{d_n} \end{pmatrix} \begin{pmatrix} \sqrt{d_1} & & \\ & \ddots & \\ & & \sqrt{d_n} \end{pmatrix} = D^{\frac{1}{2}} D^{\frac{1}{2}},$$

由定理 7.5 得

$$A = LDL^{\mathrm{T}} = LD^{\frac{1}{2}} D^{\frac{1}{2}} L = (LD^{\frac{1}{2}})(LD^{\frac{1}{2}}) = L_1 L_1^{\mathrm{T}},$$

其中 $L_1 = LD^{\frac{1}{2}}$ 为下三角矩阵.

定理 7.6 (**对称正定矩阵的三角分解**)设 A 为 n 阶对称正定矩阵,则存在一个实的非奇异下三角矩阵 L,使 $A = LL^{\mathrm{T}}$. 当限定 L 的对角元素为正时,这种分解中唯一的.

此分解称为 Cholesky① 分解.

下面用直接分解方法推导计算 L 元素的递推公式. 因为

① 楚列斯基(André Louis Cholesky,1875～1918)是法国数学家.

$$A=\begin{pmatrix} l_{11} & & & \\ l_{21} & l_{22} & & \\ \vdots & \vdots & \ddots & \\ l_{n1} & l_{n2} & \cdots & l_{nn} \end{pmatrix}\begin{pmatrix} l_{11} & l_{21} & \cdots & l_{n1} \\ & l_{22} & \cdots & l_{n2} \\ & & \ddots & \vdots \\ & & & l_{nn} \end{pmatrix},$$

其中 $l_{ii}>0(i=1,2,\cdots,n)$. 由矩阵乘法及 $l_{jk}>0(j<k)$，得

$$a_{ij}=\sum_{k=1}^{n} l_{ik}l_{jk}=\sum_{k=1}^{j-1} l_{ik}l_{jk}+l_{jj}l_{ij},$$

从而得到解对称正定方程组 $\boldsymbol{A}\boldsymbol{x}=\boldsymbol{b}$ 的平方根法计算公式：

对于 $j=1,2,\cdots,n$，有：

$$(1)\ l_{jj}=\left(a_{jj}-\sum_{k=1}^{j-1} l_{jk}^2\right)^{\frac{1}{2}}. \tag{7.2.7}$$

$$(2)\ l_{ij}=\left(a_{ij}-\sum_{k=1}^{j-1} l_{ik}l_{jk}\right)/l_{jj}\ (i=j+1,\cdots,n)$$

求解 $\boldsymbol{A}\boldsymbol{x}=\boldsymbol{b}$，即求解两个三角形方程组：

① $\boldsymbol{L}\boldsymbol{y}=\boldsymbol{b}$，求 $\boldsymbol{y}$；② $\boldsymbol{L}^{\mathrm{T}}\boldsymbol{x}=\boldsymbol{y}$，求 $\boldsymbol{x}$.

$$(3)\ y_i=\left(b_i-\sum_{k=1}^{i-1} l_{ik}y_k\right)/l_{ii}\ (i=1,2,\cdots,n). \tag{7.2.8}$$

$$(4)\ x_i=\left(b_i-\sum_{k=i+1}^{n} l_{ki}x_k\right)/l_{ii}\ (i=n,n-1,\cdots,1).$$

由计算公式(7.2.7)知

$$a_{jj}=\sum_{k=1}^{j} l_{jk}^2\quad (j=1,2,\cdots,n),$$

所以

$$l_{jk}^2\leqslant a_{jj}\leqslant \max_{1\leqslant j\leqslant n}\{a_{jj}\},$$

从而

$$\max_{j,k}\{l_{jk}^2\}\leqslant \max_{1\leqslant j\leqslant n}\{a_{jj}\}.$$

上述结果表明，分解过程中元素 l_{jk} 的数量级不会增长且对角元素 l_{jj} 恒为正数，因此不选主元的平方根法是一个数值稳定的方法.

由公式(7.2.7)看出，用平方根法解对称正定方程组时，计算 $\boldsymbol{L}$ 的元素 l_{ii} 需要用到开方运算. 为了避免开方，可以用下列分解式

$$\boldsymbol{A}=\boldsymbol{L}\boldsymbol{D}\boldsymbol{L}^{\mathrm{T}},$$

即

$$A=\begin{pmatrix} 1 & & & \\ l_{21} & 1 & & \\ \vdots & \vdots & \ddots & \\ l_{n1} & l_{n2} & \cdots & 1 \end{pmatrix}\begin{pmatrix} d_1 & & & \\ & d_2 & & \\ & & \ddots & \\ & & & d_n \end{pmatrix}\begin{pmatrix} 1 & l_{21} & \cdots & l_{n1} \\ & 1 & \cdots & l_{n2} \\ & & \ddots & \vdots \\ & & & 1 \end{pmatrix}.$$

根据矩阵乘法，并注意到 $l_{jj}=1,\ l_{jk}=0(j<k)$，得

$$a_{ij} = \sum_{k=1}^{n} (\boldsymbol{LD})_{ik} (\boldsymbol{L}^{\mathrm{T}})_{kj} = \sum_{k=1}^{n} l_{ik} d_k l_{jk} = \sum_{k=1}^{j-1} l_{ik} d_k l_{jk} + l_{ij} d_j l_{jj}.$$

从而得到计算 $\boldsymbol{L}$ 的元素及 $\boldsymbol{D}$ 的对角元素公式：

对于 $i=1,2,\cdots,n$，有：

(1) $l_{ij} = \left(a_{ij} - \sum_{k=1}^{j-1} l_{ik} d_k l_{jk}\right) / d_j \; (j = 1,2,\cdots,i-1)$;　　(7.2.9)

(2) $d_i = a_{ii} - \sum_{k=1}^{i-1} l_{ik}^2 d_k$.

为了避免重复计算，引入

$$t_{ij} = l_{ij} d_j,$$

由(7.2.9)式得到按行计算 $\boldsymbol{L}, \boldsymbol{T}$ 元素的公式：

$$d_1 = a_{11}.$$

对于 $i=2,3,\cdots,n$，有：

(1) $t_{ij} = a_{ij} - \sum_{k=1}^{j-1} t_{ik} l_{jk} \; (j = 1,2,\cdots,i-1)$;

(2) $l_{ij} = t_{ij}/d_j \; (j=1,2,\cdots,i-1)$;

(3) $d_i = a_{ii} - \sum_{k=1}^{i-1} t_{ik} l_{ik}$.

计算出 $\boldsymbol{T}=\boldsymbol{LD}$ 的第 i 行元素 $t_{ij}\,(j=1,2,\cdots,i-1)$后，存放于 $\boldsymbol{A}$ 的第 i 行相应位置，然后再计算 $\boldsymbol{L}$ 的第 i 行元素，存放于 $\boldsymbol{A}$ 的第 i 行. $\boldsymbol{D}$ 的对角元素存放于 $\boldsymbol{A}$ 的相应位置.

对称正定矩阵 $\boldsymbol{A}$ 按 $\boldsymbol{LDL}^{\mathrm{T}}$ 分解和按 $\boldsymbol{LL}^{\mathrm{T}}$ 分解类似，但 $\boldsymbol{LDL}^{\mathrm{T}}$ 分解不需要开方运算.

求解 $\boldsymbol{Ly}=\boldsymbol{b}, \boldsymbol{DL}^{\mathrm{T}}\boldsymbol{x}=\boldsymbol{y}$ 的计算公式为：

(4) $\begin{cases} y_1 = b_1, \\ y_i = b_i - \sum_{k=1}^{i-1} l_{ik} y_k \; (i = 2,3,\cdots,n). \end{cases}$

(5) $\begin{cases} x_n = y_n/d_n, \\ x_i = y_i/d_i - \sum_{k=i+1}^{n} l_{ki} x_i \; (i = n-1,\cdots,2,1). \end{cases}$

上述求解方法称为**改进的平方根法**.

7.2.3　追赶法

在诸如解常微分方程边值问题、解热传导方程以及计算三次样条函数时，都要求解系数矩阵为对角占优的三对角线方程

$$\begin{pmatrix} b_1 & c_1 & & & \\ a_2 & b_2 & c_2 & & \\ & \ddots & \ddots & \ddots & \\ & & a_{n-1} & b_{n-1} & c_{n-1} \\ & & & a_n & b_n \end{pmatrix} \begin{pmatrix} x_1 \\ x_2 \\ \vdots \\ x_{n-1} \\ x_n \end{pmatrix} = \begin{pmatrix} s_1 \\ s_2 \\ \vdots \\ s_{n-1} \\ s_n \end{pmatrix}, \tag{7.2.10}$$

其中,当$|i-j|>1$时,$a_{ij}=0$,且

(1) $|b_1|>|c_1|>0$;

(2) $|b_i|\geqslant|a_i|+|c_i|(a_i,c_i\neq0,\ i=2,3,\cdots,n-1)$;

(3) $|b_n|>|c_n|>0$.

可以根据通常的LU分解求解方程组(7.2.10).考虑到方程组的系数矩阵为三对角,用下列特殊方法进行求解:

首先由(7.2.10)式中的第一个方程解出

$$x_1 = \frac{s_1}{b_1} - \frac{c_1}{b_1}x_2,$$

令

$$g_1 = \frac{s_1}{b_1}, \quad w_1 = \frac{c_1}{b_1},$$

则

$$x_1 = g_1 - w_1x_2,$$

代入(7.2.10)式中的第二个方程得

$$a_2(g_1 - w_1x_2) + b_2x_2 + c_2x_3 = s_2,$$

即

$$x_2 = \frac{s_2 - a_2g_1}{b_2 - a_2w_1} - \frac{c_2}{b_2 - a_2w_1}x_3.$$

令

$$g_2 = \frac{s_2 - a_2g_1}{b_2 - a_2w_1}, \quad w_2 = \frac{c_2}{b_2 - a_2w_1},$$

有

$$x_2 = g_2 - w_2x_3,$$

类似地可推出下列公式

$$x_i = g_i - w_ix_{i+1} \quad (1\leqslant i\leqslant n-1),$$

其中

$$g_i = \frac{s_i - a_ig_{i-1}}{b_i - a_iw_{i-1}}, \quad w_i = \frac{c_i}{b_i - a_iw_{i-1}}, \quad g_0 = w_0 = 0.$$

将$x_{n-1}=g_{n-1}-w_{n-1}x_n$代入最后(7.2.10)式中的一个方程,有

$$a_n(g_{n-1} - w_{n-1}x_n) + b_nx_n = s_n,$$

$$x_n = \frac{s_n - a_ng_{n-1}}{b_n - a_nw_{n-1}}.$$

令

$$g_n = \frac{s_n - a_n g_{n-1}}{b_n - a_n w_{n-1}},$$

则 $x_n = g_n$，代入 $x_i = g_i - w_i x_{i+1}$ 即可依次求出 $x_{n-1}, x_{n-2}, \cdots, x_2, x_1$.

上述求解过程可分为两个部分：

(1) 依次确定 $g_0, w_0, g_1, w_1, \cdots, g_{n-1}, w_{n-1}, g_n$，称之为追的过程；

(2) 依相反次序确定 $x_n, x_{n-1}, \cdots, x_2, x_1$，称之为赶的过程.

上述求解三对角线方程的方法称为追赶法，其求解公式可归纳如下：

$$\begin{cases} g_1 = \dfrac{s_1}{b_1}, g_i = \dfrac{s_i - a_i g_{i-1}}{b_i - a_i w_{i-1}} \quad (2 \leqslant i \leqslant n), \\ w_1 = \dfrac{c_1}{b_1}, w_i = \dfrac{c_i}{b_i - a_i w_{i-1}} \quad (2 \leqslant i \leqslant n-1), \\ x_n = g_n, x_i = g_i - w_i x_{i+1} \quad (1 \leqslant i \leqslant n-1). \end{cases}$$

7.3　向量和矩阵的范数

7.3.1　向量范数

为了研究线性方程组近似解的误差估计和迭代法的收敛性，需要对 $\mathbf{R}^n$ 中的向量和 $\mathbf{R}^{n \times n}$ 中的矩阵的"大小"引入某种度量，即向量和矩阵的范数. 向量范数概念是三维欧氏空间向量长度概念的推广.

首先将向量的数量积和向量长度推广到 $\mathbf{R}^n$ 中.

定义 7.1　设 $\boldsymbol{x} = (x_1, x_2, \cdots, x_n)^{\mathrm{T}}$, $\boldsymbol{y} = (y_1, y_2, \cdots, y_n)^{\mathrm{T}} \in \mathbf{R}^n$，则实数 $(\boldsymbol{x}, \boldsymbol{y}) = \boldsymbol{x}\boldsymbol{y}^{\mathrm{T}} = \sum_{i=1}^{n} x_i y_i$ 称为向量 $\boldsymbol{x}, \boldsymbol{y}$ 的**数量积**，$\| \boldsymbol{x} \|_2 = (\boldsymbol{x}, \boldsymbol{x})^{\frac{1}{2}} = \left(\sum_{i=1}^{n} x_i^2 \right)^{\frac{1}{2}}$ 称为向量 $\boldsymbol{x}$ 的**欧氏范数**.

度量 $\mathbf{R}^n$ 中向量"大小"的方法还有许多. 例如，对于 $\boldsymbol{x} = (x_1, x_2, \cdots, x_n)^{\mathrm{T}} \in \mathbf{R}^n$，可以用一个 $\boldsymbol{x}$ 的函数 $N(\boldsymbol{x}) = \max_{1 \leqslant i \leqslant n} |x_i|$ 来度量 $\boldsymbol{x}$ 的"大小". 通常，要求度量向量 $\boldsymbol{x}$"大小"的函数 $N(\boldsymbol{x})$ 具有正定性、齐次性且满足三角不等式.

定义 7.2　(向量的范数) 如果向量 $\boldsymbol{x} \in \mathbf{R}^n$ 的某个实值函数 $N(\boldsymbol{x}) = \| \boldsymbol{x} \|$ 满足：

(1) 正定性：$\| \boldsymbol{x} \| \geqslant 0$ 且 $\| \boldsymbol{x} \| = 0$ 的充分必要条件是 $\boldsymbol{x} = \boldsymbol{0}$；

(2) 齐次性：$\| \alpha \boldsymbol{x} \| = |\alpha| \, \| \boldsymbol{x} \|$，$\alpha \in \mathbf{R}$；

(3) 三角不等式：$\| \boldsymbol{x} + \boldsymbol{y} \| \leqslant \| \boldsymbol{x} \| + \| \boldsymbol{y} \|$；

则称 $N(\boldsymbol{x})$ 是 $\mathbf{R}^n$ 上的一个向量范数.

下面给出几种常用的**向量范数**.

(1) 向量的∞-范数(最大范数):

$$\|\boldsymbol{x}\|_\infty = \max_{1\leqslant i\leqslant n}|x_i|.$$

(2) 向量的1-范数:

$$\|\boldsymbol{x}\|_1 = \sum_{i=1}^{n}|x_i|.$$

(3) 向量的2-范数(欧氏范数):

$$\|\boldsymbol{x}\|_2 = (\boldsymbol{x},\boldsymbol{x})^{\frac{1}{2}} = \left(\sum_{i=1}^{n}x_i^2\right)^{\frac{1}{2}}.$$

(4) 向量的 p-范数:

$$\|\boldsymbol{x}\|_p = \left(\sum_{i=1}^{n}|x_i|^p\right)^{\frac{1}{p}},$$

其中 $p\in[1,+\infty)$. 显然,$p=1,2,+\infty$ 时即分别得前三种范数.

定义7.3　设 $\{\boldsymbol{x}^{(k)}\}$ 为 $\mathbf{R}^n$ 中一向量序列,$\boldsymbol{x}^*\in\mathbf{R}^n$,记 $\boldsymbol{x}^{(k)}=(x_1^{(k)},x_2^{(k)},\cdots,x_n^{(k)})^{\mathrm{T}}$,$\boldsymbol{x}^*=(x_1^*,x_2^*,\cdots,x_n^*)^{\mathrm{T}}$. 如果 $\lim\limits_{k\to\infty}x_i^{(k)}=x_i^*\ (i=1,2,\cdots,n)$,则称 $\boldsymbol{x}^{(k)}$ 收敛于向量 $\boldsymbol{x}^*$,记为

$$\lim_{k\to\infty}\boldsymbol{x}^{(k)} = \boldsymbol{x}^*.$$

定理7.7　(**$N(\boldsymbol{x})$的连续性**)设非负函数 $N(\boldsymbol{x})=\|\boldsymbol{x}\|$ 为 $\mathbf{R}^n$ 上任一向量范数,则 $N(\boldsymbol{x})$ 是 $\boldsymbol{x}$ 的分量 $x_1,x_2,\cdots,x_n$ 的连续函数.

证　设 $\boldsymbol{x}=\sum\limits_{i=1}^{n}x_i\boldsymbol{e}_i$,$\boldsymbol{y}=\sum\limits_{i=1}^{n}y_i\boldsymbol{e}_i$,其中 $\boldsymbol{e}_i=(0,\cdots,1,0,\cdots,0)^{\mathrm{T}}$.

显然,只要证明当 $\boldsymbol{x}\to\boldsymbol{y}$ 时 $N(\boldsymbol{x})\to N(\boldsymbol{y})$ 即可.

$$\begin{aligned}|N(\boldsymbol{x})-N(\boldsymbol{y})| &= |\,\|\boldsymbol{x}\|-\|\boldsymbol{y}\|\,| \leqslant \|\boldsymbol{x}-\boldsymbol{y}\| \\ &= \left\|\sum_{i=1}^{n}(x_i-y_i)\boldsymbol{e}_i\right\| \leqslant \sum_{i=1}^{n}|x_i-y_i|\,\|\boldsymbol{e}_i\| \\ &\leqslant \|\boldsymbol{x}-\boldsymbol{y}\|_\infty\sum_{i=1}^{n}\|\boldsymbol{e}_i\|,\end{aligned}$$

即

$$|N(\boldsymbol{x})-N(\boldsymbol{y})| \leqslant c\,\|\boldsymbol{x}-\boldsymbol{y}\|_\infty \to 0 \quad (\boldsymbol{x}\to\boldsymbol{y}),$$

其中

$$c = \sum_{i=1}^{n}\|\boldsymbol{e}_i\|.$$

定理7.8　(**向量范数的等价性**)设 $\|\boldsymbol{x}\|_s$,$\|\boldsymbol{x}\|_t$ 为 $\mathbf{R}^n$ 上向量的任意两种范数,则存在常数 $c_1,c_2>0$,使得对一切 $\boldsymbol{x}\in\mathbf{R}^n$ 有

$$c_1\|\boldsymbol{x}\|_s \leqslant \|\boldsymbol{x}\|_t \leqslant c_2\|\boldsymbol{x}\|_s.$$

证 只需以 $\|x\|_s=\|x\|_\infty$ 为例证明即可,即证明存在常数 $c_1,c_2>0$,使

$$c_1\leqslant\frac{\|x\|_t}{\|x\|_\infty}\leqslant c_2.$$

考虑函数

$$f(x)=\|x\|_t\geqslant 0,\quad x\in\mathbf{R}^n.$$

记 $S=\{x\mid \|x\|_\infty=1,x\in\mathbf{R}^n\}$,则 S 是一个有界闭集. 由于 $f(x)$ 为 S 上的连续函数,所以 $f(x)$ 在 S 上达到最大和最小值,即存在 $x',x''\in S$,使得

$$f(x')=\min_{x\in S}x=c_1,\quad f(x'')=\max_{x\in S}x=c_2.$$

设 $x\in\mathbf{R}^n$ 且 $x\neq\mathbf{0}$,则 $\dfrac{x}{\|x\|_\infty}\in S$,从而有

$$c_1\leqslant f\left(\frac{x}{\|x\|_\infty}\right)\leqslant c_2.$$

显然 $c_1,c_2>0$,上式为

$$c_1\leqslant\left\|\frac{x}{\|x\|_\infty}\right\|_t\leqslant c_2,$$

即

$$c_1\|x\|_\infty\leqslant\|x\|_t\leqslant c_2\|x\|_\infty.$$

本定理表明,如果在一种范数意义下向量序列收敛,则在任何一种范数意义下该向量序列均收敛.

定理 7.9 $\lim\limits_{k\to\infty}x^{(k)}=x^*\Leftrightarrow\lim\limits_{k\to\infty}\|x^{(k)}-x^*\|=0$,其中 $\|\cdot\|$ 为向量的任一种范数.

证 显然,$\lim\limits_{k\to\infty}x^{(k)}=x^*\Leftrightarrow\lim\limits_{k\to\infty}\|x^{(k)}-x^*\|_\infty=0$,而对于 $\mathbf{R}^n$ 上任一种范数 $\|\cdot\|$,由定理 7.8,存在常数 $c_1,c_2>0$,使

$$c_1\|x^{(k)}-x^*\|_\infty\leqslant\|x^{(k)}-x^*\|\leqslant c_2\|x^{(k)}-x^*\|_\infty,$$

从而

$$\lim_{k\to\infty}\|x^{(k)}-x^*\|_\infty=0\Leftrightarrow\lim_{k\to\infty}\|x^{(k)}-x^*\|=0.$$

7.3.2 矩阵范数

下面将向量范数概念推广到矩阵上. 比如,可以将 $\mathbf{R}^{n\times n}$ 中的矩阵看成 $\mathbf{R}^{n^2}$ 中的向量,则由 $\mathbf{R}^{n^2}$ 中的 2-范数可以得到 $\mathbf{R}^{n\times n}$ 中矩阵的一种范数

$$F(A)=\|A\|_p=\Big(\sum_{i,j=1}^{n}a_{ij}^2\Big)^{\frac{1}{2}},$$

称为 A 的弗罗贝尼乌斯(Frobenius)范数.

下面给出矩阵范数的一般定义.

定义 7.4 (**矩阵的范数**)如果 $A\in\mathbf{R}^{n\times n}$ 的某个实值函数 $N(A)=\|A\|$

满足：

(1) 正定性：$\| \boldsymbol{A} \| \geqslant 0$ 且 $\| \boldsymbol{A} \| = 0$ 的充要条件是 $\boldsymbol{A} = \boldsymbol{0}$；

(2) 齐次性：$\| \alpha \boldsymbol{A} \| = |\alpha| \, \| \boldsymbol{A} \|, \alpha \in \mathbf{R}$；

(3) 三角不等式：$\| \boldsymbol{A} + \boldsymbol{B} \| \leqslant \| \boldsymbol{A} \| + \| \boldsymbol{B} \|$；

(4) $\| \boldsymbol{AB} \| \leqslant \| \boldsymbol{A} \| \, \| \boldsymbol{B} \|$；

则称 $N(\boldsymbol{A})$ 是 $\mathbf{R}^{n\times n}$ 上的一个**矩阵范数**.

显然，$\| \boldsymbol{A} \|_p$ 即为 $\mathbf{R}^{n\times n}$ 上的一个矩阵范数.

由于在大多数与估计有关的问题中，矩阵和向量会同时讨论，所以理应引入一种矩阵的范数，使其与向量范数相联系.例如，通常要求对任何向量 $\boldsymbol{x} \in \mathbf{R}^n$ 和 $\boldsymbol{A} \in \mathbf{R}^{n\times n}$ 有

$$\| \boldsymbol{Ax} \| \leqslant \| \boldsymbol{A} \| \, \| \boldsymbol{x} \|. \tag{7.3.1}$$

此时称矩阵范数和向量范数相容.为此再引进一种矩阵的范数.

定义 7.5 **(矩阵的算子范数)** 设 $\boldsymbol{x} \in \mathbf{R}^n, \boldsymbol{A} \in \mathbf{R}^{n\times n}$，对一种向量范数 $\| \boldsymbol{x} \|_v$ $(v = 1, 2, +\infty)$，相应地定义一个矩阵的非负函数

$$\| \boldsymbol{A} \|_v = \max_{x \neq 0} \frac{\| \boldsymbol{Ax} \|_v}{\| \boldsymbol{x} \|_v}. \tag{7.3.2}$$

可验证 $\| \boldsymbol{A} \|_v$ 满足定义 7.4，所以 $\| \boldsymbol{A} \|_v$ 是 $\mathbf{R}^{n\times n}$ 上矩阵的一个范数，称为 $\boldsymbol{A}$ 和**算子范数**或**从属范数**.

定理 7.10 设 $\| \boldsymbol{x} \|_v$ 是 $\mathbf{R}^n$ 上一个向量范数，则 $\| \boldsymbol{A} \|_v$ 是 $\mathbf{R}^{n\times n}$ 上矩阵的范数，且满足相容条件

$$\| \boldsymbol{Ax} \|_v \leqslant \| \boldsymbol{A} \|_v \, \| \boldsymbol{x} \|_v. \tag{7.3.3}$$

证 由(7.3.2)式知相容性条件(7.3.3)显然，只需再验证定义 7.4 中的条件(4).

由相容性条件(7.3.3)，有

$$\| \boldsymbol{ABx} \|_v \leqslant \| \boldsymbol{A} \|_v \, \| \boldsymbol{Bx} \|_v \leqslant \| \boldsymbol{A} \|_v \, \| \boldsymbol{B} \|_v \, \| \boldsymbol{x} \|_v.$$

当 $x \neq 0$ 时，有

$$\frac{\| \boldsymbol{ABx} \|_v}{\| \boldsymbol{x} \|_v} \leqslant \| \boldsymbol{A} \|_v \, \| \boldsymbol{B} \|_v,$$

故

$$\| \boldsymbol{AB} \|_v = \max_{x \neq 0} \frac{\| \boldsymbol{ABx} \|_v}{\| \boldsymbol{x} \|_v} \leqslant \| \boldsymbol{A} \|_v \, \| \boldsymbol{B} \|_v.$$

显然，这种矩阵范数 $\| \boldsymbol{A} \|_v$ 依赖于向量范数 $\| \boldsymbol{x} \|_v$，即当给出一种具体的向量范数 $\| \boldsymbol{x} \|_v$ 时，相应地就得到了一种矩阵范数 $\| \boldsymbol{A} \|_v$.

定理 7.11 设 $\boldsymbol{x} \in \mathbf{R}^n, \boldsymbol{A} \in \mathbf{R}^{n\times n}$，则有

(1) $\| \boldsymbol{A} \|_\infty = \max\limits_{1 \leqslant i \leqslant n} \sum\limits_{j=1}^{n} |a_{ij}|$，称为 $\boldsymbol{A}$ 的行范数；

(2) $\| \boldsymbol{A} \|_1 = \max\limits_{1 \leqslant j \leqslant n} \sum\limits_{i=1}^{n} |a_{ij}|$，称为 $\boldsymbol{A}$ 的列范数；

(3) $\|\boldsymbol{A}\|_2=\sqrt{\lambda_{\max}(\boldsymbol{A}^{\mathrm{T}}\boldsymbol{A})}$，称为 $\boldsymbol{A}$ 的 2-范数，其中 $\lambda_{\max}(\boldsymbol{A}^{\mathrm{T}}\boldsymbol{A})$ 表示 $\boldsymbol{A}^{\mathrm{T}}\boldsymbol{A}$ 的最大特征值.

证　(1) 设 $\boldsymbol{x}=(x_1,x_2,\cdots,x_n)^{\mathrm{T}}\neq\boldsymbol{0}$，$\boldsymbol{A}\neq 0$，记

$$t=\|\boldsymbol{x}\|_\infty=\max_{1\leqslant i\leqslant n}|x_i|,\quad \mu=\max_{1\leqslant i\leqslant n}\sum_{j=1}^n|a_{ij}|,$$

则

$$\|\boldsymbol{Ax}\|_\infty=\max_{1\leqslant i\leqslant n}\left|\sum_{j=1}^n a_{ij}x_j\right|\leqslant\max_i\sum_{j=1}^n|a_{ij}||x_j|\leqslant t\max_i\sum_{j=1}^n|a_{ij}|,$$

即对任何非零 $\boldsymbol{x}\in\mathbf{R}^n$，有

$$\frac{\|\boldsymbol{Ax}\|_\infty}{\|\boldsymbol{x}\|_\infty}\leqslant\mu.$$

下面说明有一向量 $\boldsymbol{x}_0\neq\boldsymbol{0}$，使 $\dfrac{\|\boldsymbol{Ax}_0\|_\infty}{\|\boldsymbol{x}_0\|_\infty}=\mu$. 设 $\mu=\sum_{j=1}^n|a_{i_0j}|$，取向量 $\boldsymbol{x}_0=(x_1,x_2,\cdots,x_n)^{\mathrm{T}}$，其中 $x_j=\operatorname{sgn}(a_{i_0j})\ (j=1,2,\cdots,n)$. 显然 $\|\boldsymbol{x}_0\|_\infty=1$，且 $\boldsymbol{Ax}_0$ 的第 i_0 个分量为 $\sum_{j=1}^n a_{ij}x_j=\sum_{j=1}^n|a_{i_0j}|$，这表明

$$\|\boldsymbol{Ax}\|_\infty=\max_{1\leqslant i\leqslant n}\left|\sum_{j=1}^n a_{ij}x_j\right|=\sum_{j=1}^n|a_{i_0j}|=\mu.$$

(2) 类似于(1)可证.

(3) 因为对一切 $\boldsymbol{x}\in\mathbf{R}^n$，$\|\boldsymbol{Ax}\|_2^2=(\boldsymbol{Ax},\boldsymbol{Ax})=(\boldsymbol{A}^{\mathrm{T}}\boldsymbol{Ax},\boldsymbol{x})\geqslant 0$，所以 $\boldsymbol{A}^{\mathrm{T}}\boldsymbol{A}$ 的特征值为非负实数，设为

$$\lambda_1\geqslant\lambda_2\geqslant\cdots\geqslant\lambda_n\geqslant 0.\tag{7.3.4}$$

$\boldsymbol{A}^{\mathrm{T}}\boldsymbol{A}$ 为对称矩阵，设 $\boldsymbol{u}_1,\boldsymbol{u}_2,\cdots,\boldsymbol{u}_n$ 为 $\boldsymbol{A}^{\mathrm{T}}\boldsymbol{A}$ 的对应于特征值序列(7.3.4)的正交规范特征向量，且 $\boldsymbol{x}\in\mathbf{R}^n$ 为任一非零向量，从而有

$$\boldsymbol{x}=\sum_{i=1}^n c_i\boldsymbol{u}_i,$$

其中 c_i 为组合系数，则

$$\frac{\|\boldsymbol{Ax}\|_2^2}{\|\boldsymbol{x}\|_2^2}=\frac{(\boldsymbol{A}^{\mathrm{T}}\boldsymbol{Ax},\boldsymbol{x})}{(\boldsymbol{x},\boldsymbol{x})}=\frac{\sum_{i=1}^n c_i^2\lambda_i}{\sum_{i=1}^n c_i^2}\leqslant\lambda_1.$$

另一方面，取 $\boldsymbol{x}=\boldsymbol{u}_1$，则上式等号成立，故

$$\|\boldsymbol{A}\|_2=\max_{x\neq 0}\frac{\|\boldsymbol{Ax}\|_2}{\|\boldsymbol{x}\|_2}=\lambda_1=\sqrt{\lambda_{\max}(\boldsymbol{A}^{\mathrm{T}}\boldsymbol{A})}.$$

此定理显示，矩阵的 $\|\boldsymbol{A}\|_\infty$ 和 $\|\boldsymbol{A}\|_1$ 计算较为简单，而 $\|\boldsymbol{A}\|_2$ 的计算则相对复杂. 不过，$\|\boldsymbol{A}\|_2$ 具有许多良好的性质，在理论上非常有用.

例 7.5　设 $\boldsymbol{A}=\begin{pmatrix}1&1\\-2&2\end{pmatrix}$，求 $\boldsymbol{A}$ 的各种范数.

解　显然，$\|\boldsymbol{A}\|_\infty = \max\limits_{1\leqslant i\leqslant n}\sum\limits_{j=1}^{n}|a_{ij}| = 4$，$\|\boldsymbol{A}\|_1 = \max\limits_{1\leqslant j\leqslant n}\sum\limits_{i=1}^{n}|a_{ij}| = 3$.

$\boldsymbol{A}^{\mathrm{T}}\boldsymbol{A} = \begin{pmatrix} 5 & -3 \\ -3 & 5 \end{pmatrix}$,其特征值为2和8,$\|\boldsymbol{A}\|_2 = \sqrt{\lambda_{\max}(\boldsymbol{A}^{\mathrm{T}}\boldsymbol{A})} = 2\sqrt{2}$.

此外,$\|\boldsymbol{A}\|_F = \sqrt{1^2+1^2+2^2+2^2} = \sqrt{10}$.

下面介绍谱半径及其与矩阵范数的关系.

定义7.6　矩阵$\boldsymbol{A}$的全部特征值$\lambda_1,\lambda_2,\cdots,\lambda_n$称为$\boldsymbol{A}$的**谱**,记为$\sigma(\boldsymbol{A})$,而

$$\rho(\boldsymbol{A}) = \max_{1\leqslant i\leqslant n}|\lambda_i|$$

称为矩阵$\boldsymbol{A}$的**谱半径**.

定理7.12　设任意$\boldsymbol{A}\in\mathbf{R}^{n\times n}$,$\|\cdot\|$为任一种算子范数,则

$$\rho(\boldsymbol{A}) \leqslant \|\boldsymbol{A}\|. \tag{7.3.5}$$

反之,对任意实数$\varepsilon>0$,至少存在一种算子范数$\|\cdot\|_\varepsilon$,使得

$$\|\boldsymbol{A}\|_\varepsilon \leqslant \rho(\boldsymbol{A}) + \varepsilon. \tag{7.3.6}$$

证　设λ为$\boldsymbol{A}$的任一特征值,$\boldsymbol{x}$为对应的特征向量,则$\boldsymbol{A}\boldsymbol{x}=\lambda\boldsymbol{x}$.由相容性条件(7.3.3)得

$$|\lambda|\,\|\boldsymbol{x}\| = \|\lambda\boldsymbol{x}\| = \|\boldsymbol{A}\boldsymbol{x}\| \leqslant \|\boldsymbol{A}\|\,\|\boldsymbol{x}\|.$$

由于$\boldsymbol{x}\neq\boldsymbol{0}$,得$|\lambda|\leqslant\|\boldsymbol{A}\|$,即$\rho(\boldsymbol{A})\leqslant\|\boldsymbol{A}\|$.

定理7.13　若$\boldsymbol{A}\in\mathbf{R}^{n\times n}$为对称矩阵,则$\|\boldsymbol{A}\|_2 = \rho(\boldsymbol{A})$.

证　利用线性代数知识易证.

最后介绍一个在误差分析中要用到的结论.

定理7.14　如果$\|\boldsymbol{B}\|<1$,则$\boldsymbol{I}\pm\boldsymbol{B}$为非奇异矩阵,且

$$\|(\boldsymbol{I}\pm\boldsymbol{B})^{-1}\| \leqslant \frac{1}{1-\|\boldsymbol{B}\|}, \tag{7.3.7}$$

其中$\|\cdot\|$为矩阵的算子范数.

证　用反证法.若$\det(\boldsymbol{I}\pm\boldsymbol{B})=0$,则线性方程组$(\boldsymbol{I}\pm\boldsymbol{B})\boldsymbol{x}=\boldsymbol{0}$有非零解,即存在$\boldsymbol{x}_0\neq\boldsymbol{0}$使$\boldsymbol{B}\boldsymbol{x}_0=\pm\boldsymbol{x}_0$,得$\|\boldsymbol{x}_0\| = \|\boldsymbol{B}\boldsymbol{x}_0\| \leqslant \|\boldsymbol{B}\|\,\|\boldsymbol{x}_0\|$,从而$\|\boldsymbol{B}\|\geqslant1$,与假设矛盾,即$\boldsymbol{I}\pm\boldsymbol{B}$为非奇异矩阵.

又由$(\boldsymbol{I}\pm\boldsymbol{B})(\boldsymbol{I}\pm\boldsymbol{B})^{-1}=\boldsymbol{I}$,得

$$(\boldsymbol{I}\pm\boldsymbol{B})^{-1} = \boldsymbol{I}\pm\boldsymbol{B}(\boldsymbol{I}\pm\boldsymbol{B})^{-1},$$

从而

$$\|(\boldsymbol{I}\pm\boldsymbol{B})^{-1}\| \leqslant \|\boldsymbol{I}\| + \|\boldsymbol{B}\|\,\|(\boldsymbol{I}\pm\boldsymbol{B})^{-1}\|.$$

根据$\|\boldsymbol{B}\|<1$,得

$$\|(\boldsymbol{I}\pm\boldsymbol{B})^{-1}\| \leqslant \frac{1}{1-\|\boldsymbol{B}\|}.$$

7.4 误 差 分 析

7.4.1 病态方程组与矩阵的条件数

设 $\boldsymbol{A}\in\mathbf{R}^{n\times n}$,det $\boldsymbol{A}\neq 0$.方程组 $\boldsymbol{Ax}=\boldsymbol{b}$ 的系数矩阵 $\boldsymbol{A}$ 和右端向量 $\boldsymbol{b}$ 若有扰动,分别成为 $\boldsymbol{A}+\delta\boldsymbol{A}$ 和 $\boldsymbol{b}+\delta\boldsymbol{b}$,那么实际解的方程组是

$$(\boldsymbol{A}+\delta\boldsymbol{A})(\boldsymbol{x}+\delta\boldsymbol{x})=\boldsymbol{b}+\delta\boldsymbol{b},$$

其中 $\boldsymbol{x}=\boldsymbol{A}^{-1}\boldsymbol{b}$.若 $\|\delta\boldsymbol{A}\|$ 和 $\|\delta\boldsymbol{b}\|$ 均很小,$\|\delta\boldsymbol{x}\|$ 是否也较小呢? 这就是扰动方程组的敏感性问题.先看两个例子.

例 7.6 方程组

$$\begin{pmatrix}3 & 1\\ 3.0001 & 1\end{pmatrix}\begin{bmatrix}x_1\\ x_2\end{bmatrix}=\begin{pmatrix}4\\ 4.0001\end{pmatrix}$$

的解为 $\boldsymbol{x}=(1,1)^{\mathrm{T}}$.如果 $\boldsymbol{A}$ 和 $\boldsymbol{b}$ 有微小的扰动,扰动后的方程组为

$$\begin{pmatrix}3 & 1\\ 2.9999 & 1\end{pmatrix}\begin{bmatrix}\tilde{x}_1\\ \tilde{x}_2\end{bmatrix}=\begin{pmatrix}4\\ 4.0002\end{pmatrix},$$

则其解为 $\tilde{\boldsymbol{x}}=(-2,10)^{\mathrm{T}}$.可见 $\boldsymbol{Ab}$ 的微小变化可以使解有很大的变化.在几何上,方程组的第 1 个方程和第 2 个方程可以解释为平面上的两条直线,因为 det $\boldsymbol{A}=10^{-4}$,所以两条直线“几乎平行”,它们的交点是(1,1).但是如果其中有一条直线稍有变化,那么新的交点是(−2,10),与原交点相距甚远.

例 7.7 方程组

$$\begin{pmatrix}10 & 7 & 8 & 7\\ 7 & 5 & 6 & 5\\ 8 & 6 & 10 & 9\\ 7 & 5 & 9 & 10\end{pmatrix}\begin{bmatrix}x_1\\ x_2\\ x_3\\ x_4\end{bmatrix}=\begin{pmatrix}32\\ 23\\ 33\\ 31\end{pmatrix}$$

的解为 $\boldsymbol{x}=(1,1,1,1)^{\mathrm{T}}$.这里 $\boldsymbol{A}$ 是对称正定的,且 det $\boldsymbol{A}=1$,似乎有“比较好”的性质.但是若对右端向量 $\boldsymbol{b}$ 做微小修改:令 $\delta\boldsymbol{b}=(0.1,-0.1,0.1,-0.1)^{\mathrm{T}}$,则 $\boldsymbol{b}+\delta\boldsymbol{b}=(32.1,22.9,33.1,30.9)^{\mathrm{T}}$,方程组

$$\boldsymbol{A}(\boldsymbol{x}+\delta\boldsymbol{x})=(\boldsymbol{b}+\delta\boldsymbol{b})$$

解变为 $\boldsymbol{x}+\delta\boldsymbol{x}=(9.2,-12.6,4.5,-1.1)^{\mathrm{T}}$.可以看出,$\boldsymbol{b}$ 的分量只有约 5×10^{-3} 的相对误差,但引起的解的误差却很大.

再考虑系数矩阵 $\boldsymbol{A}$ 的微小扰动,例如

$$A + \delta A = \begin{pmatrix} 10 & 7 & 8.1 & 7.2 \\ 7.08 & 5.04 & 6 & 5 \\ 8 & 5.98 & 9.89 & 9 \\ 6.99 & 4.99 & 9 & 9.98 \end{pmatrix},$$

则方程组$(A + \delta A)(x + \delta x) = b$的解为

$$x + \delta x = (-81, 137, -34, 22)^{\mathrm{T}},$$

也有巨大的变化.

从以上两个例子可以看出,某些情况下方程组的解对A或b是敏感的,这时称方程组是**病态方程组**,或称A是**病态矩阵**.显然,方程组是否病态与否取决于A.

下面对矩阵的条件数、扰动方程组的误差进行分析.

定理7.15　设$A \in \mathbf{R}^{n \times n}$,$\det A \neq 0$. x和$x + \delta x$分别满足方程组

$$Ax = b, \tag{7.4.1}$$

$$(A + \delta A)(x + \delta x) = b + \delta b, \tag{7.4.2}$$

其中$b \neq \mathbf{0}$,且$\| \delta A \|$适当小,使

$$\| A^{-1} \| \| \delta A \| < 1, \tag{7.4.3}$$

则有

$$\frac{\| \delta x \|}{\| x \|} \leqslant \frac{\| A \| \| A^{-1} \|}{1 - \| A^{-1} \| \| \delta A \|} \left(\frac{\| \delta A \|}{\| A \|} + \frac{\| \delta b \|}{\| b \|} \right). \tag{7.4.4}$$

这里的范数是任一种与矩阵范数相容的向量范数.

证　首先证明方程组(7.4.2)有唯一解.

因为

$$A + \delta A = A(I + A^{-1}\delta A),$$

而由条件(7.4.3)式可得$\| A^{-1}\delta A \| \leqslant \| A^{-1} \| \| \delta A \| < 1$.根据定理7.14,$I + A^{-1}\delta A$可逆,且

$$\| (I + A^{-1}\delta A)^{-1} \| \leqslant \frac{1}{1 - \| A^{-1}\delta A \|} \leqslant \frac{1}{1 - \| A^{-1} \| \| \delta A \|},$$

所以$A + \delta A$可逆,即方程组(7.4.2)有唯一解

$$x + \delta x = (A + \delta A)^{-1}(b + \delta b).$$

由此可得

$$\begin{aligned} \delta x &= (A + \delta A)^{-1}[b + \delta b - (A + \delta A)x] \\ &= (I + A^{-1}\delta A)^{-1}A^{-1}[\delta b - (\delta A)x], \end{aligned}$$

$$\begin{aligned} \| \delta x \| &\leqslant \| (I + A^{-1}\delta A)^{-1} \| \| A^{-1} \| [\| \delta b \| + \| (\delta A)x \|] \\ &\leqslant \frac{\| A^{-1} \|}{1 - \| A^{-1} \| \| \delta A \|} \left(\| \delta A \| \| x \| + \frac{\| \delta b \|}{\| b \|} \| A \| \| x \| \right), \end{aligned}$$

$$\| \delta x \| \leqslant \frac{\| A \|}{1 - \| A^{-1} \| \| \delta A \|} \left(\frac{\| \delta A \|}{\| A \|} \| A \| \| x \| + \frac{\| \delta b \|}{\| b \|} \| A \| \| x \| \right),$$

从而

$$\frac{\|\delta\boldsymbol{x}\|}{\|\boldsymbol{x}\|} \leqslant \frac{\|\boldsymbol{A}\|\|\boldsymbol{A}^{-1}\|}{1-\|\boldsymbol{A}^{-1}\|\|\delta\boldsymbol{A}\|}\left(\frac{\|\delta\boldsymbol{A}\|}{\|\boldsymbol{A}\|}+\frac{\|\delta\boldsymbol{b}\|}{\|\boldsymbol{b}\|}\right).$$

可以进一步证明,对于充分小的 $\|\delta\boldsymbol{A}\|$,一定存在非零的 $\delta\boldsymbol{A}$ 和 $\delta\boldsymbol{b}$ 使(7.4.4)式中的等号成立,也就是相对误差 $\frac{\|\delta\boldsymbol{x}\|}{\|\boldsymbol{x}\|}$ 的估计即(7.4.4)式右端的上界不能再改善了,它是最好的估计.

由定理 7.15 可以看到,如果 $\delta\boldsymbol{A}=\boldsymbol{0}$,$\delta\boldsymbol{b}\neq 0$,则有

$$\frac{\|\delta\boldsymbol{x}\|}{\|\boldsymbol{x}\|} \leqslant \|\boldsymbol{A}\|\|\boldsymbol{A}^{-1}\| \frac{\|\delta\boldsymbol{b}\|}{\|\boldsymbol{b}\|},$$

即由 $\boldsymbol{b}$ 的扰动 $\delta\boldsymbol{b}$ 而引起的解 $\boldsymbol{x}$ 的扰动 $\delta\boldsymbol{x}$ 的相对误差限为 $\|\boldsymbol{A}\|\|\boldsymbol{A}^{-1}\|\frac{\|\delta\boldsymbol{b}\|}{\|\boldsymbol{b}\|}$. 可见,$\|\boldsymbol{A}\|\|\boldsymbol{A}^{-1}\|$ 在右端项的误差分析中起到了关键作用.

如果 $\delta\boldsymbol{b}=\boldsymbol{0}$,$\delta\boldsymbol{A}\neq 0$,则有

$$\frac{\|\delta\boldsymbol{x}\|}{\|\boldsymbol{x}\|} \leqslant \frac{\|\boldsymbol{A}\|\|\boldsymbol{A}^{-1}\|}{1-\|\boldsymbol{A}^{-1}\|\|\delta\boldsymbol{A}\|} \frac{\|\delta\boldsymbol{A}\|}{\|\boldsymbol{A}\|}.$$

若满足条件(7.4.3),则进一步有

$$\frac{1}{1-\|\boldsymbol{A}^{-1}\|\|\delta\boldsymbol{A}\|}=1+O(\|\delta\boldsymbol{A}\|),$$

$$\frac{\|\delta\boldsymbol{x}\|}{\|\boldsymbol{x}\|} \leqslant \|\boldsymbol{A}\|\|\boldsymbol{A}^{-1}\| \frac{\|\delta\boldsymbol{A}\|}{\|\boldsymbol{A}\|}[1+O(\|\delta\boldsymbol{A}\|)].$$

即 $\|\boldsymbol{A}\|\|\boldsymbol{A}^{-1}\|$ 也几乎为 $\delta\boldsymbol{A}$ 的相对误差的放大倍数.

显然,$\|\boldsymbol{A}\|\|\boldsymbol{A}^{-1}\|$ 越大,$\boldsymbol{b}$ 或 $\boldsymbol{A}$ 的扰动引起的解 $\boldsymbol{x}$ 的相对误差就可能很大,矩阵 $\boldsymbol{A}$ 或方程组 $\boldsymbol{A}\boldsymbol{x}=\boldsymbol{b}$ 就可能越病态.为此,给出下列定义.

定义 7.7 设 $\boldsymbol{A}\in\mathbf{R}^{n\times n}$ 是非奇异矩阵,称

$$\operatorname{cond}(\boldsymbol{A})=\|\boldsymbol{A}\|\|\boldsymbol{A}^{-1}\|$$

为矩阵 $\boldsymbol{A}$ 的条件数.其中 $\|\cdot\|$ 为矩阵 $\boldsymbol{A}$ 的 1-范数、2-范数、∞-范数.

矩阵的条件数具有如下性质:

(1) $\operatorname{cond}(\boldsymbol{A})\geqslant 1$;

(2) $\operatorname{cond}(\alpha\boldsymbol{A})=\operatorname{cond}(\boldsymbol{A})$ $(\alpha\neq 0\in\mathbf{R})$;

(3) 若 $\boldsymbol{A}$ 为正交矩阵,则 $\operatorname{cond}(\boldsymbol{A})_2=1$;

(4) $\boldsymbol{A}$ 的谱条件数

$$\operatorname{cond}(\boldsymbol{A})_2=\|\boldsymbol{A}\|_2\|\boldsymbol{A}^{-1}\|_2=\sqrt{\frac{\lambda_{\max}(\boldsymbol{A}^{\mathrm{T}}\boldsymbol{A})}{\lambda_{\min}(\boldsymbol{A}^{\mathrm{T}}\boldsymbol{A})}}.$$

当 $\boldsymbol{A}$ 为对称矩阵时

$$\operatorname{cond}(\boldsymbol{A})_2=\left|\frac{\lambda_{\max}}{\lambda_{\min}}\right|,$$

其中 $\lambda_{\max}$,$\lambda_{\min}$ 为 $\boldsymbol{A}$ 的绝对值最大和最小的特征值.

例 7.8　对例 7.7 中方程组的系数矩阵 $\boldsymbol{A}$,可以计算出 $\boldsymbol{A}$ 的特征值

$$\lambda_1 = 30.2887,\ \lambda_2 = 3.858,\ \lambda_3 = 0.8431,\ \lambda_4 = 0.01015,$$

从而

$$\operatorname{cond}(\boldsymbol{A})_2 = \left|\frac{\lambda_{\max}}{\lambda_{\min}}\right| \approx 2984.$$

此时,$\boldsymbol{b} = (32,23,33,31)^{\mathrm{T}}$, $\delta\boldsymbol{b} = (0.1,-0.1,0.1,-0.1)^{\mathrm{T}}$, $\delta\boldsymbol{x} = (8.2,-13.6,3.5,-2.1)^{\mathrm{T}}$,解的相对误差为

$$\frac{\|\delta\boldsymbol{x}\|_2}{\|\boldsymbol{x}\|_2} = 8.198,$$

而用定理 7.15 估计的相对误差界为

$$\frac{\|\delta\boldsymbol{x}\|_2}{\|\boldsymbol{x}\|_2} \leqslant 2984\,\frac{\|\delta\boldsymbol{b}\|_2}{\|\boldsymbol{b}\|_2} = 9.943.$$

例 7.9　计算 Hilbert 矩阵

$$\boldsymbol{H}_n = \begin{pmatrix} 1 & \frac{1}{2} & \cdots & \frac{1}{n} \\ \frac{1}{2} & \frac{1}{3} & \cdots & \frac{1}{n+1} \\ \vdots & \vdots & & \vdots \\ \frac{1}{n} & \frac{1}{n+1} & \cdots & \frac{1}{2n-1} \end{pmatrix}$$

的条件数.

解　Hilbert 矩阵是对称正定矩阵,也是一个著名的病态矩阵.经计算,$\boldsymbol{H}_n$ 的条件数见下表:

n	3	5	6	8	10
$\operatorname{cond}(\boldsymbol{H}_n)_2$	5×10^{2}	5×10^{5}	1.5×10^{7}	1.5×10^{10}	1.6×10^{13}

可见,当 n 较大时,$\boldsymbol{H}_n$ 是严重病态的.

7.4.2　病态方程组的平衡解法

对于病态方程组,数值求解时要注意采用高精度运算,否则可能得不到所要求的精确度.下面请看一例.

例 7.10　方程组

$$\boldsymbol{H}_4\boldsymbol{x} = \left(\frac{25}{12},\frac{77}{60},\frac{57}{60},\frac{319}{420}\right)^{\mathrm{T}}$$

的精确解是 $\boldsymbol{x} = (1,1,1,1)^{\mathrm{T}}$.如果分别用 3 位和 5 位十进制舍入运算的消去法求解,得到的解分别为

$$\boldsymbol{x} = (0.998,1.42,-0.428,2.10)^{\mathrm{T}}$$

和

$$x = (1.0000, 0.9995, 1.0017, 0.9990)^{\mathrm{T}}.$$

可见,高精度运算所得解有更多的有效位.

对原方程组做某些预处理,可以降低系数矩阵的条件数.例如选择非奇异矩阵 $\boldsymbol{P},\boldsymbol{Q}\in \mathbf{R}^{n\times n}$,使方程组 $\boldsymbol{Ax}=\boldsymbol{b}$ 化为等价方程组

$$(\boldsymbol{PAQ})\boldsymbol{y} = \boldsymbol{Pb},$$

则原方程组的解为 $\boldsymbol{x}=\boldsymbol{Qy}$.原则上应使矩阵 $\boldsymbol{PAQ}$ 的条件数比 $\boldsymbol{A}$ 的条件数小.一般地,$\boldsymbol{P}$ 和 $\boldsymbol{Q}$ 可选择为三角矩阵或对角矩阵.

例如,$\boldsymbol{A}=(a_{ij})\in\mathbf{R}^{n\times n}$,计算 $\boldsymbol{A}$ 的行向量的∞-范数

$$S_i = \max_{1\leqslant j\leqslant n}|a_{ij}| \quad (i = 1,2,\cdots,n),$$

再令

$$\boldsymbol{D} = \mathrm{diag}(S_1^{-1}, S_2^{-1}, \cdots, S_n^{-1}).$$

预处理方法中 $\boldsymbol{P}=\boldsymbol{D}$,$\boldsymbol{Q}=\boldsymbol{I}$,方程组 $\boldsymbol{Ax}=\boldsymbol{b}$ 的等价方程组为$(\boldsymbol{DA})\boldsymbol{x}=\boldsymbol{Db}$.如果 $\boldsymbol{A}$ 的各行元素的数量组相关较大,$\boldsymbol{DA}$ 的各行向量的∞-范数将会大致相当,其条件数会比 $\boldsymbol{A}$ 的条件数有所改善,称之为**行平衡**方法.类似地,有列平衡方法.

例 7.11 方程组

$$\begin{pmatrix}10 & 10^5\\ 1 & 1\end{pmatrix}\begin{bmatrix}x_1\\ x_2\end{bmatrix} = \begin{pmatrix}10^5\\ 2\end{pmatrix}$$

的准确解为 $x_1=1.00010001\cdots$,$x_2=0.99989998\cdots$.系数矩阵的条件数 $\mathrm{cond}(\boldsymbol{A})_\infty\approx 10^5$.若引入 $\boldsymbol{D}=\mathrm{diag}(10^{-5},1)$,平衡后的方程组为

$$\begin{pmatrix}10^{-5} & 1\\ 1 & 1\end{pmatrix}\begin{bmatrix}x_1\\ x_2\end{bmatrix} = \begin{pmatrix}1\\ 2\end{pmatrix},$$

其系数矩阵的条件数为 $\mathrm{cond}(\boldsymbol{DA})_\infty\approx 4$,条件数大大降低.如果都用 3 位十进制的列主元消去法求解,原方程组的解为 $\boldsymbol{x}=(0.00,1.00)^{\mathrm{T}}$,而平衡后的方程组的解为 $\boldsymbol{x}=(1.00,1.00)^{\mathrm{T}}$.

复习与思考题

1. 用高斯消去法为什么要选主元?哪些方程组可以不选主元?
2. 高斯消去法与 LU 分解有什么关系?用它们解线性方程组 $\boldsymbol{Ax}=\boldsymbol{b}$ 有何不同?$\boldsymbol{A}$ 要满足什么条件?
3. Cholesky 分解与 LU 分解相比有什么优点.
4. 哪种线性方程组可用平方根法求解?为什么说平方根法计算稳定?
5. 什么样的线性方程组可用追赶法求解并能保证计算稳定?
6. 何谓向量范数?给出三种常用的向量范数.

7. 何谓矩阵范数？何谓矩阵的算子范数？给出矩阵 $\boldsymbol{A}=(a_{ij})$的三种范数 $\|\boldsymbol{A}\|_\infty$，$\|\boldsymbol{A}\|_1$，$\|\boldsymbol{A}\|_2$. $\|\boldsymbol{A}\|_1$，与 $\|\boldsymbol{A}\|_2$ 哪个更容易计算？为什么？

8. 什么是矩阵的条件数？如何判断线性方程组是病态的？

9. 满足下面哪个条件可判定矩阵接近奇异：

(1) 矩阵行列式的值很小.

(2) 矩阵的范数小.

(3) 矩阵的范数大.

(4) 矩阵的条件数小.

(5) 矩阵元素的绝对值小.

10. 判断下列命题是否正确：

(1) 只要矩阵 $\boldsymbol{A}$ 非奇异，则用顺序消去法或直接 LU 分解即可求得线性方程组 $\boldsymbol{Ax}=\boldsymbol{b}$ 的解.

(2) 对称正定的线性方程组总是良态的.

(3) 一个单位下三角矩阵的逆仍为单位下三角矩阵.

(4) 如果 $\boldsymbol{A}$ 非奇异，则线性方程组 $\boldsymbol{Ax}=\boldsymbol{b}$ 的解的个数是由右端向量 $\boldsymbol{b}$ 决定的.

(5) 如果三对角矩阵的主对角元素上有零元素，则矩阵必奇异.

(6) 范数为零的矩阵一定是零矩阵.

(7) 奇异矩阵的范数一定是零.

(8) 如果矩阵对称，则 $\|\boldsymbol{A}\|_1=\|\boldsymbol{A}\|_\infty$.

(9) 如果线性方程组是良态的，则高斯消去法可以不选主元.

(10) 在求解非奇异性线性方程组时，即使系数矩阵病态，有列主元消去法产生的误差也很小.

(11) $\|\boldsymbol{A}\|_1=\|\boldsymbol{A}^{\mathrm{T}}\|_\infty$.

(12) 若 $\boldsymbol{A}$ 为 $n\times n$ 的非奇异矩阵，则 $\mathrm{cond}(\boldsymbol{A})=\mathrm{cond}(\boldsymbol{A}^{-1})$.

习　题

1. 设 $\boldsymbol{A}$ 是对称矩阵且 $a_{11}\neq 0$，经过一步高斯消去法后，$\boldsymbol{A}$ 约化为

$$\begin{pmatrix} a_{11} & \boldsymbol{a}_1^{\mathrm{T}} \\ \boldsymbol{0} & \boldsymbol{A}_2 \end{pmatrix}.$$

证明 $\boldsymbol{A}_2$ 是对称矩阵.

2. 设 $\boldsymbol{A}=(a_{ij})$是对称正定矩阵，经过高斯消去法一步后，$\boldsymbol{A}$ 约化为

$$\begin{pmatrix} a_{11} & \boldsymbol{a}_1^{\mathrm{T}} \\ \boldsymbol{0} & \boldsymbol{A}_2 \end{pmatrix},$$

其中 $\boldsymbol{A}_2=(a_{ij}^{(2)})_{n-1}$，证明：

(1) $\boldsymbol{A}$ 的对角元素 $a_{ii}>0(i=1,2,\cdots,n)$；

(2) $\boldsymbol{A}_2$ 是对称正定矩阵.

3. 设 $\boldsymbol{L}_k$ 为指标为 k 的初等下三角矩阵(除第 k 列对角元以下元素外，$\boldsymbol{L}_k$ 和单位阵 $\boldsymbol{I}$ 相同)，即

$$\boldsymbol{L}_k=\begin{pmatrix}1 & & & & & \\ & \ddots & & & & \\ & & 1 & & & \\ & & m_{k+1,k} & 1 & & \\ & & \vdots & & \ddots & \\ & & m_{n,k} & & & 1\end{pmatrix}.$$

求证：当 $i,j>k$ 时，$\tilde{\boldsymbol{L}}_k=\boldsymbol{I}_{ij}\boldsymbol{L}_k\boldsymbol{I}_{ij}$ 也是一个指标为 k 的初等下三角矩阵，其中 $\boldsymbol{I}_{ij}$ 为初等置换矩阵.

4. 试推导矩阵 $\boldsymbol{A}$ 的 Crout 分解 $\boldsymbol{A}=\boldsymbol{LU}$ 的计算公式，其中 $\boldsymbol{L}$ 为下三角矩阵，$\boldsymbol{U}$ 为单位上三角矩阵.

5. 设 $\boldsymbol{Ux}=\boldsymbol{d}$，其中 $\boldsymbol{U}$ 为三角矩阵.

(1) 就 $\boldsymbol{U}$ 为上及下三角矩阵推导一般的求解公式，并写出算法；

(2) 计算解三角形方程组 $\boldsymbol{Ux}=\boldsymbol{d}$ 的乘除法次数；

(3) 设 $\boldsymbol{U}$ 为非奇异矩阵，试推导求 $\boldsymbol{U}^{-1}$ 的计算公式.

6. 证明：(1) 如果 $\boldsymbol{A}$ 是对称正定矩阵，则 $\boldsymbol{A}^{-1}$ 也是对称正定矩阵；

(2) 如果 $\boldsymbol{A}$ 是对称正定矩阵，则 $\boldsymbol{A}$ 可唯一地写成 $\boldsymbol{A}=\boldsymbol{L}^{\mathrm{T}}\boldsymbol{L}$，其中 $\boldsymbol{L}$ 是具有正对角元的下三角矩阵.

7. 用列主元消去法解线性方程组

$$\begin{cases}12x_1-3x_2+3x_3=15,\\ -18x_1+3x_2-x_3=-15,\\ x_1+x_2+x_3=6,\end{cases}$$

并求出系数矩阵 $\boldsymbol{A}$ 的行列式的值.

8. 用直接三角分解(Doolittle)求线性方程组

$$\begin{cases}\dfrac{1}{4}x_1+\dfrac{1}{5}x_2+\dfrac{1}{6}x_3=9,\\ \dfrac{1}{3}x_1+\dfrac{1}{4}x_2+\dfrac{1}{5}x_3=8,\\ \dfrac{1}{2}x_1+x_2+2x_3=8\end{cases}$$

的解.

9. 用追赶法解三角方程组 $\boldsymbol{Ax}=\boldsymbol{b}$，其中

$$\boldsymbol{A}=\begin{pmatrix}2&-1&0&0&0\\-1&2&-1&0&0\\0&-1&2&-1&0\\0&0&-1&2&-1\\0&0&0&-1&2\end{pmatrix},\quad \boldsymbol{b}=\begin{pmatrix}1\\0\\0\\0\\0\end{pmatrix}.$$

10. 用改进的平方根法解线性方程组

$$\begin{pmatrix}2&-1&1\\-1&-2&3\\1&3&1\end{pmatrix}\begin{pmatrix}x_1\\x_2\\x_3\end{pmatrix}=\begin{pmatrix}4\\5\\6\end{pmatrix}.$$

11. 下述矩阵能否分解为 $\boldsymbol{A}=\boldsymbol{LU}$(其中 $\boldsymbol{L}$ 为单位下三角矩阵,$\boldsymbol{U}$ 为上三角矩阵)? 若能分解,那么分解是否唯一?

$$\boldsymbol{A}=\begin{pmatrix}1&2&3\\2&4&1\\4&6&7\end{pmatrix},\quad \boldsymbol{B}=\begin{pmatrix}1&1&1\\2&2&1\\3&3&1\end{pmatrix},\quad \boldsymbol{C}=\begin{pmatrix}1&2&6\\2&5&15\\6&15&46\end{pmatrix}.$$

12. 设

$$\boldsymbol{A}=\begin{pmatrix}0.6&0.5\\0.1&0.3\end{pmatrix},$$

计算 $\boldsymbol{A}$ 的行范数,列范数,2-范数及 F-范数.

13. 求证:(1) $\|\boldsymbol{x}\|_\infty\leqslant\|\boldsymbol{x}\|_1\leqslant n\|\boldsymbol{x}\|_\infty$;

(2) $\frac{1}{\sqrt{n}}\|\boldsymbol{A}\|_F\leqslant\|\boldsymbol{A}\|_2\leqslant\|\boldsymbol{A}\|_F$.

14. 设 $\boldsymbol{P}\in\mathbf{R}^{n\times n}$ 用非奇异,又设 $\|\boldsymbol{x}\|$ 为 $\mathbf{R}^n$ 上一向量范数,定义

$$\|\boldsymbol{x}\|_P=\|\boldsymbol{Px}\|.$$

试证明:$\|\boldsymbol{x}\|_P$ 是 $\mathbf{R}^n$ 上向量的一种范数.

15. 设 $\boldsymbol{A}\in\mathbf{R}^{n\times n}$ 为对称正定矩阵,定义

$$\|\boldsymbol{x}\|_A=(\boldsymbol{Ax},\boldsymbol{x})^{\frac{1}{2}}.$$

试证明:$\|\boldsymbol{x}\|_A$ 是 $\mathbf{R}^n$ 上向量的一种范数.

16. 设 $\boldsymbol{A}$ 为非奇异矩阵,求证:

$$\frac{1}{\|\boldsymbol{A}^{-1}\|_\infty}=\min_{\boldsymbol{y}\neq\boldsymbol{0}}\frac{\|\boldsymbol{Ay}\|_\infty}{\|\boldsymbol{y}\|_\infty}.$$

17. 矩阵第一行乘以一数,成为

$$\boldsymbol{A}=\begin{pmatrix}2\lambda&\lambda\\1&1\end{pmatrix},$$

证明:当 $\lambda=\pm\frac{2}{3}$ 时,$\mathrm{cond}(\boldsymbol{A})_\infty$ 有最小值.

18. 设

$$A = \begin{pmatrix} 100 & 99 \\ 99 & 98 \end{pmatrix},$$

计算 $\boldsymbol{A}$ 的条件数 $\mathrm{cond}\,(\boldsymbol{A})_v\,(v=2,\infty)$.

19. 证明:如果 $\boldsymbol{A}$ 是正交矩阵,则 $\mathrm{cond}\,(\boldsymbol{A})_2=1$.

20. 设 $\boldsymbol{A},\boldsymbol{B}\in\mathbf{R}^{n\times n}$,且 $\|\cdot\|$ 为 $\mathbf{R}^{n\times n}$ 上矩阵的算子范数,证明:

$$\mathrm{cond}(\boldsymbol{AB})\leqslant \mathrm{cond}(\boldsymbol{A})\mathrm{cond}(\boldsymbol{B}).$$

21. 设 $\boldsymbol{Ax}=\boldsymbol{b}$,其中 $\boldsymbol{A}\in\mathbf{R}^{n\times n}$ 为非奇异矩阵,证明:

(1) $\boldsymbol{A}^{\mathrm{T}}\boldsymbol{A}$ 为对称正定矩阵;

(2) $\mathrm{cond}\,(\boldsymbol{A}^{\mathrm{T}}\boldsymbol{A})_2=(\mathrm{cond}\,(\boldsymbol{A})_2)^2$.

第 8 章 解线性方程组的迭代法

迭代法就是用某种极限过程去逐步逼近线性方程组精确解的方法.迭代法具有存储量小,程序简单等优点,但存在收敛性及收敛速度问题.迭代法适合求解大型稀疏矩阵方程组.

本章将介绍迭代法的一些基本概念、基本理论以及 Jacobi 迭代法、Gauss-Seidel 迭代法、超松弛迭代法和共轭梯度法.

8.1 迭代法的基本概念

8.1.1 向量序列和矩阵序列的极限

$\mathbf{R}^n$ 中向量序列 $\{\boldsymbol{x}^{(0)},\boldsymbol{x}^{(1)},\boldsymbol{x}^{(2)},\cdots\}$ 可简记为 $\{\boldsymbol{x}^{(k)}\}$. 同理,$\mathbf{R}^{n\times n}$ 中的矩阵序列简记为 $\{\boldsymbol{A}^{(k)}\}$. 分析迭代法的收敛性,首先要讨论向量序列的矩阵序列的极限.

定义 8.1 在定义了范数 $\|\cdot\|$ 的向量空间 $\mathbf{R}^n$ 中,如果存在向量 $\boldsymbol{x}\in\mathbf{R}^n$,满足

$$\lim_{k\to\infty}\|\boldsymbol{x}^{(k)}-\boldsymbol{x}\| = 0,$$

则称 $\{\boldsymbol{x}^{(k)}\}$ 收敛于 $\boldsymbol{x}$,记为 $\lim\limits_{k\to\infty}\boldsymbol{x}^{(k)}=\boldsymbol{x}$.

以上定义形式依赖于所选择的范数,但因为向量范数的等价性,若 $\{\boldsymbol{x}^{(k)}\}$ 对一种范数而言收敛于 $\boldsymbol{x}$,则对其他范数而言也收敛于 $\boldsymbol{x}$,这说明 $\{\boldsymbol{x}^{(k)}\}$ 的收敛性与所选择的向量范数无关.

设 $\boldsymbol{x}^{(k)}=(x_1^{(k)},x_2^{(k)},\cdots,x_n^{(k)})^{\mathrm{T}}$, $\boldsymbol{x}=(x_1,x_2,\cdots,x_n)^{\mathrm{T}}$, 选用向量的 ∞-范数,则有

$$\begin{aligned}\lim_{k\to\infty}\boldsymbol{x}^{(k)} = \boldsymbol{x} &\Leftrightarrow \lim_{k\to\infty}\max_{1\leqslant i\leqslant n}|x_i^{(k)}-x_i| = 0\\ &\Leftrightarrow \lim_{k\to\infty}|x_i^{(k)}-x_i| = 0\quad(i=1,2,\cdots,n)\\ &\Leftrightarrow \lim_{k\to\infty}x_i^{(k)} = x_i\quad(i=1,2,\cdots,n).\end{aligned}$$

这说明向量序列的收敛性等价于由向量分量构成的 n 个数列的收敛性,即

$\{\boldsymbol{x}^{(k)}\}$收敛是**按分量收敛**.

$\mathbf{R}^n$ 中的向量序列$\{\boldsymbol{x}^{(k)}\}$如果满足:对一切 $\varepsilon>0$,存在 $N=N(\varepsilon)$,使

$$\|\boldsymbol{x}^{(p)}-\boldsymbol{x}^{(q)}\|<\varepsilon\quad(\forall p,q>N),$$

则称$\{\boldsymbol{x}^{(k)}\}$是一个 **Cauchy 序列**或**基本序列**. 可以证明,$\{\boldsymbol{x}^{(k)}\}$是一个 Cauchy 序列的充分必要条件为$\{\boldsymbol{x}^{(k)}\}$是收敛的序列. 当 $n=1$ 时,这就是通常数学分析中的一个重要定理.

定义 8.2　在定义了范数 $\|\cdot\|$ 的矩阵空间 $\mathbf{R}^{n\times n}$ 中,如果存在矩阵 $\boldsymbol{A}\in\mathbf{R}^{n\times n}$,满足

$$\lim_{k\to\infty}\|\boldsymbol{A}^{(k)}-\boldsymbol{A}\|=0,$$

则称$\{\boldsymbol{A}^{(k)}\}$收敛于 $\boldsymbol{A}$,记为$\lim\limits_{k\to\infty}\boldsymbol{A}^{(k)}=\boldsymbol{A}$.

同理,$\{\boldsymbol{A}^{(k)}\}$的收敛性与所选择的矩阵范数无关. 记 $\boldsymbol{A}^{(k)}=(a_{ij}^{(k)})$, $\boldsymbol{A}=(a_{ij})$,则有

$$\lim_{k\to\infty}\boldsymbol{A}^{(k)}=\boldsymbol{A}\Leftrightarrow\lim_{k\to\infty}a_{ij}^{(k)}=a_{ij}\quad(i,j=1,2,\cdots,n).$$

定理 8.1　$\lim\limits_{k\to\infty}\boldsymbol{A}^{(k)}=\mathbf{0}$ 的充分必要条件是

$$\lim_{k\to\infty}\boldsymbol{A}^{(k)}\boldsymbol{x}=\mathbf{0}\quad(\forall\boldsymbol{x}\in\mathbf{R}^n),\tag{8.1.1}$$

其中两个极限式的右端分别指零矩阵和零向量.

证　对任意一种向量范数及从属于它的矩阵范数有

$$\|\boldsymbol{A}^{(k)}\boldsymbol{x}\|\leqslant\|\boldsymbol{A}^{(k)}\|\|\boldsymbol{x}\|,$$

所以若$\lim\limits_{k\to\infty}\boldsymbol{A}^{(k)}=\mathbf{0}$,则$\lim\limits_{k\to\infty}\|\boldsymbol{A}^{(k)}\|=0$. 对一切 $\boldsymbol{x}\in\mathbf{R}^n$,有$\lim\limits_{k\to\infty}\|\boldsymbol{A}^{(k)}\boldsymbol{x}\|=0$ 成立,从而(8.1.1)式成立.

反之,若(8.1.1)式成立,取 $\boldsymbol{x}$ 为第 j 个坐标为 1 的单位向量 $\boldsymbol{e}_j$,则$\lim\limits_{k\to\infty}\boldsymbol{A}^{(k)}\boldsymbol{e}_j=\mathbf{0}$ 意味着 $\boldsymbol{A}^{(k)}$ 的第 j 列各元素的极限为零,当 $j=1,2,\cdots,n$ 时,就证明了$\lim\limits_{k\to\infty}\boldsymbol{A}^{(k)}=\mathbf{0}$.

下面讨论一种与迭代法有关的矩阵序列的收敛性,这种序列由矩阵的幂构成,即$\{\boldsymbol{B}^k\}$.

定理 8.2　设 $\boldsymbol{B}\in\mathbf{R}^{n\times n}$,则下列三个命题等价:

命题 1:$\lim\limits_{k\to\infty}\boldsymbol{B}^k=\mathbf{0}$;

命题 2:$\rho(\boldsymbol{B})<1$;

命题 3:至少存在一种矩阵从属范数 $\|\cdot\|$,使 $\|\boldsymbol{B}\|<1$.

证　命题 1⇒命题 3:设 λ 为 $\boldsymbol{B}$ 的一个特征值,对应特征向量 $\boldsymbol{x}\neq\mathbf{0}$,满足 $\boldsymbol{B}\boldsymbol{x}=\lambda\boldsymbol{x}$,从而 $\boldsymbol{B}^k\boldsymbol{x}=\lambda^k\boldsymbol{x}$,得

$$|\lambda|^k\|\boldsymbol{x}\|=\|\boldsymbol{B}^k\boldsymbol{x}\|.$$

若$\lim\limits_{k\to\infty}\boldsymbol{B}^k=\mathbf{0}$,由定理 8.1 有$\lim\limits_{k\to\infty}\|\boldsymbol{B}^k\boldsymbol{x}\|=0$,即

$$\lim_{k\to\infty}|\lambda|^k\|\boldsymbol{x}\|=\|\boldsymbol{x}\|\lim_{k\to\infty}|\lambda|^k=0.$$

因 $\| \boldsymbol{x} \| \neq 0$,故 $\boldsymbol{B}$ 的特征值都满足 $|\lambda|<1$,即 $\rho(\boldsymbol{B})<1$.

命题 2⇒命题 3:由定理 7.12,对任意实数 $\varepsilon>0$,至少存在一种从属的矩阵范数 $\|\cdot\|$,使 $\|\boldsymbol{B}\| \leqslant \rho(\boldsymbol{B})+\varepsilon$.由命题 2 有 $\rho(\boldsymbol{B})<1$,适当选择 ε 便可使 $\|\boldsymbol{B}\|<1$,即命题 3 成立.

命题 3⇒命题 1:对于命题 3 给出的矩阵从属范数,有 $\|\boldsymbol{B}\|<1$,因 $\|\boldsymbol{B}^k\| \leqslant \|\boldsymbol{B}\|^k$,所以 $\lim\limits_{k\to\infty}\|\boldsymbol{B}^{(k)}\|=0$,从而 $\lim\limits_{k\to\infty}\boldsymbol{B}^k=\boldsymbol{0}$.

定理 8.3　设 $\boldsymbol{B}\in\mathbf{R}^{n\times n}$,$\|\cdot\|$ 为任何一种矩阵范数,则

$$\lim_{k\to\infty}\|\boldsymbol{B}^k\|^{\frac{1}{k}}=\rho(\boldsymbol{B}). \tag{8.1.2}$$

证　由定理 7.12,有 $\rho(\boldsymbol{B})\leqslant\|\boldsymbol{B}\|$,而

$$\rho(\boldsymbol{B})=[\rho(\boldsymbol{B})]^{\frac{1}{k}}\leqslant\|\boldsymbol{B}^k\|^{\frac{1}{k}}$$

对一切正整数 k 成立.另一方面,对任意 $\varepsilon>0$,记矩阵

$$\boldsymbol{B}_\varepsilon=[\rho(\boldsymbol{B})+\varepsilon]^{-1}\boldsymbol{B},$$

显然有 $\rho(\boldsymbol{B}_\varepsilon)<1$.由定理 8.2 有 $\lim\limits_{k\to\infty}\boldsymbol{B}_\varepsilon^k=\boldsymbol{0}$,所以存在正整数 $N=N(\varepsilon)$,使得当 $k>N$ 时,

$$\|\boldsymbol{B}_\varepsilon^k\|=\frac{\|\boldsymbol{B}^k\|}{[\rho(\boldsymbol{B})+\varepsilon]^k}<1,$$

即 $k>N$ 时有

$$\rho(\boldsymbol{B})\leqslant\|\boldsymbol{B}^k\|^{\frac{1}{k}}<\rho(\boldsymbol{B})+\varepsilon,$$

而 ε 是任意的,即得定理结论.

例 8.1　对

$$\boldsymbol{B}=\begin{pmatrix}\frac{1}{2} & 0\\ \frac{1}{4} & \frac{1}{2}\end{pmatrix},$$

不难求得 $\rho(\boldsymbol{B})=\frac{1}{2}$.由定理 8.2 可知 $\lim\limits_{k\to\infty}\boldsymbol{B}^k=\boldsymbol{0}$.事实上可以计算得

$$\boldsymbol{B}^k=\begin{pmatrix}\frac{1}{2^k} & 0\\ \frac{k}{2^{k+1}} & \frac{1}{2^k}\end{pmatrix}.$$

由于 $\lim\limits_{k\to\infty}\frac{1}{2^k}=\lim\limits_{k\to\infty}\frac{k}{2^{k+1}}=0$,故 $\boldsymbol{B}^k$ 每个元素都趋于零.又

$$\|\boldsymbol{B}^k\|_\infty=\frac{1}{2^k}\left(1+\frac{k}{2}\right),\qquad \|\boldsymbol{B}^k\|_\infty^{\frac{1}{k}}=\frac{1}{2}\left(1+\frac{k}{2}\right)^{\frac{1}{k}},$$

因为 $\lim\limits_{k\to\infty}\left(1+\frac{k}{2}\right)^{\frac{1}{k}}=1$,所以 $\lim\limits_{k\to\infty}\|\boldsymbol{B}^k\|_\infty^{\frac{1}{k}}=\frac{1}{2}$,即验证了定理 8.3 的结论.

8.1.2 迭代公式的构造

对于方程组

$$\boldsymbol{A}\boldsymbol{x} = \boldsymbol{b}, \tag{8.1.3}$$

其中 $\boldsymbol{A}\in\mathbf{R}^{n\times n}$，$\boldsymbol{b}\in\mathbf{R}^{n}$. 设 $\boldsymbol{A}$ 非奇异，将 $\boldsymbol{A}$ 分裂为

$$\boldsymbol{A} = \boldsymbol{M} - \boldsymbol{N},$$

其中 $\boldsymbol{M}$ 为非奇异矩阵，则由(8.1.3)式可得

$$\boldsymbol{x} = \boldsymbol{M}^{-1}\boldsymbol{N}\boldsymbol{x} + \boldsymbol{M}^{-1}\boldsymbol{b}.$$

令

$$\boldsymbol{B} = \boldsymbol{M}^{-1}\boldsymbol{N} = \boldsymbol{I} - \boldsymbol{M}^{-1}A, \tag{8.1.4}$$

$$\boldsymbol{f} = \boldsymbol{M}^{-1}\boldsymbol{b}, \tag{8.1.5}$$

就得到与(8.1.1)式等价的方程组

$$\boldsymbol{x} = \boldsymbol{B}\boldsymbol{x} + \boldsymbol{f}. \tag{8.1.6}$$

由此可以构造方程组的迭代法

$$\boldsymbol{x}^{(k+1)} = \boldsymbol{B}\boldsymbol{x}^{(k)} + \boldsymbol{f} \quad (k = 0,1,\cdots), \tag{8.1.7}$$

其中 $\boldsymbol{B}$ 为**迭代矩阵**. 如果给定了初始向量 $\boldsymbol{x}^{(0)}\in\mathbf{R}^{n}$，按(8.1.7)式即可逐次计算 $\boldsymbol{x}^{(1)},\boldsymbol{x}^{(2)},\cdots$，产生向量序列 $\{\boldsymbol{x}^{(k)}\}$.

定义 8.3　若存在向量 $\boldsymbol{x}^{*}\in\mathbf{R}^{n}$，对任意的 $\boldsymbol{x}^{(0)}\in\mathbf{R}^{n}$，由迭代法(8.1.7)产生的向量序列 $\{\boldsymbol{x}^{(k)}\}$ 满足

$$\lim_{k\to\infty}\boldsymbol{x}^{(k)} = \boldsymbol{x}^{*},$$

则称迭代法(8.1.7)收敛.

若迭代法收敛，则 $\boldsymbol{x}^{*}$ 是方程组(8.1.6)的解，从而也是方程组(8.1.3)的解.

例 8.2　方程组

$$\begin{cases} 10x_1 + 3x_2 + x_3 = 14, \\ 2x_1 - 10x_2 + 3x_3 = -5, \\ x_1 + 3x_2 + 10x_3 = 14 \end{cases}$$

的解是 $\boldsymbol{x} = (1,1,1)^{\mathrm{T}}$. (8.1.6)式的 $\boldsymbol{B}$ 和 $\boldsymbol{f}$ 依赖于系数矩阵 $\boldsymbol{A}$ 的分裂. 对本例，将方程组的三个方程左边分别保留 x_1，x_2 和 x_3 项，其他项移到右边，相当于分裂为 $\boldsymbol{A} = \boldsymbol{M} - \boldsymbol{N}$，其中

$$\boldsymbol{M} = \begin{pmatrix} 10 & & \\ & -10 & \\ & & 10 \end{pmatrix}, \quad \boldsymbol{N} = \begin{pmatrix} 0 & -3 & -1 \\ -2 & 0 & -3 \\ -1 & -3 & 0 \end{pmatrix}.$$

$\boldsymbol{M}$ 就是 $\boldsymbol{A}$ 的对角部分，$-\boldsymbol{N}$ 是非对角部分，从而

$$B=M^{-1}N=\begin{pmatrix}0 & -\frac{3}{10} & -\frac{1}{10}\\ \frac{2}{10} & 0 & \frac{3}{10}\\ -\frac{1}{10} & -\frac{3}{10} & 0\end{pmatrix},\quad f=\begin{pmatrix}\frac{14}{10}\\ \frac{5}{10}\\ \frac{14}{10}\end{pmatrix}.$$

迭代法 $\boldsymbol{x}^{(k+1)}=\boldsymbol{B}\boldsymbol{x}^{(k)}+\boldsymbol{f}$ 的分量形式为

$$\begin{cases}x_1^{(k+1)}=\frac{1}{10}(-3x_2^{(k)}-x_3^{(k)}+14),\\ x_2^{(k+1)}=-\frac{1}{10}(-2x_2^{(k)}-3x_3^{(k)}-5),\\ x_3^{(k+1)}=\frac{1}{10}(-x_2^{(k)}-3x_3^{(k)}+14).\end{cases}$$

这种将 $\boldsymbol{A}$ 分裂为 $\boldsymbol{M}-\boldsymbol{N}$，$\boldsymbol{M}$ 为 $\boldsymbol{A}$ 的对角部分所得的迭代法，称为 **Jacobi 迭代法**.

将上述迭代法公式稍加改变，每一个分量的计算尽量用“最新”算出的计算值，就得到另一种迭代法公式：

$$\begin{cases}x_1^{(k+1)}=\frac{1}{10}(-3x_2^{(k)}-x_3^{(k)}+14),\\ x_2^{(k+1)}=-\frac{1}{10}(-2x_2^{(k+1)}-3x_3^{(k)}-5),\\ x_3^{(k+1)}=\frac{1}{10}(-x_2^{(k+1)}-3x_3^{(k+1)}+14).\end{cases}$$

这种迭代法称为 **Gauss-Seidel 迭代法**.

取 $\boldsymbol{x}^{(0)}=(0,0,0)^{\mathrm{T}}$，Jacobi 迭代法前几步结果为：

$\boldsymbol{x}^{(k)}$	$\boldsymbol{x}^{(0)}$	$\boldsymbol{x}^{(1)}$	$\boldsymbol{x}^{(2)}$	$\boldsymbol{x}^{(3)}$	$\boldsymbol{x}^{(4)}$	$\boldsymbol{x}^{(5)}$	$\boldsymbol{x}^{(6)}$
$x_1^{(k)}$	0	1.4	1.11	0.929	0.9906	1.01159	1.000251
$x_2^{(k)}$	0	0.5	1.20	1.055	0.9645	0.9953	1.005795
$x_3^{(k)}$	0	1.4	1.11	0.929	0.9906	1.01159	1.000251
$\Vert\boldsymbol{x}^{(k)}-\boldsymbol{x}^*\Vert_\infty$	1	0.5	0.20	0.071	0.0355	0.01159	0.005795

取同样的 $\boldsymbol{x}^{(0)}$，Gauss-Seidel 迭代法前几步结果为：

$\boldsymbol{x}^{(k)}$	$\boldsymbol{x}^{(0)}$	$\boldsymbol{x}^{(1)}$	$\boldsymbol{x}^{(2)}$	$\boldsymbol{x}^{(3)}$	$\boldsymbol{x}^{(4)}$
$x_1^{(k)}$	0	1.4	0.9234	0.99134	0.99154
$x_2^{(k)}$	0	0.78	0.99248	1.0310	0.99578
$x_3^{(k)}$	0	1.026	1.1092	0.99159	1.0021
$\Vert\boldsymbol{x}^{(k)}-\boldsymbol{x}^*\Vert_\infty$	1	0.4	0.1092	0.031	0.0085

从计算结果看,两种方法的$\{\boldsymbol{x}^{(k)}\}$都收敛于$\boldsymbol{x}^*$,而 Gauss-Seidel 方法要比 Jacobi 方法收敛得快.

8.1.3 迭代法收敛性分析

1. 迭代收敛的条件

定义 8.3 已经给出了迭代法收敛的定义,实际使用的迭代法应该是收敛的方法.下面进一步分析迭代法收敛的条件.设$\boldsymbol{x}^*\in\mathbf{R}^n$是方程组$\boldsymbol{Ax}=\boldsymbol{b}$的解,它也是等价方程组(8.1.6)的解,即

$$\boldsymbol{x}^* = \boldsymbol{Bx}^* + \boldsymbol{f}.$$

对于迭代法(8.1.7)产生的序列$\{\boldsymbol{x}^{(k)}\}$,有

$$\boldsymbol{x}^{(k+1)} = \boldsymbol{Bx}^{(k)} + \boldsymbol{f}.$$

记误差向量为

$$\boldsymbol{e}^{(k)} = \boldsymbol{x}^{(k)} - \boldsymbol{x}^* \quad (k = 0,1,2,\cdots), \tag{8.1.8}$$

显然,迭代法(8.1.7)收敛意味着

$$\lim_{k\to\infty}\boldsymbol{e}^{(k)} = \boldsymbol{0} \quad (\forall\, \boldsymbol{e}^{(0)} \in \mathbf{R}^n). \tag{8.1.9}$$

由$\boldsymbol{e}^{(k)}=\boldsymbol{B}(\boldsymbol{x}^{(k-1)}-\boldsymbol{x}^*)=\boldsymbol{Be}^{(k-1)}$,递推可得

$$\boldsymbol{e}^{(k)} = \boldsymbol{B}^k\boldsymbol{e}^{(0)}, \tag{8.1.10}$$

其中$\boldsymbol{e}^{(0)}=\boldsymbol{x}^{(0)}-\boldsymbol{x}^*$,它与$k$无关.

下面给出迭代法收敛的充分必要条件.

定理 8.4 迭代法$\boldsymbol{x}^{(k+1)}=\boldsymbol{Bx}^{(k)}+\boldsymbol{f}\,(k=0,1,2,\cdots)$收敛的两个充分必要条件分别是

(1) $\rho(\boldsymbol{B})<1$;

(2) 至少存在一种矩阵从属范数$\|\cdot\|$,使$\|\boldsymbol{B}\|<1$.

证 由(8.1.9)和(8.1.10)式,迭代法收敛的充分必要条件为

$$\lim_{k\to\infty}\boldsymbol{B}^k\boldsymbol{e}^{(0)} = \boldsymbol{0} \quad (\forall\, \boldsymbol{e}^{(0)} \in \mathbf{R}^n).$$

由定理 8.1,这又等价于$\lim\limits_{k\to\infty}\boldsymbol{B}^k=\boldsymbol{0}$.根据定理 8.2,它和(1)和(2)都是等价的.

在实际判别一个迭代法解某个方程组是否收敛时,关于谱半径的条件$\rho(\boldsymbol{B})<1$往往较难检验,但$\|\boldsymbol{B}\|_1$,$\|\boldsymbol{B}\|_\infty$,$\|\boldsymbol{B}\|_F$等可以用$\boldsymbol{B}$的元素表示,所以有时用$\|\boldsymbol{B}\|<1$作为收敛的充分条件较为方便.例如在例 8.2 的方程组中,Jacobi 迭代法的迭代矩阵的范数满足$\|\boldsymbol{B}\|_\infty=0.5$,所以有$\rho(\boldsymbol{B})\leqslant\|\boldsymbol{B}\|_\infty<1$,迭代是收敛的.下面给出用矩阵范数表示的迭代法收敛的充分条件,并对误差向量作估计.

定理 8.5 设$\boldsymbol{x}^*$是方程组$\boldsymbol{x}=\boldsymbol{Bx}+\boldsymbol{f}$的唯一解,$\|\cdot\|$是一种向量范数,从属于它的矩阵范数$\|\boldsymbol{B}\|=q<1$,则迭代法$\boldsymbol{x}^{(k+1)}=\boldsymbol{Bx}^{(k)}+\boldsymbol{f}$收敛,且

$$\| \boldsymbol{x}^{(k)} - \boldsymbol{x}^* \| \leqslant \frac{q}{1-q} \| \boldsymbol{x}^{(k)} - \boldsymbol{x}^{(k-1)} \|, \tag{8.1.11}$$

$$\| \boldsymbol{x}^{(k)} - \boldsymbol{x}^* \| \leqslant \frac{q^k}{1-q} \| \boldsymbol{x}^{(1)} - \boldsymbol{x}^{(0)} \|. \tag{8.1.12}$$

证　由定理 8.4，$\| \boldsymbol{B} \| < 1$ 可知，迭代法收敛，$\lim\limits_{k\to\infty} \boldsymbol{x}^{(k)} = \boldsymbol{x}^*$，而

$$\begin{aligned}
\boldsymbol{x}^{(k)} - \boldsymbol{x}^* &= \boldsymbol{B}(\boldsymbol{x}^{(k-1)} - \boldsymbol{x}^*) \\
&= \boldsymbol{B}(\boldsymbol{x}^{(k-1)} - \boldsymbol{x}^{(k)}) + \boldsymbol{B}(\boldsymbol{x}^{(k)} - \boldsymbol{x}^*), \\
\| \boldsymbol{x}^{(k)} - \boldsymbol{x}^* \| &\leqslant \| \boldsymbol{B}(\boldsymbol{x}^{(k-1)} - \boldsymbol{x}^{(k)}) \| + \| \boldsymbol{B}(\boldsymbol{x}^{(k)} - \boldsymbol{x}^*) \| \\
&\leqslant q \| \boldsymbol{x}^{(k-1)} - \boldsymbol{x}^{(k)} \| + q \| \boldsymbol{x}^{(k)} - \boldsymbol{x}^* \|,
\end{aligned}$$

即可推得(8.1.11)式.再反复用递推式

$$\| \boldsymbol{x}^{(k)} - \boldsymbol{x}^{(k-1)} \| = \| \boldsymbol{B}(\boldsymbol{x}^{(k-1)} - \boldsymbol{x}^{(k-2)}) \| \leqslant q \| \boldsymbol{x}^{(k-1)} - \boldsymbol{x}^{(k-2)} \|,$$

即可得(8.1.12)式.

利用定理 8.5 作误差估计，一般可取向量的 p -范数，$p = 1,2,\infty$. 从(8.1.11)式可见，只要 $q = \| \boldsymbol{B} \|$ 不是很接近 1，若相邻两次的迭代向量 $\boldsymbol{x}^{(k-1)}$ 和 $\boldsymbol{x}^{(k)}$ 已经很接近，则 $\boldsymbol{x}^{(k)}$ 和解向量 $\boldsymbol{x}^*$ 已经相当接近，所以可以用 $\| \boldsymbol{x}^{(k)} - \boldsymbol{x}^{(k-1)} \| < \varepsilon$ 来控制迭代计算结果. 例如在例 8.2 的 Jacobi 迭代法中，有 $q = \| \boldsymbol{B} \|_\infty = 0.5$，如果 $\| \boldsymbol{x}^{(k)} - \boldsymbol{x}^{(k-1)} \|_\infty < 10^{-7}$，则由(8.1.11)式，

$$\| \boldsymbol{x}^{(k)} - \boldsymbol{x}^* \|_\infty \leqslant \frac{0.5}{1-0.5} \| \boldsymbol{x}^{(k)} - \boldsymbol{x}^{(k-1)} \|_\infty < 10^{-7}.$$

但是若 $\| \boldsymbol{B} \| \approx 1$，即使 $\| \boldsymbol{x}^{(k)} - \boldsymbol{x}^{(k-1)} \|$ 很小，也不能判定 $\| \boldsymbol{x}^{(k)} - \boldsymbol{x}^* \|$ 很小. 例如，若 $\| \boldsymbol{B} \| = 1 - 10^{-6}$，如果 $\| \boldsymbol{x}^{(k)} - \boldsymbol{x}^{(k-1)} \| = 10^{-7}$，那么只能估计到 $\| \boldsymbol{x}^{(k)} - \boldsymbol{x}^* \| \leqslant 10^{-1} - 10^{-7} \approx 10^{-1}$.

2. 迭代法的收敛速度

从定理 8.5 的(8.1.12)式可以看到，若 $q = \| \boldsymbol{B} \|$ 越小，则迭代收敛越快，下面讨论收敛速度的概念. 现设迭代法(8.1.7)收敛，即 $\rho(\boldsymbol{B}) < 1$. 由(8.1.10)式可得第 k 次迭代的误差向量 $\boldsymbol{e}^{(k)}$ 满足 $\| \boldsymbol{e}^{(k)} \| \leqslant \| \boldsymbol{B}^k \| \; \| \boldsymbol{e}^{(0)} \|$. 设 $\| \boldsymbol{e}^{(0)} \| \neq 0$，就有

$$\frac{\| \boldsymbol{e}^{(k)} \|}{\| \boldsymbol{e}^{(0)} \|} \leqslant \| \boldsymbol{B}^k \|.$$

根据矩阵从属范数的定义

$$\| \boldsymbol{B}^k \| = \max_{\boldsymbol{e}^{(0)} \neq \boldsymbol{0}} \frac{\| \boldsymbol{B}^k \boldsymbol{e}^{(0)} \|}{\| \boldsymbol{e}^{(0)} \|} = \max_{\boldsymbol{e}^{(0)} \neq \boldsymbol{0}} \frac{\| \boldsymbol{e}^{(k)} \|}{\| \boldsymbol{e}^{(0)} \|}.$$

这说明了 $\| \boldsymbol{B}^k \|$ 给出了迭代 k 次后误差向量 $\boldsymbol{e}^{(k)}$ 的范数与初始误差向量 $\boldsymbol{e}^{(0)}$ 的范数之比的最大值. 这样，迭代 k 次后，平均每次迭代误差向量范数的压缩率可以看成是 $\| \boldsymbol{B}^k \|^{\frac{1}{k}}$.

如果要求迭代 k 次后有

$$\frac{\| \boldsymbol{e}^{(k)} \|}{\| \boldsymbol{e}^{(0)} \|} \leqslant \varepsilon, \tag{8.1.13}$$

其中 $\varepsilon=10^{-s}\ll 1$,那么只要满足 $\|\boldsymbol{B}^k\|\leqslant\varepsilon$ 便可以保证(8.1.13)式成立.这等价于

$$\|\boldsymbol{B}^k\|^{\frac{1}{k}}\leqslant\varepsilon^{\frac{1}{k}},$$

取对数得

$$\ln\|\boldsymbol{B}^k\|^{\frac{1}{k}}\leqslant\frac{1}{k}\ln\varepsilon,$$

即

$$k\geqslant\frac{-\ln\varepsilon}{-\ln\|\boldsymbol{B}^k\|^{\frac{1}{k}}}. \tag{8.1.14}$$

(8.1.14)式就是满足(8.1.13)式所需迭代次数的估计.可见最小的迭代次数反比于 $-\ln\|\boldsymbol{B}^k\|^{\frac{1}{k}}$.

定义 8.4 迭代不法(8.1.7)的**平均收敛率**定义为

$$R_k(\boldsymbol{B})=-\ln\|\boldsymbol{B}^k\|^{\frac{1}{k}}. \tag{8.1.15}$$

平均收敛率 $R_k(\boldsymbol{B})$依赖于迭代次数 k 和所选择的矩阵从属范数,这给一些分析带来不便.在比较迭代矩阵分别是 $\boldsymbol{B}_1$ 和 $\boldsymbol{B}_2$ 的两种迭代法时,可能对某些 k 有 $R_k(\boldsymbol{B}_1)>R_k(\boldsymbol{B}_2)$,而对另外一些 k 有 $R_k(\boldsymbol{B}_2)>R_k(\boldsymbol{B}_1)$.但是我们研究的是迭代收敛过程中的收敛速度问题,此过程是通过 $k\to\infty$ 来实现的.注意到定理 8.3 指出 $\lim\limits_{k\to\infty}\|\boldsymbol{B}^k\|^{\frac{1}{k}}=\rho(\boldsymbol{B})$,所以有 $\lim\limits_{k\to\infty}R_k(\boldsymbol{B})=-\ln\rho(\boldsymbol{B})$,由此引入如下定义:

定义 8.5 $R(\boldsymbol{B})=-\ln\rho(\boldsymbol{B})$称为迭代法(8.1.7)的**渐近收敛率**或**渐近收敛速度**.

$R(\boldsymbol{B})$与迭代次数 k 及取 $\boldsymbol{B}$ 的何种矩阵范数无关,它反映的是迭代次数趋于无穷时迭代法的渐近性质.当 $\rho(\boldsymbol{B})$越小时,$-\ln\rho(\boldsymbol{B})$越大,迭代法收敛速度就越快.为了达到(8.1.13)式的要求,可以用

$$k\geqslant\frac{-\ln\varepsilon}{R(\boldsymbol{B})}=\frac{s\ln 10}{R(\boldsymbol{B})} \tag{8.1.16}$$

作为所需迭代次数的估计.

例如,如果要求迭代 k 次之后有 $\dfrac{\|\boldsymbol{e}^{(k)}\|}{\|\boldsymbol{e}^{(0)}\|}\leqslant 10^{-5}$,若迭代矩阵 $\boldsymbol{B}$ 的谱半径 $\rho(\boldsymbol{B})=0.9$,那么 $k\geqslant\dfrac{5\ln 10}{-\ln 0.9}\approx 109.3$,约需 110 次迭代.但若 $\rho(\boldsymbol{B})=0.4$,则 $k\geqslant\dfrac{5\ln 10}{-\ln 0.4}\approx 12.6$,只需约 13 次迭代.

8.2 Jacobi 迭代法和 Gauss-Seidel 迭代法

在上节例 8.2 中,对一个三元线性方程组建立了 Jacobi 迭代法和 Gauss-Seidel 迭

代法.下面考虑一般方程组

$$\boldsymbol{A}\boldsymbol{x} = \boldsymbol{b}, \tag{8.2.1}$$

其中 $\boldsymbol{A}=(a_{ij})\in\mathbf{R}^{n\times n}$,$\det\boldsymbol{A}\neq 0$.记

$$\boldsymbol{A} = \boldsymbol{D} - \boldsymbol{L} - \boldsymbol{U},$$

其中 $\boldsymbol{D}=\mathrm{diag}(a_{11},a_{22},\cdots,a_{nn})$是$\boldsymbol{A}$ 的对角线部分,而

$$\boldsymbol{L} = \begin{pmatrix} 0 & & & & \\ a_{21} & 0 & & & \\ a_{31} & a_{32} & 0 & & \\ \vdots & \vdots & \ddots & \ddots & \\ a_{n1} & a_{n2} & \cdots & a_{n,n-1} & 0 \end{pmatrix}, \quad \boldsymbol{U} = \begin{pmatrix} 0 & a_{12} & a_{13} & \cdots & a_{1n} \\ & 0 & a_{23} & \cdots & a_{2n} \\ & & 0 & \ddots & \vdots \\ & & & \ddots & a_{n-1,n} \\ & & & & 0 \end{pmatrix},$$

即 $-\boldsymbol{L}$ 和 $-\boldsymbol{U}$ 分别是$\boldsymbol{A}$ 的除对角元以外的下、上三角部分.

8.2.1　Jacobi 迭代法

若 $\boldsymbol{D}$ 非奇异,即 $a_{ii}\neq 0(i=1,2,\cdots,n)$,将 $\boldsymbol{A}$ 分裂为$\boldsymbol{A}=\boldsymbol{M}-\boldsymbol{N}$,其中 $\boldsymbol{M}=\boldsymbol{D}$,$\boldsymbol{N}=\boldsymbol{L}+\boldsymbol{U}$,则可得与(8.2.1)等价的方程组

$$\boldsymbol{x} = \boldsymbol{B}_J\boldsymbol{x} + \boldsymbol{f}_J, \tag{8.2.2}$$

其中

$$\boldsymbol{B}_J = \boldsymbol{D}^{-1}(\boldsymbol{L} + \boldsymbol{U}) = \boldsymbol{I} - \boldsymbol{D}^{-1}\boldsymbol{A}, \tag{8.2.3}$$

$$\boldsymbol{f}_J = \boldsymbol{D}^{-1}\boldsymbol{b}. \tag{8.2.4}$$

由此构造迭代法

$$\boldsymbol{x}^{(k+1)} = \boldsymbol{B}_J\boldsymbol{x}^{(k)} + \boldsymbol{f}_J \quad (k = 0,1,\cdots), \tag{8.2.5}$$

称为解方程组(8.2.1)的 **Jacobi 迭代法**,简称 **J 法**.(8.2.5)式的分量形式为

$$x_i^{(k+1)} = \frac{1}{a_{ii}}\Big(b_i - \sum_{j=1}^{i-1} a_{ij}x_j^{(k)} - \sum_{j=i+1}^{n} a_{ij}x_j^{(k)}\Big) \quad (i = 1,2,\cdots,n). \tag{8.2.6}$$

8.2.2　Gauss-Seidel 迭代法

若 $\boldsymbol{D}$ 非奇异,即 $a_{ii}\neq 0(i=1,2,\cdots,n)$,将 $\boldsymbol{A}$ 分裂为$\boldsymbol{A}=\boldsymbol{M}-\boldsymbol{N}$,其中 $\boldsymbol{M}=\boldsymbol{D}-\boldsymbol{L}$,$\boldsymbol{N}=\boldsymbol{U}$,得到与(8.2.1)等价的方程组

$$\boldsymbol{x} = \boldsymbol{B}_G\boldsymbol{x} + \boldsymbol{f}_G, \tag{8.2.7}$$

其中

$$\boldsymbol{B}_G = (\boldsymbol{D} - \boldsymbol{L})^{-1}\boldsymbol{U} = \boldsymbol{I} - (\boldsymbol{D} - \boldsymbol{L})^{-1}\boldsymbol{A}, \tag{8.2.8}$$

$$\boldsymbol{f}_G = (\boldsymbol{D} - \boldsymbol{L})^{-1}\boldsymbol{b}. \tag{8.2.9}$$

由此构造迭代法

$$\boldsymbol{x}^{(k+1)} = \boldsymbol{B}_G\boldsymbol{x}^{(k)} + \boldsymbol{f}_G \quad (k = 0,1,\cdots), \tag{8.2.10}$$

称为解方程组(8.2.1)的**Gauss-Seidel**[①] **迭代法**,简称 **GS 法**.(8.2.10)式的分量形式为

$$x_i^{(k+1)} = \frac{1}{a_{ii}}\left(b_i - \sum_{j=1}^{i-1} a_{ij}x_j^{(k+1)} - \sum_{j=i+1}^{n} a_{ij}x_j^{(k)}\right) \quad (i = 1,2,\cdots,n). \quad (8.2.11)$$

在 Jacobi 迭代法中,计算 $\boldsymbol{x}^{(k+1)}$ 时,仅利用 $\boldsymbol{x}^{(k)}$ 的信息.而在 Gauss-Seidel 迭代法中,计算 $\boldsymbol{x}^{(k+1)}$ 的第 i 个分量 $x_i^{(k+1)}$ 时,则利用了已经计算出的最新分量 $x_j^{(k+1)}(j=1,2,\cdots,i-1)$.因此,Gauss-Seidel 迭代法可以看作 Jacobi 迭代法的一种改进.

8.2.3　Jacobi 迭代和 Gauss-Seidel 迭代的收敛性

由定理 8.4 可知,J 法和 G 法收敛的充分必要条件分别是 $\rho(\boldsymbol{B}_J)<1$ 和 $\rho(\boldsymbol{B}_G)<1$.显然,$\|\boldsymbol{B}_J\|<1$ 和 $\|\boldsymbol{B}_G\|<1$ 分别为 J 法和 G 法收敛的充分条件,这里的范数为任一种矩阵范数.下面给出一些容易验证的收敛充分条件.

定义 8.6　设 $\boldsymbol{A}\in\mathbf{R}^{n\times n}$.

(1) 如果 $\boldsymbol{A}$ 的元素满足

$$|a_{ii}| > \sum_{\substack{j=1\\ j\neq i}}^{n} |a_{ij}| \quad (i = 1,2,\cdots,n),$$

则称 $\boldsymbol{A}$ 为**严格对角占优矩阵**.

(2) 如果 $\boldsymbol{A}$ 的元素满足

$$|a_{ii}| \geqslant \sum_{\substack{j=1\\ j\neq i}}^{n} |a_{ij}| \quad (i = 1,2,\cdots,n),$$

且上式至少有一个不等式严格成立,则称 A 为弱**严格对角占优矩阵**.

定义 8.7　设 $\boldsymbol{A}\in\mathbf{R}^{n\times n}(n\geqslant 2)$,如果存在置换矩阵 $\boldsymbol{P}$,使

$$\boldsymbol{P}^{\mathrm{T}}\boldsymbol{A}\boldsymbol{P} = \begin{pmatrix} \boldsymbol{A}_{11} & \boldsymbol{A}_{12} \\ \boldsymbol{0} & \boldsymbol{A}_{22} \end{pmatrix},$$

其中 $\boldsymbol{A}_{11}$ 为 r 阶方阵,$\boldsymbol{A}_{22}$ 为 $n-r$ 阶方阵$(1\leqslant r<n)$,则称 $\boldsymbol{A}$ 为**可约矩阵**.否则,如果不存在这种置换矩阵 $\boldsymbol{P}$,使(8.2.7)式成立,则称 $\boldsymbol{A}$ 为**不可约矩阵**.

显然,$\boldsymbol{A}$ 为可约矩阵意即 $\boldsymbol{A}$ 可经过若干行列重排化为(8.2.7)式或方程组 $\boldsymbol{A}\boldsymbol{x}=\boldsymbol{b}$ 可化为两个低阶线性方程组.

定理 8.6　设 $\boldsymbol{A}\in\mathbf{R}^{n\times n}$ 为严格对角占优矩阵或不可约弱对角占优矩阵,则 $\boldsymbol{A}$ 为非奇异矩阵.

证　下面以 $\boldsymbol{A}$ 为严格对角占优矩阵证明此定理.采用反证法,如果 $\det(\boldsymbol{A})=0$,则 $\boldsymbol{A}\boldsymbol{x}=\boldsymbol{0}$ 有非零解,记为 $\boldsymbol{x}=(x_1,x_2,\cdots,x_n)^{\mathrm{T}}$,$|x_k|=\max\limits_{1\leqslant i\leqslant n}|x_i|\neq 0$.

---

① 赛德尔(Philipp Ludwig von Seidel,1821～1896)是德国数学家.

由齐次方程组第 k 个方程

$$\sum_{j=1}^{n} a_{kj}x_j = 0,$$

则有

$$|a_{kk}x_k| = \left|\sum_{\substack{j=1\\j\neq k}}^{n} a_{kj}x_j\right| \leqslant \sum_{\substack{j=1\\j\neq k}}^{n} |a_{kj}||x_j| \leqslant |x_k| \sum_{\substack{j=1\\j\neq k}}^{n} |a_{kj}|,$$

即

$$|a_{kk}| \leqslant \sum_{\substack{j=1\\j\neq k}}^{n} |a_{kj}|,$$

与假设矛盾,故 $\det(\boldsymbol{A})\neq 0$.

定理 8.7　设 $\boldsymbol{A}\in\mathbf{R}^{n\times n}$ 为严格对角占优矩阵或不可约弱对角占优矩阵,则求解 $\boldsymbol{Ax}=\boldsymbol{b}$ 的 J 法和 GS 法均收敛.

证　下面首先证明 $\boldsymbol{A}$ 为严格对角占优矩阵时,GS 法收敛.

由题设,$a_{ii}\neq 0\ (i=1,2,\cdots,n)$,解 $\boldsymbol{Ax}=\boldsymbol{b}$ 的 GS 法的迭代矩阵 $\boldsymbol{B}_G=(\boldsymbol{D}-\boldsymbol{L})^{-1}\boldsymbol{U}$.下面考察 $\boldsymbol{B}_G$ 的特征值.

$$\begin{aligned}\det(\lambda\boldsymbol{I}-\boldsymbol{B}_G) &= \det(\lambda\boldsymbol{I}-(\boldsymbol{D}-\boldsymbol{L})^{-1}\boldsymbol{U})\\ &= \det((\boldsymbol{D}-\boldsymbol{L})^{-1})\det(\lambda(\boldsymbol{D}-\boldsymbol{L})-\boldsymbol{U}).\end{aligned}$$

由于 $\det((\boldsymbol{D}-\boldsymbol{L})^{-1})\neq 0$,所以 $\boldsymbol{B}_G$ 的特征值即为 $\det(\lambda(\boldsymbol{D}-\boldsymbol{L})-\boldsymbol{U})=0$ 的根.记

$$\boldsymbol{C}\equiv\lambda(\boldsymbol{D}-\boldsymbol{L})-\boldsymbol{U}=\begin{pmatrix}\lambda a_{11} & a_{12} & \cdots & a_{1n}\\ \lambda a_{21} & \lambda a_{22} & \cdots & a_{2n}\\ \vdots & \vdots & & \vdots\\ \lambda a_{n1} & \lambda a_{n2} & \cdots & \lambda a_{nn}\end{pmatrix}.$$

下面证明,当 $|\lambda|\geqslant 1$ 时,则 $\det(\boldsymbol{C})\neq 0$,即 $\boldsymbol{B}_G$ 的特征值均满足 $|\lambda|<1$.由收敛定理,GS 法收敛.

事实上,当 $|\lambda|\geqslant 1$ 时,由 $\boldsymbol{A}$ 为严格对角占优矩阵,则有

$$\begin{aligned}|c_{ii}| &= |\lambda a_{ii}|\\ &> |\lambda|\left(\sum_{j=1}^{i-1}|a_{ij}|+\sum_{j=i+1}^{n}|a_{ij}|\right)\\ &\geqslant \sum_{j=1}^{i-1}|\lambda a_{ij}|+\sum_{j=i+1}^{n}|a_{ij}| = \sum_{\substack{j=1\\j\neq i}}^{n}|c_{ij}| \quad (i=1,2,\cdots,n).\end{aligned}$$

这表明,当 $|\lambda|\geqslant 1$ 时,矩阵 $\boldsymbol{C}$ 为严格对角占优矩阵,由对角占优定理有 $\det(\boldsymbol{C})\neq 0$.

下面再证明 $\boldsymbol{A}$ 为不可约弱对角占优矩阵时,GS 法收敛.

采用反证法.假设 $\boldsymbol{B}_G$ 的特征值 λ 满足 $|\lambda|\geqslant 1$,则由

$$\det(\lambda\boldsymbol{I}-\boldsymbol{B}_G)=\det(\lambda\boldsymbol{I}-(\boldsymbol{D}-\boldsymbol{L})^{-1}\boldsymbol{U})=0$$

得

$$\det((\boldsymbol{D}-\boldsymbol{L})^{-1})\det(\boldsymbol{D}-\boldsymbol{L}-\lambda^{-1}\boldsymbol{U})=0. \tag{8.2.12}$$

因为 $\det((\boldsymbol{D}-\boldsymbol{L})^{-1})\neq 0$,而矩阵 $\boldsymbol{A}=\boldsymbol{D}-\boldsymbol{L}-\boldsymbol{U}$ 与矩阵 $\boldsymbol{D}-\boldsymbol{L}-\lambda^{-1}\boldsymbol{U}$ 的零元素与非零元素完全相同,所以 $\boldsymbol{D}-\boldsymbol{L}-\lambda^{-1}\boldsymbol{U}$ 也是不可约弱对角占优矩阵,故 $\det(\boldsymbol{D}-\boldsymbol{L}-\lambda^{-1}\boldsymbol{U})\neq 0$. 这与(8.2.12)式矛盾,从而 $\boldsymbol{B}_G$ 的特征值满足 $|\lambda|<1$,即 GS 法收敛.

类似可证,当 $\boldsymbol{A}$ 为严格对角占优矩阵或不可约弱对角占优矩阵时,J 法也收敛.

如果方程组的系数矩阵 $\boldsymbol{A}$ 对称,则有下面的定理.

定理 8.8 设 $\boldsymbol{A}$ 对称且其对角元 $a_{ii}>0(i=1,2,\cdots,n)$,则求解 $\boldsymbol{Ax}=\boldsymbol{b}$ 的 J 法收敛的充分必要条件是 $\boldsymbol{A}$ 和 $2\boldsymbol{D}-\boldsymbol{A}$ 均正定,其中 $\boldsymbol{D}=\mathrm{diag}(a_{11},a_{22},\cdots,a_{nn})$.

证 由题设,$\boldsymbol{D}$ 为对称正定矩阵. 记 $\boldsymbol{D}^{\frac{1}{2}}=\mathrm{diag}(\sqrt{a_{11}},\sqrt{a_{22}},\cdots,\sqrt{a_{nn}})$,则有

$$\boldsymbol{B}_J=\boldsymbol{I}-\boldsymbol{D}^{-1}\boldsymbol{A}=\boldsymbol{D}^{-\frac{1}{2}}(\boldsymbol{I}-\boldsymbol{D}^{-\frac{1}{2}}\boldsymbol{A}\boldsymbol{D}^{-\frac{1}{2}})\boldsymbol{D}^{\frac{1}{2}}.$$

因 $\boldsymbol{A}$ 对称,故 $\boldsymbol{D}^{-\frac{1}{2}}\boldsymbol{A}\boldsymbol{D}^{-\frac{1}{2}}$,$\boldsymbol{I}-\boldsymbol{D}^{-\frac{1}{2}}\boldsymbol{A}\boldsymbol{D}^{-\frac{1}{2}}$, $2\boldsymbol{I}-\boldsymbol{D}^{-\frac{1}{2}}\boldsymbol{A}\boldsymbol{D}^{-\frac{1}{2}}$ 均对称,它们的特征值都是实数,$\boldsymbol{B}_J$ 与 $\boldsymbol{I}-\boldsymbol{D}^{-\frac{1}{2}}\boldsymbol{A}\boldsymbol{D}^{-\frac{1}{2}}$ 相似,其特征值相同,也全为实数.

先证必要性. 若 J 法收敛,则 $\rho(\boldsymbol{B}_J)<1$. 设 $\boldsymbol{D}^{-\frac{1}{2}}\boldsymbol{A}\boldsymbol{D}^{-\frac{1}{2}}$ 的特征值为 μ,则 $\boldsymbol{B}_J$ 的特征值为 $1-\mu$,有 $|1-\mu|<1$,即 $\mu\in(0,2)$,从而 $\boldsymbol{D}^{-\frac{1}{2}}\boldsymbol{A}\boldsymbol{D}^{-\frac{1}{2}}$ 正定. 对一切 $\boldsymbol{x}\in\mathbf{R}^n$,

$$(\boldsymbol{D}^{-\frac{1}{2}}\boldsymbol{A}\boldsymbol{D}^{-\frac{1}{2}}\boldsymbol{x},\boldsymbol{x})=(\boldsymbol{A}\boldsymbol{D}^{-\frac{1}{2}}\boldsymbol{x},\boldsymbol{D}^{-\frac{1}{2}}\boldsymbol{x}), \tag{8.2.13}$$

所以 $\boldsymbol{A}$ 正定. 又

$$2\boldsymbol{D}-\boldsymbol{A}=\boldsymbol{D}^{\frac{1}{2}}(2\boldsymbol{I}-\boldsymbol{D}^{-\frac{1}{2}}\boldsymbol{A}\boldsymbol{D}^{-\frac{1}{2}})\boldsymbol{D}^{\frac{1}{2}}, \tag{8.2.14}$$

$2\boldsymbol{I}-\boldsymbol{D}^{-\frac{1}{2}}\boldsymbol{A}\boldsymbol{D}^{-\frac{1}{2}}$ 的特征值 $2-\mu$ 也都在(0,2)上,它也是正定矩阵,即 $2\boldsymbol{D}-\boldsymbol{A}$ 正定.

再证必要性. 设 $\boldsymbol{A}$ 和 $2\boldsymbol{D}-\boldsymbol{A}$ 均正定,则由(8.2.13)式可知 $\boldsymbol{D}^{-\frac{1}{2}}\boldsymbol{A}\boldsymbol{D}^{-\frac{1}{2}}$ 正定,其特征值 $\mu>0$,所以 $\boldsymbol{B}_J$ 的特征值 $1-\mu$ 全小于 1. 同理,由(8.2.14)式有

$$2\boldsymbol{I}-\boldsymbol{D}^{-\frac{1}{2}}\boldsymbol{A}\boldsymbol{D}^{-\frac{1}{2}}=\boldsymbol{I}+(\boldsymbol{I}-\boldsymbol{D}^{-\frac{1}{2}}\boldsymbol{A}\boldsymbol{D}^{-\frac{1}{2}})$$

的特征值也都大于零,所以 $\boldsymbol{B}_J$ 的特征值全大于 -1,从而有 $\rho(\boldsymbol{B}_J)<1$,J 法收敛.

下面不加证明地给出与 GS 法收敛相关的两个结论.

定理 8.9 设 $\boldsymbol{A}$ 对称正定,则求解 $\boldsymbol{Ax}=\boldsymbol{b}$ 的 GS 法收敛.

定理 8.10 设 $\boldsymbol{A}\in\mathbf{R}^{n\times n}$,$\boldsymbol{A}$ 对称、非奇异,且对角元素 $a_{ii}>0(i=1,2,\cdots,n)$. 若方程组 $\boldsymbol{Ax}=\boldsymbol{b}$ 的 GS 法收敛,则 $\boldsymbol{A}$ 正定.

上述定理表明,若 $\boldsymbol{A}$ 对称正定,则 GS 法收敛,但 J 法不一定收敛.

例 8.3 对线性方程组 $\boldsymbol{Ax}=\boldsymbol{b}$,其中

$$\boldsymbol{A}=\begin{pmatrix}1&a&a\\a&1&a\\a&a&1\end{pmatrix},$$

证明:当$-\frac{1}{2}<a<1$时GS法收敛,而J法仅在$-\frac{1}{2}<a<\frac{1}{2}$时才收敛.

证　显然,只要证明$-\frac{1}{2}<a<1$时$\boldsymbol{A}$正定.

由$\boldsymbol{A}$的顺序主子式

$$\Delta_1 = 1 > 0,$$

$$\Delta_2 = \begin{vmatrix} 1 & a \\ a & 1 \end{vmatrix} = 1 - a^2 > 0,$$

$$\Delta_3 = \begin{vmatrix} 1 & a & a \\ a & 1 & a \\ a & a & 1 \end{vmatrix} = (1-a)^2(1+2a) > 0,$$

得当$-\frac{1}{2}<a<1$时$\boldsymbol{A}$正定,故GS法收敛.

对Jacobi迭代矩阵

$$\boldsymbol{B}_J = \begin{pmatrix} 0 & -a & -a \\ -a & 0 & -a \\ -a & -a & 0 \end{pmatrix},$$

有

$$\det(\lambda \boldsymbol{I} - \boldsymbol{B}_J) = \begin{vmatrix} \lambda & a & a \\ a & \lambda & a \\ a & a & \lambda \end{vmatrix} = (\lambda + 2a)(\lambda - a)^2 = 0.$$

显然,当$\rho(\boldsymbol{B}_J) = |2a| < 1$即$-\frac{1}{2}<a<\frac{1}{2}$时,J法收敛.

对于线性方程组$\boldsymbol{Ax}=\boldsymbol{b}$,可能J法和GS法都收敛或都不收敛,也可能一个方法收敛而另一个方法不收敛.当J法和GS法都收敛时,通常GS法比J法收敛速度快.

例8.4　取$\boldsymbol{x}^{(0)}=(1,1,1)^{\mathrm{T}}$,分别用Jacobi迭代与Gauss-Seidel迭代解下列方程组:

(1) $\begin{cases} x_1 - 9x_2 - 10x_3 = -1 \\ -9x_1 + x_2 + 5x_3 = 0 \\ 8x_1 + 7x_2 + x_3 = 4 \end{cases}$;　　(2) $\begin{cases} 5x_1 - x_2 - 3x_3 = -1 \\ -x_1 + 2x_2 + 4x_3 = 0 \\ -3x_1 + 4x_2 + 15x_3 = 4 \end{cases}$;

(3) $\begin{cases} 10x_1 + 4x_2 + 5x_3 = -1 \\ 4x_1 + 10x_2 + 7x_3 = 0 \\ 5x_1 + 7x_2 + 10x_3 = 4 \end{cases}$;　　(4) $\begin{cases} x_1 + 2x_2 - 2x_3 = -1 \\ x_1 + x_2 + x_3 = 0 \\ 2x_1 + 2x_2 + x_3 = 4 \end{cases}$.

解　方程(1)的解为$\boldsymbol{x}^*=(-0.4511,1.2383,-1.0596)^{\mathrm{T}}$,Jacobi和GS迭代均发散.

方程(2)的解为$\boldsymbol{x}^*=(-0.0984,-1.1639,0.5574)^{\mathrm{T}}$,Jacobi迭代和GS迭代

均收敛,但收敛到同样精度,Jacobi 迭代用了 125 次而 GS 迭代仅用了 9 次.

方程(3)的解为 $\boldsymbol{x}^* = (-0.3658, -0.5132, 0.9421)^{\mathrm{T}}$,Jacobi 迭代发散,而 GS 迭代仅用 7 次即收敛.

方程(4)的解为 $\boldsymbol{x}^* = (17, -13, 4)^{\mathrm{T}}$, GS 迭代发散,而 Jacobi 仅用 4 次即收敛.

8.3 逐次超松弛迭代法

8.3.1 逐次超松弛迭代公式

大量数值计算表明,当方程组阶数 n 较高时,GS 迭代收敛速度仍然较慢.本节研究如何在 GS 迭代的基础上对其进行加速.

GS 迭代的计算结果为

$$x_i^{(k+1)} = \frac{1}{a_{ii}}\Big(b_i - \sum_{j=1}^{i-1} a_{ij}x_j^{(k+1)} - \sum_{j=i+1}^{n} a_{ij}x_j^{(k)}\Big).$$

若 GS 迭代的收敛速度较慢,则 $x_i^{(k+1)}$ 不作为第 $k+1$ 次近似解,而仅作为中间结果 $\tilde{x}_i^{(k+1)}$,然后再将 $\tilde{x}_i^{(k+1)}$ 与 $x_i^{(k)}$ 进行加权平均后再作为第 $k+1$ 次近似解,即 $x_i^{(k+1)} = \omega\tilde{x}_i^{(k+1)} + (1-\omega)x_i^{(k)}$,这种方法称为**逐次超松弛迭代法**,简记为 **SOR** (successive over-relaxation)**法**,ω 称为**松弛因子**.

$\omega = 1$ 时,即为 GS 迭代.$\omega > 1(\omega < 1)$时称为超(低)松弛法.显然,只有超松弛法才能起到加速收敛的作用.

SOR 法的分量形式为

$$x_i^{(k+1)} = (1-\omega)x_i^{(k)} + \frac{\omega}{a_{ii}}\Big(b_i - \sum_{j=1}^{i-1} a_{ij}x_j^{(k+1)} - \sum_{j=i+1}^{n} a_{ij}x_j^{(k)}\Big), \quad (8.3.1)$$

改成矩阵形式为

$$\boldsymbol{D}\boldsymbol{x}^{(k+1)} = (1-\omega)\boldsymbol{D}\boldsymbol{x}^{(k)} + \omega(\boldsymbol{b} + \boldsymbol{L}\boldsymbol{x}^{(k+1)} + \boldsymbol{U}\boldsymbol{x}^{(k)}),$$
$$(\boldsymbol{D} - \omega\boldsymbol{L})\boldsymbol{x}^{(k+1)} = [(1-\omega)\boldsymbol{D} + \omega\boldsymbol{U}]\boldsymbol{x}^{(k)} + \omega\boldsymbol{b},$$

SOR 法的矩阵形式为

$$\boldsymbol{x}^{(k+1)} = (\boldsymbol{D} - \omega\boldsymbol{L})^{-1}[(1-\omega)\boldsymbol{D} + \omega\boldsymbol{U}]\boldsymbol{x}^{(k)} + \omega(\boldsymbol{D} - \omega\boldsymbol{L})^{-1}\boldsymbol{b}, \quad (8.3.2)$$

简记为

$$\boldsymbol{x}^{(k+1)} = \boldsymbol{L}_\omega\boldsymbol{x}^{(k)} + \boldsymbol{f},$$

其中 $\boldsymbol{L}_\omega$ 为 SOR 法的迭代矩阵:

$$\boldsymbol{L}_\omega = (\boldsymbol{D} - \omega\boldsymbol{L})^{-1}[(1-\omega)\boldsymbol{D} + \omega\boldsymbol{U}]. \quad (8.3.3)$$

这相当于方程组 $\boldsymbol{Ax}=\boldsymbol{b}$ 的系数矩阵分裂为 $\boldsymbol{A}=\boldsymbol{M}-\boldsymbol{N}$,其中

$$\boldsymbol{M}=\frac{1}{\omega}(\boldsymbol{D}-\omega\boldsymbol{L}),\quad \boldsymbol{N}=\frac{1}{\omega}[(1-\omega)\boldsymbol{D}+\omega\boldsymbol{U}].$$

由此得到等价方程组 $\boldsymbol{x}=\boldsymbol{M}^{-1}\boldsymbol{Nx}+\boldsymbol{M}^{-1}\boldsymbol{b}$,利用它构造的迭代法即为(8.3.2)式.

例 8.5　方程组

$$\begin{pmatrix}4&3&0\\3&4&-1\\0&-1&4\end{pmatrix}\begin{pmatrix}x_1\\x_2\\x_3\end{pmatrix}=\begin{pmatrix}24\\30\\-24\end{pmatrix}$$

的解是 $\boldsymbol{x}=(3,4,-5)^{\mathrm{T}}$.用 SOR 法解此方程组的分量形式为

$$\begin{cases}x_1^{(k+1)}=(1-\omega)x_1^{(k)}+\dfrac{\omega}{4}(24-3x_2^{(k)}),\\x_2^{(k+1)}=(1-\omega)x_2^{(k)}+\dfrac{\omega}{4}(30-3x_1^{(k+1)}+x_3^{(k)}),\\x_3^{(k+1)}=(1-\omega)x_3^{(k)}+\dfrac{\omega}{4}(-24+x_2^{(k+1)}).\end{cases}$$

取 $\boldsymbol{x}_0=(1,1,1)^{\mathrm{T}}$,当 $\omega=1$ 时,迭代 7 次得

$$\boldsymbol{x}^{(7)}=(3.0134110,3.9888241,-5.0027940)^{\mathrm{T}}.$$

当 $\omega=1.25$ 时,迭代 7 次得

$$\boldsymbol{x}^{(7)}=(3.0000498,4.0002586,-5.0003486)^{\mathrm{T}}.$$

若要求达到小数点后 7 位精度,$\omega=1$ 时即 GS 法要迭代 34 次,而 $\omega=1.25$ 时只需迭代 14 次,由此可见超松弛的加速效果.

8.3.2　SOR 迭代法的收敛性

SOR 迭代法收敛的充分必要条件是 $\rho(\boldsymbol{L}_\omega)<1$,而 $\rho(\boldsymbol{L}_\omega)$ 与松弛因子 ω 有关.下面先给出 $\rho(\boldsymbol{L}_\omega)$ 与 ω 的关系,再讨论 SOR 迭代收敛的条件.

定理 8.11　设 $\boldsymbol{A}\in\mathbf{R}^{n\times n}$,$\boldsymbol{A}$ 非奇异,对角元素 $a_{ii}\neq0(i=1,2,\cdots,n)$,则对所有实数 ω,有

$$\rho(\boldsymbol{L}_\omega)\geqslant|1-\omega|.\tag{8.3.4}$$

证　$\boldsymbol{A}$ 的对角元均非零,可以构造 SOR 法.设迭代矩阵 $\boldsymbol{L}_\omega$ 的 n 个特征值为 $\lambda_1,\lambda_2,\cdots,\lambda_n$,则

$$\begin{aligned}\lambda_1\lambda_2\cdots\lambda_n&=\det\boldsymbol{L}_\omega\\&=\det(\boldsymbol{D}-\omega\boldsymbol{L})^{-1}\cdot\det[(1-\omega)\boldsymbol{D}+\omega\boldsymbol{U}]\\&=\frac{1}{a_{11}a_{22}\cdots a_{nn}}\cdot(1-\omega)na_{11}a_{22}\cdots a_{nn}\\&=(1-\omega)n.\end{aligned}$$

从而

$$\rho(\boldsymbol{L}_\omega)=\max_{1\leqslant i\leqslant n}|\lambda_i|\geqslant|\lambda_1\lambda_2\cdots\lambda_n|^{\frac{1}{n}}=|1-\omega|.$$

推论 如果解方程组 $\boldsymbol{Ax}=\boldsymbol{b}$ 的 SOR 法收敛,则有 $|1-\omega|<1$,即 $0<\omega<2$.

定理 8.12 设 $\boldsymbol{A}\in\mathbf{R}^{n\times n}$, $\boldsymbol{A}$ 对称正定,且 $0<\omega<2$,则解方程组 $\boldsymbol{Ax}=\boldsymbol{b}$ 的 SOR 法收敛.

证 设 λ 为 $\boldsymbol{L}_\omega$ 的一个特征值,对应的特征向量为 $\boldsymbol{x}\neq\boldsymbol{0}$. 由(8.3.3)式得

$$[(1-\omega)\boldsymbol{D}+\omega\boldsymbol{U}]\boldsymbol{x}=\lambda(\boldsymbol{D}-\omega\boldsymbol{L})\boldsymbol{x}.$$

因为 $\boldsymbol{A}=\boldsymbol{D}-\boldsymbol{L}-\boldsymbol{U}$ 是实对称矩阵,所以 $\boldsymbol{L}^T=\boldsymbol{U}$. 上式两边与 $\boldsymbol{x}$ 作内积得

$$(1-\omega)(\boldsymbol{Dx},\boldsymbol{x})+\omega(\boldsymbol{Ux},\boldsymbol{x})=\lambda[(\boldsymbol{Dx},\boldsymbol{x})-\omega(\boldsymbol{Lx},\boldsymbol{x})]. \quad (8.3.5)$$

因为 $\boldsymbol{A}$ 正定,所以 $\boldsymbol{D}$ 也正定. 记 $p=(\boldsymbol{Dx},\boldsymbol{x})$,有 $p>0$. λ 和 $\boldsymbol{x}$ 是复数和复向量,记 $(\boldsymbol{Lx},\boldsymbol{x})=\alpha+\mathrm{i}\beta$,由复内积性质有

$$(\boldsymbol{Ux},\boldsymbol{x})=(\boldsymbol{L}^{\mathrm{T}}\boldsymbol{x},\boldsymbol{x})=(\boldsymbol{x},\boldsymbol{Lx})=\overline{(\boldsymbol{Lx},\boldsymbol{x})}=\alpha-\mathrm{i}\beta.$$

由(8.3.5)式有

$$\lambda=\frac{(1-\omega)p+\omega\alpha-\mathrm{i}\omega\beta}{p-\omega\alpha-\mathrm{i}\omega\beta},$$

$$|\lambda|^2=\frac{[p-\omega(p-\alpha)]^2+\omega^2\beta^2}{(p-\omega\alpha)^2+\omega^2\beta^2}.$$

上式的分子减去分母等于

$$[p-\omega(p-\alpha)]^2-(p-\omega\alpha)^2=p\omega(2-\omega)(2\alpha-p).$$

因为 $\boldsymbol{A}$ 正定,

$$(\boldsymbol{Ax},\boldsymbol{x})=(\boldsymbol{Dx},\boldsymbol{x})-(\boldsymbol{Lx},\boldsymbol{x})-(\boldsymbol{Ux},\boldsymbol{x})=p-2\alpha,$$

又因为 $0<\omega<2$,可见 $|\lambda|^2$ 式中分子小于分母,故有 $|\lambda|^2<1$,从而 $\rho(\boldsymbol{L}_\omega)<1$, SOR 法收敛.

对于系数对称正定的方程组,若 $0<\omega<2$,则 SOR 迭代法收敛. 若 $\omega=1$,即为 GS 法收敛,这就是定理 8.9.

定理 8.13 设 $\boldsymbol{A}\in\mathbf{R}^{n\times n}$, $\boldsymbol{A}$ 对称、非奇异,且对角元素 $a_{ii}>0(i=1,2,\cdots,n)$. 若方程组 $\boldsymbol{Ax}=\boldsymbol{b}$ 的 SOR 法收敛,则 $\boldsymbol{A}$ 正定,且 $0<\omega<2$.

此定理相当于定理 8.12 的逆定理,其证明过程与定理 8.10 类似.

8.3.3 最优松弛因子

SOR 法收敛速度与松弛因子 ω 有关,希望能选取最优的松弛因子 ω_{b},使得迭代矩阵谱半径

$$\rho(\boldsymbol{L}_{\omega_{\mathrm{b}}})=\min_{0<\omega<2}\rho(\boldsymbol{L}_\omega).$$

这是一个比较复杂的问题. 下面仅对一种特殊矩阵给出结果.

定理 8.14 设 $\boldsymbol{A}$ 为对称正定的三对角矩阵,且 $\boldsymbol{B}_{\mathrm{J}}$ 的特征值均为实数,则 SOR 迭代法收敛的充分必要条件是

$$\mu = \rho(\boldsymbol{B}_{\mathrm{J}}) < 1 \quad (0 < \omega < 2),$$

且最优松弛因子

$$\omega_{\mathrm{b}} = \frac{2}{1 + \sqrt{1 - \mu^2}}, \tag{8.3.6}$$

$$\rho(\boldsymbol{L}_\omega) = \begin{cases} \dfrac{1}{4}\left[\omega\mu + \sqrt{\omega^2\mu^2 - 4(\omega - 1)}\right]^2 & (\omega \in (0, \omega_{\mathrm{b}})), \\ \omega - 1 & (\omega \in [\omega_{\mathrm{b}}, 2).) \end{cases} \tag{8.3.7}$$

例 8.6 在例 8.5 的方程组中

$$\boldsymbol{A} = \begin{pmatrix} 4 & 3 & 0 \\ 3 & 4 & -1 \\ 0 & -1 & 4 \end{pmatrix}, \quad \boldsymbol{B}_{\mathrm{J}} = \begin{pmatrix} 0 & -0.75 & 0 \\ -0.75 & 0 & 0.25 \\ 0 & 0.25 & 0 \end{pmatrix}.$$

$\boldsymbol{A}$ 为对称正定的三对角矩阵.容易计算出 $\rho(\boldsymbol{B}_{\mathrm{J}}) = \sqrt{\frac{5}{8}} = 0.7906$, $\rho(\boldsymbol{B}_{\mathrm{G}}) = \frac{5}{8} = 0.625$.由定理 8.14,SOR 迭代的最优松弛因子为

$$\omega_{\mathrm{b}} = \frac{2}{1 + \sqrt{1 - \mu^2}} \approx 1.240,$$

所以 $\rho(\boldsymbol{L}_\omega) \approx 0.240$.

根据定义 8.5 可计算出,J 法、GS 法和 SOR 法(取 ω_{b})的收敛速度分别为 0.235,0.470 和 1.425.SOR 法的收敛速度约为 GS 法的 3 倍,J 法的 6 倍.

8.4 共轭梯度法

共轭梯度法简称 CG(conjugate gradient)方法,也称共轭斜量法,开始出现于 20 世纪 50 年代,20 世纪 80～90 年代由于预处理共轭梯度方法的发展,使这类方法成为解大型稀疏方程组的有效方法.

8.4.1 与方程组等价的变分问题

设 $\boldsymbol{A} = (a_{ij}) \in \mathbf{R}^{n \times n}$, $\boldsymbol{A}$ 对称正定,向量 $\boldsymbol{b} = (b_1, b_2, \cdots, b_n)^{\mathrm{T}}$, $\boldsymbol{x} = (x_1, x_2, \cdots, x_n)^{\mathrm{T}}$.对方程组

$$\boldsymbol{Ax} = \boldsymbol{b}, \tag{8.4.1}$$

考虑二次函数

$$\varphi(\boldsymbol{x}) = \frac{1}{2}(\boldsymbol{Ax}, \boldsymbol{x}) - (\boldsymbol{b}, \boldsymbol{x}) = \frac{1}{2}\sum_{i=1}^{n}\sum_{j=1}^{n} a_{ij}x_ix_j - \sum_{j=1}^{n} b_jx_j, \tag{8.4.2}$$

则函数 φ 有如下性质:

(1) $\forall \boldsymbol{x}\in\mathbf{R}^n$，$\varphi(\boldsymbol{x})$的梯度

$$\nabla\varphi(\boldsymbol{x}) = \boldsymbol{A}\boldsymbol{x} - \boldsymbol{b}. \tag{8.4.3}$$

(2) $\forall \boldsymbol{x},\boldsymbol{y}\in\mathbf{R}^n$，$\alpha\in\mathbf{R}$，

$$\varphi(\boldsymbol{x}+\alpha\boldsymbol{y}) = \varphi(\boldsymbol{x}) + \alpha(\boldsymbol{A}\boldsymbol{x}-\boldsymbol{b},\boldsymbol{y}) + \frac{\alpha^2}{2}(\boldsymbol{A}\boldsymbol{y},\boldsymbol{y}). \tag{8.4.4}$$

(3) 设 $\boldsymbol{x}^* = \boldsymbol{A}^{-1}\boldsymbol{b}$ 为方程组(8.4.1)的解，则有

$$\varphi(\boldsymbol{x}^*) = -\frac{1}{2}(\boldsymbol{A}\boldsymbol{x}^*,\boldsymbol{x}^*),$$

且 $\forall \boldsymbol{x}\in\mathbf{R}^n$，

$$\varphi(\boldsymbol{x}) - \varphi(\boldsymbol{x}^*) = \frac{1}{2}(\boldsymbol{A}(\boldsymbol{x}-\boldsymbol{x}^*),\boldsymbol{x}-\boldsymbol{x}^*). \tag{8.4.5}$$

定理 8.15 设 $\boldsymbol{A}$ 对称正定，则向量 $\boldsymbol{x}^*$ 为方程组(8.4.1)解的充分必要条件是 $\boldsymbol{x}^*$ 满足

$$\varphi(\boldsymbol{x}^*) = \min_{x\in\mathbf{R}^n}\varphi(\boldsymbol{x}).$$

证 设 $\boldsymbol{x}^*$ 为方程组(8.4.1)解，即 $\boldsymbol{x}^* = \boldsymbol{A}^{-1}\boldsymbol{b}$，由(8.4.5)式及 $\boldsymbol{A}$ 的正定性，

$$\varphi(\boldsymbol{x}) - \varphi(\boldsymbol{x}^*) = \frac{1}{2}(\boldsymbol{A}(\boldsymbol{x}-\boldsymbol{x}^*),\boldsymbol{x}-\boldsymbol{x}^*) \geqslant 0,$$

所以对一切 $\boldsymbol{x}\in\mathbf{R}^n$，均有 $\varphi(\boldsymbol{x}^*)\leqslant\varphi(\boldsymbol{x})$，即 $\boldsymbol{x}^*$ 使 $\varphi(\boldsymbol{x})$ 达到最小.

反之，若有向量 $\overline{\boldsymbol{x}}\in\mathbf{R}^n$，使 $\varphi(\overline{\boldsymbol{x}})\leqslant\varphi(\boldsymbol{x})$，$\forall \boldsymbol{x}\in\mathbf{R}^n$，由上面的证明，有 $\varphi(\overline{\boldsymbol{x}}) - \varphi(\boldsymbol{x}^*) = 0$，根据(8.4.5)式及 $\boldsymbol{A}$ 的正定性，即可得 $\overline{\boldsymbol{x}} = \boldsymbol{x}^*$.

上述定理表明，求 $\varphi(\boldsymbol{x})$ 的最小值问题，等价于解方程组(8.4.1)的变分问题.

求解变分问题，一般是构造一个向量序列 $\{\boldsymbol{x}^{(k)}\}$，使 $\varphi(\boldsymbol{x}^{(k)})$ 逐步趋于 $\min\varphi(\boldsymbol{x})$. 在这个过程中往往采用一种在一个方向上局部求极小的方法. 设已知向量 $\boldsymbol{x}^{(k)}$，选择一个非零向量 $\boldsymbol{p}^{(k)}\in\mathbf{R}^n$ 作为“下山方向”. 在 $\boldsymbol{x}^{(k)}+\alpha\boldsymbol{p}^{(k)}$ 中求 $\alpha\in\mathbf{R}$，使 $\varphi(\boldsymbol{x}^{(k)}+\alpha\boldsymbol{p}^{(k)})$ 极小，这称为沿 $\boldsymbol{p}^{(k)}$ 方向的**一维极小搜索**. 由(8.4.4)式及微积分知识，令

$$\begin{aligned}&\frac{\mathrm{d}}{\mathrm{d}\alpha}\varphi(\boldsymbol{x}^{(k)}+\alpha\boldsymbol{p}^{(k)})\\ =\;&\frac{\mathrm{d}}{\mathrm{d}\alpha}\left[\varphi(\boldsymbol{x}^{(k)}) + \alpha(\boldsymbol{A}\boldsymbol{x}^{(k)}-\boldsymbol{b},\boldsymbol{p}^{(k)}) + \frac{\alpha^2}{2}(\boldsymbol{A}\boldsymbol{p}^{(k)},\boldsymbol{p}^{(k)})\right] = 0,\end{aligned}$$

解得 $\alpha = \alpha_k$. 记对应于 $\boldsymbol{x}^{(k)}$ 的剩余向量 $\boldsymbol{r}^{(k)} = \boldsymbol{b} - \boldsymbol{A}\boldsymbol{x}^{(k)}$，则有

$$\alpha_k = \frac{(\boldsymbol{r}^{(k)},\boldsymbol{p}^{(k)})}{(\boldsymbol{A}\boldsymbol{p}^{(k)},\boldsymbol{p}^{(k)})}, \tag{8.4.6}$$

$$\min_{\alpha}\varphi(\boldsymbol{x}^{(k)}+\alpha\boldsymbol{p}^{(k)}) = \varphi(\boldsymbol{x}^{(k)}+\alpha_k\boldsymbol{p}^{(k)}).$$

如果令 $\boldsymbol{x}^{(k+1)} = \boldsymbol{x}^{(k)} + \alpha_k\boldsymbol{p}^{(k)}$，这就沿 $\boldsymbol{p}^{(k)}$ 方向找到序列 $\{\boldsymbol{x}^{(k)}\}$ 的下一个向量 $\boldsymbol{x}^{(k+1)}$. 同时由(8.4.4)及(8.4.6)式有

$$\varphi(\boldsymbol{x}^{(k)}+\alpha_k\boldsymbol{p}^{(k)}) = \varphi(\boldsymbol{x}^{(k)}) - \frac{1}{2}\frac{(\boldsymbol{r}^{(k)},\boldsymbol{p}^{(k)})^2}{(\boldsymbol{A}\boldsymbol{p}^{(k)},\boldsymbol{p}^{(k)})}. \tag{8.4.7}$$

8.4.2　最速下降法

最速下降法从初始向量 $\boldsymbol{x}^{(0)}$ 出发寻找 $\varphi(\boldsymbol{x})$ 的最小点，如果计算到 $\boldsymbol{x}^{(k)}$，方程 $\varphi(\boldsymbol{x})=\varphi(\boldsymbol{x}^{(k)})$ 表示 n 维空间中函数 $\varphi(\boldsymbol{x})$ 的一个等值面. 因假设 $\boldsymbol{A}$ 正定，它是一个椭球面. 若 $n=2$，就是二维空间中的椭圆曲线，如果在 $\boldsymbol{x}^{(k)}$ 处找一个使函数值减小最快的方向，这就是正交于椭球面的函数 $\varphi(\boldsymbol{x})$ 的负梯度方向 $-\nabla\varphi(\boldsymbol{x}^{(k)})$. 由(8.4.3)式有

$$-\nabla\varphi(\boldsymbol{x}^{(k)})=\boldsymbol{r}^{(k)}.$$

如果剩余向量 $\boldsymbol{r}^{(k)}=\boldsymbol{0}$，则 $\boldsymbol{x}^{(k+1)}$ 即为方程组的解. 如果 $\boldsymbol{r}^{(k)}\neq\boldsymbol{0}$，沿 $\boldsymbol{r}^{(k)}$ 方向进行一维极小搜索，找到 $\boldsymbol{x}^{(k+1)}$，这就是**最速下降法**，其算法流程为

$$\begin{cases}\text{取 } \boldsymbol{x}_0\in\mathbf{R}^n,\\ \text{对 } k=0,1,\cdots,\\ \boldsymbol{r}^{(k)}=\boldsymbol{b}-\boldsymbol{A}\boldsymbol{x}^{(k)},\\ \alpha_k=\dfrac{(\boldsymbol{r}^{(k)},\boldsymbol{p}^{(k)})}{(\boldsymbol{A}\boldsymbol{p}^{(k)},\boldsymbol{p}^{(k)})},\\ \boldsymbol{x}^{(k+1)}=\boldsymbol{x}^{(k)}+\alpha_k\boldsymbol{p}^{(k)}.\end{cases}$$

不难验证，相邻两次的搜索方向是正交的，即

$$(\boldsymbol{r}^{(k+1)},\boldsymbol{r}^{(k)})=0,$$

而且 $\varphi(\boldsymbol{x}^{(k)})$ 是单调下降有下界的序列，满足

$$\lim_{k\to\infty}\boldsymbol{x}^{(k)}=\boldsymbol{x}^*=\boldsymbol{A}^{-1}\boldsymbol{b}.$$

可以证明，如果 $\boldsymbol{A}$ 的特征值 $\lambda_1\geqslant\lambda_2\geqslant\cdots\geqslant\lambda_n>0$，则上述算法产生的序列 $\{\boldsymbol{x}^{(k)}\}$ 满足

$$\|\boldsymbol{x}^{(k)}-\boldsymbol{x}^*\|_{\boldsymbol{A}}\leqslant\left(\frac{\lambda_1-\lambda_n}{\lambda_1+\lambda_n}\right)\|\boldsymbol{x}^{(0)}-\boldsymbol{x}^*\|_{\boldsymbol{A}},$$

其中向量范数 $\|\boldsymbol{u}\|_{\boldsymbol{A}}=\sqrt{(\boldsymbol{A}\boldsymbol{u},\boldsymbol{u})}$. 因此，虽然最速下降法总是收敛的，但当 $\lambda_1\gg\lambda_n$ 时收敛非常慢，而且当 $\|\boldsymbol{r}^{(k)}\|$ 很小时，因舍入误差的影响，计算不稳定，所以在实际中最速下降法较少使用.

8.4.3　共轭梯度法

设 $\boldsymbol{A}$ 对称正定，采用一维极小搜索，但不再沿着最速下降法中有正交性的方向 $\boldsymbol{r}^{(0)},\boldsymbol{r}^{(1)},\cdots$ 进行搜索，而是另外找一组方向 $\boldsymbol{p}^{(0)},\boldsymbol{p}^{(1)},\cdots$. 为了保证 $\varphi(\boldsymbol{x}^{(k)})$ 是严格递减的序列，由(8.4.7)式，$\boldsymbol{p}^{(k)}$ 不能选择为与 $\boldsymbol{r}^{(k)}$ 正交.

如果选定了方向 $\boldsymbol{p}^{(0)},\boldsymbol{p}^{(1)},\cdots,\boldsymbol{p}^{(k-1)}$，进行了 k 次一维搜索，求得 $\boldsymbol{x}^{(k)}$. 下一步就是确定 $\boldsymbol{p}^{(k)}$，由一维搜索(8.4.6)式得 α_k，下一个近似解和对应的剩余向量

就是

$$x^{(k+1)} = x^{(k)} + \alpha_k p^{(k)}, \tag{8.4.8}$$

$$r^{(k+1)} = b - Ax^{(k+1)} = r^{(k)} - \alpha_k Ap^{(k)}. \tag{8.4.9}$$

为了分析方便,可以不失一般性地设 $x^{(0)}=0$,反复利用(8.4.8)式得

$$x^{(k+1)} = \alpha_0 p^{(0)} + \alpha_1 p^{(1)} + \cdots + \alpha_k p^{(k)}.$$

对于 $p^{(0)},p^{(1)},\cdots$的选取,开始时可设 $p^{(0)}=r^{(0)}$,一般 $k\geqslant 1$ 时,希望 $p^{(k)}$ 的选择能使

$$\varphi(x^{(k+1)}) = \min_{x\in \mathrm{span}\{p^{(0)},\cdots,p^{(k)}\}} \varphi(x). \tag{8.4.10}$$

同时 $x^{(k+1)}$ 也是在 $x^{(k)}$ 按方向 $p^{(k)}$ 一维极小搜索的结果. 如果 $x\in \mathrm{span}\{p^{(0)},\cdots,p^{(k)}\}$,可以把 x 分为两部分,即

$$x = y + \alpha p^{(k)},$$

其中

$$y\in \mathrm{span}\{p^{(0)},\cdots,p^{(k)}\} \quad (\alpha\in \mathbf{R}).$$

从而有

$$\varphi(x) = \varphi(y+\alpha p^{(k)}) = \varphi(y) + \alpha(Ay,p^{(k)}) - \alpha(b,p^{(k)}) + \frac{\alpha^2}{2}(Ap^{(k)},p^{(k)}). \tag{8.4.11}$$

如果右边第二项 $\alpha(Ay,p^{(k)})=0$,则求 $\varphi(x)$极小的问题化为两个独立的极小化问题,一个是对 y 的,另一个是对 α 的. 如果令

$$(Ay,p^{(k)}) = 0 \quad (\forall\, y\in \mathrm{span}\{p^{(0)},\cdots,p^{(k)}\}),$$

也就是

$$(Ap^{(i)},p^{(k)}) = 0 \quad (i = 1,2,\cdots,k-1).$$

若对 $k=1,2,\cdots$,每步都如此选择 $p^{(k)}$,则它们符合以下定义:

定义 8.8　如果 A 对称正定,如果 $\mathbf{R}^n$ 中向量组$\{p^{(0)},p^{(1)},\cdots,p^{(l)}\}$满足

$$(Ap^{(i)},p^{(j)}) = 0 \quad (i\neq j),$$

则称它为 $\mathbf{R}^n$ 中的一个**A-共轭向量组**或**A-正交向量组**.

显然,当 $l<n$ 时,不含零向量的 A-共轭向量组线性无关. 当 $A=I$ 时,A-共轭就是一般的正交性. 若给定一个线性无关的向量组,可以按照 Gram-Schmidt 正交化方法得到对应的 A-共轭向量组.

若取$\{p^{(0)},p^{(1)},\cdots,p^{(k)}\}$是 A-共轭的,现在分析极小问题(8.4.10)的解. 设 $x^{(k)}$是前一步极小问题的解,即

$$\varphi(x^{(k)}) = \min_{y\in \mathrm{span}\{p^{(0)},\cdots,p^{(k-1)}\}} \varphi(y),$$

则由 A-共轭性,$p^{(k)}$使(8.4.11)式的$(Ay,p^{(k)})=0$,所以极小问题(8.4.10)分解为两个极小问题

$$\begin{aligned}\min_{x\in \mathrm{span}\{p^{(0)},\cdots,p^{(k)}\}} \varphi(x) &= \min_{y,\alpha}\varphi(y+\alpha p^{(k)}) \\ &= \min_{y}\varphi(y) + \min_{\alpha}\left[\frac{\alpha^2}{2}(Ap^{(k)},p^{(k)}) - \alpha(b,p^{(k)})\right].\end{aligned}$$

第 1 个问题 $y\in \mathrm{span}\{\boldsymbol{p}^{(0)},\cdots,\boldsymbol{p}^{(k-1)}\}$，其解 $\boldsymbol{y}=\boldsymbol{x}^{(k)}$. 第 2 个问题 $\alpha\in\mathbf{R}$，其解为

$$\alpha=\alpha_k=\frac{(\boldsymbol{b},\boldsymbol{p}^{(k)})}{(\boldsymbol{A}\boldsymbol{p}^{(k)},\boldsymbol{p}^{(k)})}.$$

进而，因为 $\boldsymbol{x}^{(k)}\in \mathrm{span}\{\boldsymbol{p}^{(0)},\cdots,\boldsymbol{p}^{(k-1)}\}$，所以 $(\boldsymbol{A}\boldsymbol{x}^{(k)},\boldsymbol{p}^{(k)})=0$. 这样有

$$(\boldsymbol{b},\boldsymbol{p}^{(k)})=(\boldsymbol{b}-\boldsymbol{A}\boldsymbol{p}^{(k)},\boldsymbol{p}^{(k)})=(\boldsymbol{r}^{(k)},\boldsymbol{p}^{(k)}).$$

代回 α_k 的式子，极小问题(8.4.10)定出的 α_k 正好与给出 $\boldsymbol{p}^{(k)}$ 后沿 $\boldsymbol{p}^{(k)}$ 方向的一维搜索问题所确定(8.4.6)式中的 α_k 完全一致.

综上所述，取 $\boldsymbol{p}^{(0)}=\boldsymbol{r}^{(0)}$，$\boldsymbol{p}^{(k)}$ 就取为与 $\boldsymbol{p}^{(0)},\cdots,\boldsymbol{p}^{(k-1)}$ $\boldsymbol{A}$-共轭的向量. 当然，这样的向量不是唯一的. CG 法中取 $\boldsymbol{p}^{(k)}$ 为 $\boldsymbol{r}^{(k)}$ 与 $\boldsymbol{p}^{(k-1)}$ 的线性组合. 由于我们主要考虑 $\boldsymbol{p}^{(k)}$ 的方向，所以不妨设

$$\boldsymbol{p}^{(k)}=\boldsymbol{r}^{(k)}+\beta_{k-1}\boldsymbol{p}^{(k-1)}. \tag{8.4.12}$$

利用 $(\boldsymbol{p}^{(k)},\boldsymbol{A}\boldsymbol{p}^{(k-1)})=0$ 可定出

$$\beta_{k-1}=-\frac{(\boldsymbol{r}^{(k)},\boldsymbol{A}\boldsymbol{p}^{(k-1)})}{(\boldsymbol{p}^{(k-1)},\boldsymbol{A}\boldsymbol{p}^{(k-1)})}. \tag{8.4.13}$$

这样得到的 $\boldsymbol{p}^{(k)}$ 与 $\boldsymbol{p}^{(k-1)}$ 是 $\boldsymbol{A}$-共轭的，下面的定理证明了这样得出的向量序列 $\{\boldsymbol{p}^{(k)}\}$ 是一个 $\boldsymbol{A}$-共轭向量组.

根据上述讨论，取 $\boldsymbol{x}^{(0)}\in\mathbf{R}^n$，$\boldsymbol{r}^{(0)}=\boldsymbol{b}-\boldsymbol{A}\boldsymbol{x}^{(0)}$，$\boldsymbol{p}^{(0)}=\boldsymbol{r}^{(0)}$，即可按(8.4.6)，(8.4.8)，(8.4.9)，(8.4.12)，(8.4.13)各式从 $\boldsymbol{x}^{(0)}$，$\boldsymbol{r}^{(0)}$，$\boldsymbol{p}^{(0)}$ 得到 α_0，$\boldsymbol{x}^{(1)}$，$\boldsymbol{r}^{(1)}$，β_1，$\boldsymbol{p}^{(1)}$，α_1，$\boldsymbol{x}^{(2)}$，…，从而得到 $\{\boldsymbol{x}^{(k)}\}$.

下面进行一些化简，则(8.4.6)和(8.4.9)式得

$$(\boldsymbol{r}^{(k+1)},\boldsymbol{p}^{(k)})=(\boldsymbol{r}^{(k)},\boldsymbol{p}^{(k)})-\alpha_k(\boldsymbol{A}\boldsymbol{p}^{(k)},\boldsymbol{p}^{(k)})=0,$$

$$(\boldsymbol{r}^{(k)},\boldsymbol{p}^{(k)})=(\boldsymbol{r}^{(k)},\boldsymbol{r}^{(k)}+\beta_{k-1}\boldsymbol{p}^{(k-1)})=(\boldsymbol{r}^{(k)},\boldsymbol{r}^{(k)}), \tag{8.4.14}$$

代回(8.4.6)式得

$$\alpha_k=\frac{(\boldsymbol{r}^{(k)},\boldsymbol{r}^{(k-1)})}{(\boldsymbol{p}^{(k)},\boldsymbol{A}\boldsymbol{p}^{(k)})}, \tag{8.4.15}$$

可见当 $\boldsymbol{r}^{(k)}\neq 0$ 时，$\alpha_k>0$.

定理 8.16　以上由(8.4.6)～(8.4.15)式定义的算法有如下性质：

(1) $(\boldsymbol{r}^{(i)},\boldsymbol{r}^{(j)})=0\,(i\neq j)$，即剩余向量组构成一个正交向量组；

(2) $(\boldsymbol{A}\boldsymbol{p}^{(i)},\boldsymbol{p}^{(j)})=0\,(i\neq j)$，即 $\{\boldsymbol{p}^{(k)}\}$ 构成一个 $\boldsymbol{A}$-共轭向量组.

证　用数学归纳法. 由(8.4.9)式及 α_0,β_0 的表达式有

$$(\boldsymbol{r}^{(0)},\boldsymbol{r}^{(1)})=(\boldsymbol{r}^{(0)},\boldsymbol{r}^{(0)})-\alpha_0(\boldsymbol{A}\boldsymbol{r}^{(0)},\boldsymbol{r}^{(0)})=0,$$

$$(\boldsymbol{p}^{(1)},\boldsymbol{A}\boldsymbol{p}^{(0)})=(\boldsymbol{r}^{(1)},\boldsymbol{A}\boldsymbol{p}^{(0)})+\beta_0(\boldsymbol{p}^{(0)},\boldsymbol{A}\boldsymbol{p}^{(0)})=0.$$

现设 $\boldsymbol{r}^{(0)},\boldsymbol{r}^{(1)},\cdots,\boldsymbol{r}^{(k)}$ 相互正交，$\boldsymbol{p}^{(0)},\boldsymbol{p}^{(1)},\cdots,\boldsymbol{p}^{(k)}$ 相互 $\boldsymbol{A}$-共轭，则对 $k+1$，由(8.4.9)式得

$$(\boldsymbol{r}^{(k+1)},\boldsymbol{r}^{(j)})=(\boldsymbol{r}^{(k)},\boldsymbol{r}^{(j)})-\alpha_k(\boldsymbol{A}\boldsymbol{p}^{(k)},\boldsymbol{r}^{(j)}).$$

若 $j=k$，由 α_k 表达式(8.4.15)得 $(\boldsymbol{r}^{(k+1)},\boldsymbol{r}^{(k)})=0$. 若 $j=0,1,\cdots,k-1$，由归纳法假设 $(\boldsymbol{r}^{(k)},\boldsymbol{r}^{(j)})=0$，以及(8.4.12)式可得

$$(\boldsymbol{r}^{(k+1)},\boldsymbol{r}^{(j)})=-\alpha_k(\boldsymbol{A}\boldsymbol{p}^{(k)},\boldsymbol{p}^{(j)}-\beta_{j-1}\boldsymbol{p}^{(j-1)}),$$

从而由归纳法假设得$(\boldsymbol{r}^{(k+1)},\boldsymbol{r}^{(j)})=0$.

对于 $\boldsymbol{p}^{(k+1)}$,由(8.4.12)和(8.4.13)式,显然有$(\boldsymbol{p}^{(k+1)},\boldsymbol{A}\boldsymbol{p}^{(k)})=0$,即相邻的 $\boldsymbol{p}^{(k)}$ 和 $\boldsymbol{p}^{(k+1)}$ 是 $\boldsymbol{A}$ -共轭的.对于 $j=0,1,\cdots,k-1$,

$$(\boldsymbol{p}^{(k+1)},\boldsymbol{A}\boldsymbol{p}^{(j)})=(\boldsymbol{r}^{(k+1)},\boldsymbol{A}\boldsymbol{p}^{(j)})+\beta_k(\boldsymbol{p}^{(k)},\boldsymbol{A}\boldsymbol{p}^{(j)}).$$

由归纳法假设$(\boldsymbol{p}^{(k)},\boldsymbol{A}\boldsymbol{p}^{(j)})=0$,根据(8.4.9)式 $\boldsymbol{A}\boldsymbol{p}^{(j)}=\alpha_j^{-1}(\boldsymbol{r}^{(j)}-\boldsymbol{r}^{(j+1)})$,再由 $\boldsymbol{r}^{(k+1)}$ 与 $\boldsymbol{r}^{(j)}$ 的正交性得$(\boldsymbol{p}^{(k+1)},\boldsymbol{A}\boldsymbol{p}^{(j)})=0$,所以 $\boldsymbol{p}^{(k+1)}$ 与 $\boldsymbol{p}^{(j)}(j=0,1,\cdots,k-1)$ $\boldsymbol{A}$ -共轭.

β_k 的计算可以简化,由(8.4.9),(8.4.13)和(8.4.15)式

$$\begin{aligned}\beta_k&=-\frac{(\boldsymbol{r}^{(k+1)},\boldsymbol{A}\boldsymbol{p}^{(k)})}{(\boldsymbol{p}^{(k)},\boldsymbol{A}\boldsymbol{p}^{(k)})}=-\frac{(\boldsymbol{r}^{(k+1)},\alpha_k^{-1}(\boldsymbol{r}^{(k)}-\boldsymbol{r}^{(k+1)}))}{(\boldsymbol{p}^{(k)},\boldsymbol{A}\boldsymbol{p}^{(k)})}\\&=\frac{(\boldsymbol{r}^{(k+1)},\boldsymbol{r}^{(k+1)})}{\alpha_k(\boldsymbol{p}^{(k)},\boldsymbol{A}\boldsymbol{p}^{(k)})}=\frac{(\boldsymbol{r}^{(k+1)},\boldsymbol{r}^{(k+1)})}{(\boldsymbol{r}^{(k)},\boldsymbol{r}^{(k)})}.\end{aligned}\tag{8.4.16}$$

由此可见,若 $\boldsymbol{r}^{(k+1)}\neq\boldsymbol{0}$,则 $\beta_k>0$.

上述讨论可归纳为下面的算法:

CG 算法:

(1) 任取 $\boldsymbol{x}^{(0)}\in\mathbf{R}^n$;

(2) $\boldsymbol{r}^{(0)}=\boldsymbol{b}-\boldsymbol{A}\boldsymbol{x}^{(0)},\boldsymbol{p}^{(0)}=\boldsymbol{r}^{(0)}$;

(3) 对 $k=0,1,\cdots$,有

$$\begin{aligned}\alpha_k&=\frac{(\boldsymbol{r}^{(k)},\boldsymbol{r}^{(k)})}{(\boldsymbol{p}^{(k)},\boldsymbol{A}\boldsymbol{p}^{(k)})},\\\boldsymbol{x}^{(k+1)}&=\boldsymbol{x}^{(k)}+\alpha_k\boldsymbol{p}^{(k)},\\\boldsymbol{r}^{(k+1)}&=\boldsymbol{r}^{(k)}-\alpha_k\boldsymbol{A}\boldsymbol{p}^{(k)},\\\beta_k&=\frac{(\boldsymbol{r}^{(k+1)},\boldsymbol{r}^{(k+1)})}{(\boldsymbol{r}^{(k)},\boldsymbol{r}^{(k)})},\\\boldsymbol{p}^{(k+1)}&=\boldsymbol{r}^{(k+1)}+\beta_k\boldsymbol{p}^{(k)}.\end{aligned}$$

在计算过程中,若 $\boldsymbol{r}^{(k)}=\boldsymbol{0}$ 或$(\boldsymbol{p}^{(k)},\boldsymbol{A}\boldsymbol{p}^{(k)})=0$,则计算中止.如果剩余向量 $\boldsymbol{r}^{(k)}=\boldsymbol{0}$,即有 $\boldsymbol{x}^{(k)}=\boldsymbol{x}^*$.如果$(\boldsymbol{p}^{(k)},\boldsymbol{A}\boldsymbol{p}^{(k)})=0$,因 $\boldsymbol{A}$ 正定,有 $\boldsymbol{p}^{(k)}=\boldsymbol{0}$,从而也有 $\boldsymbol{r}^{(k)}=\boldsymbol{0}$.

由定理 8.16,剩余向量相互正交,而 $\mathbf{R}^n$ 中至多有 n 个相互正交的非零向量,所以 $\boldsymbol{r}^{(0)},\boldsymbol{r}^{(1)},\cdots,\boldsymbol{r}^{(n)}$ 中至少有一个为零向量.如果 $\boldsymbol{r}^{(k)}=\boldsymbol{0}$,便有 $\boldsymbol{x}^{(k)}=\boldsymbol{x}^*$,所以用 CG 法求解 n 阶方程组,理论上最多 n 步即可得到精确解.从这个意义来说,它实质上是一种直接方法.

例 8.7 用 CG 方法解方程组

$$\begin{pmatrix}3&1\\1&2\end{pmatrix}\begin{pmatrix}x_1\\x_2\end{pmatrix}=\begin{pmatrix}5\\5\end{pmatrix}.$$

解 显然,系数矩阵 $\boldsymbol{A}$ 对称正定.取 $\boldsymbol{x}^{(0)}=(0,0)^{\mathrm{T}}$,有

$$\boldsymbol{r}^{(0)} = \boldsymbol{p}^{(0)} = \boldsymbol{b} - \boldsymbol{A}\boldsymbol{x}^{(0)} = (5,5)^{\mathrm{T}},$$

$$\alpha_0 = \frac{(\boldsymbol{r}^{(0)}, \boldsymbol{r}^{(0)})}{(\boldsymbol{p}^{(0)}, \boldsymbol{A}\boldsymbol{p}^{(0)})} = \frac{2}{7},$$

$$\boldsymbol{x}^{(1)} = \boldsymbol{x}^{(0)} + \alpha_0 \boldsymbol{p}^{(0)} = \left(\frac{10}{7}, \frac{10}{7}\right)^{\mathrm{T}},$$

$$\boldsymbol{r}^{(1)} = \boldsymbol{r}^{(0)} - \alpha_0 \boldsymbol{A}\boldsymbol{p}^{(0)} = \left(-\frac{5}{7}, \frac{5}{7}\right)^{\mathrm{T}},$$

$$\beta_k = \frac{(\boldsymbol{r}^{(1)}, \boldsymbol{r}^{(1)})}{(\boldsymbol{r}^{(0)}, \boldsymbol{r}^{(0)})} = \frac{1}{49}.$$

类似计算可得 $\boldsymbol{p}^{(1)} = \left(-\frac{30}{49}, \frac{40}{49}\right)^{\mathrm{T}}$，$\alpha_1 = \frac{7}{10}$，$\boldsymbol{x}^{(2)} = (1,2)^{\mathrm{T}}$，得到了方程组的精确解.

为了说明方法的步骤和性质，在例 8.6 中用分数进行精确计算. 在实际问题的计算中，一般 n 较大，由于舍入误差的存在，剩余向量序列 $\{\boldsymbol{r}^{(k)}\}$ 的正交性很难精确实现，所以很难在有限步得到精确解. 这样 CG 法在实际计算中便作为迭代法使用. 在 n 较大时，迭代次数为 $O(n)$ 也难于接受，所以实际上设置最大容许的迭代次数 $k_{\max}$ 和小的正数 ε，当迭代次数 $k \geqslant k_{\max}$ 或 $\|\boldsymbol{r}^{(k)}\|_2 \leqslant \varepsilon \|\boldsymbol{b}\|_2$ 时终止迭代.

关于 CG 方法产生的序列 $\{\boldsymbol{x}^{(k)}\}$ 的收敛性，有以下两个结论，其中都设 $\boldsymbol{A} \in \mathbf{R}^{n \times n}$ 对称正定.

(1) 如果 $\boldsymbol{A} = \boldsymbol{I} + \boldsymbol{B}$，且 $\operatorname{rank}(\boldsymbol{B}) = r$，则 CG 算法至多 $r+1$ 收敛.

(2) 记 $K = \operatorname{cond}(\boldsymbol{A})_2$，$\|\boldsymbol{u}\|_A = \sqrt{(\boldsymbol{A}\boldsymbol{x}, \boldsymbol{x})}$，则

$$\|\boldsymbol{x}^{(k)} - \boldsymbol{x}^*\|_A \leqslant 2\left(\frac{\sqrt{K}-1}{\sqrt{K}+1}\right)^k \|\boldsymbol{x}^{(0)} - \boldsymbol{x}^*\|_A. \tag{8.4.17}$$

这两个性质说明 $\boldsymbol{A}$ 接近单位矩阵时，CG 法收敛很快.

8.4.4 预处理共轭梯度法

由(8.4.17)式可以看出，当 $\boldsymbol{A}$ 病态即 $K \gg 1$ 时，CG 法收敛很慢. 为了改善收敛性，可以先设法降低矩阵的条件数，这就是预处理的方法.

当 $\boldsymbol{A}$ 对称正定时，希望预处理后的方程组系数矩阵仍保持对称正定. 为此，设 $\boldsymbol{S} \in \mathbf{R}^{n \times n}$，$\boldsymbol{S}$ 可逆，

$$\boldsymbol{M} = \boldsymbol{S}\boldsymbol{S}^{\mathrm{T}}, \tag{8.4.18}$$

$\boldsymbol{M}$ 是对称正定矩阵. 将 $\boldsymbol{A}\boldsymbol{x} = \boldsymbol{b}$ 改写为等价方程组

$$\boldsymbol{S}^{-1}\boldsymbol{A}\boldsymbol{S}^{-\mathrm{T}} = \boldsymbol{S}^{-1}\boldsymbol{b}, \quad \boldsymbol{x} = \boldsymbol{S}^{-1}\boldsymbol{u}.$$

令 $\boldsymbol{F} = \boldsymbol{S}^{-1}\boldsymbol{A}\boldsymbol{S}^{-\mathrm{T}}$，$\boldsymbol{g} = \boldsymbol{S}^{-1}\boldsymbol{b}$，显然 $\boldsymbol{F}$ 对称正定，所得方程组为

$$\boldsymbol{F}\boldsymbol{u} = \boldsymbol{g}. \tag{8.4.19}$$

对方程组(8.4.19)用 CG 方法计算. 任取初值 $\boldsymbol{u}^{(0)}$，令 $\tilde{\boldsymbol{r}}^{(0)} = \boldsymbol{g} - \boldsymbol{F}\boldsymbol{u}^{(0)}$，$\tilde{\boldsymbol{p}}^{(0)} = \tilde{\boldsymbol{r}}^{(0)}$，对 $k = 0,1,\cdots$，

$$\begin{aligned}
\tilde{\alpha}_k &= \frac{(\tilde{\boldsymbol{r}}^{(k)},\tilde{\boldsymbol{r}}^{(k)})}{(\tilde{\boldsymbol{p}}^{(k)},\boldsymbol{S}^{-1}\boldsymbol{A}\boldsymbol{S}^{-T}\tilde{\boldsymbol{p}}^{(k)})},\\
\boldsymbol{u}^{(k+1)} &= \boldsymbol{u}^{(k)}+\tilde{\alpha}_k\tilde{\boldsymbol{p}}^{(k)},\\
\tilde{\boldsymbol{r}}^{(k+1)} &= \tilde{\boldsymbol{r}}^{(k)}-\tilde{\alpha}_k\boldsymbol{S}^{-1}\boldsymbol{A}\boldsymbol{S}^{-T}\tilde{\boldsymbol{p}}^{(k)},\\
\tilde{\beta}_k &= \frac{(\tilde{\boldsymbol{r}}^{(k+1)},\tilde{\boldsymbol{r}}^{(k+1)})}{(\tilde{\boldsymbol{r}}^{(k)},\tilde{\boldsymbol{r}}^{(k)})},\\
\tilde{\boldsymbol{p}}^{(k+1)} &= \tilde{\boldsymbol{r}}^{(k+1)}+\tilde{\beta}_k\tilde{\boldsymbol{p}}^{(k)}.
\end{aligned}$$

将这组公式换回原来的变量，令 $\boldsymbol{x}^{(k)}=\boldsymbol{S}^{-\mathrm{T}}\boldsymbol{u}^{(k)}$，则有

$$\tilde{\boldsymbol{r}}^{(k)} = \boldsymbol{g}-\boldsymbol{F}\boldsymbol{u}^{(k)} = \boldsymbol{S}^{-1}(\boldsymbol{b}-\boldsymbol{A}\boldsymbol{S}^{-\mathrm{T}}\boldsymbol{S}^{\mathrm{T}}\boldsymbol{x}^{(k)}) = \boldsymbol{S}^{-1}\boldsymbol{r}^{(k)}.$$

再令

$$\boldsymbol{p}^{(k)} = \boldsymbol{S}^{-\mathrm{T}}\tilde{\boldsymbol{p}}^{(k)},\quad \boldsymbol{p}^{(0)} = \boldsymbol{S}^{-\mathrm{T}}\boldsymbol{S}^{-1}\boldsymbol{r}^{(0)} = \boldsymbol{M}^{-1}\boldsymbol{r}^{(0)},$$

并引入

$$\boldsymbol{z}^{(k)} = \boldsymbol{M}^{-1}\boldsymbol{r}^{(k)},$$

这样即得到预处理共轭梯度(PCG)算法.

PCG 算法：

(1) 任取 $\boldsymbol{x}^{(0)}\in\mathbf{R}^n$；

(2) $\boldsymbol{r}^{(0)}=\boldsymbol{b}-\boldsymbol{A}\boldsymbol{x}^{(0)}$，$\boldsymbol{z}^{(0)}=\boldsymbol{M}^{-1}\boldsymbol{r}^{(0)}$，$\boldsymbol{p}^{(0)}=\boldsymbol{z}^{(0)}$；

(3) 对 $k=0,1,\cdots$，有

$$\begin{aligned}
\alpha_k &= \frac{(\boldsymbol{z}^{(k)},\boldsymbol{r}^{(k)})}{(\boldsymbol{p}^{(k)},\boldsymbol{A}\boldsymbol{p}^{(k)})},\\
\boldsymbol{x}^{(k+1)} &= \boldsymbol{x}^{(k)}+\alpha_k\boldsymbol{p}^{(k)},\\
\boldsymbol{r}^{(k+1)} &= \boldsymbol{r}^{(k)}-\alpha_k\boldsymbol{A}\boldsymbol{p}^{(k)},\\
\boldsymbol{M}\boldsymbol{z}^{(k+1)} &= \boldsymbol{r}^{(k+1)}\ (\text{解出 } \boldsymbol{z}^{(k+1)}),\\
\beta_k &= \frac{(\boldsymbol{z}^{(k+1)},\boldsymbol{r}^{(k+1)})}{(\boldsymbol{z}^{(k)},\boldsymbol{r}^{(k)})},\\
\boldsymbol{p}^{(k+1)} &= \boldsymbol{z}^{(k+1)}+\beta_k\boldsymbol{p}^{(k)}.
\end{aligned}$$

可以验证 PCG 方法的搜索方向向量 $\{\boldsymbol{p}^{(k)}\}$ 仍是 $\boldsymbol{A}$-共轭的，即对于 $i\neq j$ 有

$$(\boldsymbol{p}^{(i)},\boldsymbol{A}\boldsymbol{p}^{(j)}) = 0,\quad (\boldsymbol{r}^{(i)},\boldsymbol{M}^{-1}\boldsymbol{r}^{(j)}) = 0,$$

而近似解向量 $\{\boldsymbol{x}^{(k)}\}$ 仍满足(8.4.17)式，只是式中 $K=\mathrm{cond}\,(\boldsymbol{M}^{-1}\boldsymbol{A})_2$.

关于预处理矩阵 $\boldsymbol{M}$ 的选择，原则上是希望预处理后方程组条件数能得到改善. 当然，$\boldsymbol{M}$ 要求对称正定，而且最好是稀疏的，且形如 $\boldsymbol{M}\boldsymbol{z}=\boldsymbol{r}$ 的方程组容易求解.

可以考虑 $\boldsymbol{M}$ 的 Cholesky 分解 $\boldsymbol{M}=\boldsymbol{L}\boldsymbol{L}^{\mathrm{T}}$，即 $\boldsymbol{S}=\boldsymbol{L}$，而且当 $\boldsymbol{L}\boldsymbol{L}^{\mathrm{T}}\approx\boldsymbol{A}$ 时，有 $\boldsymbol{A}\approx\boldsymbol{L}^{-1}(\boldsymbol{L}\boldsymbol{L}^{\mathrm{T}})\,\boldsymbol{L}^{-\mathrm{T}}\approx\boldsymbol{I}$，$\mathrm{cond}(\boldsymbol{F})\approx1$，这就改善了条件数. 一般可考虑 $\boldsymbol{A}$ 的一种分裂 $\boldsymbol{A}=\boldsymbol{M}-\boldsymbol{N}$，其中 $\boldsymbol{M}$ 对称正定，$\boldsymbol{M}=\boldsymbol{L}\boldsymbol{L}^{\mathrm{T}}$，而 $\boldsymbol{N}$“尽可能小”，称为 A 的不完全 Cholesky 分解.

可选择 $\boldsymbol{M}$ 为对角阵. 设 $\boldsymbol{A}=\boldsymbol{D}-\boldsymbol{L}-\boldsymbol{U}$,严格下三角矩阵 $\boldsymbol{L}=\boldsymbol{U}^{\mathrm{T}}$. 设 $\boldsymbol{M}=\boldsymbol{D}$,即 Jacobi 迭代法的分裂矩阵,有

$$\boldsymbol{M}=\operatorname{diag}(a_{11},a_{22},\cdots,a_{nn}),$$

而 $\boldsymbol{S}=\boldsymbol{S}^{\mathrm{T}}=\boldsymbol{M}^{\frac{1}{2}}$. 在 $\boldsymbol{A}$ 的对角元素相差较大时会使收敛速度大大提高.

另一种方法是取对称超松弛方法的分裂矩阵,即(8.3.9)式的 $\boldsymbol{M}$,它满足 $\boldsymbol{M}=\boldsymbol{S}\boldsymbol{S}^{\mathrm{T}}$,其中

$$\boldsymbol{S}=[\omega(2-\omega)]^{-\frac{1}{2}}(\boldsymbol{D}-\omega\boldsymbol{L})\boldsymbol{D}^{-\frac{1}{2}}.$$

可以证明,经过这样的预处理,$\boldsymbol{F}=\boldsymbol{S}^{-1}\boldsymbol{A}\boldsymbol{S}^{-\mathrm{T}}$的条件数大约是 $\boldsymbol{A}$ 条件数的平方根. 特别是 $\omega=1$ 的情形,即对称的 GS 预处理会有较好的效果.

复习与思考题

1. 写出求解线性方程组 $\boldsymbol{A}\boldsymbol{x}=\boldsymbol{b}$ 的迭代法的一般形式,并给出它收敛的充分必要条件.

2. 给出迭代法 $\boldsymbol{x}^{(k+1)}=\boldsymbol{B}\boldsymbol{x}^{(k)}+\boldsymbol{f}$ 收敛的充分条件、误差估计及其收敛速度.

3. 什么是矩阵 $\boldsymbol{A}$ 的分裂? 由 $\boldsymbol{A}$ 的分裂构造解 $\boldsymbol{A}\boldsymbol{x}=\boldsymbol{b}$ 的迭代法,给出 Jacobi 迭代矩阵与 Gauss-Seidel 迭代矩阵.

4. 写出解线性方程组 $\boldsymbol{A}\boldsymbol{x}=\boldsymbol{b}$ 的 Jacobi 迭代法与 Gauss-Seidel 迭代法的计算公式. 它们的基本区别是什么?

5. 何谓矩阵 $\boldsymbol{A}$ 严格对角占优? 何谓 $\boldsymbol{A}$ 不可约?

6. 给出解线性方程组的 SOR 迭代法计算公式,其松弛参数 ω 范围是什么? $\boldsymbol{A}$ 为对称正定三对角矩阵时最优松弛参数 $\omega_{\mathrm{opt}}=$?

7. 将 Jacobi 迭代、Gauss-Seidel 迭代和具有最优松弛参数的 SOR 迭代按收敛速度排列.

8. 什么是解对称正定方程组 $\boldsymbol{A}\boldsymbol{x}=\boldsymbol{b}$ 的最速下降法和共轭梯度法?

9. 为什么共轭梯度法原则上是一种直接法? 但在实际计算中又将它作为迭代法?

10. 判断下列命题是否正确:

(1) Jacobi 迭代与 Gauss-Seidel 迭代同时收敛且后者比前者收敛速度快.

(2) Gauss-Seidel 迭代是 SOR 迭代的特殊情形.

(3) 若 $\boldsymbol{A}$ 对称正定,则 SOR 迭代一定收敛.

(4) 若 $\boldsymbol{A}$ 严格对角占优或不可约对角占优,则解线性方程组 $\boldsymbol{A}\boldsymbol{x}=\boldsymbol{b}$ 的雅可比迭代与 Gauss-Seidel 迭代均收敛.

(5) 若 $\boldsymbol{A}$ 对称正定,则 Jacobi 迭代与 Gauss-Seidel 迭代都收敛.

(6) SOR 迭代法收敛,则松弛参数 $0<\omega<2$.

(7) 泊松方程边值问题的模型问题的五点差分格式为 $\boldsymbol{Au}=\boldsymbol{b}$,则 $\boldsymbol{A}$ 每行非零元素不超过 5.

(8) 求对称正定方程组 $\boldsymbol{Ax}=\boldsymbol{b}$ 的解等价于求二次函数 $\varphi(\boldsymbol{x})=\frac{1}{2}(\boldsymbol{Ax},\boldsymbol{x})-(\boldsymbol{b},\boldsymbol{x})$ 的最小点.

(9) 求 $\boldsymbol{Ax}=\boldsymbol{b}$ 的最速下降法是收敛最快的方法.

(10) 对解 $\boldsymbol{Ax}=\boldsymbol{b}$ 的共轭梯度法,若 $\boldsymbol{A}\in\mathbf{R}^{n\times n}$,则最多计算 n 步即有 $\boldsymbol{r}^{(n)}=\boldsymbol{b}-\boldsymbol{Ax}^{(n)}=\boldsymbol{0}$.

习　题

1. 设线性方程组

$$\begin{cases} 5x_1+2x_2+x_3=-12, \\ -x_1+4x_2+2x_3=20, \\ 2x_1-3x_2+10x_3=3. \end{cases}$$

(1) 考察用 Jacobi 迭代法和 Gauss-Seidel 迭代法解此方程组的收敛性;

(2) 用 Jacobi 迭代法和 Gauss-Seidel 迭代法解此方程组,要求当 $|\boldsymbol{x}^{(k+1)}-\boldsymbol{x}^{(k)}|<10^{-4}$ 时迭代终止.

2. 设线性方程组

$$(1)\begin{cases} x_1+0.4x_2+0.4x_3=1, \\ 0.4x_1+x_2+0.8x_3=2, \\ 0.4x_1+0.8x_2+x_3=3; \end{cases}\qquad (2)\begin{cases} x_1+2x_2-2x_3=1, \\ x_1+x_2+x_3=1, \\ 2x_1+2x_2+x_3=1. \end{cases}$$

试考察解此线性方程组的用 Jacobi 迭代法和高斯-塞德尔迭代法的收敛性.

3. 设线性方程组

$$\begin{cases} a_{11}x_1+a_{12}x_2=b_1 \\ a_{21}x_1+a_{22}x_2=b_2 \end{cases}\quad (a_{11},a_{22}\neq 0).$$

证明:解此方程组的 Jacobi 迭代法和 Gauss-Seidel 迭代法同时收敛或发散,并求两种方法收敛速度之比.

4. 设

$$\boldsymbol{A}=\begin{pmatrix} 10 & a & 0 \\ b & 10 & b \\ 0 & a & 5 \end{pmatrix},\quad \det\boldsymbol{A}\neq 0,$$

用 a,b 表示解线性方程组 $\boldsymbol{Ax}=\boldsymbol{f}$ 的 Jacobi 迭代和 Gauss-Seidel 迭代收敛的充分必要条件.

5. 对线性方程组

$$\begin{pmatrix} 3 & 2 \\ 1 & 2 \end{pmatrix} \begin{pmatrix} x_1 \\ x_2 \end{pmatrix} = \begin{pmatrix} 3 \\ -1 \end{pmatrix},$$

若用迭代法

$$\boldsymbol{x}^{(k+1)} = \boldsymbol{x}^{(k)} + \alpha(\boldsymbol{A}\boldsymbol{x}^{(k)} - \boldsymbol{b}) \quad (k = 0,1,\cdots)$$

求解,问 α 在什么范围内取值可使迭代收敛,α 取什么值可使迭代收敛最快?

6. 用 Jacobi 迭代和 Gauss-Seidel 迭代法解线性方程组 $\boldsymbol{A}\boldsymbol{x}=\boldsymbol{b}$,证明若取

$$\boldsymbol{A} = \begin{pmatrix} 3 & 0 & -2 \\ 0 & 2 & 1 \\ -2 & 1 & 2 \end{pmatrix},$$

则两种方法均收敛,试比较哪种方法收敛快?

7. 用 SOR 方法(分别取松弛因子 $\omega=1.03$,$\omega=1$,$\omega=1.1$)解线性方程组

$$\begin{cases} 4x_1 - x_2 = 1, \\ -x_1 + 4x_2 - x_3 = 4, \\ -x_2 + 4x_3 = -3, \end{cases}$$

其精确解 $\boldsymbol{x}^* = \left(\frac{1}{2},1,-\frac{1}{2}\right)^{\mathrm{T}}$. 要求当 $\|\boldsymbol{x}^* - \boldsymbol{x}^{(k)}\|_\infty < 5\times10^{-6}$ 时迭代终止,并且对每一个 ω 值确定迭代次数.

8. 用 SOR 方法(取松弛因子 $\omega=0.9$)解线性方程组

$$\begin{cases} 5x_1 + 2x_2 + x_3 = -12, \\ -x_1 + 4x_2 + 2x_3 = 20, \\ 2x_1 - 3x_2 + 10x_3 = 3. \end{cases}$$

要求当 $\|\boldsymbol{x}^{(k+1)} - \boldsymbol{x}^{(k)}\|_\infty < 10^{-4}$ 时迭代终止.

9. 设有线性方程组 $\boldsymbol{A}\boldsymbol{x}=\boldsymbol{b}$,其中 $\boldsymbol{A}$ 为对称正定阵,迭代公式

$$\boldsymbol{x}^{(k+1)} = \boldsymbol{x}^{(k)} + \omega(\boldsymbol{b} - \boldsymbol{A}\boldsymbol{x}^{(k)}) \quad (k = 0,1,2,\cdots),$$

试证明:当 $0<\omega<\frac{2}{\beta}$ 时上述迭代法收敛,其中 $0<\alpha\leqslant\lambda(\boldsymbol{A})\leqslant\beta$.

10. 取 $\boldsymbol{x}^{(0)}=\boldsymbol{0}$,用共轭梯度法解下列线性方程组:

(1) $\begin{pmatrix} 6 & 3 \\ 3 & 2 \end{pmatrix} \begin{pmatrix} x_1 \\ x_2 \end{pmatrix} = \begin{pmatrix} 0 \\ -1 \end{pmatrix}$;

(2) $\begin{pmatrix} 4 & 3 & 0 \\ 3 & 4 & -1 \\ 0 & -1 & 4 \end{pmatrix} \begin{pmatrix} x_1 \\ x_2 \\ x_3 \end{pmatrix} = \begin{pmatrix} 3 \\ 5 \\ -5 \end{pmatrix}$.

11. 证明:在共轭梯度法中有 $\varphi(\boldsymbol{x}^{(k+1)})\leqslant\varphi(\boldsymbol{x}^{(k)})$,若 $\boldsymbol{r}^{(k)}\neq\boldsymbol{0}$,则严格不等式成立.

第 9 章　矩阵特征值问题的数值方法

9.1　特征值的性质与估计

9.1.1　特征值问题及性质

在物理、力学和工程技术中，许多问题都可以归结为矩阵特征值问题. 例如，物理和力学中某些临界值的确定问题以及各类振动问题，包括桥梁的振动、机械振动、电磁振荡、地震引起的建筑物的振动等.

定义 9.1　若矩阵 $\boldsymbol{A}\in\mathbf{R}^{n\times n}$ 或 $\mathbf{C}^{n\times n}$、非零列向量 $\boldsymbol{x}\in\mathbf{C}^{n}$ 和数 $\lambda\in\mathbf{C}$ 满足

$$\boldsymbol{A}\boldsymbol{x} = \lambda\boldsymbol{x}, \tag{9.1.1}$$

则称 λ 为矩阵 $\boldsymbol{A}$ 的特征值，$\boldsymbol{x}$ 为矩阵 $\boldsymbol{A}$ 的对应于特征值 λ 的特征向量.

求 $\boldsymbol{A}$ 的特征值问题(9.1.1)等价于求 $\boldsymbol{A}$ 的特征方程

$$\varphi(\lambda) = \det(\lambda\boldsymbol{I} - \boldsymbol{A}) = 0 \tag{9.1.2}$$

的根. $\varphi(\lambda)$ 称为 $\boldsymbol{A}$ 的特征多项式.

若 λ 为 $\boldsymbol{A}$ 的特征值，则相应的齐次线性方程组

$$(\lambda\boldsymbol{I} - \boldsymbol{A})\boldsymbol{x} = \boldsymbol{0} \tag{9.1.3}$$

的非零解 $\boldsymbol{x}$ 即为矩阵 $\boldsymbol{A}$ 的对应于 λ 的特征向量.

由于特征值、特征向量的大部分性质已在线性代数课程中介绍，本节仅补充介绍 Rayleigh 商及其性质.

定义 9.2　设 $\boldsymbol{A}$ 为 n 阶实对称矩矩阵，$\boldsymbol{x}$ 为非零列向量，则称 $R(\boldsymbol{x}) = \dfrac{(\boldsymbol{A}\boldsymbol{x},\boldsymbol{x})}{(\boldsymbol{x},\boldsymbol{x})}$ 为对应于向量 $\boldsymbol{x}$ 的 **Rayleigh 商**.

定理 9.1　设 $\boldsymbol{A}\in\mathbf{R}^{n\times n}$ 为对称矩阵，其特征值依次记为 $\lambda_1\geqslant\lambda_2\geqslant\cdots\geqslant\lambda_n$，则对任意非零列向量 $\boldsymbol{x}\in\mathbf{R}^{n}$，有

(1) $\lambda_n\leqslant\dfrac{(\boldsymbol{A}\boldsymbol{x},\boldsymbol{x})}{(\boldsymbol{x},\boldsymbol{x})}\leqslant\lambda_1$;　　(9.1.4)

(2) $\lambda_1 = \max\limits_{\substack{\boldsymbol{x}\in\mathbf{R}^n\\ \boldsymbol{x}\neq 0}}\dfrac{(\boldsymbol{A}\boldsymbol{x},\boldsymbol{x})}{(\boldsymbol{x},\boldsymbol{x})}$, $\lambda_n = \min\limits_{\substack{\boldsymbol{x}\in\mathbf{R}^n\\ \boldsymbol{x}\neq 0}}\dfrac{(\boldsymbol{A}\boldsymbol{x},\boldsymbol{x})}{(\boldsymbol{x},\boldsymbol{x})}$.　　(9.1.5)

证　这里仅证明结论(1).

设特征值 $\lambda_1,\lambda_2,\cdots,\lambda_n$ 对应的正交规范特征向量为 $\boldsymbol{x}_1,\boldsymbol{x}_2,\cdots,\boldsymbol{x}_n$,则 $\boldsymbol{x}$ 可表示为 $\boldsymbol{x}_1,\boldsymbol{x}_2,\cdots,\boldsymbol{x}_n$ 的线性组合,即

$$\boldsymbol{x}=\sum_{i=1}^{n}a_i\boldsymbol{x}_i.$$

因此

$$\frac{(\boldsymbol{Ax},\boldsymbol{x})}{(\boldsymbol{x},\boldsymbol{x})}=\frac{\sum_{i=1}^{n}a_i^2\lambda_i}{\sum_{i=1}^{n}a_i^2}.$$

从而结论(1)成立.

9.1.2　特征值的估计与扰动

定义 9.3　设 $\boldsymbol{A}=(a_{ij})_{n\times n}$, $r_i=\sum_{\substack{j=1\\j\neq i}}^{n}|a_{ij}|\ (i=1,2,\cdots,n)$,则

$$D_i=\{z\,|\,|z-a_{ii}|\leqslant r_i,z\in\mathbf{C}\}\tag{9.1.6}$$

称为 $\boldsymbol{A}$ 在复平面上以 a_{ii} 为圆心,以 r_i 为半径的**格什戈林**(Gershgorin)**圆盘**.

定理 9.2　(圆盘定理)设 $\boldsymbol{A}=(a_{ij})_{n\times n}$,则 $\boldsymbol{A}$ 的每一个特征值必属于下述某个圆盘之中:

$$|\lambda-a_{ii}|\leqslant\sum_{\substack{j=1\\j\neq i}}^{n}|a_{ij}|\quad(i=1,2,\cdots,n).\tag{9.1.7}$$

证　设 λ 为 $\boldsymbol{A}$ 的任意一个特征值,$\boldsymbol{x}$ 为对应的特征向量,即

$$(\lambda\boldsymbol{I}-\boldsymbol{A})\boldsymbol{x}=\boldsymbol{0}.$$

记 $\boldsymbol{x}=(x_1,x_2,\cdots,x_n)^{\mathrm{T}}\neq\boldsymbol{0}$ 及 $|x_i|=\max\limits_{k}|x_k|\ (x_i\neq0)$,根据(9.1.3)的第 i 个方程

$$(\lambda-a_{ii})x_i=\sum_{\substack{j=1\\j\neq i}}^{n}a_{ij}x_j,$$

并考虑到 $\left|\frac{x_j}{x_i}\right|\leqslant1\ (j\neq i)$,从而有

$$|\lambda-a_{ii}|\leqslant\sum_{j\neq i}|a_{ij}|\left|\frac{x_j}{x_i}\right|\leqslant\sum_{j\neq i}|a_{ij}|.$$

这说明 λ 属于复平面上以 a_{ii} 为圆心,$\sum\limits_{j\neq i}|a_{ij}|$ 为半径的一个圆盘.

上述定理不仅指出了 $\boldsymbol{A}$ 的每一个特征值必属于 $\boldsymbol{A}$ 的一个圆盘中,而且表明,若一个特征向量的第 i 个分量最大,则对应的特征值一定属于第 i 个圆盘中.但是,不一定每个圆盘中都含有一个特征值.下面的定理往往可以获得更加精确的

估计.

定理 9.3 若在(9.1.6)所示的 $\boldsymbol{A}$ 的 n 个圆盘中,有 m 个圆盘构成一个连通区域S,且 S 与其余 $n-m$ 个圆盘严格分离,则在 S 中恰有 $\boldsymbol{A}$ 的 m 个特征值,其中重特征值按重数计算.

上述定理表明,每个孤立的圆盘恰有 $\boldsymbol{A}$ 的一个特征值.

利用相似矩阵性质,有时可以获得 $\boldsymbol{A}$ 的特征值进一步的估计,即适当选取非奇异对角矩阵

$$\boldsymbol{D}=\begin{pmatrix}\alpha_1 & & & \\ & \alpha_2 & & \\ & & \ddots & \\ & & & \alpha_n\end{pmatrix},$$

并做相似变换 $\boldsymbol{D}^{-1}\boldsymbol{AD}=\left(\dfrac{a_{ij}\alpha_j}{\alpha_i}\right)_{n\times n}$,适当选取 $\alpha_i\,(i=1,2,\cdots,n)$可使某些圆盘的半径及连通性发生变化.

例 9.1 估计矩阵

$$\boldsymbol{A}=\begin{pmatrix}0.9 & 0.01 & 0.12\\ 0.01 & 0.8 & 0.13\\ 0.01 & 0.02 & 0.4\end{pmatrix}$$

特征值的范围.

解 $\boldsymbol{A}$ 的 3 个圆盘是

$$D_1=\{z\,|\,|z-0.9|\leqslant 0.13\},$$
$$D_2=\{z\,|\,|z-0.8|\leqslant 0.14\},$$
$$D_3=\{z\,|\,|z-0.4|\leqslant 0.03\}.$$

$\boldsymbol{A}$ 的特征值在$D_1\cup D_2\cup D_3$ 中,其中 D_3 与 $D_1\cup D_2$ 严格分离,即 $\boldsymbol{A}$ 有一个特征值在D_3 中.因为 $\boldsymbol{A}$ 为实矩阵,若有复特征值,必成对共轭出现,所以 D_3 中的特征值是实的,即有 $\lambda\in[0.37,0.43]$.

为了进一步估计另外两个特征值,设法缩小 D_1 和 D_2 的半径,可以令

$$\boldsymbol{B}=\begin{pmatrix}1 & & \\ & 1 & \\ & & 0.1\end{pmatrix},$$

则

$$\boldsymbol{B}^{-1}\boldsymbol{AB}=\begin{pmatrix}0.9 & 0.01 & 0.012\\ 0.01 & 0.8 & 0.013\\ 0.1 & 0.2 & 0.4\end{pmatrix}.$$

新的圆盘为

$$\overline{D_1}=\{z\,|\,|z-0.9|\leqslant 0.022\},$$

$$\overline{D}_2 = \{z \mid |z - 0.8| \leqslant 0.023\},$$
$$\overline{D}_3 = \{z \mid |z - 0.4| \leqslant 0.3\}.$$

这三个圆盘是相互孤立的,每个圆盘中有一个实特征值.综上可得 $\boldsymbol{A}$ 的特征值的范围为

$$|\lambda_1 - 0.9| \leqslant 0.022,$$
$$|\lambda_2 - 0.8| \leqslant 0.023,$$
$$|\lambda_3 - 0.4| \leqslant 0.03.$$

下面讨论当 $\boldsymbol{A}$ 有扰动时产生的特征值扰动,即 $\boldsymbol{A}$ 有微小变化时特征值的敏感性.

定理 9.4 (Bauer-Fike 定理)设 μ 是矩阵 $\boldsymbol{A}+\boldsymbol{E} \in \mathbf{R}^{n\times n}$ 的一个特征值,且 $\boldsymbol{P}^{-1}\boldsymbol{A}\boldsymbol{P} = \boldsymbol{D} = \mathrm{diag}(\lambda_1, \lambda_2, \cdots, \lambda_n)$,则

$$\min_{\lambda \in \sigma(\boldsymbol{A})} |\lambda - \mu| \leqslant \|\boldsymbol{P}^{-1}\|_p \|\boldsymbol{P}\|_p \|\boldsymbol{E}\|_p, \tag{9.1.8}$$

其中 $\sigma(\boldsymbol{A})$ 为 $\boldsymbol{A}$ 的谱,$\|\cdot\|_p$ 为矩阵的 p 范数,$p = 1, 2, +\infty$.

证 若 $\mu \in \sigma(\boldsymbol{A})$,结论显然成立.下设 $\mu \notin \sigma(\boldsymbol{A})$,这时 $\boldsymbol{D} - \mu\boldsymbol{I}$ 非奇异.设 $\boldsymbol{x}$ 为 $\boldsymbol{A}+\boldsymbol{E}$ 对应于 μ 的特征向量,由 $(\boldsymbol{A}+\boldsymbol{E}-\mu\boldsymbol{I})\boldsymbol{x} = \boldsymbol{0}$ 左乘 $\boldsymbol{P}^{-1}$ 可得

$$(\boldsymbol{D} - \mu\boldsymbol{I})(\boldsymbol{P}^{-1}\boldsymbol{x}) = -(\boldsymbol{P}^{-1}\boldsymbol{E}\boldsymbol{P})(\boldsymbol{P}^{-1}\boldsymbol{x}),$$
$$\boldsymbol{P}^{-1}\boldsymbol{x} = -(\boldsymbol{D} - \mu\boldsymbol{I})^{-1}(\boldsymbol{P}^{-1}\boldsymbol{E}\boldsymbol{P})(\boldsymbol{P}^{-1}\boldsymbol{x}),$$

$\boldsymbol{P}^{-1}\boldsymbol{x}$ 是非零向量.在上式两边取范数得

$$\|(\boldsymbol{D} - \mu\boldsymbol{I})^{-1}(\boldsymbol{P}^{-1}\boldsymbol{E}\boldsymbol{P})\|_p \geqslant 1.$$

而对角矩阵 $(\boldsymbol{D} - \mu\boldsymbol{I})^{-1}$ 的范数为

$$\|(\boldsymbol{D} - \mu\boldsymbol{I})^{-1}\|_p = \frac{1}{m}, \quad m = \min_{\lambda \in \sigma(\boldsymbol{A})} |\lambda - \mu|,$$

因此

$$\min_{\lambda \in \sigma(\boldsymbol{A})} |\lambda - \mu| \leqslant \|\boldsymbol{P}^{-1}\|_p \|\boldsymbol{P}\|_p \|\boldsymbol{E}\|_p.$$

当 $\boldsymbol{A}$ 不可对角化时,特征值的扰动分析更加复杂.

根据上述定理,$\|\boldsymbol{P}^{-1}\| \|\boldsymbol{P}\|$ 表示矩阵 $\boldsymbol{A}$ 有扰动 $\boldsymbol{E}$ 后,其特征值扰动的放大倍数.因此,对 $\boldsymbol{P}^{-1}\boldsymbol{A}\boldsymbol{P}$ 为对角矩阵的 $\boldsymbol{P}$,$\|\boldsymbol{P}^{-1}\| \|\boldsymbol{P}\|$ 称为矩阵 A 关于特征值问题的条件数.

必须指出的是,矩阵 $\boldsymbol{A}$ 关于特征值问题的条件数和解线性方程组时的矩阵条件数是两个不同的概念.

9.2　幂法与反幂法

对于 $n = 2, 3$ 的低阶矩阵 $\boldsymbol{A}$,可以利用解代数方程的方法求特征值.但对于高

阶矩阵,这种方法显然是不可行的.此时需要研究求 $\boldsymbol{A}$ 的特征值及特征向量的数值办法.

本节将首先介绍计算特征值和特征向量的幂迭代法及反幂迭代法.

9.2.1 幂法

在一些工程问题中,通常只需要求出矩阵 $\boldsymbol{A}$ 的模最大的特征值即 $\boldsymbol{A}$ 的主特征值和相应的特征向量.对于这种特征值问题,可以采用幂法.

幂法是一种计算实矩阵 $\boldsymbol{A}$ 的主特征值的一种迭代法,它最大的优点是方法简单,适宜用于稀疏矩阵,但有时收敛速度较慢.

设实矩阵 $\boldsymbol{A}=(a_{ij})_{n\times n}$ 有一个完备的特征向量组,其特征值为 $\lambda_1,\lambda_2,\cdots,\lambda_n$,相应的特征向量为 $x_1,x_2,\cdots,x_n$.已知 $\boldsymbol{A}$ 的主特征值是实根,且满足

$$|\lambda_1|>|\lambda_2|\geqslant|\lambda_3|\geqslant\cdots\geqslant|\lambda_n|, \tag{9.2.1}$$

下面讨论 λ_1 和 $\boldsymbol{x}_1$ 的求法.

幂法的基本思想是任取一个非零的初始向量 $\boldsymbol{v}_0$,由矩阵 $\boldsymbol{A}$ 构造一向量序列

$$\begin{cases}\boldsymbol{v}_1=\boldsymbol{A}\boldsymbol{v}_0,\\ \boldsymbol{v}_2=\boldsymbol{A}\boldsymbol{v}_1=\boldsymbol{A}^2\boldsymbol{v}_0,\\ \cdots\cdots\\ \boldsymbol{v}_{k+1}=\boldsymbol{A}\boldsymbol{v}_k=\boldsymbol{A}^{k+1}\boldsymbol{v}_0,\\ \cdots\cdots\end{cases} \tag{9.2.2}$$

称为迭代向量.由假设,$\boldsymbol{v}_0$ 可表示为

$$\boldsymbol{v}_0=a_1\boldsymbol{x}_1+a_2\boldsymbol{x}_2+\cdots+a_n\boldsymbol{x}_n\quad(a_1\neq 0). \tag{9.2.3}$$

从而

$$\begin{aligned}\boldsymbol{v}_k&=\boldsymbol{A}\boldsymbol{v}_{k-1}=\boldsymbol{A}^k\boldsymbol{v}_0=a_1\lambda_1^k\boldsymbol{x}_1+a_2\lambda_2^k\boldsymbol{x}_2+\cdots+a_n\lambda_n^k\boldsymbol{x}_n\\ &=\lambda_1^k\Big[a_1\boldsymbol{x}_1+\sum_{i=2}^n a_1(\lambda_i/\lambda_1)^k\boldsymbol{x}_i\Big]=\lambda_1^k(a_1\boldsymbol{x}_1+\boldsymbol{\varepsilon}_k),\end{aligned}$$

其中 $\boldsymbol{\varepsilon}_k=\sum_{i=2}^n a_1(\lambda_i/\lambda_1)^k\boldsymbol{x}_i$.由假设 $|\lambda_i/\lambda_1|<1\ (i=2,3,\cdots,n)$,故 $\boldsymbol{\varepsilon}_k\to\boldsymbol{0}$ $(k\to\infty)$,因此

$$\lim_{k\to\infty}\frac{\boldsymbol{v}_k}{\lambda_1^k}=a_1\boldsymbol{x}_1. \tag{9.2.4}$$

这说明$\dfrac{\boldsymbol{v}_k}{\lambda_1^k}$越来越接近 $\boldsymbol{A}$ 的对应于λ_1 的特征向量,或者说当 k 充分大时

$$\boldsymbol{v}_k\approx a_1\lambda_1^k\boldsymbol{x}_1, \tag{9.2.5}$$

即迭代向量 $\boldsymbol{v}_k$ 为λ_1 的特征向量的近似向量(除一个因子外).

下面再考虑主特征值 λ_1 的计算.用$(\boldsymbol{v}_k)_i$ 表示$\boldsymbol{v}_k$ 的第i 个分量,则

$$\frac{(\boldsymbol{v}_{k+1})_i}{(\boldsymbol{v}_k)_i}=\lambda_1\left\{\frac{a_1(\boldsymbol{x}_1)_i+(\boldsymbol{\varepsilon}_{k+1})_i}{a_1(\boldsymbol{x}_1)_i+(\boldsymbol{\varepsilon}_k)_i}\right\}, \tag{9.2.6}$$

故

$$\lim_{k\to\infty}\frac{(\boldsymbol{v}_{k+1})_i}{(\boldsymbol{v}_k)_i}=\lambda_1, \tag{9.2.7}$$

也就是说,两相邻迭代向量分量的比值收敛到主特征值.

这种由已知非零向量 $\boldsymbol{v}_0$ 及矩阵 $\boldsymbol{A}$ 的乘幂 $\boldsymbol{A}^k$ 构造向量序列 $\{\boldsymbol{v}_k\}$,根据(9.2.7)式和(9.2.5)式计算 $\boldsymbol{A}$ 的主特征值 λ_1 及相应特征向量的方法称为幂法.

由式(9.2.6)知,$(\boldsymbol{v}_{k+1})_i/(\boldsymbol{v}_k)_i\to\lambda_1$ 的收敛速度由比值 $r=\lambda_2/\lambda_1$ 来确定,r 越小收敛越快,但当 $r=\lambda_2/\lambda_1\approx1$ 时收敛可能就很慢.

综上所述,有如下定理:

定理 9.5　设 $\boldsymbol{A}\in\mathbf{R}^{n\times n}$ 有 n 个线性无关的特征向量,主特征值 λ_1 满足

$$|\lambda_1|>|\lambda_2|\geqslant|\lambda_3|\geqslant\cdots\geqslant|\lambda_n|$$

则对于任何非零初始向量 $\boldsymbol{v}_0(a_1\neq0)$,(9.2.4)式和(9.2.7)式成立.

设 $\boldsymbol{A}$ 的主特征值为实重根,即 $\lambda_1=\lambda_2=\cdots=\lambda_r$ 且 $|\lambda_r|>|\lambda_{r+1}|\geqslant\cdots\geqslant|\lambda_n|$,又设 $\boldsymbol{A}$ 有 n 个线性无关的特征向量,λ_1 对应的 r 个线性无关的特征向量为 $x_1,x_2,\cdots,x_r$,则由(9.2.2)式,有

$$\boldsymbol{v}_k=\boldsymbol{A}^k\boldsymbol{v}_0=\lambda_1^k\left\{\sum_{i=1}^{r}a_ix_i+\sum_{i=r+1}^{n}a_i(\lambda_i/\lambda_1)^k\boldsymbol{x}_i\right\},\quad \lim_{k\to\infty}\frac{\boldsymbol{v}_k}{\lambda_1^k}=\sum_{i=1}^{r}a_i\boldsymbol{x}_i.$$

这说明当 $\boldsymbol{A}$ 的主特征值为实的重根时,定理 9.5 的结论也是正确的.

应用幂法计算 $\boldsymbol{A}$ 的主特征值 λ_1 及对应的特征向量时,如果 $|\lambda_1|>1$(或者 $|\lambda_1|<1$),迭代向量 $\boldsymbol{v}_k$ 的各个不等于零的分量将随 $k\to\infty$ 而趋于无穷或趋于零,这样在用计算机计算时就可能“溢出”.为了克服这个缺点,就需要将迭代向量加以规范化.

设有一向量 $\boldsymbol{v}\neq\mathbf{0}$,将其规范化得到向量 $\boldsymbol{u}=\dfrac{\boldsymbol{v}}{\max(\boldsymbol{v})}$,其中 $\max(\boldsymbol{v})$ 表示向量 $\boldsymbol{v}$ 的绝对值最大的分量.

在定理 9.5 的条件下幂法可这样进行:任取一初始向量 $\boldsymbol{v}_0\neq\mathbf{0}(a_1\neq0)$,构造向量序列

$$\begin{cases}\boldsymbol{v}_1=\boldsymbol{A}\boldsymbol{u}_0=\boldsymbol{A}\boldsymbol{v}_0,\quad \boldsymbol{u}_1=\dfrac{\boldsymbol{v}_1}{\max(\boldsymbol{v}_1)}=\dfrac{\boldsymbol{A}\boldsymbol{v}_0}{\max(\boldsymbol{A}\boldsymbol{v}_0)},\\[2ex] \boldsymbol{v}_2=\boldsymbol{A}\boldsymbol{u}_1=\dfrac{\boldsymbol{A}^2\boldsymbol{v}_0}{\max(\boldsymbol{A}\boldsymbol{v}_0)},\quad \boldsymbol{u}_2=\dfrac{\boldsymbol{v}_2}{\max(\boldsymbol{v}_2)}=\dfrac{\boldsymbol{A}^2\boldsymbol{v}_0}{\max(\boldsymbol{A}^2\boldsymbol{v}_0)},\\ \cdots\cdots\\ \boldsymbol{v}_k=\dfrac{\boldsymbol{A}^k\boldsymbol{v}_0}{\max(\boldsymbol{A}^{k-1}\boldsymbol{v}_0)},\quad \boldsymbol{u}_k=\dfrac{\boldsymbol{A}^k\boldsymbol{v}_0}{\max(\boldsymbol{A}^k\boldsymbol{v}_0)},\end{cases}$$

由式(9.2.3),有

$$\boldsymbol{A}^k\boldsymbol{v}_0=\sum_{i=1}^{k}a_i\lambda_i^k\boldsymbol{x}_i=\lambda_1^k\left\{a_1\boldsymbol{x}_1+\sum_{i=2}^{n}a_i(\lambda_i/\lambda_1)^k\boldsymbol{x}_i\right\}, \tag{9.2.8}$$

$$\boldsymbol{u}_k = \frac{\boldsymbol{A}^k \boldsymbol{v}_0}{\max(\boldsymbol{A}^k \boldsymbol{v}_0)} = \frac{\lambda_1^k \left[a_1 \boldsymbol{x}_1 + \sum_{i=2}^{n} a_i (\lambda_i/\lambda_1)^k \boldsymbol{x}_i \right]}{\max \lambda_1^k \left[a_1 \boldsymbol{x}_1 + \sum_{i=2}^{n} a_i (\lambda_i/\lambda_1)^k \boldsymbol{x}_i \right]}$$

$$= \frac{\left[a_1 \boldsymbol{x}_1 + \sum_{i=2}^{n} a_i (\lambda_i/\lambda_1)^k \boldsymbol{x}_i \right]}{\max \left[a_1 \boldsymbol{x}_1 + \sum_{i=2}^{n} a_i (\lambda_i/\lambda_1)^k \boldsymbol{x}_i \right]} \to \frac{\boldsymbol{x}_1}{\max \boldsymbol{x}_1} \to \lambda_1 \quad (k \to \infty).$$

这说明规范化向量序列收敛到主特征值对应的特征向量.

同理,可得到

$$\boldsymbol{v}_k = \frac{\lambda_1^k \left[a_1 \boldsymbol{x}_1 + \sum_{i=2}^{n} a_i (\lambda_i/\lambda_1)^k \boldsymbol{x}_i \right]}{\max \left[\lambda_1^{k-1} a_1 \boldsymbol{x}_1 + \sum_{i=2}^{n} a_i (\lambda_i/\lambda_1)^{k-1} \boldsymbol{x}_i \right]}$$

$$\max(\boldsymbol{v}_k) = \frac{\lambda_1 \max \left[a_1 \boldsymbol{x}_1 + \sum_{i=2}^{n} a_i (\lambda_i/\lambda_1)^k \boldsymbol{x}_i \right]}{\max \left[a_1 \boldsymbol{x}_1 + \sum_{i=2}^{n} a_i (\lambda_i/\lambda_1)^{k-1} \boldsymbol{x}_i \right]} \to \lambda_1 \quad (k \to \infty).$$

收敛速度由比值 $r = \lambda_2/\lambda_1$ 确定.

总结上述结论,有如下定理:

定理 9.6　设 $\boldsymbol{A} \in \mathbf{R}^{n \times n}$ 有 n 个线性无关的特征向量,主特征值 λ_1 满足 $|\lambda_1| > |\lambda_2| \geqslant |\lambda_3| \geqslant \cdots \geqslant |\lambda_n|$,则对于任意非零初始向量 $\boldsymbol{v}_0 = \boldsymbol{u}_0 (a_1 \neq 0)$,按照下述方法构造的向量序列

$$\begin{cases} \boldsymbol{v}_1 = \boldsymbol{u}_0 \neq \mathbf{0} \\ \boldsymbol{v}_k = \boldsymbol{A}\boldsymbol{u}_{k-1} \quad (k = 1, 2, \cdots) \\ \boldsymbol{u}_k = \dfrac{\boldsymbol{v}^k}{\max(\boldsymbol{v}^k)} \end{cases} \tag{9.2.9}$$

则有

$$\lim_{k \to \infty} \boldsymbol{u}_k = \frac{\boldsymbol{x}_1}{\max(\boldsymbol{x}_1)}, \quad \lim_{k \to \infty} \max(\boldsymbol{v}_k) = \lambda_1.$$

例 9.2　用幂法计算 $\boldsymbol{A} = \begin{pmatrix} 1.0 & 1.0 & 0.5 \\ 1.0 & 1.0 & 0.25 \\ 0.5 & 0.25 & 2.0 \end{pmatrix}$ 的主特征值和相应的特征向量.

计算过程见表 9.1.

表 9.1

k	$\boldsymbol{u}_k^{\mathrm{T}}$(规范化向量)	$\max(\boldsymbol{v}^k)$
0	(1,1,1)	
1	(0.9091,0.8182,1)	2.7500000
5	(0.7651,0.6674,1)	2.5587918
10	(0.7494,0.6508,1)	2.5380029
15	(0.7483,0.6497,1)	2.5366256
16	(0.7483,0.6497,1)	2.5365840
17	(0.7482,0.6497,1)	2.5365598
18	(0.7482,0.6497,1)	2.5365456
19	(0.7482,0.6497,1)	2.5365374
20	(0.7482,0.6497,1)	2.5365323

表 9.1 中结果是用 8 位浮点数字运算得到的,$\boldsymbol{u}_k$ 的分量值是舍入值.于是得到

$$\lambda_1 \approx 2.5365323$$

及相应特征向量$(0.7482,0.6497,1)^{\mathrm{T}}$.$\lambda_1$ 和相应的特征向量真值(8 位有效数字)为

$$\lambda_1 \approx 2.5365258, \quad \tilde{\boldsymbol{x}}_1 = (0.74821116,0.64966116,1)^{\mathrm{T}}.$$

9.2.2　加速方法

1. 原点平移法

由前面讨论可知,应用幂法计算 $\boldsymbol{A}$ 的主特征值时,其收敛速度主要由比值 $r=\lambda_2/\lambda_1$ 来决定,但当 r 接近于 1 时,收敛可能很慢.这时,一个解决的办法是加速收敛.

引进矩阵 $\boldsymbol{B}=\boldsymbol{A}-p\boldsymbol{I}$,其中 p 为选择参数.设 $\boldsymbol{A}$ 的特征值$\lambda_1,\lambda_2,\cdots,\lambda_n$,则 $\boldsymbol{B}$ 的相应特征值为$\lambda_1-p,\lambda_2-p,\cdots,\lambda_n-p$,而且 $\boldsymbol{A},\boldsymbol{B}$ 的特征向量相同.

如果需要计算 $\boldsymbol{A}$ 的主特征值λ_1,就要选择适当的 p 使λ_1-p 仍然是$\boldsymbol{B}$ 的主特征值,且使

$$\left|\frac{\lambda_2-p}{\lambda_1-p}\right| < \left|\frac{\lambda_2}{\lambda_1}\right|.$$

对 $\boldsymbol{B}$ 应用幂法,使得在计算 $\boldsymbol{B}$ 的主特征值λ_1-p 的过程中得到加速.这种方法通常称为**原点平移法**.对于 $\boldsymbol{A}$ 的特征值的某种分布,它是十分有效的.

例 9.3　设 $\boldsymbol{A}=(a_{ij})_4$ 有特征值 $\lambda_j=15-j\,(j=1,2,3,4)$,比值 $r=\lambda_2/\lambda_1\approx 0.9$,作变换

$$\boldsymbol{B} = \boldsymbol{A} - p\boldsymbol{I} \quad (p = 12),$$

则 $\boldsymbol{B}$ 的特征值为

$$\mu_1 = 2, \quad \mu_2 = 1, \quad \mu_3 = 0, \quad \mu_4 = -1.$$

应用幂法计算 $\boldsymbol{B}$ 的主特征值 μ_1 的收敛速度的比值为

$$\left|\frac{\mu_2}{\mu_1}\right| = \left|\frac{\lambda_2 - p}{\lambda_1 - p}\right| = \frac{1}{2} < \left|\frac{\lambda_2}{\lambda_1}\right| \approx 0.9.$$

虽然常常能够选择有利的 p 值,使幂法得到加速,但设计一个自动选择适当参数 p 的过程是困难的.

下面考虑当 $\boldsymbol{A}$ 的特征值是实数时,怎样选择 p 使用幂法计算 λ_1 以得到加速.

设 $\boldsymbol{A}$ 的特征值满足

$$\lambda_1 > \lambda_2 \geqslant \cdots \geqslant \lambda_n, \tag{9.2.10}$$

则不管设 p 如何选择,$\boldsymbol{B} = \boldsymbol{A} - p\boldsymbol{I}$ 的主特征值为 $\lambda_1 - p$ 或 $\lambda_n - p$,当希望计算 λ_1 及 $\boldsymbol{x}_1$ 时,首先应选择 p 使

$$|\lambda_1 - p| > |\lambda_n - p|,$$

且使收敛速度的比值

$$\omega = \max\left\{\left|\frac{\lambda_2 - p}{\lambda_1 - p}\right|, \left|\frac{\lambda_n - p}{\lambda_1 - p}\right|\right\} = \min.$$

显然,当 $\dfrac{\lambda_2 - p}{\lambda_1 - p} = -\dfrac{\lambda_n - p}{\lambda_1 - p}$,即 $p = \dfrac{\lambda_2 + \lambda_n}{2} \equiv p^*$ 时,ω 为最小,这时收敛速度的比值为

$$\frac{\lambda_2 - p^*}{\lambda_1 - p^*} = -\frac{\lambda_n - p^*}{\lambda_1 - p^*} \equiv \frac{\lambda_2 - \lambda_n}{2\lambda_1 - \lambda_2 - \lambda_n}.$$

当 $\boldsymbol{A}$ 的特征值满足式(9.2.10)且 λ_2, λ_n 能初步估计时,就能确定 p^* 的近似值.

当希望计算 λ_n 时,应选择

$$p = \frac{\lambda_1 + \lambda_{n-1}}{2} = p^*,$$

使得应用幂法计算 λ_n 得到加速.

例 9.4　计算例 9.2 矩阵 $\boldsymbol{A}$ 的主特征值.

解　作变换 $\boldsymbol{B} = \boldsymbol{A} - p\boldsymbol{I}$,取 $p = 0.75$,则

$$\boldsymbol{B} = \begin{pmatrix} 0.25 & 1 & 0.5 \\ 1 & 0.25 & 0.25 \\ 0.5 & 0.25 & 1.25 \end{pmatrix}.$$

对 $\boldsymbol{B}$ 应用幂法,计算结果见表 9.2.

由此得 $\boldsymbol{B}$ 的主特征值为 $\mu_1 \approx 1.7865914$,$\boldsymbol{A}$ 的主特征值 λ_1 为

$$\lambda_1 \approx \mu_1 + 0.75 = 2.5365914.$$

这个结果比例 9.2 迭代 15 次的结果还要好.若迭代 15 次,$\mu_1 = 1.7865258$,对应的 $\boldsymbol{A}$ 的主特征值 $\lambda_1 = 2.5365258$.

表 9.2

k	$\boldsymbol{u}_k^{\mathrm{T}}$(规范化向量)	$\max(\boldsymbol{v}^k)$
0	(1,1,1)	
5	(0.7516,0.6522,1)	1.7914011
6	(0.7491,0.6511,1)	1.7888443
7	(0.7488,0.6501,1)	1.7873300
8	(0.7484,0.6499,1)	1.7869152
9	(0.7483,0.6497,1)	1.7866587
10	(0.7482,0.6497,1)	1.7865914

原点位移的加速方法,是一个矩阵变换方法.这种变换容易计算,又不破坏矩阵 $\boldsymbol{A}$ 的稀疏性,但 p 的选择依赖于对 $\boldsymbol{A}$ 的特征值分布的大致了解.

2. Rayleigh 商加速

由定理 9.1 知,对称矩阵 $\boldsymbol{A}$ 的 λ_1 及 λ_n 可用 Rayleigh 商的极限来表示.下面将把 Rayleigh 商应用到用幂法计算实矩阵 $\boldsymbol{A}$ 的主特征值的加速收敛上来.

定理 9.7　设 $\boldsymbol{A}\in\mathbf{R}^{n\times n}$ 为对称矩阵,特征值满足 $|\lambda_1|>|\lambda_2|\geqslant|\lambda_3|\geqslant\cdots\geqslant|\lambda_n|$,对应的特征向量满足 $(\boldsymbol{x}_i,\boldsymbol{x}_j)=\delta_{ij}$,应用幂法(式(9.2.9))计算 $\boldsymbol{A}$ 的主特征值 λ_1,则规范化向量 $\boldsymbol{u}_k$ 的 Rayleigh 商给出 λ_i 的较好的近似,即

$$\frac{(\boldsymbol{A}\boldsymbol{u}_k,\boldsymbol{u}_k)}{(\boldsymbol{u}_k,\boldsymbol{u}_k)}=\lambda_1+O\left(\left(\frac{\lambda_2}{\lambda_1}\right)^{2k}\right).$$

证　由式(9.2.8)及

$$\boldsymbol{u}_k=\frac{\boldsymbol{A}^k\boldsymbol{u}_0}{\max(\boldsymbol{A}^k\boldsymbol{u}_0)},\quad \boldsymbol{v}_{k+1}=\boldsymbol{A}\boldsymbol{u}_k=\frac{\boldsymbol{A}^{k+1}\boldsymbol{u}_0}{\max(\boldsymbol{A}^k\boldsymbol{u}_0)},$$

得

$$\frac{(\boldsymbol{A}\boldsymbol{u}_k,\boldsymbol{u}_k)}{(\boldsymbol{u}_k,\boldsymbol{u}_k)}=\frac{(\boldsymbol{A}^{k+1}\boldsymbol{u}_0,\boldsymbol{A}^k\boldsymbol{u}_0)}{(\boldsymbol{A}^k\boldsymbol{u}_0,\boldsymbol{A}^k\boldsymbol{u}_0)}=\frac{\sum_{j=1}^n a_j^2\lambda_j^{2k+1}}{\sum_{j=1}^n a_j^2\lambda_j^{2k}}=\lambda_1+O\left(\left(\frac{\lambda_2}{\lambda_1}\right)^{2k}\right).\tag{9.2.11}$$

9.2.3　反幂法

反幂法用来计算矩阵按模最小的特征值及其特征向量,也可用来计算对应于一个给定近似特征值的特征向量.

设 $\boldsymbol{A}\in\boldsymbol{R}^{n\times n}$ 为非奇异矩阵,$\boldsymbol{A}$ 的特征值次序记作

$$|\lambda_1|>|\lambda_2|\geqslant\cdots\geqslant|\lambda_n|,$$

相应的特征向量为 $\boldsymbol{x}_1,\boldsymbol{x}_2,\cdots,\boldsymbol{x}_n$,则 $\boldsymbol{A}^{-1}$ 的特征值依次为

$$\left|\frac{1}{\lambda_n}\right| > \left|\frac{1}{\lambda_{n-1}}\right| \geqslant \cdots \geqslant \left|\frac{1}{\lambda_1}\right|,$$

对应的特征向量为$\boldsymbol{x}_n, \boldsymbol{x}_{n-1}, \cdots, \boldsymbol{x}_1$.

因此计算 $\boldsymbol{A}$ 的按模最小的特征值λ_n 的问题就是计算$\boldsymbol{A}^{-1}$的按模最大的特征值问题.

对$\boldsymbol{A}^{-1}$应用幂法迭代法,可求得矩阵$\boldsymbol{A}^{-1}$的主特征值 $1/\lambda_n$,从而求得算 $\boldsymbol{A}$ 的按模最小的特征值λ_n,此方法称为反幂法.

反幂法迭代公式为:任取初始向量$\boldsymbol{v}_0 = \boldsymbol{u}_0 \neq \boldsymbol{0}$,构造向量序列

$$\begin{cases} \boldsymbol{v}_k = \boldsymbol{A}^{-1} \boldsymbol{u}_{k-1} \\ \boldsymbol{u}_k = \dfrac{\boldsymbol{v}^k}{\max(\boldsymbol{v}^k)} \end{cases} \quad (k = 1,2,\cdots).$$

迭代向量$\boldsymbol{v}_k$ 可以通过方程组

$$\boldsymbol{A}\boldsymbol{v}_k = \boldsymbol{u}_{k-1}$$

求得.

定理 9.8 设 A 为非奇异矩阵且有 n 个线性无关的特征向量,其对应的特征值满足

$$|\lambda_1| \geqslant |\lambda_2| \geqslant \cdots \geqslant |\lambda_{n-1}| > |\lambda_n| > 0,$$

则对任何非零向量$\boldsymbol{u}_0 = \boldsymbol{v}_0 (a_n \neq 0)$,由反幂法构造的向量序列$\{\boldsymbol{v}_k\}$,$\{\boldsymbol{u}_k\}$满足

$$\lim_{k\to\infty} \boldsymbol{u}_k = \frac{\boldsymbol{x}_n}{\max(\boldsymbol{x}_n)}, \quad \lim_{k\to\infty} \max(\boldsymbol{v}_k) = \frac{1}{\lambda_n},$$

收敛速度的比值为$\left|\dfrac{\lambda_n}{\lambda_{n-1}}\right|$.

在反幂法也可以用原点平移法来加速迭代过程或求其他特征值及特征向量.

如果矩阵$(\boldsymbol{A} - p\boldsymbol{I})^{-1}$存在,显然其特征值为

$$\frac{1}{\lambda_1 - p}, \frac{1}{\lambda_2 - p}, \cdots, \frac{1}{\lambda_n - p},$$

对应的特征向量仍然是$\boldsymbol{x}_1, \boldsymbol{x}_2, \cdots, \boldsymbol{x}_n$. 现对矩阵$(\boldsymbol{A} - p\boldsymbol{I})^{-1}$应用幂法,得到反幂法的迭代公式

$$\begin{cases} \boldsymbol{u}_0 = \boldsymbol{v}_0 \neq \boldsymbol{0} (\text{初始向量}) \\ \boldsymbol{v}_k = (\boldsymbol{A} - p\boldsymbol{I})^{-1} \boldsymbol{u}_{k-1} \\ \boldsymbol{u}_k = \dfrac{\boldsymbol{v}^k}{\max(\boldsymbol{v}^k)} \end{cases} \quad (k = 1,2,\cdots). \tag{9.2.12}$$

如果 p 是$\boldsymbol{A}$ 的特征值λ_j 的一个近似值,且设 λ_j 与其他特征值是分离的,即

$$|\lambda_j - p| \ll |\lambda_i - p| \quad (i \neq j),$$

就是说$\dfrac{1}{\lambda_j - p}$是$(\boldsymbol{A} - p\boldsymbol{I})^{-1}$的主特征值. 可用反幂法式(9.2.12)计算其特征值及特征向量.

设 $\boldsymbol{A} \in \mathbf{R}^{n\times n}$有 n 个线性无关的特征向量$\boldsymbol{x}_1, \boldsymbol{x}_2, \cdots, \boldsymbol{x}_n$,则

$$\boldsymbol{u}_0 = \sum_{i=1}^{n} a_i \boldsymbol{x}_i \quad (a_i \neq 0),$$

$$\boldsymbol{v}_k = \frac{(\boldsymbol{A} - p\boldsymbol{I})^{-k} \boldsymbol{u}_0}{\max((\boldsymbol{A} - p\boldsymbol{I})^{-(k-1)} \boldsymbol{u}_0)},$$

$$\boldsymbol{u}_k = \frac{(\boldsymbol{A} - p\boldsymbol{I})^{-k} \boldsymbol{u}_0}{\max((\boldsymbol{A} - p\boldsymbol{I})^{-k} \boldsymbol{u}_0)},$$

其中

$$(\boldsymbol{A} - p\boldsymbol{I})^{-k} \boldsymbol{u}_0 = \sum_{i=1}^{n} a_i (\lambda_i - p)^{-k} \boldsymbol{x}_i.$$

定理 9.9　设 $\boldsymbol{A} \in \mathbf{R}^{n\times n}$ 有 n 个线性无关的特征向量，$\boldsymbol{A}$ 的特征值及对应的特征向量记为 λ_i 及 $\boldsymbol{x}_i (i=1,2,\cdots n)$，$p$ 是 λ_j 的近似值，$(\boldsymbol{A} - p\boldsymbol{I})^{-1}$ 存在，且

$$|\lambda_j - p| \ll |\lambda_i - p| \quad (i \neq j),$$

则对任意的非零初始向量 $\boldsymbol{u}_0 (a_j \neq 0)$，由反幂法迭代公式(9.2.12)构造的向量序列 $\{\boldsymbol{v}_k\}$，$\{\boldsymbol{u}_k\}$ 满足

$$\lim_{k\to\infty} \boldsymbol{u}_k = \frac{\boldsymbol{x}_j}{\max(\boldsymbol{x}_j)},$$

$$\lim_{k\to\infty} \max\{\boldsymbol{v}_k\} = \frac{1}{\lambda_j - p},$$

即

$$p + \frac{1}{\max(\boldsymbol{v}_k)} \to \lambda_j \quad (k \to \infty),$$

且收敛速度由比值 $r = \max\limits_{i\neq j} \left| \dfrac{\lambda_j - p}{\lambda_i - p} \right|$ 确定.

由定理 9.9 知，对 $\boldsymbol{A} - p\boldsymbol{I}$(其中 $p \approx \lambda_j$)应用反幂法，可计算特征向量 $\boldsymbol{x}_j$. 只要选择的 p 是 λ_j 的一个较好的近似且特征值分离情况较好，一般 r 很小，常常只要迭代一两次就可完成特征向量的计算.

反幂法迭代公式中的 $\boldsymbol{v}_k$ 是通过解方程组

$$(\boldsymbol{A} - p\boldsymbol{I})\boldsymbol{v}_k = \boldsymbol{u}_{k-1}$$

求得的. 为了节省工作量，可以先将 $(\boldsymbol{A} - p\boldsymbol{I})$ 进行三角分解，即

$$\boldsymbol{P}(\boldsymbol{A} - p\boldsymbol{I}) = \boldsymbol{L}\boldsymbol{U},$$

其中 $\boldsymbol{P}$ 为某个置换矩阵，于是求 $\boldsymbol{v}_k$ 相当于解两个三角形方程组

$$\boldsymbol{L}\boldsymbol{y}_k = \boldsymbol{P}\boldsymbol{u}_{k-1}, \quad \boldsymbol{U}\boldsymbol{v}_k = \boldsymbol{y}_k.$$

反幂法迭代公式可写为

$$\begin{cases} \boldsymbol{L}\boldsymbol{y}_k = \boldsymbol{P}\boldsymbol{u}_{k-1}, \\ \boldsymbol{U}\boldsymbol{v}_k = \boldsymbol{y}_k \\ \boldsymbol{u}_k = \dfrac{\boldsymbol{v}_k}{\max(\boldsymbol{v}_k)}, \end{cases} \quad (k = 1,2,\cdots), \tag{9.2.13}$$

实验表明，按下述方法选择 $\boldsymbol{v}_0 = \boldsymbol{u}_0$ 是较好的：选 $\boldsymbol{u}_0$ 使

$$\boldsymbol{U}\boldsymbol{v}_1 = \boldsymbol{L}^{-1}\boldsymbol{P}\boldsymbol{u}_0 = (1,1,\cdots,1)^{\mathrm{T}}, \tag{9.2.14}$$

用回代求解式(9.2.14)即得$\boldsymbol{v}_1$,然后再按式(9.2.13)迭代.

例 9.5 用反幂法求

$$\boldsymbol{A} = \begin{pmatrix} 2 & 1 & 0 \\ 1 & 3 & 1 \\ 0 & 1 & 4 \end{pmatrix}$$

的对应计算特征值 $\lambda = 1.2679$(精确特征值为 $\lambda_3 = 3 - \sqrt{3}$)的特征向量(用 5 位浮点数进行运算).

解 用部分选主元的三角分解将 $\boldsymbol{A} - p\boldsymbol{I}$(其中 $p = 1.2679$)分解为

$$\boldsymbol{P}(\boldsymbol{A} - p\boldsymbol{I}) = \boldsymbol{L}\boldsymbol{U},$$

其中

$$\boldsymbol{P} = \begin{pmatrix} 0 & 1 & 0 \\ 0 & 0 & 1 \\ 1 & 0 & 0 \end{pmatrix},$$

$$\boldsymbol{L} = \begin{pmatrix} 1 & 0 & 0 \\ 0 & 1 & 0 \\ 0.7321 & -0.26807 & 1 \end{pmatrix},$$

$$\boldsymbol{U} = \begin{pmatrix} 1 & 1.7321 & 1 \\ 0 & 1 & 2.7321 \\ 0 & 0 & 0.29405 \times 10^{-3} \end{pmatrix}.$$

由 $\boldsymbol{U}\boldsymbol{v}_1 = (1,1,1)^{\mathrm{T}}$ 得

$$\boldsymbol{v}_1 = (12692, -9290.3, 3400.8)^{\mathrm{T}}, \quad \boldsymbol{u}_1 = (1, -0.73198, 0.26795)^{\mathrm{T}},$$

由 $\boldsymbol{L}\boldsymbol{U}\boldsymbol{v}_2 = \boldsymbol{P}\boldsymbol{u}_1$ 得

$$\boldsymbol{v}_2 = (20404, -14937, 5467.4)^{\mathrm{T}}, \boldsymbol{u}_2 = (1, -0.73206, 0.26796)^{\mathrm{T}},$$

λ_3 对应的特征向量是

$$\boldsymbol{x}_3 = (1, 1-\sqrt{3}, 2-\sqrt{3})^{\mathrm{T}} \approx (1, -0.73205, 0.26795)^{\mathrm{T}},$$

由此可以看出,$\boldsymbol{u}_2$ 是$\boldsymbol{x}_3$ 的相当好的近似.

9.3 正交变换与矩阵分解

正交变换是计算矩阵特征值的有力工具. 本节介绍 Householder① 变换和

---

① 豪斯霍尔德(Alston Scott Householder,1904～1993)是美国数学家,在数学生物学和数值分析等领域卓有建树.

Givens 变换,并利用这两种变换讨论矩阵分解.

9.3.1 Householder 变换

定义 9.4　设向量 $w\in\mathbf{R}^n$,且 $\|w\|_2=1$,则

$$H(w)=I-2ww^{\mathrm{T}}$$

称为**初始反射矩阵**或 **Householder 变换**. 若 $w=(w_1,w_2,\cdots,w_n)^{\mathrm{T}}$,则

$$H(w)=\begin{pmatrix}1-2w_1^2 & -2w_1w_2 & \cdots & -2w_1w_n\\ -2w_2w_1 & 1-2w_2^2 & \ddots & \vdots\\ \vdots & \ddots & \ddots & -2w_{n-1}w_n\\ -2w_nw_1 & \cdots & -2w_nw_{n-1} & 1-2w_n^2\end{pmatrix}.$$

定理 9.10　初等反射矩阵 H 是对称阵($H^{\mathrm{T}}=H$)、正交阵($H^{\mathrm{T}}H=I$)和对合阵($H^2=I$).

证　只证 H 的正交性,其他显然.

$$H^{\mathrm{T}}H=H^2=(I-2ww^{\mathrm{T}})(I-2ww^{\mathrm{T}})=I-4ww^{\mathrm{T}}+4w(w^{\mathrm{T}}w)w^{\mathrm{T}}=I.$$

设向量 $u\neq\mathbf{0}$,则显然

$$H=I-2\frac{uu^{\mathrm{T}}}{\|u\|_2^2}$$

是一个初等反射矩阵.

下面考察初等反射矩阵的几何意义. 考虑以 w 为法向量过原点 O 的超平面

$$S: w^{\mathrm{T}}x=0.$$

设任意 $v\in R^n$,则 $v=x+y$,其中 $x\in S$, $y\in S^{\perp}$. 于是

$$Hx=(I-2ww^{\mathrm{T}})x=x-2ww^{\mathrm{T}}x=x.$$

对于 $y\in S^{\perp}$,易知 $Hy=-y$,从而对于任意向量 $v\in R^n$,总有

$$Hv=x-y=v',$$

其中 v' 为 v 关于平面 S 的镜面反射.

初等反射阵在计算上的意义是它能用来约化矩阵,例如设向量 $a\neq\mathbf{0}$,可选择一初等反射阵 H 使 $H_\alpha=\sigma e_1$. 这种约化矩阵的方法称为 **Householder 方法**. 为此给出下面定理.

定理 9.11　设 x,y 为两个不相等的 n 维向量,$\|x\|_2=\|y\|_2$,则存在一个初等反射阵 H 使 $Hy=x$.

证　令 $w=\dfrac{x-y}{\|x-y\|_2}$,则得到一个初等反射阵

$$H=I-2ww^{\mathrm{T}}=I-2\frac{x-y}{\|x-y\|_2^2}(x^{\mathrm{T}}-y^{\mathrm{T}}),$$

而且

$$Hx = x - 2\frac{x-y}{\|x-y\|_2^2}(x^T - y^T)x = x - 2\frac{(x-y)(x^Tx - y^Tx)}{\|x-y\|_2^2},$$

因为

$$\|x-y\|_2^2 = (x-y)^T(x-y) = 2(x^Tx - y^Tx),$$

所以

$$Hx = x - (x-y) = y.$$

易知，$w = \frac{x-y}{\|x-y\|_2}$是使 $Hy = x$ 成立的唯一长度等于1的向量(不计符号).

定理 9.12 (约化定理)设 $x = (x_1, \cdots, x_i, \cdots, x_j, \cdots, x_n)^T \neq 0$,则存在反射矩阵 H,使 $Hx = -\sigma e_1$ 不全为零,其中

$$\begin{cases} H = I - \beta^{-1}uu^T, \\ \sigma = \operatorname{sgn}(x_1)\|x\|_2, \\ u = x + \sigma e_1, \\ \beta = \|u\|_2^2/2 = \sigma(\sigma + x_1). \end{cases} \tag{9.3.1}$$

证 记 $y = -\sigma e_1$,设 $x \neq y$,取 $\sigma = \pm\|x\|_2$,则有 $\|x\|_2 = \|y\|_2$,所以由定理 9.11 存在 H 变换

$$H = I - 2ww^T,$$

其中 $w = \frac{x + \sigma e_1}{\|x + \sigma e_1\|_2}$,使 $Hx = y = -\sigma e_1$.

记 $u = x + \sigma e_1 = (u_1, u_2, \cdots, u_n)^T$,则

$$H = I - 2\frac{uu^T}{\|u\|_2^2} \equiv I - \beta^{-1}uu^T,$$

其中 $u = (x_1 + \sigma, x_2, \cdots, x_n)^T$,$\beta = \frac{1}{2}\|u\|_2^2$.显然

$$\beta = \frac{1}{2}\|u\|_2^2 = \frac{1}{2}((x_1+\sigma)^2 + x_2^2 + \cdots + x_n^2) = \sigma(\sigma + x_1).$$

如果 σ 与 α_1 异号,那么计算 $\alpha_1 + \sigma$ 时有效数字可能损失,取 σ 与 α_1 有相同的符号,即取

$$\sigma = \operatorname{sgn}(\alpha_1)\|x\|_2.$$

在计算 σ 时,可能上溢或下溢,为了避免溢出,可将 x 规范化

$$d = \|x\|_\infty, \quad x' = \frac{x}{d}.$$

算法 1 已知向量 $x = (\alpha_1, \alpha_2, \cdots, \alpha_n)^T \neq 0$,本算法算出 σ, ρ 及 u,使 $(I - \rho^{-1}uu^T)x = -\sigma e_1$,$u$ 的分量冲掉 x 的分量.

步骤 1 计算 $\sigma = \operatorname{sgn}(\alpha_1)\left(\sum_{i=1}^n \alpha_i^2\right)^{\frac{1}{2}}$;

步骤 2 $\sigma_1 \to u_1 = \alpha_1 + \sigma$;

步骤 3 $\rho = \sigma u_1$.

在计算 σ 时,可能上溢或下溢.为了避免溢出,将 $\boldsymbol{x}$ 规范化

$$\eta = \max_i |\alpha_i|, \quad \boldsymbol{x}' = \frac{\boldsymbol{x}}{\eta},$$

显然

$$\sigma' = \sigma/\eta, \quad \boldsymbol{H}' = \boldsymbol{H}.$$

算法 2　已知向量 $\boldsymbol{x} = (\alpha_1, \alpha_2, \cdots, \alpha_n)^{\mathrm{T}} \neq \boldsymbol{0}$,本算法算出 $\boldsymbol{H}$ 及 σ,使 $\boldsymbol{Hx} = -\sigma \boldsymbol{e}_1$,$\boldsymbol{u}$ 的分量冲掉 $\boldsymbol{x}$ 的分量.

步骤 1　$\eta = \max_i |\alpha_i|$;

步骤 2　$\alpha_i \leftarrow u_i = \dfrac{\alpha_i}{\eta}$, $(i = 1, 2, \cdots, n)$;

步骤 3　$\sigma = \mathrm{sgn}(u_1)\left(\sum_{i=1}^{n} u_i^2\right)^{\frac{1}{2}}$;

步骤 4　$u_1 \leftarrow u_1 + \sigma$;

步骤 5　$\rho = \sigma u_1$;

步骤 6　$\sigma \leftarrow \eta\sigma$.

关于 $\boldsymbol{HA}$ 的计算,设 $\boldsymbol{A} = (\boldsymbol{a}_1, \boldsymbol{a}_2, \cdots, \boldsymbol{a}_n)$,其中 $\boldsymbol{a}_i$ 为 $\boldsymbol{A}$ 的第 i 列向量,则

$$\boldsymbol{HA} = (\boldsymbol{Ha}_1, \boldsymbol{Ha}_2, \cdots, \boldsymbol{Ha}_n),$$

因此计算 $\boldsymbol{HA}$ 就要计算

$$\boldsymbol{Ha}_i = (\boldsymbol{I} - \rho^{-1}\boldsymbol{u}\boldsymbol{u}^{\mathrm{T}})\boldsymbol{a}_i = \boldsymbol{a}_i - (\rho^{-1}\boldsymbol{u}^{\mathrm{T}}\boldsymbol{a}_i)\boldsymbol{u} \quad (i = 1, 2, \cdots, n).$$

于是计算 $\boldsymbol{Ha}_i$ 只需要计算两向量的数量积和两向量的加法即可,且计算 $\boldsymbol{HA}$ 共需要 $2n^2$ 次乘法运算.

例 9.6　设 $\boldsymbol{x} = (3, 5, 1, 1)^{\mathrm{T}}$,则 $\|\boldsymbol{x}\|_2 = 6$.

取 $\boldsymbol{k} = 6, \boldsymbol{u} = \boldsymbol{x} - \boldsymbol{k}\boldsymbol{e}_1 = (9, 5, 1, 1)^{\mathrm{T}}$, $\|\boldsymbol{u}\|_2^2 = 108, \beta = \dfrac{1}{2}\|\boldsymbol{u}\|_2^2 = 54$,

$$\boldsymbol{I} - \beta^{-1}\boldsymbol{u}\boldsymbol{u}^T = \frac{1}{54}\begin{pmatrix} -27 & -45 & -9 & -9 \\ -45 & 29 & -5 & -5 \\ -9 & -5 & 53 & -1 \\ -9 & -5 & -1 & 53 \end{pmatrix}.$$

容易验证 $\boldsymbol{Hx} = (-6, 0, 0, 0)^{\mathrm{T}}$.

9.3.2　Givens 变换

Householder 变换可以将一个向量中的若干相邻分量化为零.如果只要求将其中一个分量化为零,可以采用 Givens 变换.

对某实数 θ,记 $s = \sin\theta, c = \cos\theta$,矩阵 $\boldsymbol{J} = \begin{pmatrix} c & s \\ -s & c \end{pmatrix}$是一个 2×2 的正交矩阵.若 $\boldsymbol{x} \in \mathbf{R}^2$,$\boldsymbol{Jx}$ 就表示将向量 $\boldsymbol{x}$ 顺时针旋转 θ 角所得到的向量.可以将此概念推

广到 $n\times n$ 情形.

定义 9.5 $\mathbf{R}^n$ 中变换

$$y = Px$$

称为 $\mathbf{R}^n$ 中平面 $\{x_i, x_j\}$ 的旋转变换,也称 **Givens 变换**. 其中 $\boldsymbol{x}=(x_1,x_2,\cdots,x_n)^{\mathrm{T}}$, $\boldsymbol{y}=(y_1,y_2,\cdots,y_n)^{\mathrm{T}}$,而

$$\boldsymbol{P}\equiv\boldsymbol{P}(i,j,\theta)=\begin{pmatrix}1 & & & & & & & & \\ & \ddots & & & & & & & \\ & & 1 & & & & & & \\ & & & \cos\theta & \cdots & \sin\theta & & & \\ & & & & 1 & & & & \\ & & & \vdots & \ddots & \vdots & & & \\ & & & & & 1 & & & \\ & & & -\sin\theta & \cdots & \cos\theta & & & \\ & & & & & & 1 & & \\ & & & & & & & \ddots & \\ & & & & & & & & 1\end{pmatrix}\begin{matrix} \\ \\ \\ i \\ \\ \\ \\ j \\ \\ \\ \\ \end{matrix}.$$

显然,$\boldsymbol{P}(i,j,\theta)$具有下列性质:

(1) $\boldsymbol{P}$ 与单位矩阵 $\boldsymbol{I}$ 只是在(i,i),(i,j),(j,i),(j,j)位置元素不一样,其他相同.

(2) $\boldsymbol{P}$ 为正交矩阵.

(3) $\boldsymbol{P}(i,j,\theta)\boldsymbol{A}$ 只需计算第 i 行与第 j 列元素,即对 $\boldsymbol{A}=(a_{ij})_{m\times n}$有

$$\begin{pmatrix}a'_{il}\\ a'_{jl}\end{pmatrix}=\begin{pmatrix}c & s\\ -s & c\end{pmatrix}\begin{pmatrix}a_{il}\\ a_{jl}\end{pmatrix}\quad(l=1,2,\cdots,n),$$

其中 $c=\cos\theta$, $s=\sin\theta$.

(4) $\boldsymbol{A}\boldsymbol{P}(i,j,\theta)$只需计算第 i 行与第 j 列元素,即对 $\boldsymbol{A}=(a_{ij})_{m\times n}$有

$$(a'_{li},a'_{lj})=(a_{li},a_{lj})\begin{pmatrix}c & s\\ -s & c\end{pmatrix}\quad(l=1,2,\cdots,m).$$

利用平面旋转变换,可使向量 $\boldsymbol{x}$ 中指定元素变为零.

定理 9.13 **(约化定理)**设 $\boldsymbol{x}=(x_1,\cdots,x_i,\cdots,x_j,\cdots,x_n)^{\mathrm{T}}$,其中 x_i, x_j 不全为零,则可选择平面旋转矩阵 $\boldsymbol{P}(i,j,\theta)$,使

$$\boldsymbol{x}=(x_1,\cdots,x'_i,\cdots,0,\cdots,x_n)^{\mathrm{T}},$$

其中 $x'_i=\sqrt{x_i^2+x_j^2}$, $\theta=\arctan\dfrac{x_j}{x_i}$.

证 取 $c=\cos\theta=\dfrac{x_i}{x'_i}$, $s=\sin\theta=\dfrac{x_j}{x'_i}$,由 $\boldsymbol{P}(i,j,\theta)\boldsymbol{x}=\boldsymbol{x}'=(x'_1,\cdots,x'_i,\cdots,x'_j,\cdots,x'_n)^{\mathrm{T}}$,根据矩阵乘法,显然有

$$\begin{cases} x_i' = cx_i + sx_j, \\ x_j' = -sx_i + cx_j, \\ x_k' = x_k \quad (k \neq i, j). \end{cases}$$

从而,由 c, s 的取法得

$$x_i' = \sqrt{x_i^2 + x_j^2}, \quad x_j' = 0.$$

例 9.7　设 $\boldsymbol{x} = (1,2,3,4)^{\mathrm{T}} \in \mathbf{R}^4$,求 Givens 矩阵 $\boldsymbol{P}(2,4,\theta)$,使 $\boldsymbol{P}(i,j,\theta)\boldsymbol{x}$ 的第 4 个分量为零.

解　$i=2, j=4$.按公式计算得 $s = \dfrac{2}{\sqrt{5}}, c = \dfrac{1}{\sqrt{5}}$,所以

$$\boldsymbol{P}(i,j,\theta)\boldsymbol{x} = \begin{pmatrix} 1 & 0 & 0 & 0 \\ 0 & \dfrac{1}{\sqrt{5}} & 0 & \dfrac{2}{\sqrt{5}} \\ 0 & 0 & 1 & 0 \\ 0 & -\dfrac{2}{\sqrt{5}} & 0 & \dfrac{1}{\sqrt{5}} \end{pmatrix} \begin{pmatrix} 1 \\ 2 \\ 3 \\ 4 \end{pmatrix} = \begin{pmatrix} 1 \\ 2\sqrt{5} \\ 3 \\ 0 \end{pmatrix}.$$

9.3.3　矩阵的 QR 分解与舒尔分解

定理 9.14　设 $\boldsymbol{A} \in \mathbf{R}^{n \times n}$ 非奇异,则存在正交矩阵 $\boldsymbol{P}$,使 $\boldsymbol{PA} = \boldsymbol{R}$,其中 $\boldsymbol{R}$ 为上三角矩阵.

证　首先给出用 Givens 变换构造 $\boldsymbol{P}$ 的方法.

(1) 第 1 步约化:由题设有 $j\,(j=1,2,\cdots,n)$ 使 $a_{j1} \neq 0$,则可选择 Givens 变换 $\boldsymbol{P}(1,j)$,将 a_{j1} 处的元素化为零.若 $a_{j1} \neq 0\,(j=2,3,\cdots,n)$,则存在 $\boldsymbol{P}(1,j)$,使得

$$\boldsymbol{P}(1,n)\cdots\boldsymbol{P}(1,2)\boldsymbol{A} = \begin{pmatrix} r_{11} & r_{12} & \cdots & r_{1n} \\ & a_{22}^{(2)} & \cdots & a_{2n}^{(2)} \\ & \vdots & & \vdots \\ & a_{n2}^{(2)} & \cdots & a_{nn}^{(2)} \end{pmatrix} \equiv \boldsymbol{A}^{(2)},$$

可简记为 $\boldsymbol{P}_1\boldsymbol{A} = \boldsymbol{A}^{(2)}$,其中 $\boldsymbol{P}_1 = \boldsymbol{P}(1,n)\cdots\boldsymbol{P}(1,2)$.

(2) 第 k 步约化:设上述过程已完成第 1 步到第 $k-1$ 步,从而

$$\boldsymbol{P}_{k-1}\cdots\boldsymbol{P}_2\boldsymbol{P}_1\boldsymbol{A} = \begin{pmatrix} r_{11} & r_{12} & \cdots & r_{1k} & \cdots & r_{1n} \\ & r_{22} & \cdots & r_{2k} & \cdots & r_{2n} \\ & & \ddots & \vdots & & \vdots \\ & & & a_{kk}^{(k)} & \cdots & a_{kn}^{(k)} \\ & & & \vdots & & \vdots \\ & & & a_{nk}^{(k)} & \cdots & a_{nn}^{(k)} \end{pmatrix} \equiv \boldsymbol{A}^{(k)}.$$

由题设有 $j\,(n \geqslant j \geqslant k)$ 使 $a_{jk}^{(k)} \neq 0$,若 $a_{jk}^{(k)} \neq 0\,(j=k+1,\cdots,n)$,则可选择

Givens 变换 $P(k,j)(j=k+1,\cdots,n)$,使得

$$P_kA^{(k)} = P(k,n)\cdots P(k,k+1)A^{(k)} = P_kP_{k-1}\cdots P_1A = A^{(k+1)},$$

其中 $P_k = P(k,n)\cdots P(k,k+1)$.

(3) 继续上述约化过程,最后则有

$$P_{n-1}\cdots P_2P_1A = R \quad (\text{上三角矩阵}).$$

令 $P = P_{n-1}\cdots P_2P_1$,则 P 为正交矩阵,且 $PA = R$.

也可用 Householder 变换构造正交矩阵 P,记 $A^{(0)} = A$,它的第 1 列记为 $A^{(0)} = a_1^{(0)}$. 不妨设 $a_1^{(0)} \neq 0$,可按公式(9.2.15)计算出矩阵 $H_1 \in \mathbf{R}^{n\times n}$, $H_1 = I - \beta_1^{-1}u_1u_1^{\mathrm{T}}$,使

$$H_1a_1^{(0)} = -\sigma e_1, \quad e_1 = (1,0,\cdots,0)^{\mathrm{T}} \in \mathbf{R}^n.$$

从而

$$A^{(1)} = H_1A^{(0)} = (H_1a_1^{(0)},H_1a_2^{(0)},\cdots,H_1a_n^{(0)}) = \begin{pmatrix} -\sigma_1 & b^{(1)} \\ 0 & \overline{A}^{(1)} \end{pmatrix},$$

其中 $\overline{A}^{(1)} = (a_1^{(1)},a_2^{(1)},\cdots,a_n^{(1)}) \in \mathbf{R}^{(n-1)\times(n-1)}$.

一般地,设

$$A^{(j-1)} = \begin{pmatrix} D^{(j-1)} & B^{(j-1)} \\ 0 & \overline{A}^{(j-1)} \end{pmatrix},$$

其中 $D^{(j-1)}$ 为 $j-1$ 阶方阵,其对角线以下元素均为 0,$\overline{A}^{(j-1)}$ 为 $n-j+1$ 阶方阵,设其第一列为 $a_1^{(j-1)}$,可选择 $n-j+1$ 阶 Householder 矩阵变换 $\overline{H}_j \in \mathbf{R}^{n-j+1}$,使

$$H_ja_1^{(j-1)} = -\sigma_j e_1, \quad e_1 = (1,0,\cdots,0)^T \in \mathbf{R}^{n-j+1}.$$

根据 $\overline{H}_j$ 构造 $n\times n$ 阶的变换矩阵 H_j 为

$$H_j = \begin{pmatrix} I_{j-1} & 0 \\ 0 & H_j \end{pmatrix},$$

从而有

$$A^{(j)} = H_jA^{(j-1)} = \begin{pmatrix} D^{(j)} & B^{(j)} \\ 0 & \overline{A}^{(j)} \end{pmatrix}.$$

它与 $A^{(j-1)}$ 有类似的形式,只是 $D^{(j)}$ 为 j 阶方阵,其对角线以下元素是 0,这样经过 $n-1$ 步运算得到

$$H_{n-1}\cdots H_1A = A^{(n-1)} = R,$$

其中 $R = A^{(n-1)}$ 为上三角矩阵,$P = H_{n-1}\cdots H_1$ 为正交矩阵,从而有 $PA = R$.

定理 9.15 (**QR 分解定理**)设 $A \in \mathbf{R}^{n\times n}$ 为非奇异矩阵,则存在正交矩阵 Q 和上三角矩阵 R,使

$$A = QR,$$

且当 R 的对角元素为正时,分解是唯一的.

证 从定理 9.14 可知,只要令 $Q = P^{\mathrm{T}}$ 就有 $A = QR$. 下面证明分解的唯一性.

设有两种分解

$$A = Q_1 R_1 = Q_2 R_2,$$

其中 Q_1, Q_2 为正交矩阵，R_1, R_2 为对角元素均为正的上三角矩阵，则

$$A^T A = R_1^T Q_1^T Q_1 R_1 = R_1^T R_1,$$

$$A^T A = R_2^T Q_2^T Q_2 R_2 = R_2^T R_2.$$

由假设及对称矩阵 $A^T A$ 的楚列斯基分解的唯一性，则得 $R_1 = R_2$，从而 $Q_1 = Q_2$.

定理 9.14 保证了 A 可分解为 $A = QR$. 若 A 非奇异，则 R 也非奇异. 如果不规定 R 的对角元为正，则分解不是唯一的. 一般按 Givens 或 Householder 变换方法作出的分解 $A = QR$，R 的对角元不一定是正的. 设上三角矩阵 $R = (r_{ij})$，只要令

$$D = \mathrm{diag}\left(\frac{r_{11}}{|r_{11}|}, \frac{r_{22}}{|r_{22}|}, \cdots, \frac{r_{nn}}{|r_{nn}|}\right),$$

则 $\overline{Q} = QD$ 为正交矩阵，$\overline{R} = D^{-1}R$ 为对角元是 $|r_{ii}|$ 的上三角矩阵，这样 $A = \overline{QR}$ 便是符合定理 9.15 的唯一 QR 分解.

例 9.8　求矩阵 $A = \begin{pmatrix} 4 & 4 & 0 \\ 3 & 3 & -1 \\ 0 & 1 & 1 \end{pmatrix}$ 的 QR 分解，使 R 的对角元素为正数.

解　本例用 Givens 变换的方法比较简单. 下面用 Householder 变换的方法求解. 对 A 的第 1 列 a_1，由变换公式有 $k = -5$，$u = (9,3,0)^T$，$\|u\|_2^2 = 90$，$\beta = \frac{1}{45}$，

$$P_1 = I - \beta u_1 u_1^T = \begin{pmatrix} -\frac{4}{5} & -\frac{3}{5} & 0 \\ -\frac{3}{5} & \frac{4}{5} & 0 \\ 0 & 0 & 1 \end{pmatrix}, \quad P_1 A = \begin{pmatrix} -5 & -5 & \frac{3}{5} \\ 0 & 0 & -\frac{4}{5} \\ 0 & 1 & 1 \end{pmatrix}.$$

$P_1 A$ 的第 1 列对角线以下元素全为 0. 对其右下角的二阶矩阵的第 1 列，即 $(0,1)^T$，再用变换公式得到

$$\overline{P} = \begin{pmatrix} 0 & -1 \\ -1 & 0 \end{pmatrix},$$

所以

$$P_2 = \begin{pmatrix} 1 & 0 & 0 \\ 0 & 0 & -1 \\ 0 & -1 & 0 \end{pmatrix}, \quad P_2 P_1 A = \begin{pmatrix} -5 & -5 & \frac{3}{5} \\ 0 & -1 & -1 \\ 0 & 0 & \frac{4}{5} \end{pmatrix}.$$

$P_2 P_1 A$ 已经是上三角形矩阵，但其对角元素并非均为正数. 令 $D = \mathrm{diag}(-1, -1, 1)$，则

$$R = DP_2P_1A = \begin{pmatrix} 5 & 5 & -\frac{3}{5} \\ 0 & 1 & 1 \\ 0 & 0 & \frac{4}{5} \end{pmatrix},$$

即有 $A = QR$,其中

$$Q = (DP_2P_1)^{-1} = P_1P_2D = \begin{pmatrix} \frac{4}{5} & 0 & \frac{3}{5} \\ \frac{3}{5} & 0 & -\frac{4}{5} \\ 0 & 1 & 0 \end{pmatrix}.$$

除了 QR 分解,矩阵的**舒尔**(Schur)**分解**也是重要的工具,它解决了矩阵 $A \in \mathbf{R}^{n\times n}$ 可约化到什么程度的问题.对复矩阵 $A \in \mathbf{C}^{n\times n}$,存在酉矩阵 U,使 U^HAU 为一个上三角矩阵 R,其对角线元素就是 A 的特征值,$A = URU^H$ 称为 A 的舒尔分解.对于实矩阵 A,其特征值可能为复数,A 不能用正交相似变换约化为上三角矩阵,但它可以约化为以下形式.

定理 9.16 (**实舒尔分解**)设 $A \in \mathbf{R}^{n\times n}$,则存在正交矩阵 Q,使

$$Q^TAQ = \begin{pmatrix} R_{11} & R_{12} & \cdots & R_{1m} \\ & R_{22} & \cdots & R_{2m} \\ & & \ddots & \vdots \\ & & & R_{mm} \end{pmatrix}, \tag{9.3.2}$$

其中对角块 R_{ii} $(i = 1,2,\cdots,m)$ 为一阶或二阶方阵,且每个一阶 R_{ii} 是 A 的实特征值,每个二阶对角块 R_{ii} 的两个特征值是 A 的两个共轭复特征值.

若记(9.3.2)式右端的矩阵为 R,则它是特殊形式的块上三角矩阵.根据(9.3.2)式,有 $A = QRQ^{\mathrm{T}}$,称之为实舒尔分解.本定理表明,可通过逐次正交变换使 A 趋于实舒尔矩阵,从而求得 A 的特征值.

9.3.4 用正交变换约化矩阵为上 Hessenberg 阵

定义 9.6 对方阵 B,如果当 $i > j+1$ 时有 $b_{ij} = 0$,则称 B 为上 Hessenberg① 阵,即

$$B = \begin{pmatrix} b_{11} & b_{12} & \cdots & b_{1n} \\ b_{21} & b_{22} & \cdots & b_{2n} \\ & \ddots & \ddots & \vdots \\ & & b_{n,n-1} & b_{nn} \end{pmatrix}.$$

---

① 海森伯格(Karl Adolf Hessenberg,1904～1959)是德国数学家和工程师.

设 $\boldsymbol{A}=(a_{ij})\in\mathbf{R}^{n\times n}$. 下面来说明,可选择初等反射阵 $\boldsymbol{U}_1,\boldsymbol{U}_2,\cdots,\boldsymbol{U}_{n-2}$ 使 $\boldsymbol{A}$ 经正交相似变换约化为上 Hessenberg 矩阵.

(1) 设

$$\boldsymbol{A}=\begin{pmatrix} a_1 & a_{12} & \cdots & a_{1n} \\ a_{21} & a_{22} & \cdots & a_{2n} \\ \vdots & \vdots & & \vdots \\ a_{n1} & a_{n2} & \cdots & a_{nn} \end{pmatrix} \equiv \begin{pmatrix} a_{11} & \boldsymbol{A}_{12}^{(1)} \\ \boldsymbol{c}_1 & \boldsymbol{A}_{22}^{(1)} \end{pmatrix},$$

其中 $\boldsymbol{c}_1=(a_{21},\cdots,a_{n1})^{\mathrm{T}}\in\mathbf{R}^{n-1}$,不妨设 $c_1\neq\mathbf{0}$,否则这一步不需要约化. 因此,可选择初等反射矩阵 $\boldsymbol{R}_1=\boldsymbol{I}-\rho_1^{-1}\boldsymbol{u}_1\boldsymbol{u}_1^{\mathrm{T}}$,使 $\boldsymbol{R}_1\boldsymbol{c}_1=-\sigma_1\boldsymbol{e}_1$,其中

$$\begin{cases} \sigma=\operatorname{sgn}(a_{21})\left(\sum\limits_{i=2}^{n}a_{i1}^2\right)^{\frac{1}{2}}, \\ \boldsymbol{u}_1=\boldsymbol{c}_1+\sigma_1\boldsymbol{e}_1, \\ \beta_1=\dfrac{1}{2}\|\boldsymbol{u}_1\|_2^2=\sigma_1(\sigma_1+a_{21}). \end{cases} \tag{9.3.3}$$

令

$$\boldsymbol{U}_1=\begin{pmatrix} 1 & \mathbf{0} \\ \mathbf{0} & \boldsymbol{R}_1 \end{pmatrix},$$

则

$$\boldsymbol{A}_2=\boldsymbol{U}_1\boldsymbol{A}_1\boldsymbol{U}_1=\begin{pmatrix} \boldsymbol{a}_{11} & \boldsymbol{A}_{12}^{(1)}\boldsymbol{R}_1 \\ \boldsymbol{R}_1\boldsymbol{c}_1 & \boldsymbol{R}_1\boldsymbol{A}_{22}^{(1)}\boldsymbol{R}_1 \end{pmatrix} \equiv \begin{pmatrix} \boldsymbol{A}_{11}^{(2)} & \boldsymbol{A}_{12}^{(2)} \\ \mathbf{0}\ \boldsymbol{c}_2 & \boldsymbol{A}_{22}^{(2)} \end{pmatrix},$$

其中

$$\boldsymbol{c}_2=(a_{32}^{(2)},\cdots,a_{n2}^{(2)})^{\mathrm{T}}\in\mathbf{R}^{n-2},\quad \boldsymbol{A}_{22}^{(2)}\in\mathbf{R}^{(n-2)\times(n-2)}.$$

(2) 设对 $\boldsymbol{A}$ 已进行了第 $k-1$ 步正交相似约化,即 $\boldsymbol{A}_k$ 有形式

$$\boldsymbol{A}_k=\boldsymbol{U}_{k-1}\boldsymbol{A}_{k-1}\boldsymbol{U}_{k-1}=\begin{pmatrix} a_{11} & a_{12}^{(2)} & \cdots & a_{1k}^{(k)} & a_{1,k+1}^{(k+1)} & \cdots & a_{1n}^{(k)} \\ -\sigma_1 & a_{22}^{(2)} & \cdots & a_{2k}^{(k)} & a_{2,k+1}^{(k)} & \cdots & a_{2n}^{(k)} \\ & \ddots & \ddots & \vdots & \vdots & & \vdots \\ & & -\sigma_{k-1} & a_{kk}^{(k)} & a_{k,k+1}^{(k)} & \cdots & a_{k,n}^{(k)} \\ & & & a_{(k+1),k}^{(k)} & a_{k+1,k+1}^{(k)} & \cdots & a_{k+1,n}^{(k)} \\ & & & \vdots & \vdots & & \\ & & & a_{nk}^{(k)} & a_{n,k+1}^{(k)} & \cdots & a_{nn}^{(k)} \end{pmatrix}$$

$$\equiv\begin{pmatrix} \boldsymbol{A}_{11}^{(k)} & \boldsymbol{A}_{12}^{(k)} \\ \mathbf{0}\ \boldsymbol{c}_k & \boldsymbol{A}_{22}^{(k)} \end{pmatrix},$$

其中 $\boldsymbol{c}_k=(a_{k+1,k}^{(k)},\cdots,a_{nk}^{(k)})^{\mathrm{T}}\in\mathbf{R}^{n-k}$, $\boldsymbol{A}_{11}^{(k)}$ 为 k 阶上 Hessenberg 矩阵, $\boldsymbol{A}_{22}^{(k)}\in\mathbf{R}^{(n-k)\times(n-k)}$.

设 $\boldsymbol{c}_k\neq\mathbf{0}$,则可选择初等反射阵 $\boldsymbol{R}_k$ 使 $\boldsymbol{R}_k\boldsymbol{c}_k=-\sigma_k\boldsymbol{e}_1$,其中

$$\begin{cases}\sigma_k = \operatorname{sgn}(a_{k+1,k}^{(k)})\left(\sum_{i=k+1}^{n} a_{ik}^2\right)^{\frac{1}{2}}, \\ \boldsymbol{u}_k = \boldsymbol{a}_{22}^{(k)} + \sigma_k \boldsymbol{e}_1, \\ \rho_k = \frac{1}{2}\|\boldsymbol{u}_k\|_2^2 = \sigma_k(\sigma_k + a_{k+1,n}^{(k)}), \\ \boldsymbol{R}_k = \boldsymbol{I} - \rho_k^{-1}\boldsymbol{u}_k\boldsymbol{u}_k^{\mathrm{T}}.\end{cases} \tag{9.3.4}$$

设

$$\boldsymbol{U}_k = \begin{pmatrix}\boldsymbol{I} & \boldsymbol{O} \\ \boldsymbol{O} & \boldsymbol{R}_k\end{pmatrix},$$

则

$$\boldsymbol{A}_{k+1} = \boldsymbol{U}_k\boldsymbol{A}_k\boldsymbol{U}_k = \begin{bmatrix}\boldsymbol{A}_{11}^{(k+1)} & \boldsymbol{A}_{12}^{(k+1)} \\ \boldsymbol{0}\ c_{k+1} & \boldsymbol{A}_{22}^{(k+1)}\end{bmatrix}, \tag{9.3.5}$$

其中$\boldsymbol{A}_{11}^{(k+1)}$为 $k+1$ 阶上 Hessenberg 矩阵. 第 k 步约化只需计算$\boldsymbol{A}_{12}^{(k)}\boldsymbol{R}_k$ 及 $\boldsymbol{R}_k\boldsymbol{A}_{22}^{(k)}\boldsymbol{R}_k$.

(3) 重复上述过程,则有

$$\boldsymbol{U}_{n-2}\cdots\boldsymbol{U}_2\boldsymbol{U}_1\boldsymbol{A}\boldsymbol{U}_1\boldsymbol{U}_2\cdots\boldsymbol{U}_{n-2} = \begin{bmatrix}a_{11} & \times & \times & \cdots & \times \\ -\sigma_1 & a_{22}^{(2)} & \times & \cdots & \times \\ & -\sigma_2 & a_{33}^{(3)} & \ddots & \vdots \\ & & \ddots & \ddots & \times \\ & & & -\sigma_{n-1} & a_{nn}^{(n-1)}\end{bmatrix} = \boldsymbol{A}_{n-1}.$$

总结上述讨论,有如下定理:

定理 9.17 如果 $\boldsymbol{A}\in\mathbf{R}^{n\times n}$,则存在初等反射阵$\boldsymbol{U}_1,\boldsymbol{U}_2,\cdots,\boldsymbol{U}_{n-2}$,使

$$\boldsymbol{U}_{n-2}\cdots\boldsymbol{U}_2\boldsymbol{U}_1\boldsymbol{A}\boldsymbol{U}_1\boldsymbol{U}_2\cdots\boldsymbol{U}_{n-2} \equiv \boldsymbol{U}_0^{\mathrm{T}}\boldsymbol{A}\boldsymbol{U}_0 = \boldsymbol{H}(\text{上 Hessenberg 阵}).$$

在 $\boldsymbol{A}_k \to \boldsymbol{A}_{k+1} = \boldsymbol{U}_k\boldsymbol{A}_k\boldsymbol{U}_k$ 的进一步约化中,需要计算 $\boldsymbol{R}_k$ 和$\boldsymbol{A}_{13}^{(k)}\boldsymbol{R}_k$,$\boldsymbol{R}_k\boldsymbol{A}_{23}^{(k)}\boldsymbol{R}_k$.

用初等反射阵正交相似约化 $\boldsymbol{A}$ 为上 Hessenberg 阵,大约需要$\frac{5}{3}n^3$ 次乘法运算.

由于$\boldsymbol{U}_k$ 都是正交阵,所以$\boldsymbol{A}_1\sim\boldsymbol{A}_2\sim\cdots\sim\boldsymbol{A}_{n-1}$.求 $\boldsymbol{A}$ 的特征值问题,就转化为求上 Hessenberg 阵 $\boldsymbol{H}$ 的特征值问题.由定理 9.17,记 $\boldsymbol{P}=\boldsymbol{U}_{n-2}\cdots\boldsymbol{U}_2\boldsymbol{U}_1$,则

$$\boldsymbol{P}\boldsymbol{A}\boldsymbol{P}^{\mathrm{T}} = \boldsymbol{C}.$$

设 $\boldsymbol{y}$ 是$\boldsymbol{C}$ 的对应特征值λ 的特征向量,则$\boldsymbol{P}^{\mathrm{T}}\boldsymbol{y}$ 为 $\boldsymbol{A}$ 的对应特征值λ 的特征向量,且

$$\boldsymbol{P}^{\mathrm{T}}\boldsymbol{y} = \boldsymbol{U}_1\boldsymbol{U}_2\cdots\boldsymbol{U}_{n-2}\boldsymbol{y} = (\boldsymbol{I}-\lambda_1^{-1}\boldsymbol{u}_1\boldsymbol{u}_1^{\mathrm{T}})\cdots(\boldsymbol{I}-\lambda_{n-2}^{-1}\boldsymbol{u}_{n-2}\boldsymbol{u}_{n-2}^{\mathrm{T}})\boldsymbol{y}.$$

例 9.9 用 Householder 方法将下述矩阵约化为上 Hessenberg 阵

$$A = A_1 = \begin{pmatrix} -4 & -3 & -7 \\ 2 & 3 & 2 \\ 4 & 2 & 7 \end{pmatrix}.$$

解　(1) 对于 $k=1$,确定变换 $U_1 = \begin{pmatrix} 1 & 0 & 0 \\ 0 & & \\ & R_1 & \\ 0 & & \end{pmatrix}$,$a_{21}^{(1)} = (2,4)^T$,其中 R_1 为初等反射阵且使

$$R_1 a_{21}^{(1)} = -\sigma\begin{pmatrix}1\\0\end{pmatrix},\quad \sigma_1 = \| a_{21}^{(1)} \|_2 = \sqrt{20} \approx 4.472136,$$

$$u_1 = a_{21}^{(1)} + \sigma_1\rho_1 = \begin{pmatrix} 2+\sqrt{20} \\ 4 \end{pmatrix} \approx \begin{pmatrix} 4.472136 \\ 4 \end{pmatrix},$$

$$\rho_1 = \sigma_1(\sigma_1 + a_{21}) = \sqrt{20}(\sqrt{20}+2) \approx 28.944\ 27,\quad R_1 = I - \rho_1^{-1} u_1 u_1^T.$$

(2) 计算 $R_1 A_{22}^{(1)}$,记

$$A_{22}^{(1)} = \begin{pmatrix} 3 & 2 \\ 2 & 7 \end{pmatrix} \equiv (a_1, a_2),$$

于是

$$R_1 A_{22}^{(1)} = (R_1 a_1, R_1 a_2) = \begin{pmatrix} -3.130496 & -7.155419 \\ -1.788855 & 1.341640 \end{pmatrix},$$

其中

$$R_1 a_i = (I - \rho_1^{-1} u_1 u_1^T) a_i = a_i - (I - \rho_1^{-1} u_1^T a_i) u_1 \quad (i = 1,2).$$

(3) 计算 $A_{12}^{(1)} R_1$ 及 $(R_1 A_{22}^{(1)}) R_1$,即

$$\begin{pmatrix} A_{12}^{(1)} \\ R_1 A_{22}^{(1)} \end{pmatrix} R_1 \equiv \begin{pmatrix} b_1^T \\ b_2^T \\ b_3^T \end{pmatrix} R_1 = \begin{pmatrix} b_1^T R_1 \\ b_2^T R_1 \\ b_3^T R_1 \end{pmatrix} = \begin{pmatrix} 7.602634 & -0.447212 \\ 7.800003 & -0.399999 \\ -0.399999 & 2.200000 \end{pmatrix},$$

其中

$$b_i^T R_1 = b_i^T - (\rho_1^{-1} b_i^T u_1) u_1^T \quad (i = 1,2,3).$$

(4) 计算 $A_2 = U_1 A_1 U_1$.

$$A_2 = \begin{pmatrix} -4 & A_{22}^{(1)} R_1 \\ -\sigma_1 & R_1 A_{22}^{(1)} R_1 \\ 0 & \end{pmatrix} = \begin{pmatrix} -4 & 7.602634 & -0.447212 \\ -4.472136 & 7.800003 & -0.399999 \\ 0 & -0.399999 & 2.200000 \end{pmatrix}$$

为上 Hessenberg 阵.

若 A 对称,则 $H = U_0^T A U_0$ 也对称,这时 H 是一个对称三对角矩阵

定理 9.18　如果 $A \in \mathbf{R}^{n\times n}$ 为对称阵,则存在初等反射阵 $U_1, U_2, \cdots, U_{n-2}$,使

$$\boldsymbol{U}_{n-2}\cdots\boldsymbol{U}_2\boldsymbol{U}_1\boldsymbol{A}\boldsymbol{U}_1\boldsymbol{U}_2\cdots\boldsymbol{U}_{n-2}=\boldsymbol{A}_{n-1}=\begin{pmatrix} c_1 & b_1 & & & \\ b_1 & c_2 & b_2 & & \\ & \ddots & \ddots & & \\ & & b_{n-2} & c_{n-1} & b_{n-1} \\ & & & b_{n-1} & c_n \end{pmatrix}\equiv \boldsymbol{C}.$$

证　由定理 9.17,存在初等反射阵 $\boldsymbol{U}_1\ \boldsymbol{U}_2\cdots\boldsymbol{U}_{n-2}$,使 $\boldsymbol{A}_{n-1}$ 为上 Hessenberg 阵. 又 $\boldsymbol{A}_{n-1}$ 为对称阵,因此 $\boldsymbol{A}_{n-1}$ 也为对称三对角阵.

由上面讨论可知,在由 $\boldsymbol{A}_k\to\boldsymbol{A}_{k+1}=\boldsymbol{U}_k\boldsymbol{A}_k\boldsymbol{U}_k$ 一步计算过程中,只需计算 $\boldsymbol{R}_k$ 和 $\boldsymbol{R}_k\boldsymbol{A}_{23}^{(k)}\boldsymbol{R}_k$. 由于 $\boldsymbol{A}$ 的对称性,故只需计算 $\boldsymbol{R}_k\boldsymbol{A}_{23}^{(k)}\boldsymbol{R}_k$ 的对角线下面的元素. 注意到

$$\boldsymbol{R}_k\boldsymbol{A}_{23}^{(k)}\boldsymbol{R}_k=(\boldsymbol{I}-\rho_k^{-1}\boldsymbol{u}_k\boldsymbol{u}_k^{\mathrm{T}})(\boldsymbol{A}_{23}^{(k)}-\rho_k^{-1}\boldsymbol{A}_{23}^{(k)}\boldsymbol{u}_k\boldsymbol{u}_k^{\mathrm{T}}),$$

引进记号

$$\boldsymbol{r}_k=\rho_k^{-1}\boldsymbol{A}_{23}^{(k)}\boldsymbol{u}_k,\quad \boldsymbol{t}_k=\boldsymbol{r}_k-\frac{\rho_k^{-1}}{2}(\boldsymbol{u}_k^{\mathrm{T}}\boldsymbol{r}_k)\boldsymbol{u}_k,$$

则

$$\boldsymbol{R}_k\boldsymbol{A}_{23}^{(k)}\boldsymbol{R}_k=\boldsymbol{A}_{23}^{(k)}-\boldsymbol{u}_k\boldsymbol{t}_k^{\mathrm{T}}-\boldsymbol{t}_k\boldsymbol{u}_k^{\mathrm{T}}\quad (i=k+1,\cdots,n;j=k+1,\cdots,i).$$

算法 3　正交相似约化对称阵为对称三对角阵. 设 $\boldsymbol{A}\in\boldsymbol{R}^{n\times n}$ 是对称阵,本算法确定初等反射阵 $\boldsymbol{U}_1,\boldsymbol{U}_2,\cdots,\boldsymbol{U}_{n-2}$,使 $\boldsymbol{U}_{n-2}\cdots\boldsymbol{U}_1\boldsymbol{A}\boldsymbol{U}_1\cdots\boldsymbol{U}_{n-2}=\boldsymbol{C}$(对称三对角阵),$\boldsymbol{C}$ 的对角元 c_i 存放在单元 $c_1,c_2,\cdots,c_n$ 中,$\boldsymbol{C}$ 的非对角元 b_i 存放在单元 $b_1,b_2,\cdots,b_{n-1}$ 中. 单元 $b_1,b_2,\cdots,b_n$ 最初可用来存放 r_k 及 t_k 的分量,确定 $\boldsymbol{U}_k$ 的向量 $\boldsymbol{u}_k$ 的分量 $u_{k+1,k},\cdots,u_{nk}$ 存放在 $\boldsymbol{A}$ 的相应位置. ρ_k 冲掉 a_{kk}. 约化 $\boldsymbol{A}$ 的结果冲掉 $\boldsymbol{A}$,数组 $\boldsymbol{A}$ 的上部元素不变. 如果步 k 不需要变换,则置 ρ_k 为零.

对于 $k=1,2,\cdots,n-2$,做到 L 步.

步骤 1　$c_k=a_{kk}$;

步骤 2　确定变换:

(1) 计算 $\eta=\max\limits_{k+1\leqslant i\leqslant n}|a_{ik}|$;

(2) 如果 $\eta=0$,则 $\begin{cases} a_{kk}\to\rho_k=0, \\ b_k\to 0, \\ \text{转 } L\text{,否则继续;} \end{cases}$

(3) 计算 $a_{ik}\leftarrow \boldsymbol{u}_{ik}=a_{ik}/\eta(i=k+1,\cdots,n)$;

(4) $\sigma=\mathrm{sgn}(u_{k+1,k})\sqrt{u_{k+1,k}^2+\cdots+u_{nk}^2}$;

(5) $u_{k+1,k}\leftarrow u_{k+1,k}+\sigma$;

(6) $a_{kk}\leftarrow\rho_k=\sigma u_{k+1,k}$;

(7) $b_k\leftarrow-\sigma\eta$.

步骤 3　应用变换:

(1) $\sigma=0$.

(2) 计算$\boldsymbol{A}_{23}^{(k)}\boldsymbol{u}_k$ 及$\boldsymbol{u}_k^{\mathrm{T}}\boldsymbol{r}_k$,对于 $i=k+1,\cdots,n$,作

$$\begin{cases} b_i \leftarrow s = \sum\limits_{j=k+1}^{n} a_{ij}\boldsymbol{u}_{jk} + \sum\limits_{j=i+1}^{n} a_{ji}\boldsymbol{u}_{jk}, \\ \sigma \leftarrow \sigma + s\boldsymbol{u}_{ik}; \end{cases}$$

(3) 计算 t_k

$$b_i \leftarrow \rho_k^{-1}\left(b_i - \rho_k^{-1}\frac{\sigma}{2}u_{ik}\right) \quad (i = k+1,\cdots,n);$$

(4) 计算$\boldsymbol{R}_k\boldsymbol{A}_{23}^{(k)}\boldsymbol{R}_k$

对于 $i=k+1,k+2,\cdots,n;j=k+1,\cdots,i$,作 $a_{ij}\leftarrow a_{ij}-u_{ik}b_j-b_iu_{jk}$.

L:继续循环.

对于 $k=n-1$,有

$$c_{n-1}\leftarrow a_{n-1,n-1}, \quad c_n \leftarrow a_{nn}, \quad b_{n-1}\leftarrow a_{n,n-1}.$$

将对称阵 $\boldsymbol{A}$ 用初等反射阵正交相似约化为对称对三角阵约需要$\dfrac{2}{3}n^3$ 次乘法运算.

用正交矩阵进行约化,有一些特点,如构造的$\boldsymbol{U}_k$ 容易求逆,且$\boldsymbol{U}_k$ 的元素数量级不大,因此这个算法是十分稳定的.

9.4 QR 方法

9.4.1 QR 算法

Rutishauser 在 1958 年利用矩阵的三角分解提出了计算矩阵特征值的 LR 算法,Francis 在 1962 年利用矩阵的 QR 分解建立了计算矩阵特征值的 QR 方法.

QR 方法是一种变换方法,是计算一般中小型矩阵全部特征值问题的最有效的方法之一.目前,QR 方法主要用来计算:① 上 Hessenberg 阵的全部特征值问题;② 对称三对角阵的全部特征值问题.QR 方法具有收敛快,算法稳定等特点.

对于一般矩阵 $\boldsymbol{A}\in\mathbf{R}^{n\times n}$ 或对称阵,首先用 Householder 方法将 $\boldsymbol{A}$ 化为上 Hessenberg 阵 $\boldsymbol{B}$ 或对称三对角阵,然后再用 QR 方法计算 $\boldsymbol{B}$ 的全部特征值.

设 $\boldsymbol{A}\in\mathbf{R}^{n\times n}$,对 $\boldsymbol{A}$ 进行 QR 分解,即

$$\boldsymbol{A} = \boldsymbol{QR},$$

其中 $\boldsymbol{R}$ 为上三角阵,$\boldsymbol{Q}$ 为正交阵,于是可得到一新矩阵

$$\boldsymbol{B} = \boldsymbol{RQ} = \boldsymbol{Q}^{\mathrm{T}}\boldsymbol{AQ}.$$

显然，$\boldsymbol{B}$ 是由 $\boldsymbol{A}$ 经过正交相似变换得到，因此 $\boldsymbol{B}$ 与 $\boldsymbol{A}$ 特征值相同.再对 $\boldsymbol{B}$ 进行 QR 分解，又可得一新的矩阵，重复这过程可得矩阵序列.

设 $\boldsymbol{A}=\boldsymbol{A}_1$，将$\boldsymbol{A}_1$ 进行 QR 分解，得$\boldsymbol{A}_1=\boldsymbol{Q}_1\boldsymbol{R}_1$，作矩阵$\boldsymbol{A}_2=\boldsymbol{R}_1\boldsymbol{Q}_1=\boldsymbol{Q}_1^{\mathrm{T}}\boldsymbol{A}_1\boldsymbol{Q}_1$，…，求得$\boldsymbol{A}_k$ 后将$\boldsymbol{A}_k$ 进行 QR 分解，得 $\boldsymbol{A}_k=\boldsymbol{Q}_k\boldsymbol{R}_k$，作矩阵 $\boldsymbol{A}_{k+1}=\boldsymbol{R}_k\boldsymbol{Q}_k=\boldsymbol{Q}_k^{\mathrm{T}}\boldsymbol{A}_k\boldsymbol{Q}_k$，….

QR 算法就是利用矩阵的 QR 分解，按上述递推法则构造矩阵序列$\{\boldsymbol{A}_k\}$的过程.只要 $\boldsymbol{A}$ 为非奇异矩阵，则由 QR 算法就完全确定$\{\boldsymbol{A}_k\}$.

定理 9.19 （**基本 QR 方法**）设 $\boldsymbol{A}=\boldsymbol{A}_1\in\boldsymbol{R}^{n\times n}$，构造 QR 算法

$$\begin{cases}\boldsymbol{A}_k=\boldsymbol{Q}_k\boldsymbol{R}_k(\boldsymbol{Q}_k^{\mathrm{T}}\boldsymbol{Q}_k=\boldsymbol{I},\boldsymbol{R}_k\text{ 为上三角阵}),\\ \boldsymbol{A}_{k+1}=\boldsymbol{R}_k\boldsymbol{Q}_k\quad(k=1,2,\cdots),\end{cases}\tag{9.4.1}$$

且记$\widetilde{\boldsymbol{Q}}_k\equiv\boldsymbol{Q}_1\boldsymbol{Q}_2\cdots\boldsymbol{Q}_k$，$\widetilde{\boldsymbol{R}}_k\equiv\boldsymbol{R}_k\cdots\boldsymbol{R}_2\boldsymbol{R}_1$，则有

(1) $\boldsymbol{A}_{k+1}$相似于$\boldsymbol{A}_k$，即$\boldsymbol{A}_{k+1}=\boldsymbol{Q}_k^{\mathrm{T}}\boldsymbol{A}_k\boldsymbol{Q}_k$；

(2) $\boldsymbol{A}_{k+1}=(\boldsymbol{Q}_1\boldsymbol{Q}_2\cdots\boldsymbol{Q}_k)^{\mathrm{T}}\boldsymbol{A}_1(\boldsymbol{Q}_1\boldsymbol{Q}_2\cdots\boldsymbol{Q}_k)=\widetilde{\boldsymbol{Q}}_k^{\mathrm{T}}\boldsymbol{A}_1\widetilde{\boldsymbol{Q}}_k$；

(3) $\boldsymbol{A}^k$ 的 QR 分解式为$\boldsymbol{A}^k=\widetilde{\boldsymbol{Q}}_k\widetilde{\boldsymbol{R}}_k$.

证 (1)、(2)显然，现用归纳法证结论(3).显然，当 $k=1$ 时有$\boldsymbol{A}_1=\widetilde{\boldsymbol{Q}}_1\widetilde{\boldsymbol{R}}_1=\boldsymbol{Q}_1\boldsymbol{R}_1$，设$\boldsymbol{A}^{k-1}$有分解式$\boldsymbol{A}^{k-1}=\widetilde{\boldsymbol{Q}}_{k-1}\widetilde{\boldsymbol{R}}_{k-1}$，并注意到$\boldsymbol{A}_k=\widetilde{\boldsymbol{Q}}_{k-1}^{\mathrm{T}}\boldsymbol{A}\widetilde{\boldsymbol{R}}_{k-1}$，有

$$\begin{aligned}\widetilde{\boldsymbol{Q}}_k\widetilde{\boldsymbol{R}}_k&=\boldsymbol{Q}_1\boldsymbol{Q}_2\cdots(\boldsymbol{Q}_k,\boldsymbol{R}_k)\cdots\boldsymbol{R}_1=\boldsymbol{Q}_1\boldsymbol{Q}_2\cdots\boldsymbol{Q}_{k-1}\boldsymbol{A}_k\boldsymbol{R}_{k-1}\cdots\boldsymbol{R}_1\\&=\widetilde{\boldsymbol{Q}}_{k-1}\boldsymbol{A}_k\widetilde{\boldsymbol{R}}_{k-1}=\boldsymbol{A}\widetilde{\boldsymbol{Q}}_{k-1}\widetilde{\boldsymbol{R}}_{k-1}=\boldsymbol{A}^k.\end{aligned}$$

由定理 9.17 知，将$\boldsymbol{A}_k$ 进行 QR 分解，即将$\boldsymbol{A}_k$ 用正交变换(左变换)化为上三角阵.

$$\boldsymbol{Q}_k^{\mathrm{T}}\boldsymbol{A}_k=\boldsymbol{R}_k,\quad\boldsymbol{A}_{k+1}=\boldsymbol{Q}_k^{\mathrm{T}}\boldsymbol{A}_k\boldsymbol{Q}_k=\boldsymbol{P}_{n-1}\cdots\boldsymbol{P}_2\boldsymbol{P}_1\boldsymbol{A}_k\boldsymbol{P}_1^{\mathrm{T}}\boldsymbol{P}_2^{\mathrm{T}}\cdots\boldsymbol{P}_{n-1}^{\mathrm{T}},$$

其中

$$\boldsymbol{Q}_k^{\mathrm{T}}=\boldsymbol{P}_{n-1}\cdots\boldsymbol{P}_2\boldsymbol{P}_1.$$

这就是说$\boldsymbol{A}_{k+1}$可由$\boldsymbol{A}_k$ 按下述方法求得：

(1) 左变换$\boldsymbol{P}_{n-1}\cdots\boldsymbol{P}_2\boldsymbol{P}_1\boldsymbol{A}_k=\boldsymbol{R}_k$(上三角阵)；

(2) 右变换$\boldsymbol{R}_k\boldsymbol{P}_1^{\mathrm{T}}\boldsymbol{P}_2^{\mathrm{T}}\cdots\boldsymbol{P}_{n-1}^{\mathrm{T}}=\boldsymbol{A}_{k+1}$.

下面讨论 QR 方法的收敛性.

定理 9.20 设$\boldsymbol{M}_k=\boldsymbol{Q}_k\boldsymbol{R}_k$，其中$\boldsymbol{Q}_k$ 为正交阵，$\boldsymbol{R}_k$ 为具有正对角元素的上三角阵，如果$\boldsymbol{M}_k\to\boldsymbol{I}(k\to\infty)$，则$\boldsymbol{Q}_k\to\boldsymbol{I}$，及$\boldsymbol{R}_k\to\boldsymbol{I}(k\to\infty)$.

证 设$\boldsymbol{R}_k^{\mathrm{T}}\boldsymbol{R}_k=\boldsymbol{M}_k^{\mathrm{T}}\boldsymbol{M}_k\to\boldsymbol{I}(k\to\infty)$，记$\boldsymbol{R}_k=(r_{ij}^{(k)})$，矩阵$\boldsymbol{R}_k^{\mathrm{T}}\boldsymbol{R}_k$ 第 1 行是

$$r_{11}^{(k)}\cdot(r_{11}^{(k)},\ r_{12}^{(k)},\ \cdots,\ r_{1n}^{(k)}),$$

因此有

$$r_{11}^{(k)}\to1,\ r_{12}^{(k)}\to0,\ \cdots,\ r_{1n}^{(k)}\to0\quad(k\to\infty).\tag{9.4.2}$$

$\boldsymbol{R}_k^{\mathrm{T}}\boldsymbol{R}_k$ 第 2 行是

$$r_{12}^{(k)} \cdot (r_{11}^{(k)}, r_{12}^{(k)}, \cdots, r_{1n}^{(k)}) + r_{22}^{(k)} \cdot (0, r_{22}^{(k)}, r_{23}^{(k)}, \cdots, r_{2n}^{(k)}),$$

利用式(9.4.2)的结果,则有

$$r_{22}^{(k)} \to 1,\ r_{23}^{(k)} \to 0,\ \cdots,\ r_{2n}^{(k)} \to 0 \quad (k \to \infty). \tag{9.4.3}$$

对于$\boldsymbol{R}_k^{\mathrm{T}}\boldsymbol{R}_k$,其他行同理可得,故$\boldsymbol{R}_k \to \boldsymbol{I}(k\to\infty)$,且易知有$\boldsymbol{R}_k^{-1} \to \boldsymbol{I}(k\to\infty)$,因此$\boldsymbol{Q}_k = \boldsymbol{M}_k\boldsymbol{R}_k^{-1} \to \boldsymbol{I}(k\to\infty)$.

定理 9.21 (**QR 方法的收敛性**)设 $\boldsymbol{A} = (a_{ij}) \in \mathbf{R}^{n\times n}$,

(1) 如果 $\boldsymbol{A}$ 的特征值满足:$|\lambda_1| > |\lambda_2| > \cdots > |\lambda_n| > 0$;

(2) $\boldsymbol{A}$ 有标准形$\boldsymbol{A} = \boldsymbol{X}\boldsymbol{D}\boldsymbol{X}^{-1}$,其中 $\boldsymbol{D} = \mathrm{diag}(\lambda_1, \lambda_2, \cdots, \lambda_n)$,且$\boldsymbol{X}^{-1}$有三角分解$\boldsymbol{X}^{-1} = \boldsymbol{L}\boldsymbol{U}$($\boldsymbol{L}$ 为单位下三角阵,$\boldsymbol{U}$ 为上三角阵),则由 QR 算法产生的$\{\boldsymbol{A}_k\}$本质上收敛于上三角阵,即

$$\boldsymbol{A}_k \xrightarrow{\text{本质上}} \boldsymbol{R} = \begin{pmatrix} \lambda_1 & \times & \cdots & \times \\ & \lambda_2 & \ddots & \vdots \\ & & \ddots & \times \\ & & & \lambda_n \end{pmatrix} \quad (k \to \infty).$$

若记$\boldsymbol{A}_k = (a_{ij}^{(k)})$,则

(1) $a_{ii}^{(k)} \to \lambda_i (k\to\infty)$; (9.4.4)

(2) 当 $i > j$ 时,$a_{ij}^{(k)} \to 0\ (k\to\infty)$; (9.4.5)

(3) 当 $i < j$ 时,$a_{ij}^{(k)}$极限不一定存在.

证 由于$\boldsymbol{A}_{k+1} = \widetilde{\boldsymbol{Q}}_k^{\mathrm{T}}\boldsymbol{A}_1\widetilde{\boldsymbol{Q}}_k$,且$\widetilde{\boldsymbol{Q}}_k$ 为$\boldsymbol{A}^k$ 的 QR 分解中的正交矩阵.下面来确定$\widetilde{\boldsymbol{Q}}_k$ 的表达式,进而考虑$\boldsymbol{A}_{k+1}$的极限情况.

由于 $\boldsymbol{A}$ 为非奇异矩阵,所以存在非奇异矩阵 $\boldsymbol{X}$ 使$\boldsymbol{X}\boldsymbol{A}\boldsymbol{X}^{-1} = \boldsymbol{D}$,则

$$\boldsymbol{A}^k = \boldsymbol{X}\boldsymbol{D}^k\boldsymbol{X}^{-1}, \tag{9.4.6}$$

又有假设$\boldsymbol{X}^{-1} = \boldsymbol{L}\boldsymbol{U}$,于是式(9.4.6)为

$$\boldsymbol{A}^k = \boldsymbol{X}\boldsymbol{D}^k\boldsymbol{L}\boldsymbol{U} = \boldsymbol{X}(\boldsymbol{D}^k\boldsymbol{L}\boldsymbol{D}^{-k})\boldsymbol{D}^k\boldsymbol{U}.$$

显然

$$\boldsymbol{D}^k\boldsymbol{L}\boldsymbol{D}^{-k} = \boldsymbol{I} + \boldsymbol{E}_k,$$

其中

$$\boldsymbol{E}^k = \begin{pmatrix} 0 & & & & \\ \left(\dfrac{\lambda_2}{\lambda_1}\right)^k l_{21} & 0 & & & \\ \left(\dfrac{\lambda_3}{\lambda_1}\right)^k l_{31} & \left(\dfrac{\lambda_3}{\lambda_2}\right)^k l_{32} & 0 & & \\ \vdots & \vdots & \ddots & \ddots & \\ \left(\dfrac{\lambda_n}{\lambda_1}\right)^k l_{n1} & \left(\dfrac{\lambda_n}{\lambda_2}\right)^k l_{n2} & \cdots & \left(\dfrac{\lambda_n}{\lambda_{n-1}}\right)^k l_{n,n-1} & 0 \end{pmatrix}.$$

由假设条件$|\lambda_i/\lambda_j| < 1$(当 $i > j$ 时),则$\boldsymbol{E}^k \to \boldsymbol{O}(k\to\infty)$且

$$\| \boldsymbol{E}^k \|_\infty \leqslant c \max_{1\leqslant j\leqslant n-1} |\lambda_{j+1}/\lambda_j|^k \quad (c\text{ 为正的常数}, k \geqslant 1). \tag{9.4.7}$$

显然矩阵 $\boldsymbol{X}$ 有 QR 分解：$\boldsymbol{X}=\boldsymbol{QR}$，其中 $\boldsymbol{Q}$ 为正交阵，$\boldsymbol{R}$ 为非奇异上三角阵. 于是

$$\boldsymbol{A}^k = \boldsymbol{QR}(\boldsymbol{I}+\boldsymbol{E}_k)\boldsymbol{D}^k\boldsymbol{U} = \boldsymbol{Q}(\boldsymbol{I}+\boldsymbol{R}\boldsymbol{E}_k\boldsymbol{R}^{-1})\boldsymbol{R}\boldsymbol{D}^k\boldsymbol{U}. \tag{9.4.8}$$

于是 $\boldsymbol{R}(\boldsymbol{I}+\boldsymbol{E}_k)$（当 k 充分大时）为非奇异，则 $\boldsymbol{I}+\boldsymbol{R}\boldsymbol{E}_k\boldsymbol{R}^{-1}$ 亦非奇异，于是 $(\boldsymbol{I}+\boldsymbol{R}\boldsymbol{E}_k\boldsymbol{R}^{-1})$ 有 QR 分解（要求 $\boldsymbol{R}_k$ 对角元素均为正）

$$\boldsymbol{I}+\boldsymbol{R}\boldsymbol{E}_k\boldsymbol{R}^{-1} = \boldsymbol{Q}_k\boldsymbol{R}_k \quad \text{且} \quad \boldsymbol{Q}_k\boldsymbol{R}_k \to \boldsymbol{I} \quad (k\to\infty),$$

由定理 9.20 有 $\boldsymbol{Q}_k\to\boldsymbol{I}$，$\boldsymbol{R}_k\to\boldsymbol{I}$（当 $k\to\infty$ 时）. 由式(9.4.8)有

$$\boldsymbol{A}^k = (\boldsymbol{Q}\boldsymbol{Q}_k)(\boldsymbol{R}_k\boldsymbol{R}\boldsymbol{D}^k\boldsymbol{U}), \tag{9.4.9}$$

式(9.4.9)为 $\boldsymbol{A}^k$ 的 QR 分解式，但 $\boldsymbol{R}_k\boldsymbol{R}\boldsymbol{D}^k\boldsymbol{U}$（为上三角阵）对角元素不一定大于零，现引入对角阵

$$\boldsymbol{D}_k = \operatorname{diag}(\pm 1, \pm 1, \cdots, \pm 1).$$

以便保证 $\boldsymbol{D}_k(\boldsymbol{R}_k\boldsymbol{R}\boldsymbol{D}^k\boldsymbol{U})$ 对角元素都为正数. 从而得到 $\boldsymbol{A}^k$ 的 QR 分解式

$$\boldsymbol{A}^k = (\boldsymbol{Q}\boldsymbol{Q}_k\boldsymbol{D}_k)(\boldsymbol{D}_k\boldsymbol{R}_k\boldsymbol{R}\boldsymbol{D}^k\boldsymbol{U}),$$

由 $\boldsymbol{A}^k$ 矩阵 QR 分解的唯一性得到

$$\begin{cases} \widetilde{\boldsymbol{Q}}_k = \boldsymbol{Q}\boldsymbol{Q}_k\boldsymbol{D}_k, \\ \widetilde{\boldsymbol{R}}_k = \boldsymbol{D}_k\boldsymbol{R}_k\boldsymbol{R}\boldsymbol{D}^k\boldsymbol{U}, \end{cases} \tag{9.4.10}$$

从而

$$\boldsymbol{A}_{k+1} = \widetilde{\boldsymbol{Q}}_k^{\mathrm{T}}\boldsymbol{A}\widetilde{\boldsymbol{Q}}_k = \boldsymbol{D}_k\boldsymbol{Q}_k^{\mathrm{T}}(\boldsymbol{R}\boldsymbol{D}\boldsymbol{R}^{-1})\boldsymbol{Q}_k\boldsymbol{D}_k \quad (\text{注意 } \boldsymbol{Q}^{\mathrm{T}}\boldsymbol{A}\boldsymbol{Q} = \boldsymbol{R}\boldsymbol{D}\boldsymbol{R}^{-1}),$$

其中

$$\boldsymbol{R}_0 = \boldsymbol{R}\boldsymbol{D}\boldsymbol{R}^{-1} = \begin{pmatrix} \lambda_1 & \times & \cdots & \times \\ & \lambda_2 & \ddots & \vdots \\ & & \ddots & \times \\ & & & \lambda_n \end{pmatrix},$$

于是

$$\boldsymbol{A}_{k+1} = \boldsymbol{g}_k^{\mathrm{T}}\boldsymbol{R}_0\boldsymbol{g}_k,$$

其中

$$\begin{cases} \boldsymbol{g}_k = \boldsymbol{Q}_k\boldsymbol{D}_k, \\ \boldsymbol{R}_0 = \boldsymbol{R}\boldsymbol{D}\boldsymbol{R}^{-1}\text{（上三角阵）}, \\ \boldsymbol{Q}_k \to \boldsymbol{I}(k\to\infty), \\ \boldsymbol{D}_k \text{ 为对角阵，其元素为 } +1 \text{ 或 } -1. \end{cases}$$

由此即证得(9.4.4)和(9.4.5)式. 且收敛速度依赖于 $\boldsymbol{Q}_k\to\boldsymbol{I}$ 收敛速度，即依赖于式(9.4.7)的界.

定理 9.22 如果对角阵 $\boldsymbol{A}$ 满足定理 9.21 条件，则由 QR 算法产生的 $\{\boldsymbol{A}_k\}$ 收敛于对角阵.

证 由定理 9.21 即知. 下面提一下关于 QR 算法收敛性的另一结果.

设 $\boldsymbol{A}\in\boldsymbol{R}^{n\times n}$,如果 $\boldsymbol{A}$ 的等模特征值中只有实重特征值或多重复的共轭特征值,则由 QR 算法产生$\{\boldsymbol{A}_k\}$本质收敛于分块上三角阵(对角块为一阶和二阶子块)且对角块每一个 2×2 子块给出 $\boldsymbol{A}$ 的一对共轭复特征值,每一个对角子块给出 $\boldsymbol{A}$ 的实特征值,即

$$\boldsymbol{A}_k \to \begin{pmatrix} \lambda_1 & \times\cdots\times & \times & \times\cdots\times & \times \\ & \lambda_2 \ddots \vdots & \vdots & \vdots & \\ & \ddots \times & \vdots & \vdots & \\ & \lambda_m & \times & \times\cdots\times \quad \times & \\ & & \boldsymbol{B}_1 & \ddots \quad \vdots & \\ & & & \ddots \quad \times & \times \\ & & & \boldsymbol{B}_1 & \end{pmatrix}.$$

其中 $m+2l=n$,$\boldsymbol{B}_i$ 为 2×2 子块,$\boldsymbol{B}_i$ 给出 $\boldsymbol{A}$ 一对共轭特征值.

9.4.2　带原点位移的 QR 算法

在定理 9.21 证明中进一步分析可知,$a_{nn}^{(k)}\to\lambda_n\,(k\to\infty)$速度依赖于比值 $r_n=|\lambda_n/\lambda_{n-1}|$,当 r_n 很小时,收敛较快,如果 s 为λ_n 的一个估计,且对 $\boldsymbol{A}-s\boldsymbol{I}$ 应用 QR 算法,则$(n,n-1)$元素将以收敛因子$\left|\dfrac{\lambda_n-s}{\lambda_{n-1}-s}\right|$线性收敛于零,$(n,n)$元素将比在基本算法中收敛更快.

为此,为了加速收敛,选择数列$\{s_k\}$,按下述方法构造矩阵序列$\{\boldsymbol{A}_k\}$,称为**带原点位移的 QR 算法**.

步骤 1　设 $\boldsymbol{A}=\boldsymbol{A}_1\in\mathbf{R}^{n\times n}$;

步骤 2　将$\boldsymbol{A}_k-s_k\boldsymbol{I}$ 进行 QR 分解,即$\boldsymbol{A}_k-s_k\boldsymbol{I}=\boldsymbol{Q}_k\boldsymbol{R}_k\,(k=1,2,\cdots)$;

步骤 3　构造新矩阵 $\boldsymbol{A}_{k+1}=\boldsymbol{R}_k\boldsymbol{Q}_k+s_k\boldsymbol{I}=\boldsymbol{Q}_k^{\mathrm{T}}\boldsymbol{A}_k\boldsymbol{Q}_k$;

步骤 4　$\boldsymbol{A}_{k+1}=\widetilde{\boldsymbol{Q}}_k^{\mathrm{T}}\boldsymbol{A}_k\widetilde{\boldsymbol{Q}}_k$,其中$\widetilde{\boldsymbol{Q}}_k=\boldsymbol{Q}_1\boldsymbol{Q}_2\cdots\boldsymbol{Q}_k$,$\widetilde{\boldsymbol{R}}_k=\boldsymbol{R}_k\cdots\boldsymbol{R}_2\boldsymbol{R}_1$;

步骤 5　矩阵$(\boldsymbol{A}-s_1\boldsymbol{I})(\boldsymbol{A}-s_2\boldsymbol{I})\cdots(\boldsymbol{A}-s_k\boldsymbol{I})\equiv\varphi(\boldsymbol{A})$有 QR 分解式 $\varphi(\boldsymbol{A})=\widetilde{\boldsymbol{Q}}_k\widetilde{\boldsymbol{R}}_k$;

步骤 6　带位移 QR 方法变换一步的计算:首先用正交变换(左变换)将$\boldsymbol{A}_k-s_k\boldsymbol{I}$ 化为上三角阵,即

$$\boldsymbol{P}_{n-1}\cdots\boldsymbol{P}_2\boldsymbol{P}_1(\boldsymbol{A}_k-s_k\boldsymbol{I})=\boldsymbol{R}_k,$$

其中$\boldsymbol{Q}_k^{\mathrm{T}}=\boldsymbol{P}_{n-1}\cdots\boldsymbol{P}_2\boldsymbol{P}_1$ 为一系列平面旋转矩阵的乘积. 于是

$$\boldsymbol{A}_{k+1}=\boldsymbol{P}_{n-1}\cdots\boldsymbol{P}_2\boldsymbol{P}_1(\boldsymbol{A}_k-s_k\boldsymbol{I})\boldsymbol{P}_1^{\mathrm{T}}\boldsymbol{P}_2^{\mathrm{T}}\cdots\boldsymbol{P}_{n-1}^{\mathrm{T}}+s_k\boldsymbol{I}.$$

下面考虑用 QR 算法计算上 Hessenberg 阵特征值.

设

$$\boldsymbol{A} = \boldsymbol{A}_1 = \begin{pmatrix} a_1 & a_{12} & \cdots & a_{1n} \\ a_{21} & a_{22} & \cdots & a_{2n} \\ & \ddots & \ddots & \vdots \\ & & a_{n,n-1} & a_{nn} \end{pmatrix} \quad (\boldsymbol{A} \in \mathbf{R}^{n\times n}).$$

(1) 左变换计算. 选择平面旋转阵$\boldsymbol{P}_{12},\boldsymbol{P}_{23},\cdots,\boldsymbol{P}_{n-1,n}$,使

$$\boldsymbol{P}_{n-1,n}\cdots\boldsymbol{P}_{23}\boldsymbol{P}_{12}(\boldsymbol{A}_1 - s_1\boldsymbol{I}) = \boldsymbol{R}.$$

首先

$$a_{ii} \leftarrow a_{ii} - s_1 \quad (i = 1,2,\cdots,n).$$

第一次左变换,选择平面旋转阵$\boldsymbol{P}_{12}$,使第 2 行第 1 列元素为零.

$$\boldsymbol{P}_{12}(\boldsymbol{A}_1 - s_1\boldsymbol{I}) = \begin{pmatrix} v_1 & a_{12}^{(2)} & a_{13}^{(2)} & \cdots & a_{1n}^{(2)} \\ & a_{22}^{(2)} & a_{23}^{(2)} & \cdots & a_{2n}^{(2)} \\ & a_{32} & a_{33} & \cdots & a_{3n} \\ & & \ddots & \ddots & \vdots \\ & & & a_{n,n-1} & a_{nn} \end{pmatrix}.$$

设已完成第 $i-1$ 次左变换,则

$$\boldsymbol{P}_{i-1i}\cdots\boldsymbol{P}_{23}\boldsymbol{P}_{12}(\boldsymbol{A}_1 - \boldsymbol{s}_1\boldsymbol{I}) = \begin{pmatrix} v_1 & a_{12}^{(2)} & \cdots & \cdots & \cdots & \cdots & \cdots & a_{1n}^{(2)} \\ & v_2 & a_{23}^{(2)} & \cdots & \cdots & \cdots & \cdots & a_{2n}^{(2)} \\ & & \ddots & \ddots & & & & \vdots \\ & & & v_{i-1} & a_{i-1,i}^{(i-1)} & \cdots & \cdots & a_{i-1,n}^{(i-1)} \\ & & & & a_{ii}^{(i)} & \cdots & \cdots & a_{in}^{(2)} \\ & & & & a_{i+1,i} & \ddots & & a_{i+1,n} \\ & & & & & \ddots & \ddots & \vdots \\ & & & & & & a_{n,n-1} & a_{nn} \end{pmatrix}.$$

现进行第 i 次左变换,选择$\boldsymbol{P}_{i,i+1}$(常数 c_i,s_i)及 v_k 使$(i+1,i)$一元素为零,则有

$$\boldsymbol{P}_{i,i+1}\cdots\boldsymbol{P}_{23}\boldsymbol{P}_{12}(\boldsymbol{A}_1 - \boldsymbol{s}_1\boldsymbol{I}) = \begin{pmatrix} v_1 & \times & \cdots & \cdots & \cdots & \cdots & \times \\ & v_2 & \times & \cdots & \cdots & \cdots & \times \\ & & \ddots & \ddots & & & \vdots \\ & & & v_i & \times & \cdots & \times \\ & & & \times & \times & \cdots & \times \\ & & & \times & \ddots & \ddots & \vdots \\ & & & & \ddots & \ddots & \times \\ & & & & & \times & \times \end{pmatrix}.$$

继续这过程,最后

$$\boldsymbol{P}_{n-1,n}\cdots\boldsymbol{P}_{23}\boldsymbol{P}_{12}(\boldsymbol{A}_1 - \boldsymbol{s}_1\boldsymbol{I}) = \boldsymbol{R} \quad (\text{上三角阵}),$$

其中$\boldsymbol{P}_{i,i+1}(i=1,2,\cdots,n+1)$为平面旋转阵.

(2) 右变换计算. 计算 $\boldsymbol{R}\boldsymbol{P}_{12}^{\mathrm{T}}\boldsymbol{P}_{23}^{\mathrm{T}}\cdots\boldsymbol{P}_{n-1,n}^{\mathrm{T}}$,其中上三角阵 $\boldsymbol{R}$ 元素仍记作

$a_{ij}(i\leqslant j)$于是

$$RP_{12}^{\mathrm{T}}=\begin{pmatrix} a_{11}^{(2)} & a_{12}^{(2)} & a_{13} & \cdots & a_{1n} \\ a_{21}^{(2)} & a_{22}^{(2)} & a_{23} & \cdots & a_{2n} \\ & & a_{33} & \cdots & a_{3n} \\ & & & \ddots & \vdots \\ & & & & a_{nn} \end{pmatrix},\quad RP_{12}^{\mathrm{T}}P_{23}^{\mathrm{T}}=\begin{pmatrix} a_{11}^{(2)} & a_{12}^{(3)} & a_{13}^{(3)} & a_{14} & \cdots \\ a_{21}^{(2)} & a_{22}^{(3)} & a_{23}^{(3)} & a_{24} & \cdots \\ & a_{32}^{(3)} & a_{33}^{(3)} & a_{34} & \cdots \\ & & a_{43}^{(3)} & a_{44} & \cdots \\ & & & \ddots & \ddots \end{pmatrix}.$$

继续这过程，最后

$$RP_{12}^{\mathrm{T}}P_{23}^{\mathrm{T}}\cdots P_{n-1,n}^{\mathrm{T}}=\begin{pmatrix} \times & \times & \cdots & \cdots & \times \\ \times & \times & \cdots & \cdots & \times \\ & \times & \ddots & & \vdots \\ & & \ddots & \ddots & \vdots \\ & & & \times & \times \end{pmatrix}\quad (\text{为上 Hessenberg 阵})$$

故$A_2=RP_{12}^{\mathrm{T}}P_{23}^{\mathrm{T}}\cdots P_{n-1,n}^{\mathrm{T}}+s_1I$为上 Hessenberg 阵.

由上面的构造可知，如果 A 为上 Hessenberg 阵，则用 QR 算法产生的A_2，A_3，…，A_k，…亦是上 Hessenberg 阵. 显然，每一次左变换仅改变矩阵的两行，而每一次右变换仅改变矩阵的两列. 为了节省存储量，左变换和右变换可以同时进行，例如

$$\begin{aligned} &P_{23}P_{12}(A-s_1I)\to P_{23}P_{12}(A-s_1I)P_{12}^{\mathrm{T}}\to P_{34}P_{23}P_{12}(A-s_1I)P_{12}^{\mathrm{T}} \\ &\qquad\to P_{34}P_{23}P_{12}(A-s_1I)P_{12}^{\mathrm{T}}P_{23}^{\mathrm{T}}\to\cdots \end{aligned}$$

实际计算时，用不同位移 s_1，s_2，…，s_k，…反复应用上述变换就产生一正交相似于上 Hessenberg 阵 A 的序列$\{A_k\}$，如果选取 $s_k=a_{nn}^{(k)}$，那么当 $a_{n,n-1}^{(k)}$充分小，A_k 有形式

$$\begin{pmatrix} \times & \times & \times & \cdots & \times & \times \\ & \times & \times & \cdots & \times & \times \\ & & \ddots & & \vdots & \vdots \\ & & & \times & \times & \times \\ & & & & & \lambda_n \end{pmatrix}_{n\times n}=\begin{pmatrix} & \times \\ B & \times \\ & \vdots \\ & \times \\ O & \lambda_n \end{pmatrix},$$

则数 $\lambda_n=a_{nn}^{(k)}$为A 的近似特征值. 采用收缩方法，继续对 $B\in R^{(n-1)\times(n-1)}$应用 QR 算法，即可逐步求出 A 其余近似特征值.

判别 $a_{n,n-1}^{(k)}$充分小的准则如下：

(1) $|a_{n,n-1}^{(k)}|\leqslant\varepsilon\|A\|_{\infty}$；

(2) 或将 $a_{n,n-1}^{(k)}$与相邻元素进行比较$|a_{n,n-1}^{(k)}|\leqslant\varepsilon\min(|a_{nn}^{(k)}|,|a_{n-1,n-1}^{(k)}|)$，其中 $\varepsilon=10^{-t}$，t 是计算中有效数字的个数.

上述应用带位移的 QR 算法，可计算上 Hessenberg 阵 A 所有特征值，但不能计算 A 复特征值，因为上述 QR 算法是在实数中进行计算的，位移 $s_k=a_{nn}$不能逼近一个复特征值. 关于避免复数运算求上 Hessenberg 阵复特征值的 QR 算法——

隐式位移的 QR 算法请参照有关文献.

一般来说位移 s_k 常用的选取方法有两种:

(1) 选取 $s_k = a_{n,n}^{(k)}$;

(2) 选取 s_k 是 2×2 矩阵 $\begin{pmatrix} a_{n-1,n-1}^{(k)} & a_{n-1,n}^{(k)} \\ a_{n,n-1}^{(k)} & a_{nn}^{(k)} \end{pmatrix}$,特征值 λ 且 $|a_{n,n}^{(k)} - \lambda|$ 为最小

(记 $\boldsymbol{A}_k = (a_{ij}^{(k)})$).

例 9.10 用 QR 方法计算对称三对角阵

$$\boldsymbol{A} = \boldsymbol{A}_1 = \begin{pmatrix} 2 & 1 & 0 \\ 1 & 3 & 1 \\ 0 & 1 & 4 \end{pmatrix}.$$

的全部特征值.

解 采用第一种选位移方法,即选 $s_k = a_{n,n}^{(k)}$,则 $s_1 = 4$.

$$\boldsymbol{P}_{23}\boldsymbol{P}_{12}(\boldsymbol{A}_1 - s_1\boldsymbol{I}) = \boldsymbol{R} = \begin{pmatrix} 2.2361 & -1.342 & 0.4472 \\ & 1.0954 & -0.3651 \\ & & 0.81650 \end{pmatrix},$$

$$\boldsymbol{A}_2 = \boldsymbol{R}\boldsymbol{P}_{12}^{\mathrm{T}}\boldsymbol{P}_{23}^{\mathrm{T}} + s_1\boldsymbol{I} = \begin{pmatrix} 1.4000 & 0.4899 & 0 \\ 0.4899 & 3.2667 & 0.7454 \\ 0 & 0.7454 & 4.3333 \end{pmatrix},$$

$$\boldsymbol{A}_3 = \begin{pmatrix} 1.2915 & 0.2017 & 0 \\ 0.2017 & 3.0202 & 0.2724 \\ 0 & 0.2724 & 4.6884 \end{pmatrix},$$

$$\boldsymbol{A}_4 = \begin{pmatrix} 1.2737 & 0.0993 & 0 \\ 0.0993 & 2.9943 & 0.0072 \\ 0 & 0.0072 & 4.7320 \end{pmatrix},$$

$$\boldsymbol{A}_5 = \begin{pmatrix} 1.2694 & 0.0498 & 0 \\ 0.0498 & 2.9986 & 0 \\ 0 & 0 & \boxed{4.7321} \end{pmatrix},$$

$$\widetilde{\boldsymbol{A}}_5 = \begin{pmatrix} 1.2694 & 0.0498 \\ 0.0498 & 2.9986 \end{pmatrix}.$$

现在收缩,继续对 $\boldsymbol{A}_5$ 的子矩阵 $\widetilde{\boldsymbol{A}}_5 \in \mathbf{R}^{2\times 2}$ 进行变换,得到

$$\widetilde{\boldsymbol{A}}_5 = \boldsymbol{P}_{12}(\widetilde{\boldsymbol{A}}_5 - s_5\boldsymbol{I})\boldsymbol{P}_{12}^{\mathrm{T}} + s_5\boldsymbol{I} = \begin{pmatrix} \boxed{1.268\,0} & -4\times 10^{-5} \\ -4\times 10^{-5} & \boxed{3.000\,0} \end{pmatrix},$$

故求得 $\boldsymbol{A}$ 近似特征值为

$$\lambda_1 \approx 4.7321, \quad \lambda_2 \approx 3.0000, \quad \lambda_3 \approx 1.2680,$$

且 $\boldsymbol{A}$ 的特征值是

$$\lambda_1 = 3+\sqrt{3}\approx 4.7321,\quad \lambda_2 = 3.0,\quad \lambda_3 = 3-\sqrt{3}\approx 1.2679.$$

复习与思考题

1. 什么是矩阵 $\boldsymbol{A}$ 的特征值和特征向量？什么是对角矩阵的特征值和特征向量？举例说明.

2. 什么是矩阵 $\boldsymbol{A}$ 的格什戈林圆盘？它与 $\boldsymbol{A}$ 的特征值有何关系？什么是矩阵 $\boldsymbol{A}$ 的瑞利商？

3. 什么是求解特征值问题的条件数？它与求解线性方程组问题的条件数是否相同？两者间的区别是什么？实对称矩阵的特征值问题总是良态吗？

4. 什么是幂法？它收敛到矩阵 $\boldsymbol{A}$ 的哪个特征向量？若 $\boldsymbol{A}$ 的主特征值λ_1 为单的，用幂法计算 λ_1 的收敛速度由什么量决定？怎样改进幂法的收敛速度？

5. 反幂法收敛到矩阵 $\boldsymbol{A}$ 的哪个特征向量？在幂法或反幂法中，为什么每步都要将迭代向量规范化？

6. 什么是 Householder 变换？它有哪些重要性质？

7. 什么是 Givens 变换？它有哪些重要性质？

8. 对 $n>3$ 的矩阵，一般都不利用求特征多项式的根计算其特征值，为什么？

9. 用一次 QR 分解可将一般矩阵约化成三角形式，而三角矩阵的特征值恰为其对角元素，能否通过这一过程得到原始矩阵的特征值？为什么？

10. 为什么使用 QR 迭代计算矩阵特征值时要先将它化为上 Hessenberg 矩阵或三对角矩阵？为什么不能约化到三角矩阵？

11. 求矩阵 $\boldsymbol{A}$ 特征值的 QR 迭代时，具体收敛到哪种矩阵是由 $\boldsymbol{A}$ 的哪种性质决定的？

12. 判断下列命题是否正确：

(1) 对应于给定特征值的特征向量是唯一的.

(2) 实矩阵的特征值一定是实的.

(3) 每个 n 阶矩阵都有 n 个线性无关的特征向量.

(4) n 阶矩阵奇异的充分必要条件是 0 不是特征值.

(5) 任意 n 阶矩阵一定与某个对角矩阵相似.

(6) 两个 n 阶矩阵的特征值相同，则它们一定相似.

(7) 如果两个矩阵相似，则它们一定相同的特征值.

(8) 若矩阵 $\boldsymbol{A}$ 的所有特征值λ 都是 0，则 $\boldsymbol{A}$ 是零矩阵.

(9) 若 n 阶矩阵的特征值互异，则对 $\boldsymbol{A}$ 进行 QR 迭代一定收敛到对角矩阵.

(10) 对称的上 Hessenberg 矩阵一定是三对角矩阵.

习　题

1. 利用格什戈林圆盘定理估计下面矩阵特征值的界：

(1) $\boldsymbol{A}_1=\begin{pmatrix}-1 & 0 & 0\\ -1 & 0 & 1\\ -1 & -1 & 2\end{pmatrix}$；(2) $\boldsymbol{A}_2=\begin{pmatrix}4 & -1 & & & \\ -1 & 4 & -1 & & \\ & \ddots & \ddots & \ddots & \\ & & -1 & 4 & -1\\ & & & -1 & 4\end{pmatrix}$.

2. 计算如下矩阵的特征值与特征向量，它们是否相似于对角矩阵？

(1) $\boldsymbol{A}_1=\begin{pmatrix}2 & -3 & 6\\ 0 & 3 & -4\\ 0 & 2 & -3\end{pmatrix}$；(2) $\boldsymbol{A}_2=\begin{pmatrix}2 & 0 & 1\\ 0 & 2 & 0\\ 1 & 0 & 2\end{pmatrix}$；(3) $\boldsymbol{A}_3=\begin{pmatrix}1 & 0 & 0\\ -1 & 0 & 1\\ -1 & -1 & 2\end{pmatrix}$.

3. 用幂法计算下来矩阵的主特征值及对应特征向量：

(1) $\boldsymbol{A}_1=\begin{pmatrix}7 & 3 & -2\\ 3 & 4 & -1\\ -2 & -1 & 3\end{pmatrix}$；(2) $\boldsymbol{A}_2=\begin{pmatrix}3 & -4 & 3\\ -4 & 6 & 3\\ 3 & 3 & 1\end{pmatrix}$.

当特征值有三位小数稳定时迭代终止.

4. 利用反幂法求矩阵

$$\begin{pmatrix}6 & 2 & 1\\ 2 & 3 & 1\\ 1 & 1 & 1\end{pmatrix}$$

的最接近于6的特征值及对应的特征向量.

5. 求矩阵

$$\begin{pmatrix}4 & 0 & 0\\ 0 & 3 & 1\\ 0 & 1 & 3\end{pmatrix}$$

与特征值4对应的特征向量.

6. (1) 设 $\boldsymbol{A}$ 是对称矩阵，λ 和 $\boldsymbol{x}$（$\|x\|_2=1$）是 $\boldsymbol{A}$ 一个特征值及相应的特征向量，又设 $\boldsymbol{P}$ 为一个正交阵，使 $\boldsymbol{Px}=\boldsymbol{e}_1=(1,0,\cdots,0)^{\mathrm{T}}$，证明 $\boldsymbol{B}=\boldsymbol{PAP}^{\mathrm{T}}$ 的第1行和第1列除了 λ 外其余元素均为零.

(2) 对于矩阵

$$\boldsymbol{A}=\begin{pmatrix}2 & 10 & 2\\ 10 & 5 & -8\\ 2 & -8 & 11\end{pmatrix},$$

$\lambda=9$ 是其特征值，$\boldsymbol{x}=\left(\frac{2}{3},\frac{1}{3},\frac{2}{3}\right)^{\mathrm{T}}$ 是相应于9的特征向量，试求一初等反射阵 $\boldsymbol{P}$，使 $\boldsymbol{Px}=\boldsymbol{e}_1$，并计算 $\boldsymbol{B}=\boldsymbol{PAP}^{\mathrm{T}}$.

7. 利用初等反射阵将

$$\boldsymbol{A}=\begin{pmatrix}1&3&4\\3&1&2\\4&2&1\end{pmatrix}$$

正交相似约化为对称三对角阵.

8. 设 $\boldsymbol{A}_{n-1}$ 是由 Householder 方法得到的矩阵，又设 $\boldsymbol{y}$ 是 $\boldsymbol{A}_{n-1}$ 的一个特征向量.

(1) 证明矩阵 $\boldsymbol{A}$ 对应的特征向量是 $\boldsymbol{x}=\boldsymbol{P}_1\boldsymbol{P}_2\cdots\boldsymbol{P}_{n-2}\boldsymbol{y}$；

(2) 对于给出的 $\boldsymbol{y}$ 应如何计算 $\boldsymbol{x}$？

9. 用带位移的 QR 方法计算下列矩阵的全部特征值：

(1) $\boldsymbol{A}=\begin{pmatrix}1&2&0\\2&-1&1\\0&1&3\end{pmatrix}$；(2) $\boldsymbol{B}=\begin{pmatrix}3&1&0\\1&2&1\\0&1&1\end{pmatrix}$.

10. 试用初等反射阵将

$$\boldsymbol{A}=\begin{pmatrix}1&1&1\\2&-1&-1\\1&-4&5\end{pmatrix}$$

分解为 $\boldsymbol{QR}$，其中 $\boldsymbol{Q}$ 为正交阵，$\boldsymbol{R}$ 为上三角阵.

11. 设

$$\boldsymbol{A}=\begin{array}{c}\begin{matrix}\ 3\ &\ \ 2\ \end{matrix}\\\begin{pmatrix}\boldsymbol{A}_{11}&\boldsymbol{A}_{12}\\0&\boldsymbol{A}_{22}\end{pmatrix}\end{array}\begin{matrix}3\\2\end{matrix}$$

又设 λ_i 为 $\boldsymbol{A}_{11}$ 的特征值，λ_j 为 $\boldsymbol{A}_{22}$ 的特征值，$\boldsymbol{x}_i=(\alpha_1,\alpha_2,\alpha_3)^{\mathrm{T}}$ 为对应于 λ_i 的 $\boldsymbol{A}_{11}$ 的特征向量，$\boldsymbol{y}_i=(\beta_1,\beta_2)^{\mathrm{T}}$ 为对应于 λ_j 的 $\boldsymbol{A}_{22}$ 的特征向量.求证：

(1) λ_i,λ_j 为 $\boldsymbol{A}$ 的特征值；

(2) $\boldsymbol{x}_i'=(\alpha_1,\alpha_2,\alpha_3,0,0)^{\mathrm{T}}$ 为 $\boldsymbol{A}$ 的对应于 λ_i 的特征向量，$\boldsymbol{y}_i'=(0,0,0,\beta_1,\beta_2)^{\mathrm{T}}$ 为 $\boldsymbol{A}$ 的对应于 λ_j 的特征向量.

参 考 文 献

[1] 李庆扬,王能超,易大义.数值分析[M].5版.北京:清华大学出版社,2008.
[2] 关治,陆金甫.数值分析基础[M].2版.北京:高等教育出版社,2010.
[3] 孙志忠,袁慰平,闻震初.数值分析[M].3版.南京:东南大学出版社,2011.
[4] 韩旭里.数值分析[M].北京:高等教育出版社,2011.
[5] 欧阳洁,聂玉峰,车刚明,王振海.数值分析[M].北京:高等教育出版社,2009.
[6] 向华,李大美.数值计算及其工程应用[M].北京:清华大学出版社,2015.